中国海相碳酸盐岩油气勘探开发理论与技术丛书

深层海相碳酸盐岩油气藏主体开采工艺新技术

叶正荣　周理志　佘朝毅　赵　春　裘智超　等著

石油工業出版社

内 容 提 要

本书以龙岗、塔中、轮古油气藏为例，介绍了近年来中国依托碳酸盐岩油气藏研究形成的采油采气新技术，重点展示了高温、高压气井安全高效完井试气技术、低成本防腐技术、深层高温耐蚀排水采气技术及稠油降黏开采技术，并提出了下一步发展方向，对深层海相碳酸盐岩油气藏的开采具有重要指导意义。

本书可供从事深层高温、高压油气藏开采工作的研究人员、工程技术人员及相关院校师生参考阅读。

图书在版编目（CIP）数据

深层海相碳酸盐岩油气藏主体开采工艺新技术／叶正荣等著．北京：石油工业出版社，2018.1

（中国海相碳酸盐岩油气勘探开发理论与技术丛书）

ISBN 978-7-5183-2282-4

Ⅰ．①深…　Ⅱ．①叶…　Ⅲ．①深海相－碳酸盐岩油气藏－油田开发－研究　Ⅳ．①TE344

中国版本图书馆CIP数据核字（2017）第285141号

出版发行：石油工业出版社

（北京安定门外安华里2区1号　100011）

网　址：http://www.petropub.com

编辑部：（010）64523544

图书营销中心：（010）64523633

经　销：全国新华书店

印　刷：北京中石油彩色印刷有限责任公司

2018年1月第1版　2018年1月第1次印刷

787×1092毫米　开本：1/16　印张：16

字数：400千字

定价：150.00元

《深层海相碳酸盐岩油气藏主体开采工艺新技术》

编写人员

叶正荣	周理志	佘朝毅	赵　春	裘智超	弓　麟
谢南星	常泽亮	蒋卫东	赵志宏	曹建洪	杨　涛
刘　翔	谢俊峰	刘祥康	宋文文	白　璐	赵　敏
梁亚宁	伊　然	王　睿	周　祥	魏　国	任利华
陈　艳	潘　登	朱　昆	李　农	贺秋云	孙风景
唐晓东	缪海燕	李　季	项培军	杨传让	舒　勇

前　言

“十一五”以来，中国在海相碳酸盐岩油气勘探中获得了一系列突破，预计在今后相当长一个时期还会有更多、更大的发现，展示出海相碳酸盐岩良好的勘探开发前景。研究发展先进配套的海相碳酸盐岩油气藏开采工艺技术是安全、高效地开发这类油气藏的重要保证。

以龙岗气田、塔中Ⅰ号气田为代表的海相碳酸盐岩油气藏，具有储层埋藏深、压力温度高、含有腐蚀性介质等特点，开采工艺面临的技术挑战一是龙岗气田、塔中Ⅰ号气田储层埋藏深，温度、压力高，龙岗气田H_2S含量高，完井、试气的安全风险大，需要在筛选建立油管柱强度分析校核、水平井井壁稳定性分析方法并系统评价的基础上，研究设计适应不同条件下的完井方式和试气完井油管柱结构；二是塔中Ⅰ号气田CO_2、H_2S共存，腐蚀环境复杂，需要在明确腐蚀规律的前提下研究筛选低成本防腐措施；三是龙岗气田气水分布复杂，有的井试气过程中即出水，而目前的排水采气工艺尚不能适应龙岗气田的要求，需要研究建立高温、高压、高含硫超深气井的排水采气工艺技术。

为了解决上述技术问题，在中国石油天然气集团公司重大科技专项《海相碳酸盐岩大油气田勘探开发关键技术》项目中设立了“海相碳酸盐岩气藏开采工艺关键技术”研究与应用课题，由中国石油勘探开发研究院牵头，组织中国石油西南油气田分公司和中国石油塔里木油田分公司，按照各自的技术特长，组建联合攻关团队，以实验研究为基础，以数值模拟为手段，积极开展现场试验与应用，形成海相碳酸盐岩气藏开采工艺关键技术，为海相碳酸盐岩油气藏安全高效生产提供有力的技术支持。

研究取得的主要成果如下：(1) 发展配套龙岗气田、塔中Ⅰ号气田完井试气投产工艺。运用有限元法首次建立碳酸盐岩水平井井壁稳定性定量评价技术，发展建立了全三维高温、高压气井油管柱安全性评价技术，在完善“三高”气井试采投产工艺的基础上，配套形成龙岗气田、塔中Ⅰ号气田完井试气投产工艺，丰富了中国石油在碳酸盐岩高温、高压气井高效完井的设计方法和设计规范；(2) 突破瓶颈，形成塔中Ⅰ号气田低成本井筒防腐配套技术。在明确H_2S/CO_2混合腐蚀规律的基础上，研制出适用塔中Ⅰ号气田条件的高温缓蚀剂和环空保护液，筛选出适用中低含H_2S井的内涂层油管，形成低成本防腐策略及配套工艺，打破对中含H_2S/CO_2、高温深井需选用镍基合金管材的国际惯例，实现了经济安全开采；(3) 创新发展深层高温、高压、高含硫气井排水采气工艺。研制出国内首台高温泡排剂评价装置，研发耐高温泡排剂和耐蚀气举工具，形成泡排和气举两套排水采气工艺，适应深度6000m的气井，填补了深层高温、高压、高含硫井排水采气的技术空白。这些研究成果已在龙岗气田、塔中Ⅰ号气田规模应用，取得了显著的应用实效。

本书以上述研究成果为基础，结合塔里木油田深层稠油掺稀降黏和深抽开采新技术，重点展示了近年来中国依托碳酸盐岩油气藏研究形成的采油工艺新技术。全书共分六章：第一章简要介绍海相碳酸盐岩油气开采工艺技术现状及面临的挑战，主要编写人员有叶正荣、赵春、弓麟、周理志、佘朝毅、蒋卫东等。第二章重点介绍了海相碳酸盐岩气藏水平井完井设计新理念与新方法，高温、高压气井油管柱安全设计技术，测试工艺配套技术，主要编写人员有周理志、赵志宏、曹建洪、刘翔、谢南星、王睿、周祥等。第三章以塔中Ⅰ号气田为例重点介绍高压、中低酸性气田低成本防腐技术，主要编写人员有常泽亮、叶正荣、裘智超、谢俊峰、梁亚宁、宋文文、魏国、任利华等。第四章以龙岗气田为例介绍深层高温耐蚀排水采气工艺技术，主要编写人员有佘朝毅、刘祥康、杨涛、白璐、陈艳、潘登、朱昆、李农、贺秋云、孙风景、唐晓东、缪海燕、李季、项培军等。第五章以轮古稠油开采为例，介绍深层稠油开采面临的挑战、井筒降黏及举升技术等，主要编写人员有叶正荣、赵敏、梁亚宁、杨传让、舒勇、伊然等。第六章简要介绍深层碳酸盐岩油气藏开采技术发展方向及下步发展重点，主要编写人员有弓麟、叶正荣、赵志宏、赵春等。

全书由叶正荣、弓麟、赵春、裘智超统一定稿，赵志宏、刘翔等参加了统稿。

罗志斌教授、魏顶民教授等专家对书稿编写及审查提出了具体修改建议，在此一并表示衷心地感谢。

由于笔者水平有限，书中难免存在不妥之处，敬请广大读者批评指正。

目　录

第一章　绪　论

第一节　概　述

随着勘探理论和技术的进步，中国在海相碳酸盐岩油气勘探中获得了一系列突破，展示了良好的勘探和开发前景，碳酸盐岩的油气储量已成为今后产能开发建设的重要领域。研究发展适用于中国碳酸盐岩油气藏的采油采气工艺技术，是中国采油工程面临的一项重要任务。

近几年中国投入试采和开发的碳酸盐岩油气藏，具有储层埋藏深、压力温度高、含有腐蚀性介质等特点。根据这些油气藏安全、有效试采和开发的需要，采油工程系统组织开展了相关的技术攻关，取得了可喜的研究成果。本书以龙岗气田、塔中Ⅰ号气田、轮古油气藏为例，介绍了近年来中国依托碳酸盐岩油气藏研究形成的采油采气工艺新技术。

除了储层改造等少数技术外，从整体上看，采油采气工艺技术的适用条件只与储层深度、压力、温度、腐蚀介质类型及含量、井型等因素相关，因此不能按照油气藏储层的岩性去分类。许多在其他类型油气藏中发展形成的工艺技术，也可以直接在碳酸盐岩油气藏应用，而一些依托碳酸盐岩油气藏发展形成的工艺技术，也可以直接用于砂岩油气藏等类型的油气藏。因此，本书介绍的碳酸盐岩油气藏采油采气工艺新技术，严格地说应该是近年来中国依托碳酸盐岩油气藏研发的采油采气新技术。这些工艺技术不仅对今后新开发的类似的碳酸盐岩油气藏具有重要作用，还对条件相似的其他类型的油气藏具有重要价值。

第二节　海相碳酸盐岩油气藏采油采气工艺技术现状

中国在华北任丘潜山油田、塔河油田、轮古油田、靖边及塔中Ⅰ号气田、龙岗等气田的试采及开发过程中，在充分借鉴已有的成熟技术的同时，通过关键技术的攻关，已形成了适用于这些碳酸盐岩油气藏开采的主体工艺，为这些油田气藏的开采提供了必要的技术基础。但是与国外先进技术比较，在某些技术上仍存在较大的差距。

一、完井方式设计及应用技术

完井方式不仅关系到油气井的产能，还对完井后的增产作业、修井、生产测试等具有重要影响。因此完井方式是采油工程系统一项重要的研究设计内容。

1. 完井方式设计技术

根据储层段地质特征，边底水能量、井壁稳定性、增产修井作业等基本要素，总结出碳酸盐岩油气藏可选用的完井方式，主要有裸眼完井、筛管完井和射孔完井 3 种，并系统研究分析了 3 种完井方式对碳酸盐岩油气藏的适用条件及局限性，建立了碳酸盐岩油气藏完井方式设计选择的准则。

井壁的稳定性不仅与储层岩石力学性质有关，还与就地应力场密切相关。国外在井壁稳定性评价方面已形成成熟的计算机分析软件，中国近年来已开始引入岩石塑性变形与破坏准则等理论方法和应力场条件下水平井井壁稳定的评价方法。

2. 射孔完井方式的配套技术及应用

多年以来，针对不同类型油气藏射孔完井的需要，中国石油已形成比较完善的射孔工艺技术系列，主要包括以电缆携带、油管传输、水平井射孔、定向射孔、射孔—测试—酸化联作等为主体的射孔工艺。

井下射孔器材最高耐压 150MPa，最高耐温 180℃，射孔穿深最大 1000mm，孔密最大可达 40 孔 /m，射孔相位可实现 45° ～ 180°。

以射孔后的产率比为优化目标，根据储层特点对射孔枪、弹、孔密、穿深、相位等射孔参数进行优化的软件，已规模应用于砂岩储层，碳酸盐岩储层的优化软件设计方法现已趋于成熟，正在进一步完善之中。

上述射孔工艺技术系列已在各类油气藏中广泛应用，从目前的技术性能分析，基本能够满足中国石油碳酸盐岩储层的射孔需求。

3. 筛管和裸眼完井配套技术及应用

筛管和裸眼完井的主要缺点是不利于分层分段控制作业施工，国外针对此问题开展了大量研究，并取得了一些实质性成果，如水平井分段完井油管柱已实现工业化应用。近年来，中国在引进应用这些技术的同时，中国石油也组织开展了以下相应的攻关：遇油遇水膨胀式管外封隔器，已具备现场试验应用的条件，有望取代施工操作复杂、密封可靠性不高的机械式管外封隔器；在射孔完井后水平井分段改造技术攻关的基础上，为实现大幅度降低引进资金及规模应用的目的，组织开展了裸眼水平井分段改造技术研究。

二、油气井安全设计及应用技术

中国今后有望投入开发的碳酸盐岩油气藏一般具有储层埋藏深、压力高、酸性气体含量高的特点，因此采油采气工程的安全设计和生产过程中的安全控制至关重要。

1. 防冲蚀技术

油管冲蚀是“三高”气井重大的安全隐患之一，国外各大石油公司都制订了相应的防冲蚀技术。目前中国石油在防止油管冲蚀方面已形成以下主体技术：

（1）在分析对比多种冲蚀临界流速计算方法的基础上，结合中国石油完井作业的技术能力，研究确定了理论上合理且经过大量实践检验的冲蚀临界流速计算方法。

（2）针对酸性气体含量、出砂情况、压力系数等参数，明确了不同类型气井冲蚀系数的取值范围，提高了冲蚀流速分析计算的合理性。

（3）从完井、射孔、试气生产等环节，研究提出了有利防止冲蚀的九条控制措施，为防止或缓解冲蚀的危害提供了重要的技术政策。

（4）建立了以防止冲蚀为核心，同时满足携液要求和尽量减小管流压力损失的三位一体的油管尺寸选择设计方法，已成为中国石油天然气井油管尺寸设计的核心技术。

上述防止冲蚀的设计方法和控制措施，已在中国石油各类气藏广泛应用，在避免油管冲蚀伤害、提高气井安全性上发挥了重要作用。

2. 气井安全系统选择与应用

气井安全控制系统主要由井下封隔器、井下安全阀、油管柱气密闭连接螺纹、井口安全阀组成，可根据情况单独选用或全套选用。

中国石油成套规模应用气井控制系统的历史始于塔里木牙哈凝析气田。经过多年实践的经验总结，结合国外应用效果分析，对关键工具井下安全阀的适用性有了较深刻的认识。根据中国石油的特点，明确了地面控制开启、油管携带入井、瓣阀关闭结构的井下安全阀的可靠性更高，应作为设计应用的首选。

地面环境、酸性气体含量、压力、温度、产量等参数是决定气井是否采用安全控制系统以及采用单一安全控制工具还是采用全部安全控制工具的重要依据。部分国家已建立了油气井安全系统应用的法规，而中国陆上至今尚无明确的法律规定。为了避免采油工程设计上的盲目性，目前中国石油已建立了选择应用气井安全系统的技术政策。

3. 油管柱强度设计

国外油公司一般都采用三维应力的方法设计油管柱的强度，现已形成商业化分析软件，而中国石油大部分油田及井仍然沿用传统的单轴应力方法，对油管柱抗拉、抗内压和抗外挤性能进行简单的校核计算，对不同工况条件下油管柱的安全性缺乏系统的分析，在管柱结构设计中对某些工具（如伸缩接头）的选用存在很大的盲目性。特别是高温、高压油气井，简单的单轴应力模式已不能满足油管柱安全设计和分析的需要。近年国内相关院校已开发了油管柱三维应力分析软件，中国石油等单位也引进了国外油管柱设计软件在一些高温、高压油气井上应用。

三、试油试采工艺技术

经过多年的攻关与发展，中国在气井测试技术方面形成了以高温、高压、含硫气井测试为代表的系列配套技术，基本解决了井深5000m、地层温度130℃、地层压力100MPa、日产天然气$100 \times 10^4 m^3$以内的含H_2S储层短时间地层试油问题。近几年来，通过对试油管柱、试油装备和试油工艺的优化改进，初步形成了井深6000m以上、地层温度150℃、地层压力120MPa、含硫$60 g/m^3$、日产气量超过$100 \times 10^4 m^3$以上的油气井的试油测试配套技术。

与国外水平相比，中国的主要差距是不具备高温、高压井下试油工具的制造能力，高温、高压试油工具大多需要引进。

四、气井防腐工艺技术

自西南油气田投入开发以来，大多数气井不同程度地含有酸性气体，从而全面促进了中国石油气井防腐工艺技术的发展。现介绍目前的技术状况。

1. 物模、数模相结合的腐蚀预测研究手段

以西南天然气研究院、西安管材研究所为代表，引进应用了具有先进水平的动态腐蚀测定仪，可以模拟不同温度、压力、流速条件下，各种腐蚀介质含量时对管材的腐蚀速率。

在此基础上，中国石油引进了美国OLI公司的CorrosionAnalyzes腐蚀预测软件，该软件包括化学热动力学和动力学计算模型、氧化—还原反应模型，具有预测不同条件下的电化学腐蚀速率，绘制金属腐蚀电位—PH稳态图、腐蚀极化曲线等功能，为研究腐蚀规律和

腐蚀机理提供了有力帮助。

目前，中国石油已广泛应用物模、数模相结合的技术手段，分析预测油气井的腐蚀速率，研究探讨不同条件下的腐蚀规律，为优选防腐技术对策提供了重要依据。

2. 化学防腐技术

化学防腐具有开发建设投资少等突出优点，经过几十年的不断努力，形成了缓蚀剂系列齐全、加注工艺配套的防腐技术，已在中国石油常压、低产、低含酸性气体井中广泛应用。

在缓蚀剂方面，已研制了适应 H_2S、CO_2、H_2S/CO_2 等不同环境的缓蚀剂系列，缓蚀效率均可达到 90% 以上，形成了工业化产品。更难能可贵的是造就培养了一批精通缓蚀剂研究的技术骨干，形成了缓蚀剂筛选配制的工作程序，可以根据不同气田腐蚀环境特点，及时筛选优化适宜的新缓蚀剂配方。

在缓蚀剂加注工艺方面，根据井下油管柱结构、井场地面条件，研究应用了泵注法、平衡罐加注法、毛细管加注法、注入阀等多种加注工艺及配套工具和设备，能够在不同油管柱结构的井，实现定量、定时地加注缓蚀剂。

3. 防腐管材

对于高压、高产、高含酸性气体井，一般采用抗腐蚀管材进行防腐。根据国内的需求，宝山钢铁股份有限公司、天津钢管集团股份有限公司研究并形成了一批抗腐蚀油套管产品，主要把包括钢级 80 ～ 110 的抗 H_2S 应力腐蚀的油套管，钢级 55 ～ 110、Cr 含量 1% ～ 13% 的耐 CO_2 腐蚀的油套管，正在开发并扩展耐 $CO_2+H_2S+Cl^-$ 共存腐蚀的油管、套管技术系列。

这些耐腐蚀油套管的研发和工业化生产，减少了中国石油对国外厂商的依赖，大幅度降低了生产建设投资。

4. 腐蚀监测技术

中国石油腐蚀监测技术的研究和系统应用起步较晚，至今大多数气藏仍然仅采用挂片失重、产出介质化学分析等方法进行腐蚀监测。

西南油气田于 1995 年从加拿大引进了一套由电阻探针、线性极化电阻探针、氢探针、数据采集处理等组成的在线腐蚀监测装置，在磨溪气田、川西北矿区应用，从而推进了中国石油腐蚀监测技术的应用水平。

目前从整体上看，从腐蚀监测系统的完整性、监测仪表选择的合理性，到对腐蚀监测管理的科学性，中国石油都与国外先进的腐蚀监测技术存在较大的差距。

5. 高压、中低酸性气藏防腐措施选择技术

对于 H_2S、CO_2 含量中或低的高压气藏，由于压力高，井下油管柱结构复杂，采用加注缓蚀剂的方式防腐，采气生产时安全风险大，采用耐蚀管材防腐，往往又会造成较高的生产建设投资。在目前的技术水平条件下，采油工程设计选择防腐措施时具有一定的盲目性。

内涂层油管在一定条件下可代替耐蚀油套管材，但目前中国石油对各类内涂层油管在气井的适用性缺少系统的评价分析，相关的基础实验研究及现场试验分析工作尚不足。

五、排水采气技术

目前国内使用成熟的排水采气工艺技术有优选管柱、泡排、气举、机抽、电潜泵、射流泵 6 种。

1. 优选管柱排水采气工艺

优选管柱排水采气优点是：理论成熟，施工管理方便，投资少，设备配套简单，工作制度可调，免修期长。该工艺适用于有一定自喷能力的小产水量气井。一般情况下，排水量不超过 $100m^3/d$，最大井深不超过 5000m。

近年来，优选管柱排水采气工艺技术的进步主要体现于连续油管排水采气工艺的成功试验和应用；该工艺不需更换生产管柱，避免了压井伤害地层。现已应用于水平井和大斜度井，取得了显著的增产效果。

2. 泡沫排水采气工艺

泡沫排水采气工艺优点是：无须进行修井作业即可实施工艺，管理简便，投资小。其局限性是：排水量受限，不适宜于产水量大于 $100m^3/d$ 的气井；要求气井具有一定自喷能力，不适宜水淹井。

泡排工艺的发展主要有以下两个方面，一是针对井下有封隔器，油套环空不能连通的气井，研究应用了毛细管泡排工艺，解决了下有封隔器的井（或油套管不畅通的井）无法注起泡剂的难题；二是川渝气田针对川东石炭系气藏的需求，开发了高温起泡剂，其抗温能力达到 150℃。

3. 气举排水采气工艺

气举排水采气可用于斜井、出砂及气液比变化范围大的井。但对于井底压力较低的井，因注气压力对井底造成回压，不适合实施该工艺。

气举排水采气工艺的发展除气体加速泵和循环气举等深化工艺的研究应用外，主要是气举阀和工作筒的研制发展。气举阀由单一型号注气压力操作阀发展至含生产压力操作阀，由低充氮压力和低抗外压发展至高充氮压力和高抗外压，目前气举阀的抗外压能力已从最初的 35MPa 提高到 90MPa，波纹管内充氮压力由 8MPa 提高到了 25MPa；其外形尺寸包括 25.4mm 和 38.1mm 两种。工作筒由常规工作筒发展至抗腐蚀的不锈钢工作筒和满足特殊需要的滑套式工作筒及适合加砂压裂的整体式工作筒，1.5in、2in、2.5in、3in 工作筒已成系列化。

4. 抽油机排水采气工艺

机抽排水采气工艺适用于低压井、水淹井和间喷井，其排液量不大于 $100m^3/d$，泵挂深度不大于 2500m。但不能适应气藏强排水井的需要；对高含硫或者出砂、结垢严重的气井受限；不适用于井斜角大于 15°/30.48m 的斜井或水平井。

5. 电潜泵排水采气工艺

电潜泵排水采气工艺的优点是：排量范围大、扬程高，尤其适用于产水量大、地层压力低，剩余储量多的水淹井。工艺局限性是：多级大排量高功率潜油电泵比较昂贵，初期投资大；气井中地层水腐蚀及结垢等的影响使得井下机组寿命较短。

6. 水力射流泵排水采气工艺

射流泵排水采气工艺优点是：安装、管理方便，井下喷嘴易于调整，可灵活改变生产参数，适用于出砂气水井。工艺局限性是：投资较高，目前尚不能用于酸性气井。

六、人工举升技术

中国石油人工举升井占采油总井数的98%，人工举升井产油量占总产量的94%，人工举升是中国石油的主体采油方式。多年来，针对不同类型油藏的特点，发展配套了游梁式抽油机、潜油电泵、水力泵、气举、螺杆泵等人工举升设备及配套的举升工艺技术，现介绍已应用于和今后可应用于碳酸盐岩油藏的人工举升技术。

1. 有杆大泵举升技术及应用

目前国产游梁式抽油机最大悬点载荷已达 200kN，减速箱扭矩已达 105kN • m，H 级高强度抽油杆的抗拉强度达到 1020MPa，与 ϕ70mm、ϕ83mm、ϕ110mm 大直径管式泵配套。理论排量最高可分别达到 166m^3/d、234m^3/d 和 410m^3/d，有效扬程一般为 500 ~ 700m，可在条件适宜时应用。

华北任丘潜山碳酸盐岩油藏，开发进入高速递减阶段后综合含水率不断上升，经综合治理后动液面仍然较高，为达到设计的采油速度，研制配套了 ϕ110mm 管式泵及脱接器、泄油器等工具，应用 ϕ70mm、ϕ90mm、ϕ110mm 泵强采，满足了日产液 100 ~ 270m^3 的生产需要。

2. 潜油电泵举升技术及应用

与游梁式抽油机相比，潜油电泵的主要优点是排量大、扬程高，因此更适合用于储层埋藏深、单井要求产量高的中国石油的碳酸盐岩油藏。

目前国外潜油电泵的最高扬程可达 4000m，最大排量可达 900m^3/d；国产潜油电泵最高扬程已达 3500m，最大排量已达 550m^3/d，为碳酸盐岩油藏的大排量深抽强采提供了基本技术装备。

此外，中国石油经过多年的努力，已建立并大规模应用了潜油电泵选泵设计、防气、不压井作业、诊断分析等配套技术，在提高潜油电泵寿命和举升效率上发挥了重要作用。

华北任丘潜山碳酸盐岩油藏在高含水开发阶段，针对部分产能高、有杆大泵的生产能力不能满足要求的产油井，应用了适于高温、高扬程、大排量的潜油电泵，1978—1980 年应用的 19 口井举升扬程达到 1200 ~ 1700m，平均单井产液量达到 218m^3/d，有效地提高了油井的生产能力。

3. 水力泵举升技术及应用

水力活塞泵具有扬程高（可达 5500m）、排量大（可达 1250m^3/d）的优点，曾在中国胜利、辽河、二连等油田批量应用，任丘潜山油藏也试验应用了 1 口井。水力活塞泵的致命弱点是对动力液要求严格，随着油井含水增高，动力液用量大幅增加，处理费用也随之上升，因此已被其他举升方式所替代。

水力射流泵是水力泵的一种，举升扬程可达 3500m，排量最高可达 1590m^3/d，与水力活塞泵相比，最大优点是井下机组没有活动部件，因此对动力液的要求不高，曾在塔里木轮古油田试验应用。目前胜利油田无杆泵公司已形成商业化射流泵产品，丰富了深层高产碳酸盐岩油田人工举升的技术系列。

4. 气举工艺技术及应用

气举举升扬程可达 3500 ~ 4000m，排量最高可达 7900m^3/d，曾在吐哈、中原油田批量应用，具有井下工具寿命长、管理方便等优点，但其主要缺点是生产建设投资高。

目前井下气举阀等工具系列已全部实现国产化，基本达到国外同类产品的技术指标，中国石油相关单位已开发了多套气举井优化设计软件，总体上看工艺成熟，是深层高产井实现深抽强采的人工举升方式之一。

七、堵水技术

华北任丘潜山碳酸盐岩油藏多为边底水能量不足的低饱和油藏，无气顶，原始气油比较低，油藏的弹性能量不大，为补充储层的压力，采用注水方式开发。随着油井含水逐步上升，研究并应用了碳酸盐岩油藏机械堵水和化学堵水技术。

1. 机械堵水

任丘油田对于射孔完成的井，借用砂岩油田卡堵水的工具和工艺，实现了分层卡堵水作业调整。对于裸眼完成的井，研究开发了以裸眼封隔器为主的卡堵水工艺管柱，至今仍然代表着中国石油碳酸盐岩油藏机械堵水的水平。

在任丘油藏低含水期，研制耐温150℃、工作压差24.5MPa的K341–140裸眼封隔器以及开关滑套等配套工具，适应 ϕ150 ~ 180mm裸眼井径，解决了低含水期找水和卡堵水的需求。

在中高含水阶段，研制了K345–137、K341–137裸眼多功能封隔器及工艺管柱，封隔器耐压差达到44.1MPa，一次管柱下井，可对油层下部进行找水、堵水，对油层上部进行分层酸化，实现一趟管柱综合治理的目标。

2. 化学堵水

任丘油田按照不同开发阶段的生产特点，研究应用了三套化学堵水剂：

（1）中低含水阶段，主要采用聚丙烯酰胺、铬冻胶堵剂，具有亲水憎油的特点，易于优先挤入高含水层，基本满足堵水后自喷生产的要求。

（2）中高含水阶段，主要采用树脂、复合凝胶类堵剂，封隔强度增大，耐酸性较好，满足了堵后酸化和人工举升增大生产压差采油的要求。

（3）高含水阶段，主要采用石灰乳堵剂，堵剂强度进一步提高，堵剂价格较便宜，适应了大剂量封堵和机抽强采的生产要求。

3. 边底水封堵和水平井堵水技术

由于中国石油的碳酸盐岩油藏投入开发的较少，尚未对边底水能量强的油藏系统开展边底水封堵和治理的工艺技术研究。

砂岩油藏水平井堵水技术于2008年在水平井技术专项中立题，目前已取得初步进展。碳酸盐岩储层水平井堵水技术同样由于投入开发的油藏少，开展的相关研究较少。

第三节　采油采气工艺面临的主要挑战

根据碳酸盐岩油气藏采油采气工艺技术适应性分析，结合今后中国碳酸盐岩油气藏开发的潜力及特点，除改造技术以外，现介绍采油采气工艺技术面临的主要挑战。

一、复杂结构井采油采气工艺配套技术

随着碳酸盐岩油气藏越来越多地投入开发，对多分支等复杂结构井的需求也将逐渐增加。但是目前国内的采油采气工艺技术在很多方面尚不能满足此类井的要求，主要表现之一是对裸眼完井的水平井，尚不具备大型分段改造的井下关键工具，在大型分段改造时，不得不引进国外公司的技术产品，但因价格昂贵，在一定程度上影响了应用规模，降低了

开采效果；另外，目前尚不具备多分支井生产测试、分井眼控制调整、修井等工艺技术，不利于分支井的大规模应用。

二、边底水封堵治理技术

与砂岩油气藏相比，碳酸盐岩油气藏储层裂缝、溶洞发育。对于许多碳酸盐岩油气藏，这些裂缝和溶洞既是油气存储的主要空间，又是油气流动的主要通道。对于这类油气藏，在边底水能量强的条件下，边底水的锥进将成为影响油气藏采收率的严重隐患。

尽管华北任丘潜山油藏研究并规模应用了机械堵水和化学堵水技术，但任丘潜山碳酸盐岩油藏多为边底水能量不足的欠饱和油藏，而对于强边底水的油藏，特别是碳酸盐岩的水平井，由于能够依托的油藏尚不明确，至今中国石油暂未组织开展系统的研究。

针对这类油藏的需求，国外研究实验了机械卡封、化学剂封堵、打隔板等堵水工艺技术，暴露出的主要问题是有效期过短，在块状碳酸盐岩油藏如何实现可靠且有效期长的边底水封堵和治理，至今仍是一个世界性难题。

三、智能完井技术

智能完井技术能够实时监测油气井的生产动态，可以在不关井的条件下远程控制油气井的生产制度，调整生产层位，实现分层分段分井眼开采。

中国近几年已探明的碳酸盐岩油气藏大多具有储层埋藏深、压力高、温度高的特点，有些气藏还高含腐蚀性气体，因此采用智能完井技术是减少修井作业工作量、规避修井施工风险、改善油气井开采效果的重要途径之一，也是未来数字化油气田的技术基础之一。

国外哈里伯顿、斯伦贝谢、贝克等公司均已形成了较为成熟的智能完井技术。由于智能完井需要较高的投资，而中国绝大多数油气井单井产量低，因此没有对智能完井技术进行系统的研究，目前尚不具备使用这项技术的能力。

随着中国勘探开发技术的不断进步，高温、高压、高产井和复杂结构井将不断增多，从而对智能完井技术的潜在需求也将进一步增加，需要适时研究形成具有中国石油特色的智能完井技术体系。

第二章　碳酸盐岩气藏采气工程安全完井技术

近年来中国投入试采和开发的碳酸盐岩气田，具有储层埋藏深、压力、温度高的特点，有的气田还高含 H_2S。因此采气工程完井的首要任务之一是为这类气田的安全生产提供可靠的基础。本章以塔中Ⅰ号气田、龙岗气田为例重点总结了碳酸盐岩储层水平井井壁稳定性评价技术在完井方式选择中的应用情况，以及高温、高压、高含 H_2S 气田完井试气技术的发展。这些研究成果为塔中Ⅰ号气田、龙岗气田实现高效完井、安全试气生产提供了重要的工艺技术基础。

第一节　水平井完井方式设计技术

一、碳酸盐岩气藏完井方式的设计理念

1. 碳酸盐岩气藏设计完井方式时需要重点考虑的因素

研究设计完井方式时，需要考虑众多因素，归纳起来可分为地质特征、井壁稳定性和工程技术需求三大类。对于不同类型的气藏，这些因素对决定完井方式的权重将有所不同。

对于储层埋藏深、压力高、温度高、H_2S 含量高的气田，设计完井方式时必须进一步加强安全因素的分析研究，设计的完井方式不仅要有利于保证完井施工作业过程中的安全，还要能够充分发挥储层的产能，减少修井作业，有利于实现采气生产过程中的安全。

根据碳酸盐岩储层的特点，设计完井方式时除了考虑储层分布、边底水能量、油藏工程提出的井型等因素外，还需要重点考虑以下因素。

1）避免或降低储层伤害的因素

中国近期发现的大多数碳酸盐岩气田，储层以缝洞为主要储集空间和流动通道，钻井液及固井水泥浆对储层造成伤害后，表现出伤害半径长、对产能影响大、解堵作业难度高的特点。因此在设计完井方式时，应更加强调保护储层的因素，与一般孔隙性储层相比，有利于保护储层的权重增大。

2）井壁稳定性的因素

对于储层埋藏深、高温、高压、含酸性气的气田，在生产过程中出砂或井壁坍塌，将造成严重的事故隐患，修井施工的难度和风险也远高于常规气井，因此保证井壁的稳定性，特别是裸眼井井壁的稳定性，是这类气藏设计完井方式时必须考虑的重要因素之一。与储层埋藏浅、温度压力低的气藏相比，完井后保证井壁稳定性的权重增大。

3）有利于防腐的因素

碳酸盐岩气藏无论是腐蚀导致的安全风险还是防腐难度和投资，都远高于常规气井。因此在完井设计中，有利于防腐的权重也应高于常规气井。

2. 碳酸盐岩气井主要完井方式的优势及局限

资深采油工程专家万仁溥在《现代完井工程》中，对各类完井方式的优缺点及适应条

件进行了全面论述。对于碳酸盐岩气藏，在一定条件下，某些完井方式的一般性优点可转变为极大优势，而有些一般性的局限则可能成为致命的缺陷。

1）裸眼完井主要的优势及缺陷

在碳酸盐岩气藏采用裸眼完井，具有以下两个显著的优势：

一是不用水泥固井，避免了固井过程中水泥浆对储层的伤害，能够最大限度地发挥欠平衡、近平衡钻井有效保护储层的功能，大幅度减少解堵施工作业的工作量和施工规模，从而在有效保护储层产能的同时，规避了增产作业施工的安全风险。与储层埋藏浅，温度、压力低的气藏相比，可有效保护储层，减少增产作业施工；对碳酸盐岩气藏更加重要。

二是储层部位不下套管，避免了酸性气体在高分压条件下的腐蚀伤害。在目前工程技术的条件下，高压、高酸性气井储层部位通常采用高级抗蚀材质的套管进行防腐，价格十分昂贵，特别是产层井段分布距离长的直井和水平井，采用这项措施对钻完井投资的影响十分明显。与常规气藏相比，能够有利于防止腐蚀、降低钻完井投资，在塔中Ⅰ号这样的气藏更具有优势。

裸眼完井的前提条件是井壁的稳定性。对于高温、高压、高含腐蚀介质的气井而言，储层出砂对油管和井下工具的冲蚀损坏、井壁坍塌后的修井难度和风险产生事故后危害程度都远高于常规气井，因此，采用裸眼完井时，对井壁稳定性的要求，也应高于常规气井。

此外，由于目前工程技术水平的限制，裸眼完井后尚不能进行较大规模的分层、分段改造，边底水锥进后治理的难度更大。因此需要大型分层、分段改造及边底水能量强的气井，目前裸眼完井尚不能满足工程技术要求。

2）筛管完井的优势与局限

与裸眼完井相比，筛管完井同样不用水泥固井，在充分发挥欠平衡、近平衡钻井有利保护储层的同时，还可以有效防止井壁崩落的岩块进入井筒，对于井壁稳定性的要求比裸眼完井宽松。下入管外封隔器后，分层、分段改造的技术难度也小于裸眼完井。但是由于需要在储层部位下入筛管，完井费用高于裸眼完井，特别是酸性气体含量高的井，完井费用一般较高。

与射孔完井相比，筛管完井的最大优点是可以避免固井水泥对储层的伤害，但分层、分段改造的规模，分层、分段的灵活性等方面均不及射孔完井。

3）射孔完井的优势与局限

射孔完井是中国石油应用最多的完井方式，具有分段改造、分段调整控制工艺成熟可靠等突出优点，但是完井过程中对储层的伤害远高于裸眼完井和筛管完井。此外，长井段射孔施工的风险较高，这是碳酸盐岩气井在研究选择完井方式时必须考虑的重要因素之一。

3. 碳酸盐岩气藏主要完井方式设计筛选的优先顺序

综上所述，与常规气藏相比，埋藏深、压力温度高的碳酸盐岩气藏在选择设计完井方式时，对降低施工作业和采气生产过程中的风险、对储层的有效保护等因素的权重增加，因此应建立先裸眼、再筛管、后射孔的设计筛选理念，即在充分研究地质特征、工程技术条件的基础上，用系统方法对井壁的稳定性进行评价分析，优先研究论证裸眼完井的可行性，然后依次分析筛管完井、射孔完井的适应性。

为了抑制裸眼完井对井壁稳定性要求高、裸眼和筛管完井对分层改造适应性差、射孔完井作业风险高的缺点，在条件适宜时可采用裸眼分段控制油管柱，筛管完井推荐应用管外封隔器，射孔完井尽量采用联作技术。

二、水平井井壁稳定性研究采用的基本方法

1. 基本理论

1）力学本构模型

岩石力学本构关系是描述应力和变形之间相互关系的一组力学方程。自20世纪40年代以来，在连续介质力学的基础上，许多研究者提出了一系列预测井眼应力分布的本构关系及评价井壁稳定性的强度判别准则。这些本构关系模型包括简单的线—弹性模型、考虑弹性参数随压力变化而变化的较复杂的弹性模型、非连续介质模型、线—弹性井眼崩落模型、弹—塑性模型、应变硬化弹—塑性模型、应变软化弹—塑性模型及弹—脆—塑性模型等。

2）Drucker–Prager 强度破坏准则

岩石在变形过程中，当应力及应变增大到一定程度时，岩石便被破坏。用于表征岩石破坏条件的应力—应变函数即为破坏判据或强度准则。在岩石力学领域，有很多强度准则可应用于判断岩石屈服，如Mohr–Coulomb 准则和Drucker–Prager 准则。Drucker–Prager 准则的表达式为：

$$F(I_1, J_2) = J_2 + H_2 I_1 - H_1 = 0 \tag{2-1}$$

其中：

$$I_1 = \sigma_1 + \sigma_2 + \sigma_3 \tag{2-2}$$

$$J_2 = \sqrt{\frac{(\sigma_1-\sigma_2)^2+(\sigma_2-\sigma_3)^2+(\sigma_3-\sigma_1)^2}{6}} \tag{2-3}$$

式中 I_1、J_2——分别为应力第一不变张量和应力第二不变偏张量；

H_1、H_2——均为材料参数。

在岩石领域一般按以下关系式进行计算：

$$H_1 = \frac{6c\cdot\cos\varphi}{\sqrt{3}(3-\sin\varphi)} \tag{2-4}$$

$$H_2 = \frac{2\sin\varphi}{\sqrt{3}(3-\sin\varphi)} \tag{2-5}$$

式中 φ——岩石的内摩擦角；

c——内聚力。

上述准则是用于判断岩石何时进入弹性屈服极限，对于大部分的岩石来说，紧接着弹性屈服极限之后就会产生塑性变形。岩石刚好发生破坏时的塑性应变值称为该岩石的临界塑性应变ε_0。根据有效塑性应变准则，岩石在外力作用下产生的有效塑性应变ε_p如果超过了临界塑性应变，岩石就会发生塑性屈服破坏。

根据有效塑性应变准则，当岩石的有效塑性应变超过3‰～8‰时，岩石将会发生塑性破坏，不同岩石塑性破坏的临界塑性应变应由实验确定。一般对于砂岩，岩石的临界塑性

应变偏于高限 8‰；对于碳酸盐岩，岩石的临界塑性应变则偏于下限 3‰。针对所研究气藏工区，将主要考虑临界塑性应变值的下限值，对井壁失稳进行判断。

2. 有限元模型建立及计算参数设置

为了从定量的角度就水平井井壁稳定性及临界生产压差展开研究，必须针对实际井眼轨迹建立相应的有限元力学模型。以塔中 I 号气田为例，TZ62−6H 井、TZ62−7H 井、TZ62−10H 井、TZ62−11H 井及 TZ62−13H 井由于其水平段在垂向上起伏不大且水平段在方位变化率上也不大，故取各水平井水平段的端部与根部相连来模拟水平段井眼延伸方位，由此建立的各水平井有限元模型如图 2−1 所示。

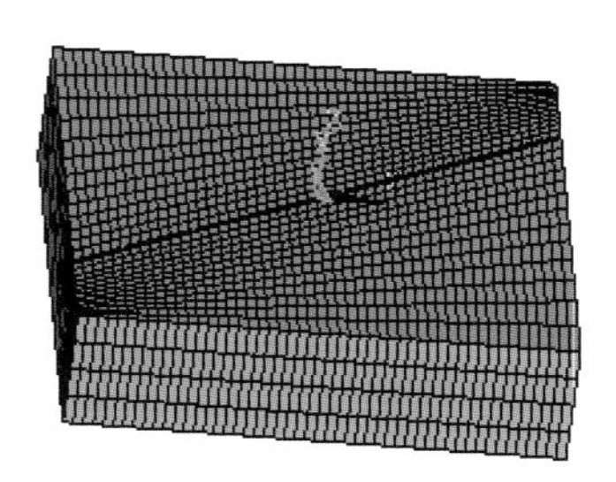
（A）TZ62−6H井（北西向11°）

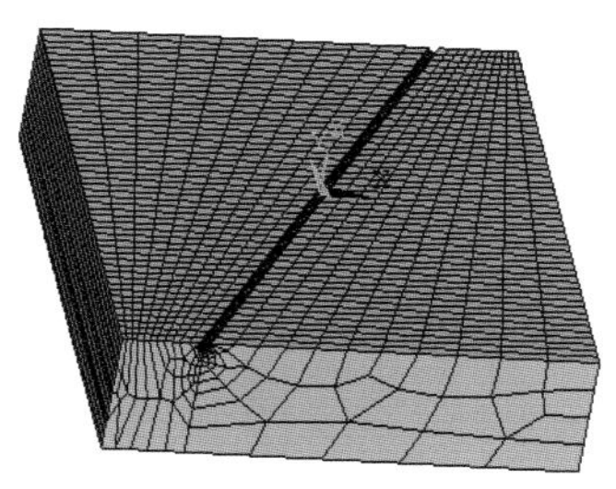
（B）TZ62−7H井（北东向15°）

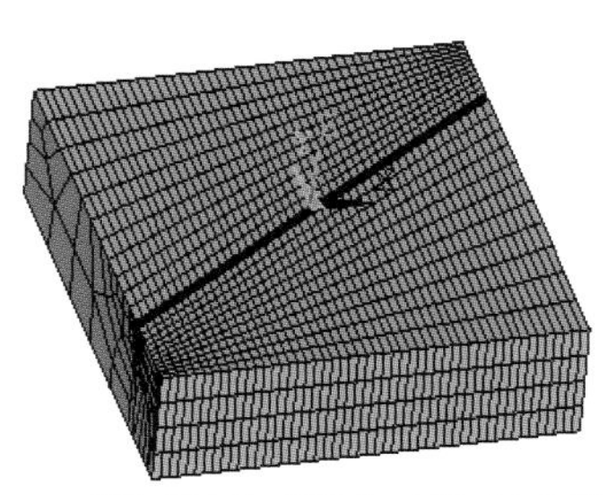
（C）TZ62−10H井（北西向74°）

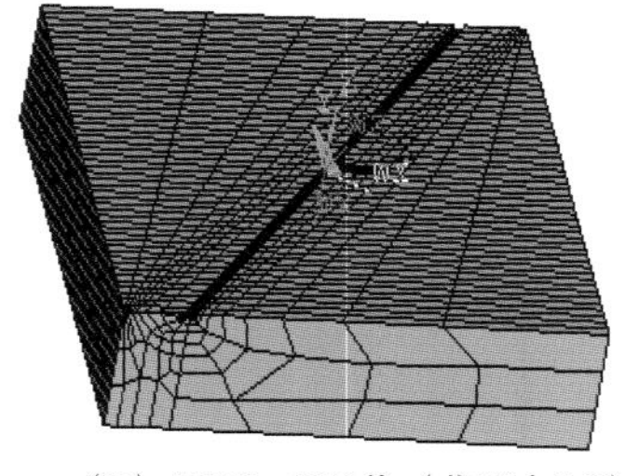
（D）TZ62−11H井（北西向36°）

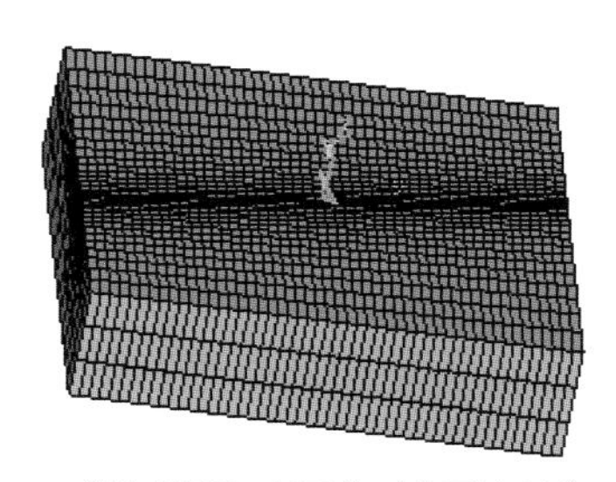
（E）TZ62−13H井（北西向31°）

图 2−1　各水平井基于特定地应力场的有限元网格模型

根据多孔弹性介质有效应力原理，图中的有效载荷与实际地应力、孔隙弹性系数 α 间满足以下关系：

最大有效水平地应力：

$$\sigma'_{H_1} = \sigma_{H_1} - \alpha p_P \tag{2-6}$$

最小有效水平地应力：

$$\sigma'_{H_2} = \sigma_{H_2} - \alpha p_P \tag{2-7}$$

有效垂向地应力：

$$\sigma'_V = \sigma_V - \alpha p_P \tag{2-8}$$

生产压差：

$$\Delta p = p_P - p_{wf} \tag{2-9}$$

式中　p_P——地层孔隙压力；

p_{wf}——井底流压。

TZ62 井区、TZ82 井区的储层段岩石力学基本参数见表 2–1、表 2–2。

表 2–1　TZ62 井区 01 储层段岩石力学基本参数

参数名称	数值
地层孔隙压力系数（MPa/100m）	1.17
水平向最大地应力（MPa）	115
水平向最小地应力（MPa）	64
垂向地应力（MPa）	109.23
岩石弹性模量（MPa）	33000
岩石泊松比	0.23
岩石内聚力（MPa）	18.47
岩石内摩擦角（°）	30

表 2–2　TZ82 井区 01 储层段岩石力学基本参数

参数名称	数值
地层孔隙压力系数（MPa/100m）	1.17
水平向最大地应力（MPa）	184.2
水平向最小地应力（MPa）	101.3
垂向地应力（MPa）	128
岩石弹性模量（MPa）	30000
岩石泊松比	0.314
岩石内聚力（MPa）	19
岩石内摩擦角（°）	32

三、水平井延伸方向对井壁稳定性的影响

水平井延伸方向与水平主应力方向的夹角，是影响井壁稳定性的重要因素之一。分别设定 TZ82 井区各水平井与最大水平主应力分别成 0°、30°、60°、90° 时的 4 种情况，计算分析 4 种情况下的井壁稳定性及临界生产压差，据此判断对井壁稳定性的影响。

1. 水平井延伸方向与水平向最大主应力方向平行

当水平井眼轨迹沿水平最大主应力方向时，建立的有限元力学模型如图 2–2 所示。

根据图 2–2 所示有限元力学模型结合表 2–2 中数据计算该方位水平井在不同生产压差作用下井壁岩石塑性应变情况。

由图 2-4 可知，在 TZ82 井区当水平段井眼轨迹方向与水平最大主应力方向一致，水平段垂直深度在 5100m 左右时，水平井裸眼临界生产压差较高，约为 41MPa，在此方位上裸眼水平井眼之所以有如此高的临界生产压差，是因为该水平井眼轨迹方向严格与水平最大主应力方向一致，另外 TZ82 井区的水平最小主应力与垂向主应力分别是 91MPa、118MPa，这两者之间的差应力较小，加之 TZ82 井区岩石强度普遍较高，平均弹性模量达到 30000MPa，泊松比为 0.314，内聚力、内摩擦角分别为 19MPa 与 32°，因此这种种原因造成了 TZ82 井区水平最大主应力方向上的水平井眼裸眼临界生产压差较高。

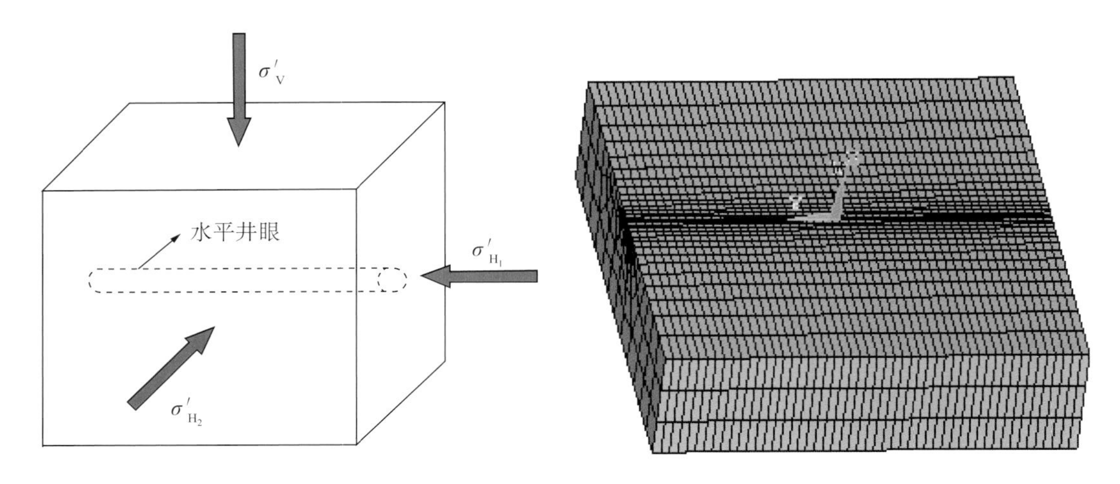

图 2-2　井筒方位与水平向最大主应力方向平行

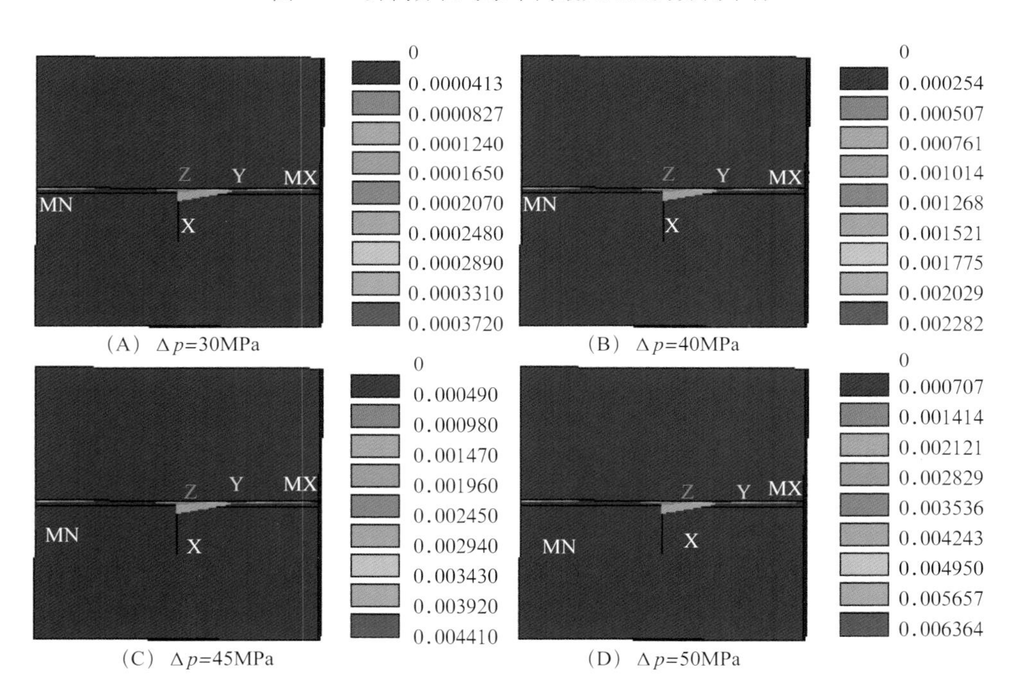

图 2-3　不同生产压差下水平井筒周围等效塑性应变图（一）

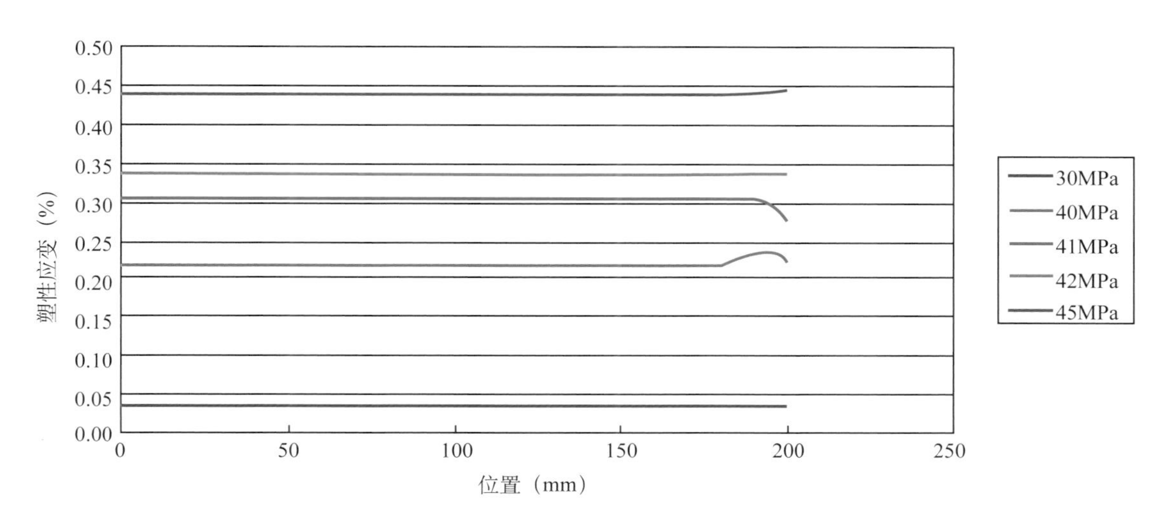

图 2–4 不同生产压差下沿水平井井轴方向井壁岩石塑性应变图（一）

2. 水平井延伸方向与水平向最大主应力方向成 30° 夹角

水平井眼轨迹与水平最大主应力成 30° 夹角时，建立有限元力学模型如图 2–5 所示。

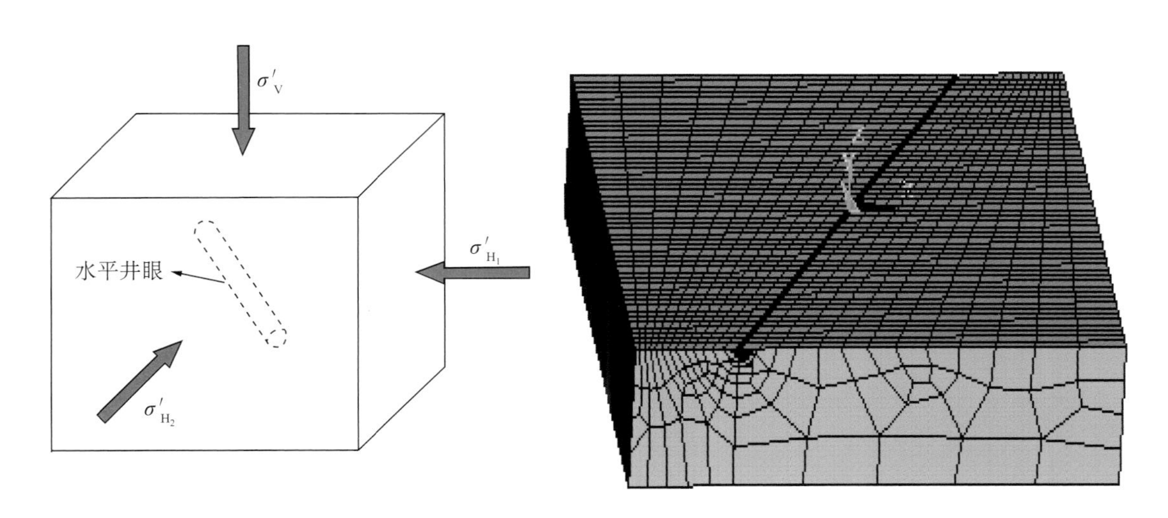

图 2–5 井筒方位与水平向最大主应力方位间夹角 30°

根据图 2–5 所示有限元力学模型结合表 2–2 中数据计算该方位水平井在不同生产压差作用下井壁岩石塑性应变情况（图 2–6）。

由图 2–7 可知，当水平井眼轨迹方向与水平最大主应力成 30° 夹角时，水平井裸眼生产时临界生产压差为 23MPa。

3. 水平井延伸方向与水平向最大主应力方向成 60° 夹角

当水平井眼轨迹与水平最大主应力成 60° 夹角时，所建立的有限元力学模型如图 2–8 所示。

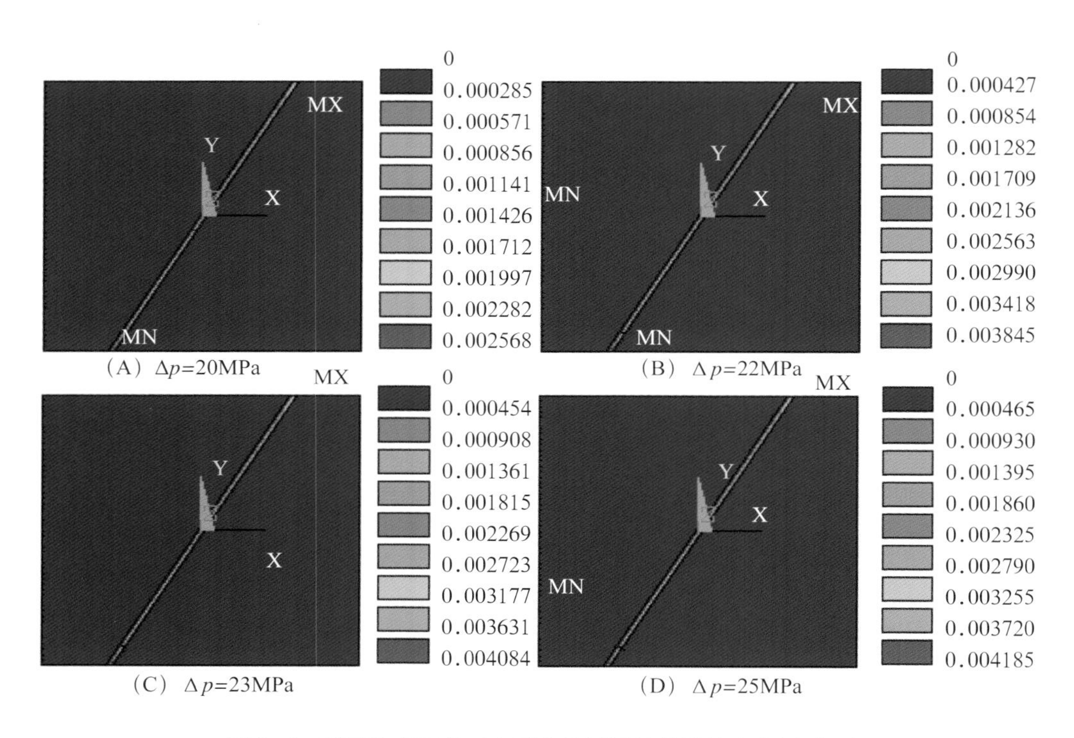

图 2–6　不同生产压差下水平井筒周围等效塑性应变图（二）

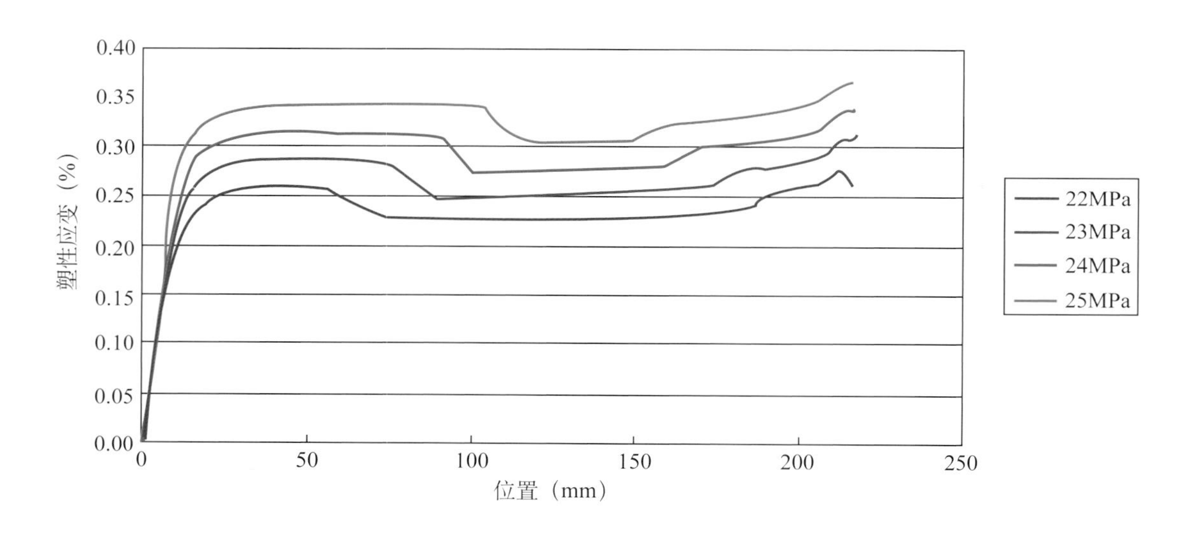

图 2–7　不同生产压差下沿水平井井轴方向井壁岩石塑性应变图（二）

根据图 2–8 所示有限元力学模型结合表 2–2 中数据，设定不同生产压差，计算分析不同生产压差下井壁岩石塑性应变情况，所得计算结果如图 2–9 所示。

从图 2–10 可知，当水平井眼轨迹方向与水平最大主应力方向成 60° 角时，即使没有生产压差的作用井壁岩石塑性应变值也超过了该井区地层岩石塑性应变临界值的 3‰，表明井壁已经失稳，井壁需要支撑。

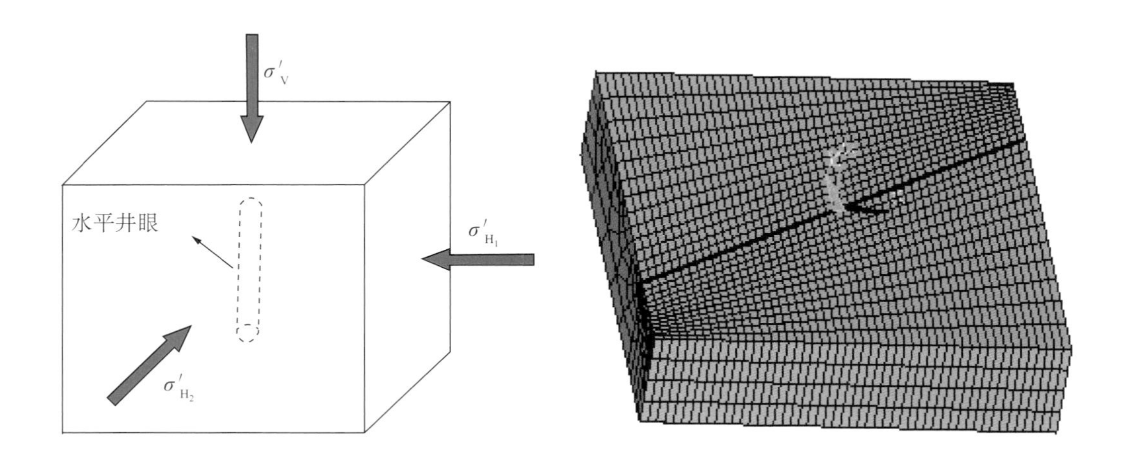

图 2–8 井筒方位与水平向最大主应力方位间夹角 60°

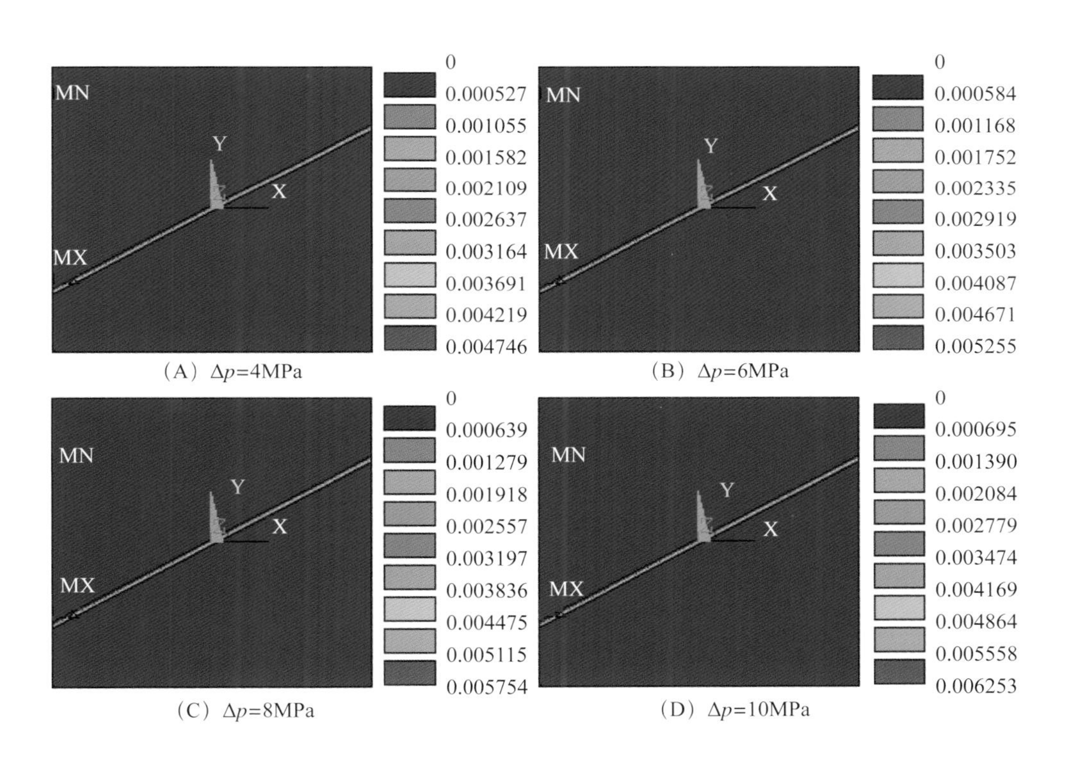

图 2–9 不同生产压差下水平井筒周围等效塑性应变图（三）

4. 水平井延伸方向与水平向最小主应力方向一致

当水平井眼轨迹与水平最小主应力方向一致时，建立相应的有限元力学模型如图 2–11 所示。

根据图 2–11 所示模型结合表 2–2 中数据，设定不同生产压差，计算分析不同生压差下井壁岩石塑性应变情况，所得计算结果如图 2–12 所示。

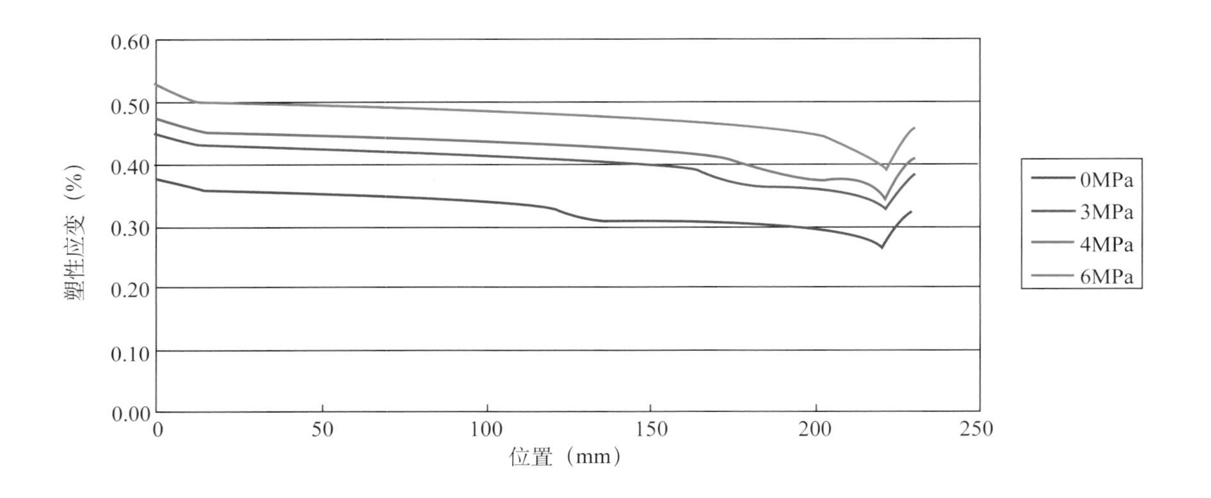

图 2–10　不同生产压差下沿水平井井轴方向井壁岩石塑性应变图（三）

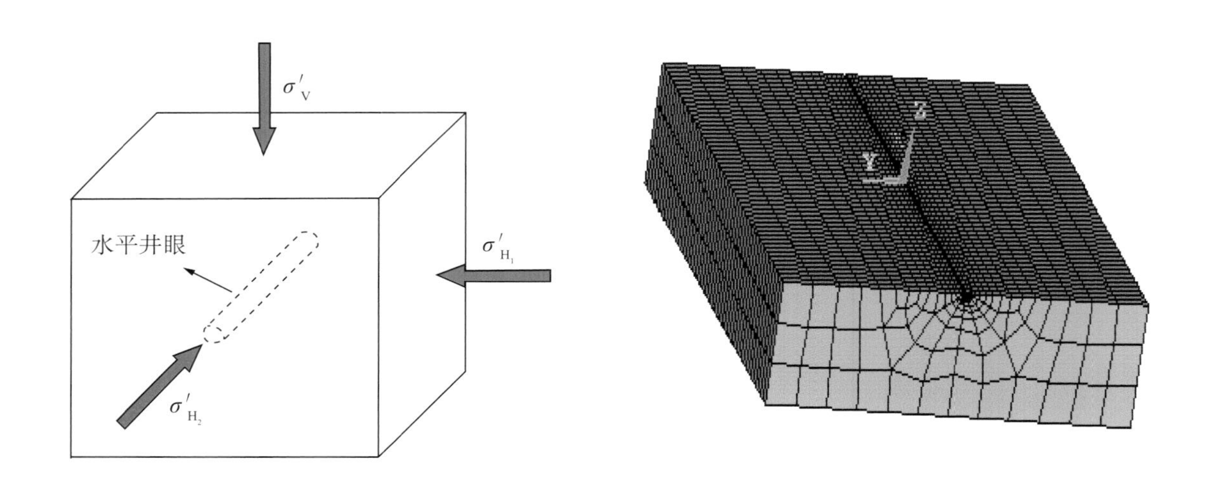

图 2–11　井筒方位与水平向最小主应力方位平行

由图 2–13 可知，当水平井眼轨迹延伸方向与水平最小主应力方向一致时，即使没有生产压差作用其井壁岩石塑性应变值也达到了 3.5‰，表明井壁已经失稳，井壁需要支撑。

5. 小结

图 2–14 与图 2–15 为生产压差分别为 5MPa、10MPa 条件下，井壁岩石塑性应变变化曲线，由图可知，同一生产压差下水平井井眼轨迹越靠近水平最大主应力稳定性越好，越靠近水平最小主应力稳定性越差。

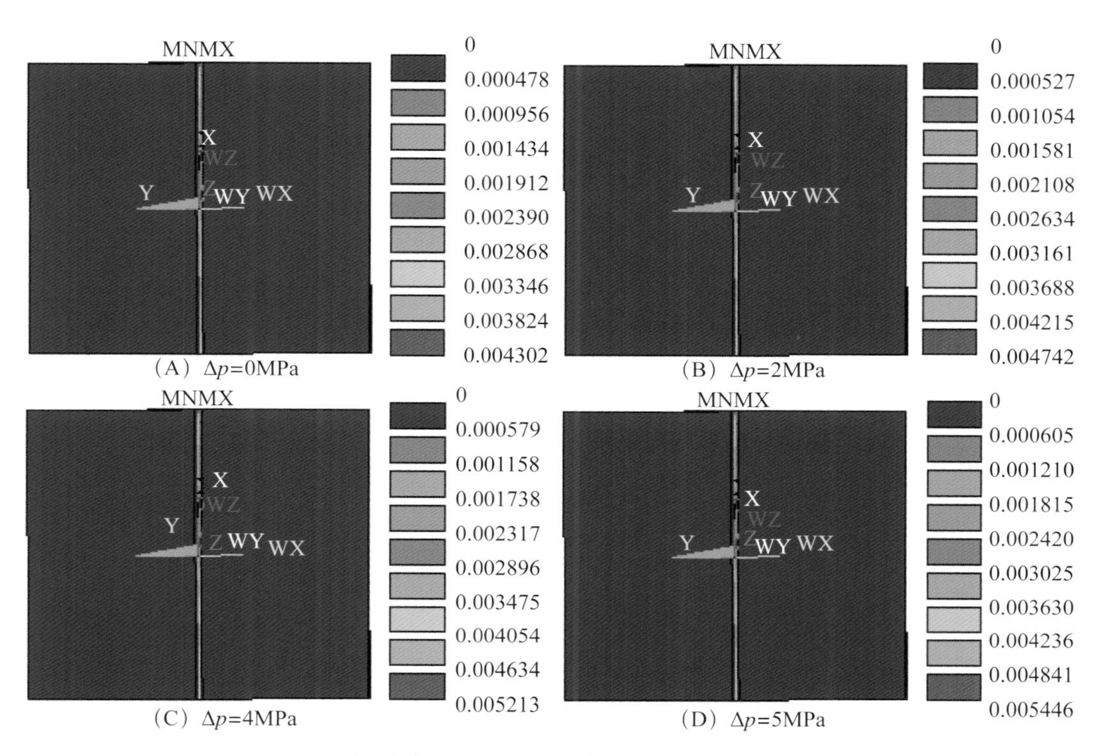

图 2–12　不同生产压差下水平井筒周围等效塑性应变图（四）

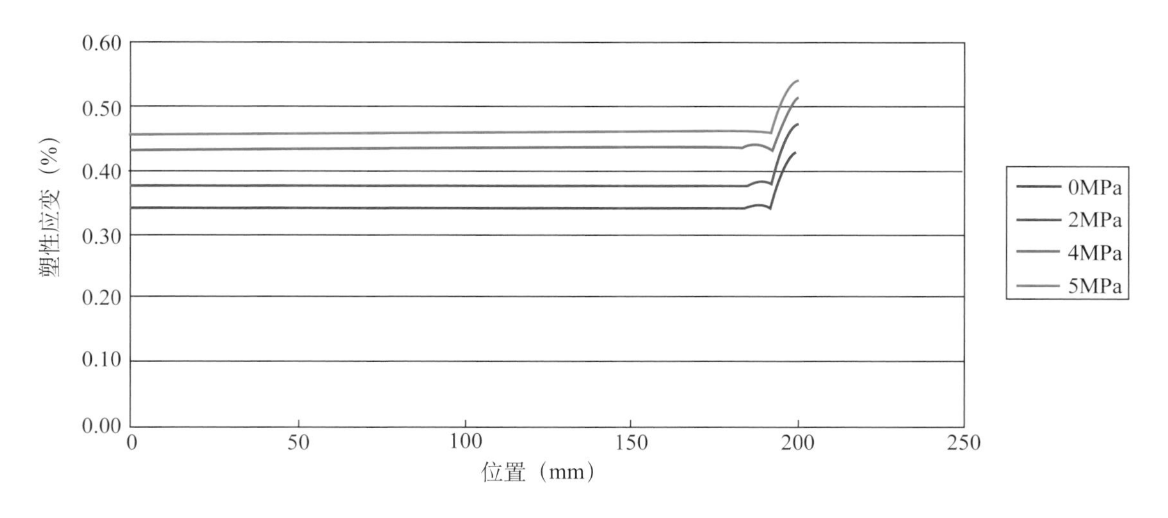

图 2–13　不同生产压差下沿水平井井轴方向井壁岩石塑性应变图（四）

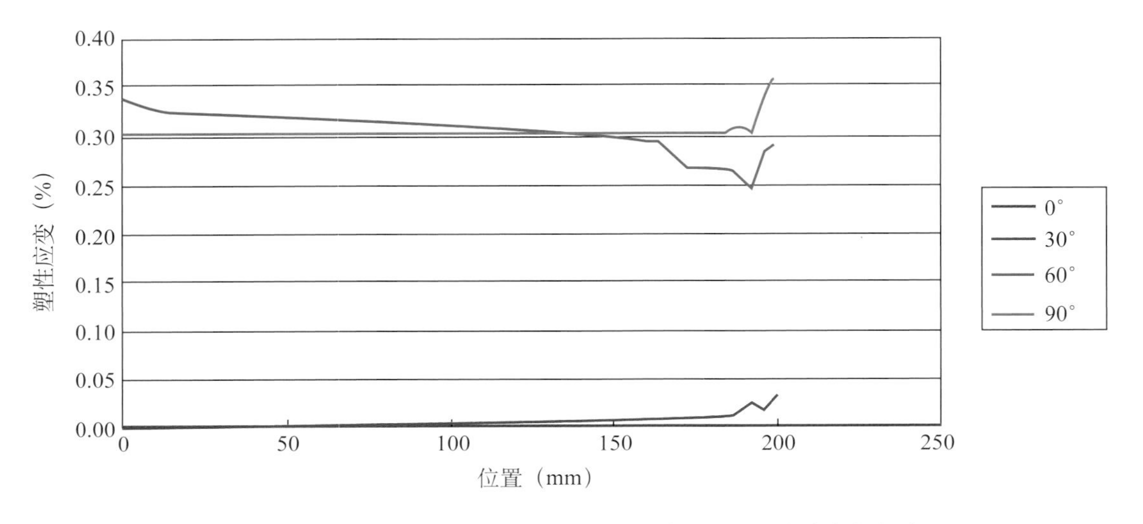

图 2–14　生产压差为 5MPa 时不同方位井壁岩石塑性应变变化曲线

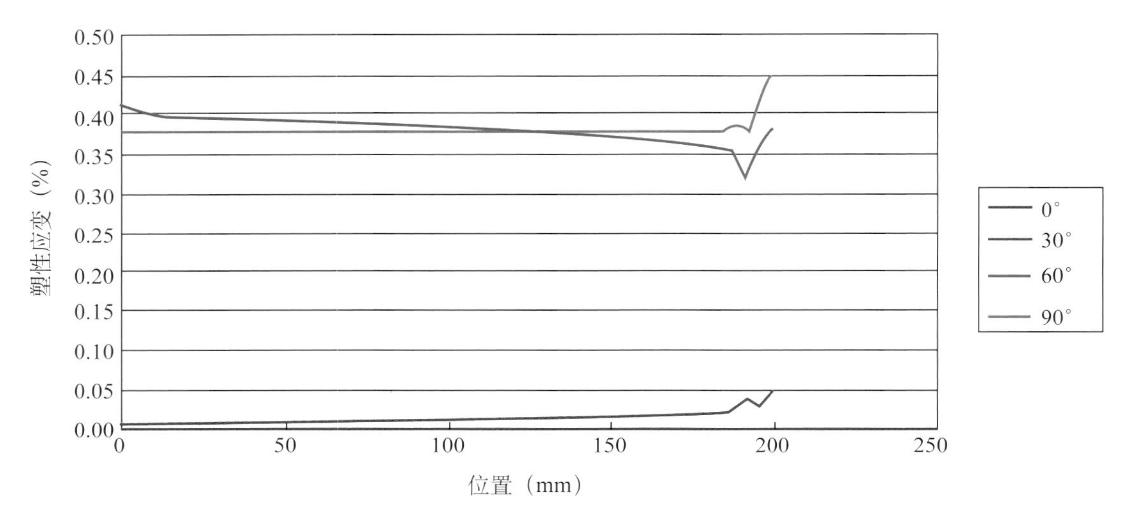

图 2–15　生产压差为 10MPa 时不同方位井壁岩石塑性应变变化曲线

四、TZ62 井区地质力学特征对水平井井壁稳定性的影响

分别计算分析了 TZ62 井区 5 口水平井在不同生产压差下的等效塑性应变，计算结果表明，在水平井延伸方向与水平主应力夹角不同的条件下，临界生产压差具有较大的差别。因此在生产参数设计时，应根据每口井的实际进行分析研究。

1. TZ62–6H 井井壁稳定性及临界生产压差分析（北西向 11°）

根据图 2–1（A）所示有限元模型，生产压差分别取 15MPa、13MPa、12MPa、10MPa 时计算得到在不同生产压差下，沿井眼壁面的等效塑性应变分布如图 2–16 和图 2–17 所示。

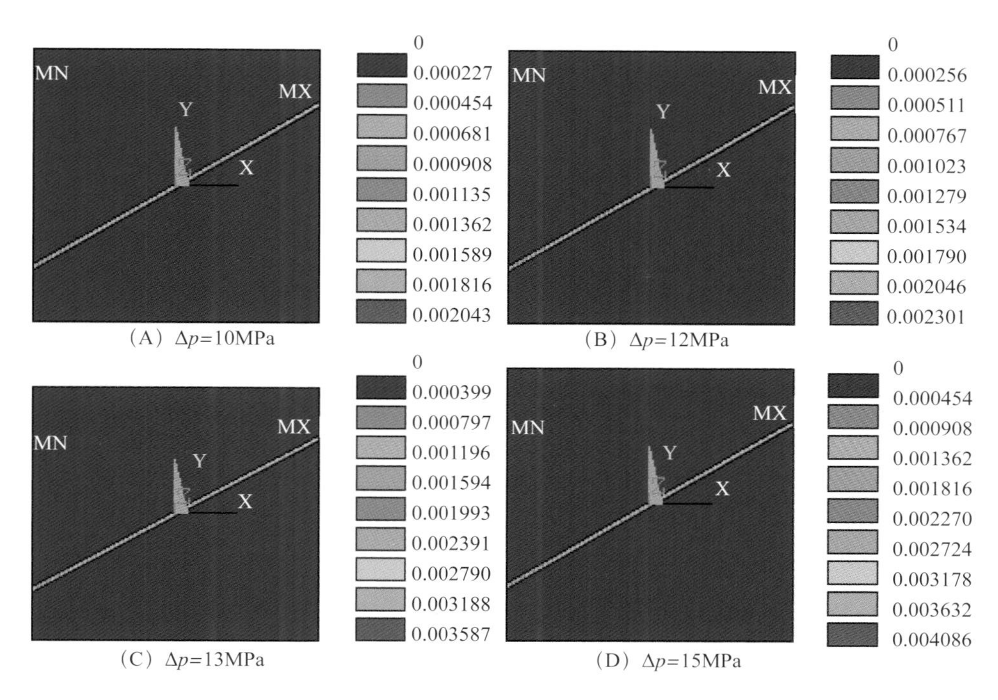

图 2–16　不同生产压差下水平井筒周围等效塑性应变图（五）

由图 2–17 可知，井壁岩石塑性应变随生产压差的提高而增大，当生产压差低于 13MPa 时，井壁岩石塑性应变增加较平缓；当生产压差为 13MPa 时，井壁岩石塑性应变超过该井区地层岩石临界塑性应变值 0.3%。因此该井在裸眼生产时其临界生产压差可以达到 12MPa。

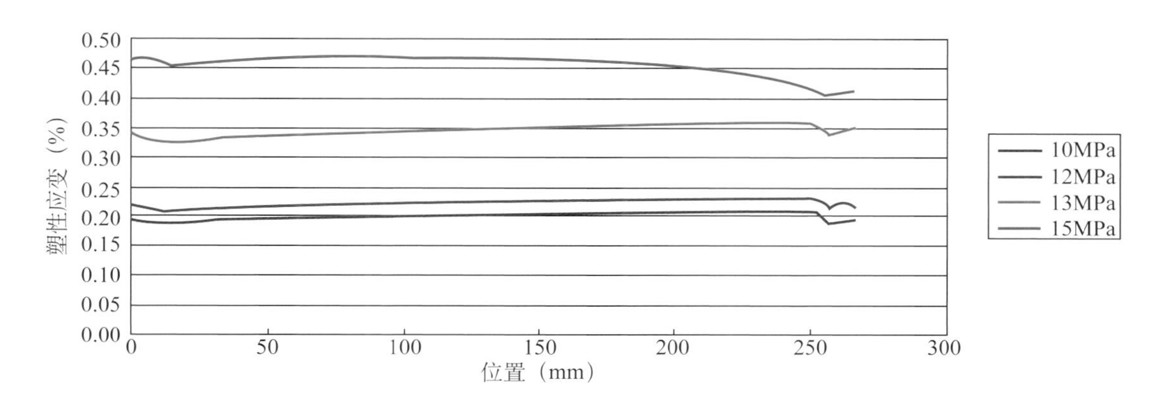

图 2–17　不同生产压差下沿水平井井轴方向井壁岩石塑性应变图（五）

2. TZ62–7H 井井壁稳定性及临界生产压差分析（北东向 15°）

根据图 2–1（B）所示有限元模型，结合表 2–1 中各项参数并设定水平井生产压差分别为 15MPa、20MPa、25MPa、30MPa、32MPa、33MPa、34MPa、35MPa 计算分析该井在不同生产压差下井壁稳定性情况及临界生产压差。

由图 2–18 及图 2–19 可知，TZ62–7H 井井壁稳定性较好，临界生产压差较高可以达到 33MPa。

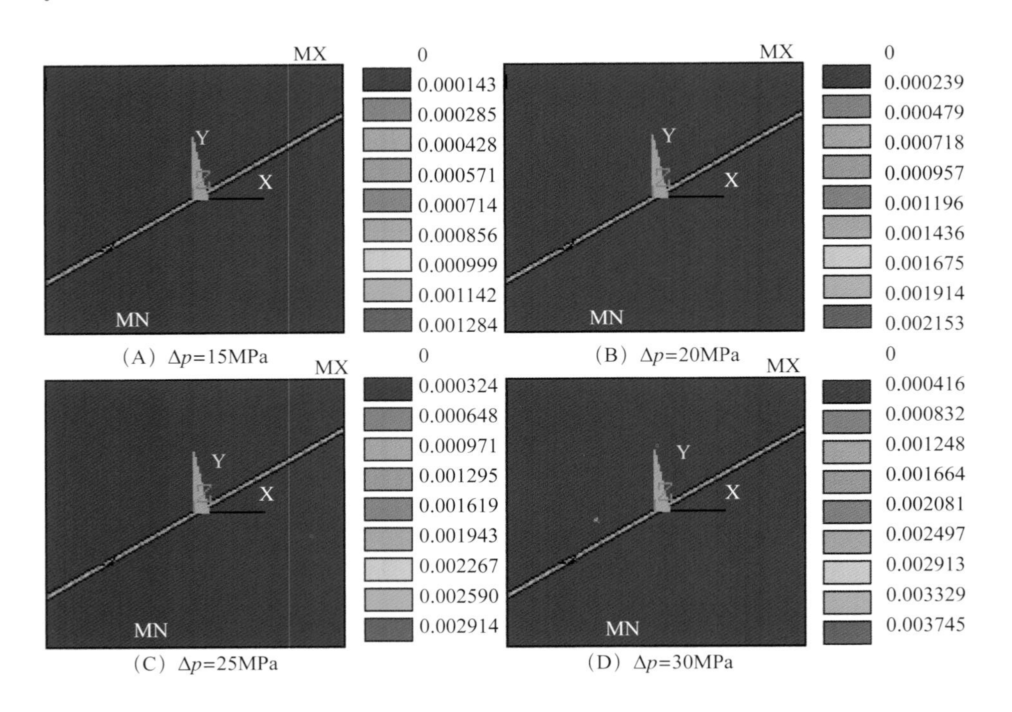

图 2–18　不同生产压差下水平井筒周围等效塑性应变图（六）

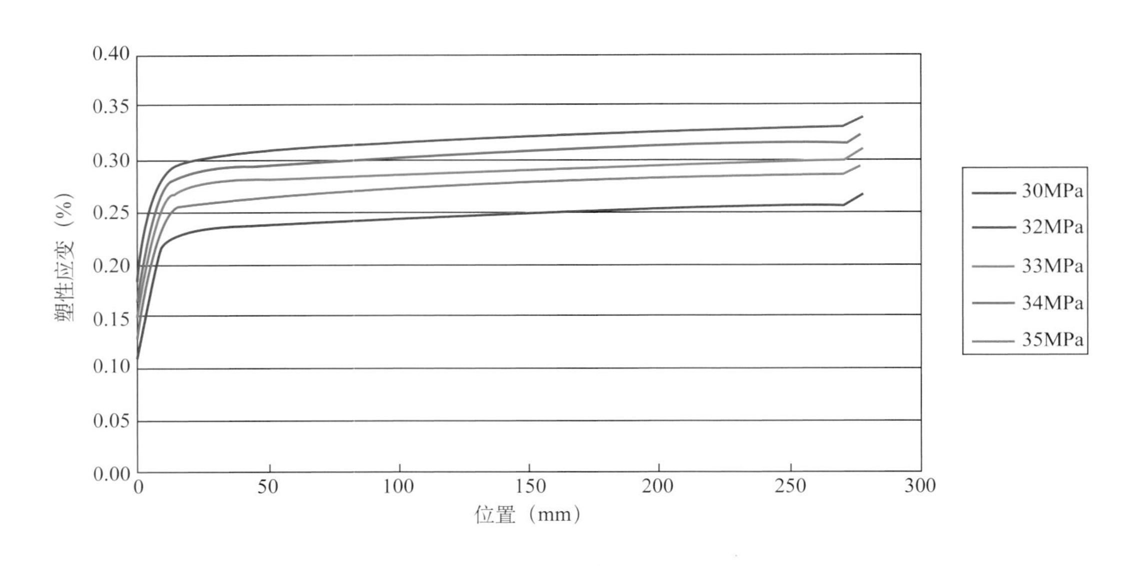

图 2–19　不同生产压差下沿水平井井轴方向井壁岩石塑性应变图（六）

3. TZ62–10H 井井壁稳定性及临界生产压差分析（北西向 74°）

根据图 2–1（C）所示有限元模型与表 2–1 中各项参数计算其井壁稳定性情况，计算分析结果如图 2–20 所示。

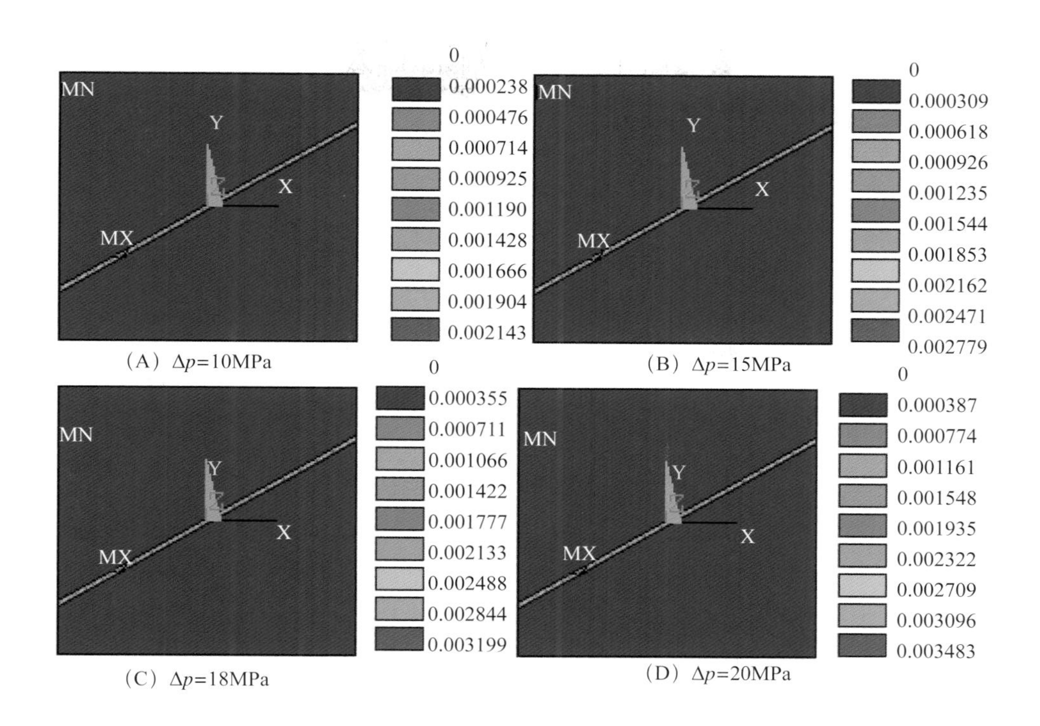

图 2–20　不同生产压差下水平井筒周围等效塑性应变图（七）

由图 2–21 可知该井临界生产压差可以达到 17MPa；生产压差为 18MPa 以上时，井壁塑性变形已超过 0.3%。

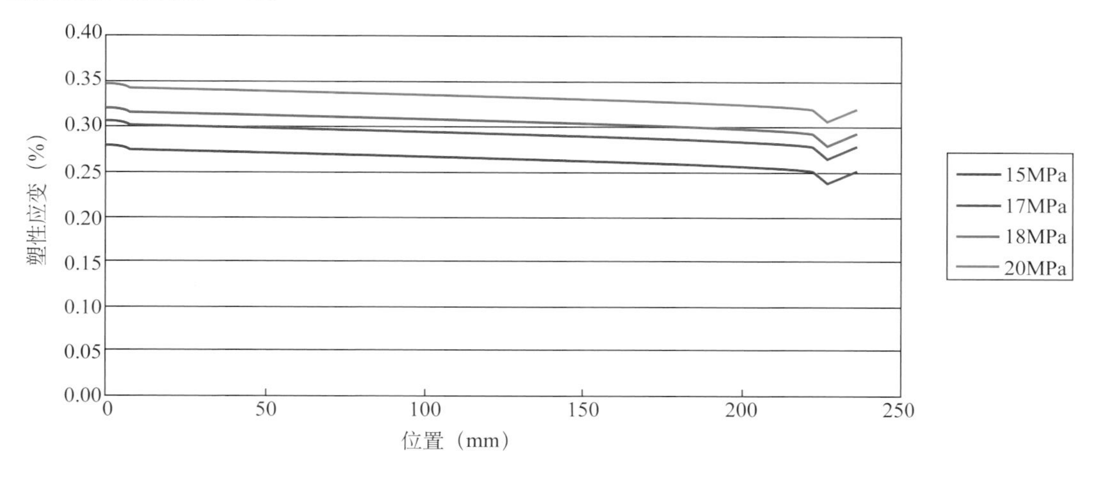

图 2–21　不同生产压差下沿水平井井轴方向井壁岩石塑性应变图（七）

4. TZ62–11H 井井壁稳定性及临界生产压差分析（北西向 36°）

根据图 2–1（D）所示有限元模型及表 2–1 中各项参数计算分析不同生产压差下井壁岩石塑性应变情况，据此判断井壁稳定性及临界生产压差，计算分析结果如图 2–22 所示。

由图 2–23 可知，生产压差在 9MPa 时，井壁岩石塑性应变值达到该井区地层岩石临界塑性应变值 0.3%，因此该井裸眼临界生产压差为 9MPa。

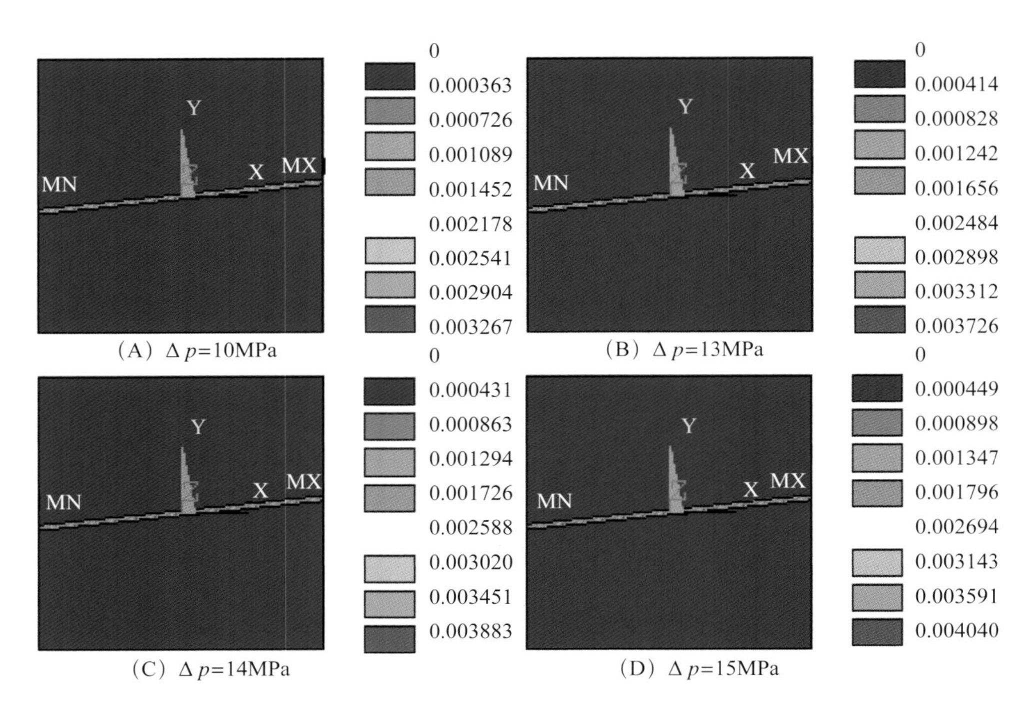

图 2–22 不同生产压差下水平井筒周围等效塑性应变图（八）

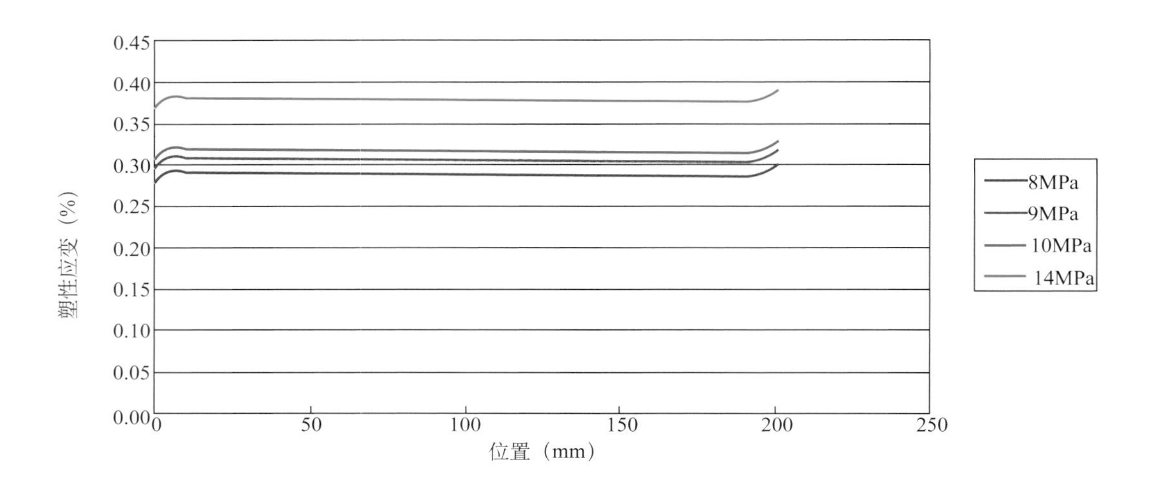

图 2–23 不同生产压差下沿水平井井轴方向井壁岩石塑性应变图（八）

5. TZ62–13H 井井壁稳定性及临界生产压差分析（北西向 31°）

根据图 2–1（E）所示有限元模型与表 2–1 中各项岩石强度与地应力及孔隙压力参数，计算分析不同生产压差下井壁岩石塑性应变情况并根据井壁岩石的塑性应变判断井眼稳定性与临界生产压差（图 2–24）。

由图 2–25 可知，生产压差在 9MPa 时，井壁岩石塑性应变值达到该井区地层岩石临界塑性应变值 0.3%，因此其裸眼临界生产压差为 9MPa。

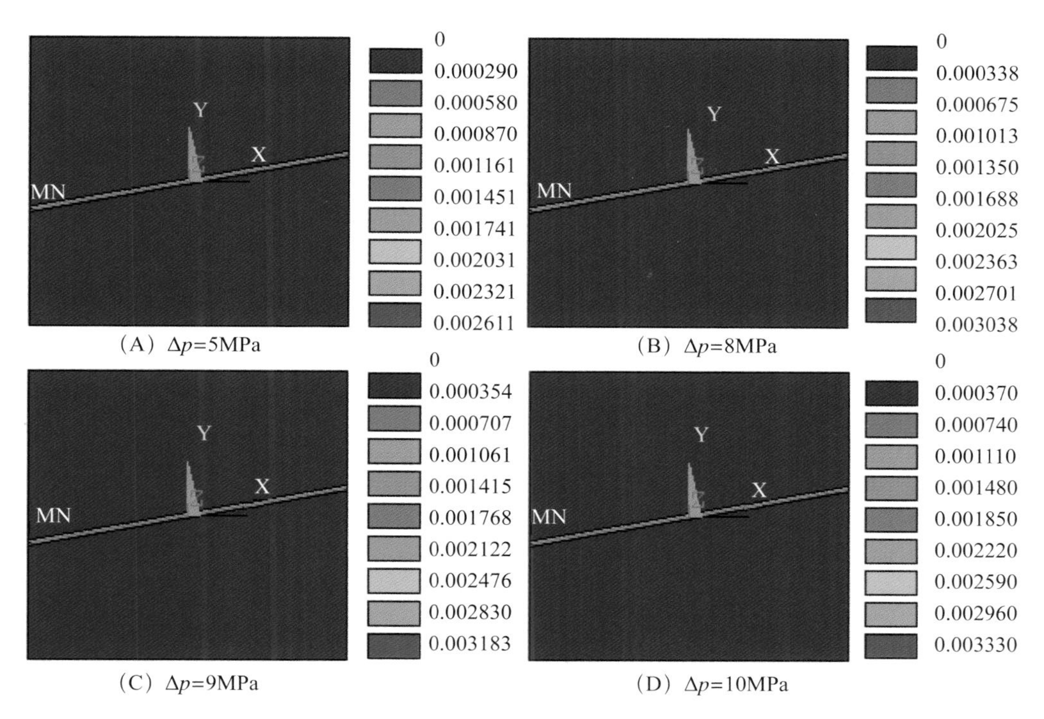

图 2–24　不同生产压差下水平井筒周围等效塑性应变图（九）

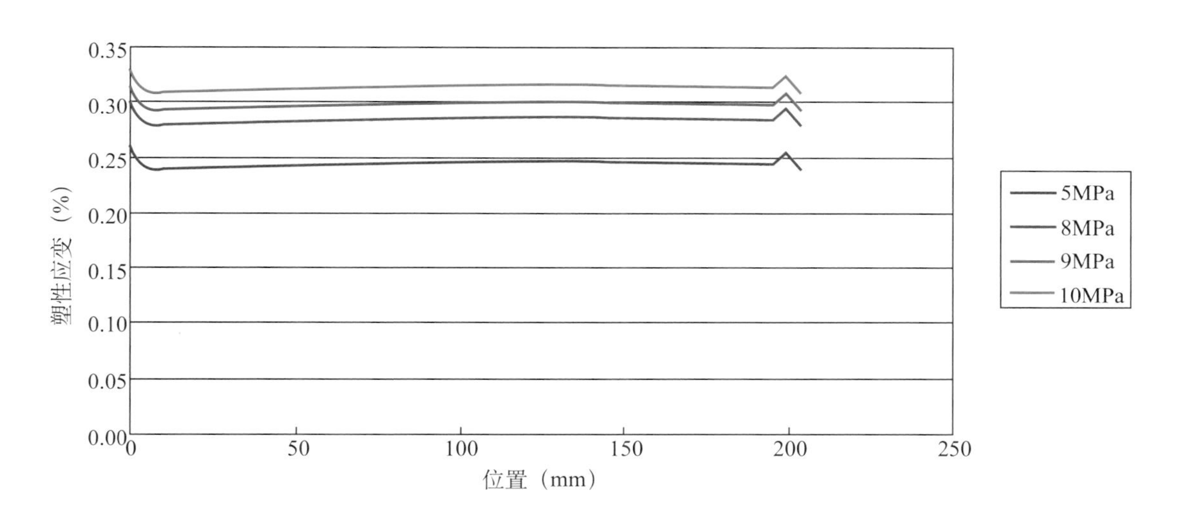

图 2–25　不同生产压差下沿水平井井轴方向井壁岩石塑性应变图（九）

五、气藏压力衰竭对水平井井壁稳定性的影响

油气井开采过程中，随着开采的进行，地层孔隙压力逐渐降低，这将导致作用在井壁上的有效主应力增加，从而引起井壁稳定性的改变。设定 3 个地层孔隙压力梯度 1.17MPa/100m、0.5MPa/100m、0.3MPa/100m，分别分析在这三种压力梯度下的井壁稳定性情况。

1. 气藏压力衰竭对 TZ62 井区水平井井壁稳定性的影响研究

根据建立的有限元模型，结合测取的岩石力学参数，计算了 TZ62 井区 5 口水平井在不同空隙压力梯度、不同生产压差条件下岩石的塑性变形，结果如图 2–26 至图 2–30 所示。从 5 口井的计算结果分析，TZ62 井区储层压力衰竭对水平井井壁稳定性的影响很小。

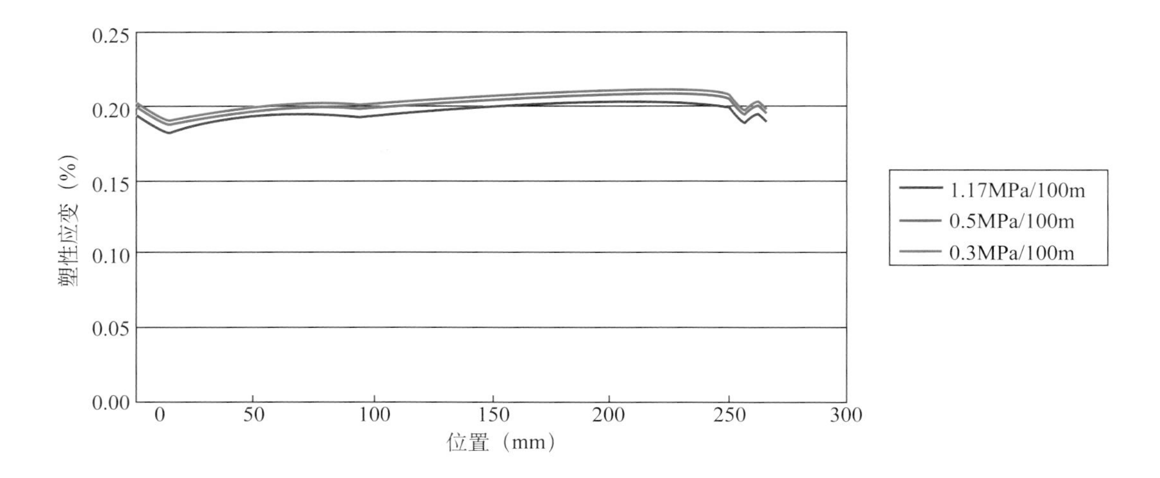

图 2–26　TZ62–6H 井不同孔隙压力梯度下井壁岩石塑性应变曲线（Δp = 10MPa）

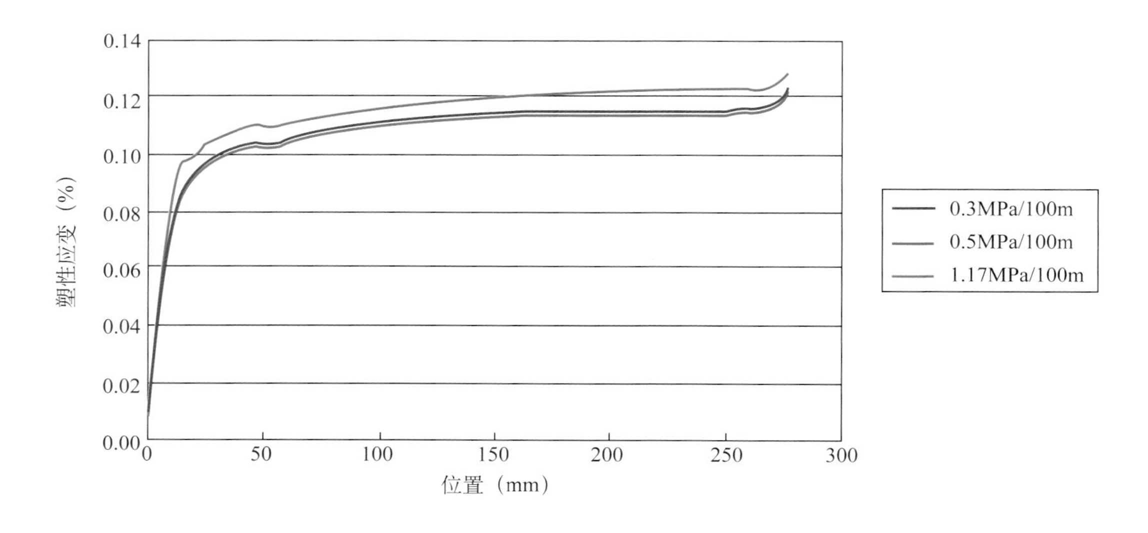

图 2–27　TZ62–7H 井不同孔隙压力梯度下井壁岩石塑性应变曲线（Δp = 20MPa）

2. 气藏压力衰竭对 TZ82 井区水平井井壁稳定性的影响研究

与 TZ62 井区分析类似，同样设定 3 个不同的地层孔隙压力梯度：1.17MPa/100m、0.5MPa/100m 及 0.3MPa/100m，分别分析在这 3 种压力梯度下的井壁稳定性情况，从而研究其对完井方式的影响。

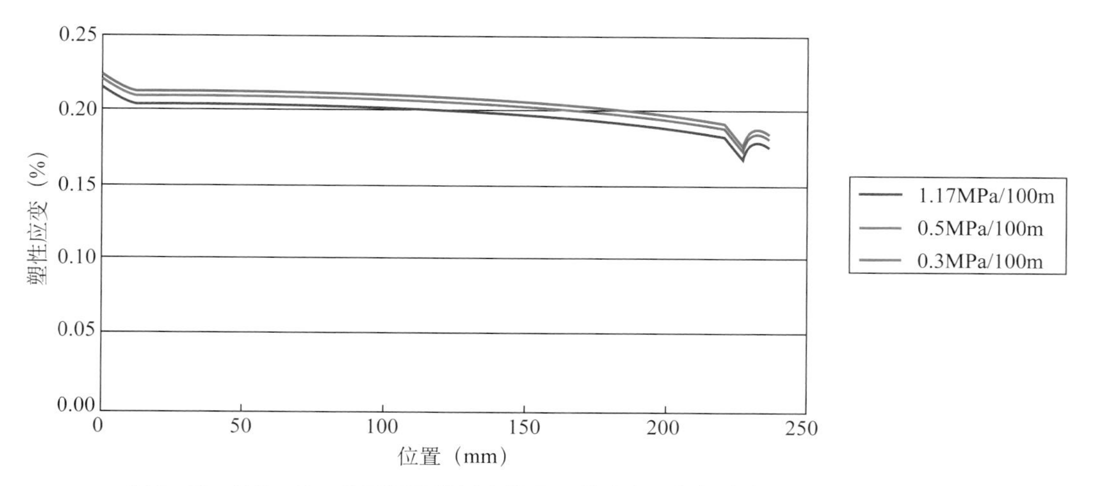

图 2-28　Z62-10H 井不同孔隙压力梯度下井壁岩石塑性应变曲线（Δp=10MPa）

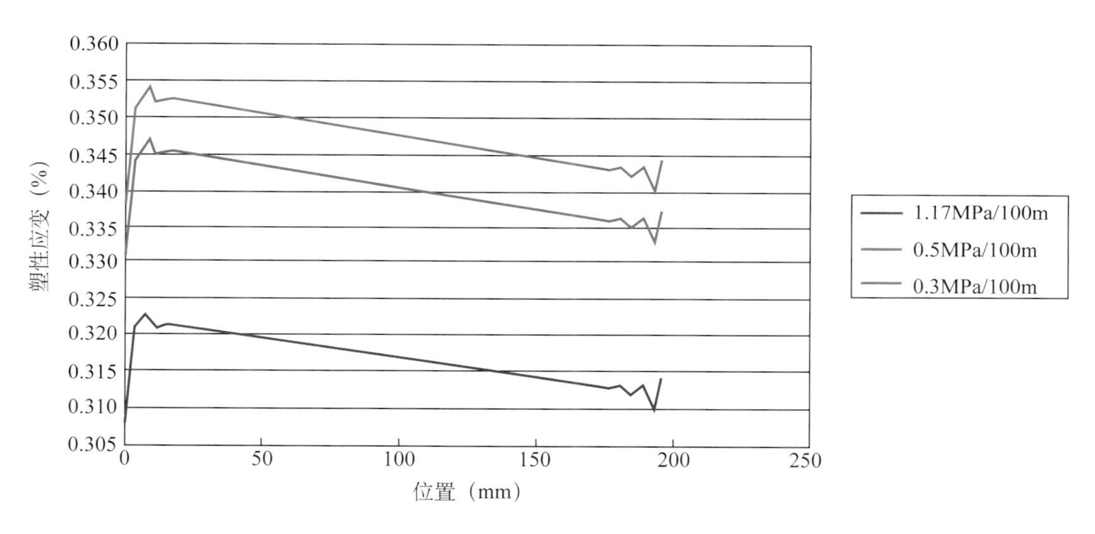

图 2-29　TZ62-11H 井不同孔隙压力梯度下井壁岩石塑性应变曲线（Δp=10MPa）

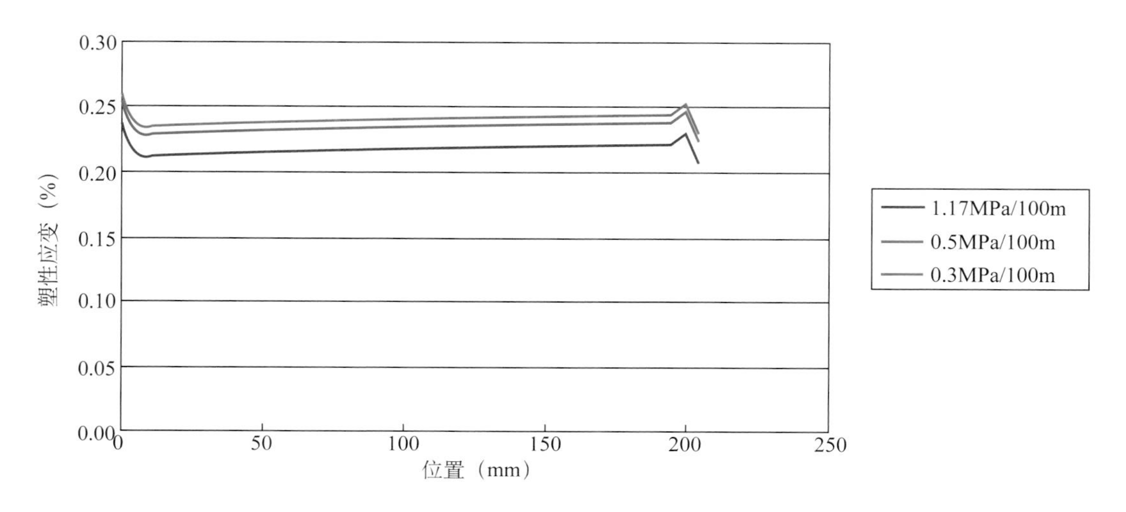

图 2-30　TZ62-13H 井不同孔隙压力梯度下井壁岩石塑性应变曲线（Δp=3MPa）

通过前面的研究可知，TZ82 井区的水平井眼稳定性是井眼轨迹越靠近水平最大主应力方向越好，越靠近水平最小主应力方向越差，下面将分别研究这两种情况下气藏压力衰竭对其井壁稳定性与完井方式的影响。

1）气藏压力衰竭对水平井眼最稳定方位水平井壁稳定性及完井方式的影响研究

分别计算 3 种孔隙压力梯度 1.17MPa/100m、0.5MPa/100m 及 0.3MPa/100m 下的井壁岩石塑性应变，据此判断井壁稳定性情况及对完井方式的影响，所得计算结果如图 2–31 所示。

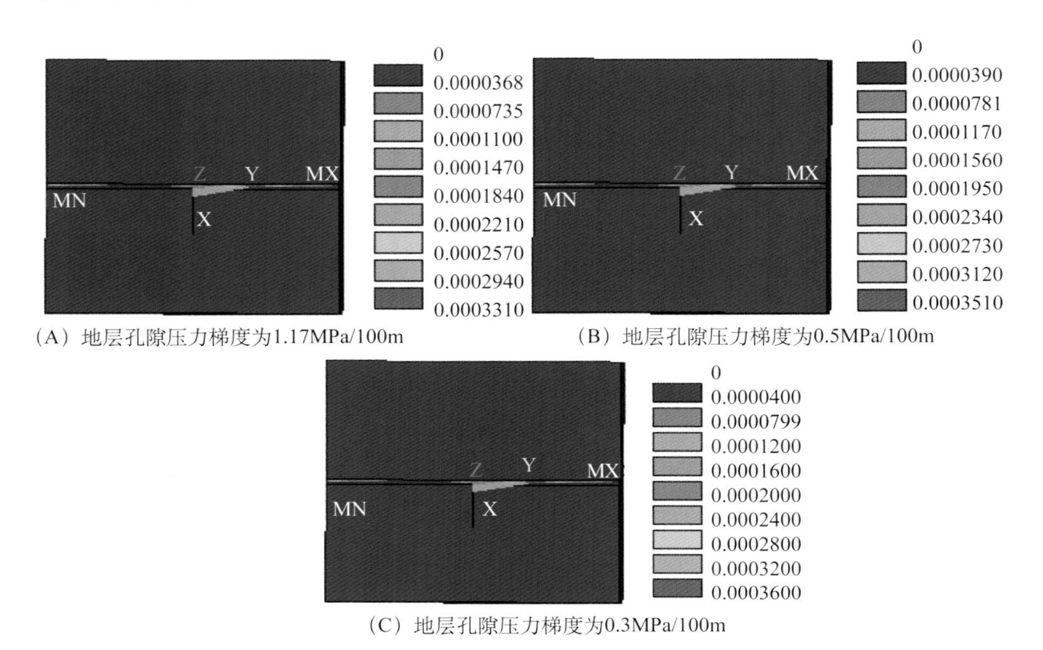

图 2–31　孔隙压力梯度下井壁岩石塑性应变分布图

由图 2–32 可知，当水平井眼轨迹方向在最稳定方位（井眼轨迹方向与水平最大主应力方向一致）时，井壁岩石塑性应变随着地层压力的衰竭逐渐增大，但增加幅度较小，表明在该方位上的水平井其井壁稳定性及完井方式受地层孔隙压力衰竭的影响不大。

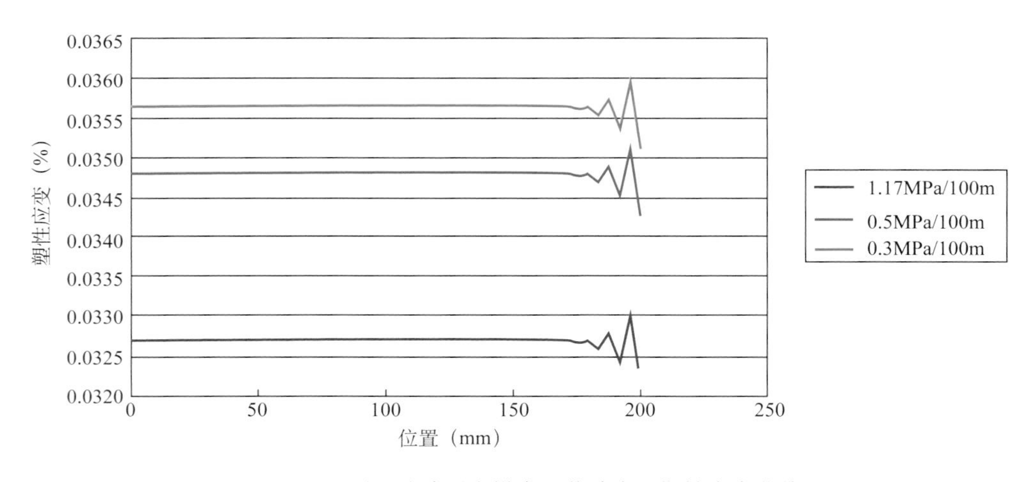

图 2–32　不同孔隙压力梯度下井壁岩石塑性应变曲线

2）气藏压力衰竭对水平井眼最不稳定方位水平井壁稳定性及完井方式的影响研究

分别计算 3 种孔隙压力梯度 1.17MPa/100m、0.5MPa/100m 及 0.3MPa/100m 下的井壁岩石塑性应变，据此判断井壁稳定性情况及对完井方式的影响，所得计算结果如图 2–33 所示。

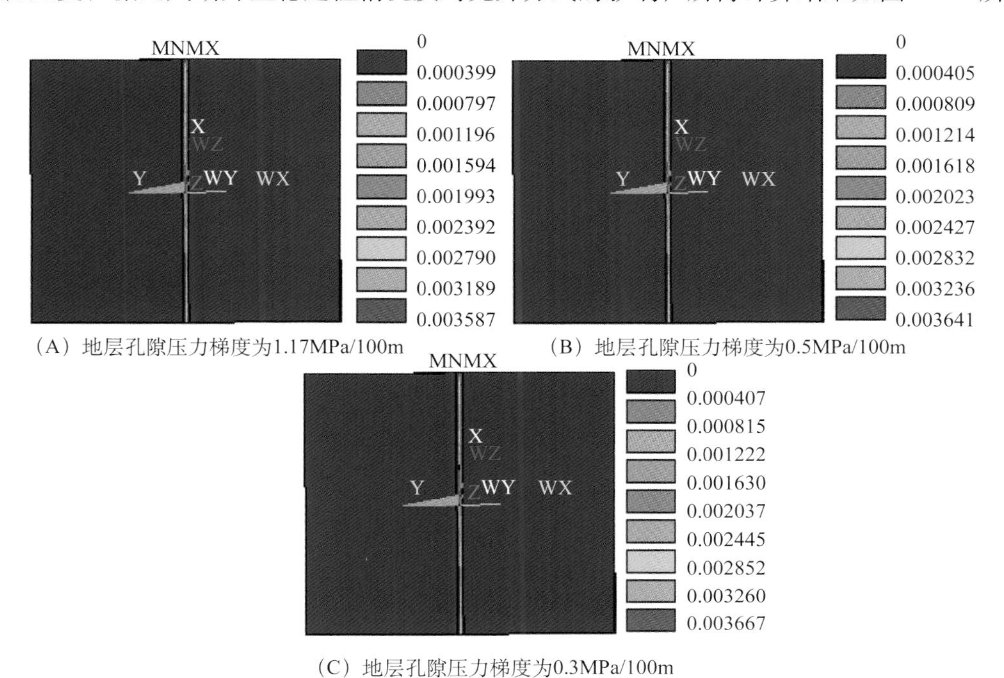

图 2–33　孔隙压力梯度下井壁岩石塑性应变分布图

从图 2–34 中看出，随着地层压力逐渐衰竭，井壁岩石最大塑性变形量逐渐增大，但增加幅度并不大，说明地层孔隙压力梯度由 1.17MPa/100m 变为 0.3MPa/100m 的过程中，井壁最不稳定方位上的水平井其井壁稳定性变化不大，对完井方式的影响也不大。

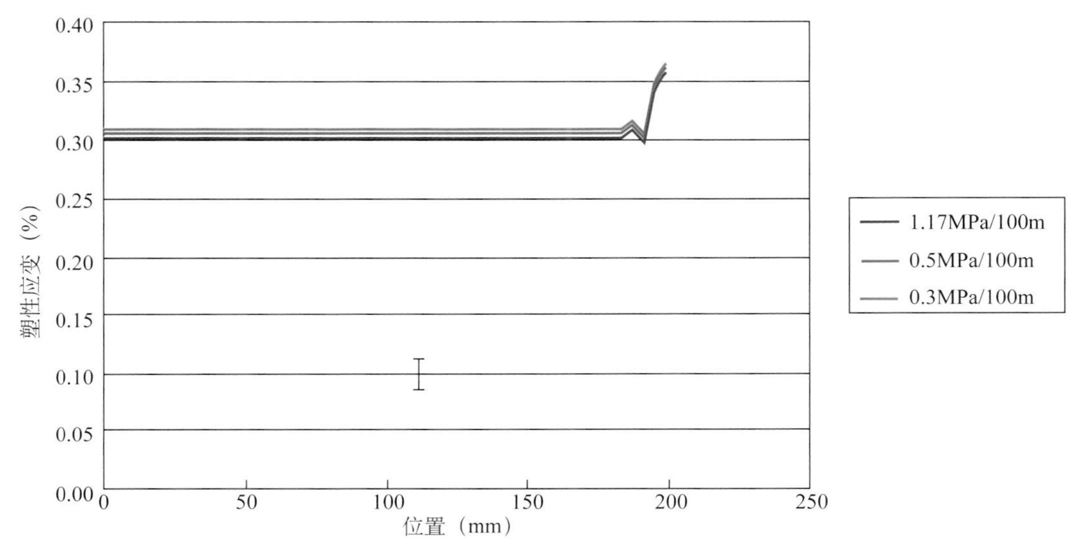

图 2–34　不同孔隙压力梯度下井壁岩石塑性应变曲线

六、增产措施对水平井井壁稳定性的影响

致密碳酸盐岩储层一般要经过酸化等增产措施，储层岩石在经过酸化增产措施后由于岩石强度降低会导致井壁稳定性情况变差，本部分通过室内岩心实验得到 3 种酸液体系对储层岩心的弱化程度进而将室内岩心实验得到的结果代入井眼有限元模型，计算分析酸化增产措施对井壁稳定性的减弱程度从而判断其对完井方式的影响。

1. 酸作用后岩心抗压强度大幅度下降

三种酸液体系分别是交联酸，胶凝酸及清洁转向酸，三种酸液体系实验后其结果见表 2–3 及图 2–35，酸作用后的弹性模量和抗压强度仅为作用前的 61%、54%。

表 2–3　酸作用后的岩石强度特性

岩心编号	抗压强度（MPa）	弹性模量（MPa）	泊松比	酸液类型
8	234.5	12534	0.357	交联酸
20	209.3	10425	0.268	
26	181.4	11843	0.235	
5	185	26800	0.213	胶凝酸
6	86	22800	0.427	
13	55.4	23200	0.224	
18	62	15100	0.144	
23	48	17100	0.362	
10	89.2	22000	0.365	清洁转向酸
14	86	24600	0.341	
16	92	20300	0.297	
25	105	26400	0.341	
29	142	14000	0.187	

因实验所用岩心非均质性较强，经清洁转向酸作用后所测得岩石内聚力与内摩擦角有两套值（表 2–4），这两套参数将在后续有限元分析中分别进行计算分析。

2. TZ62–6H 井实施增产措施后井壁稳定性分析

1）交联酸对井壁稳定性的影响

根据图 2–1（A）所示有限元模型，同时根据表 2–3、表 2–4 中实验所得的参数并设定生产压差分别为 0MPa、5MPa、10MPa 及 12MPa 计算分析井壁稳定性情况及临界生产压差，从而确定其对完井方式的影响。

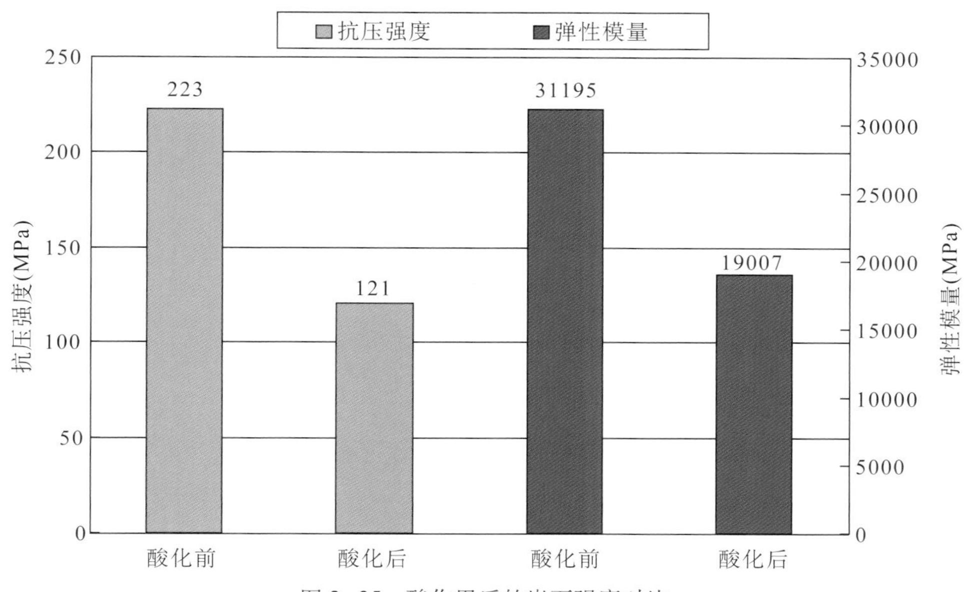

图 2-35　酸作用后的岩石强度对比

表 2-4　三种酸液体系作用后所得内聚力及内摩擦角

酸液体系	交联酸	胶凝酸	清洁转向酸	
内聚力（MPa）	12.27	14.67	12.75	10
内摩擦角（°）	27.2	28.07	16.13	22.1

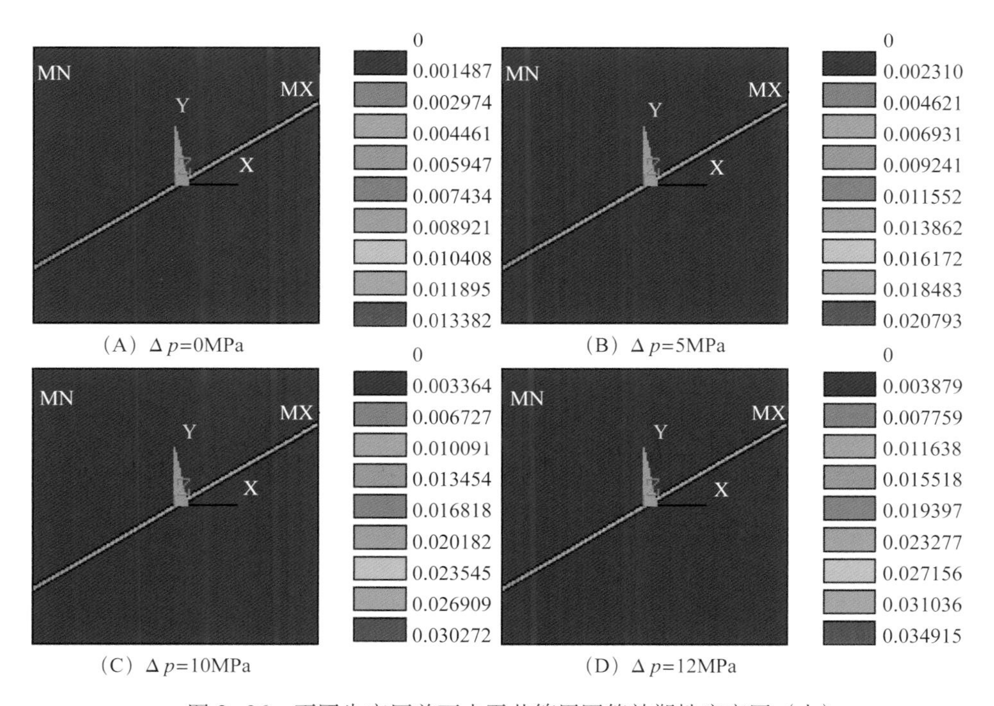

图 2-36　不同生产压差下水平井筒周围等效塑性应变图（十）

由图 2–37 可知，交联酸对 TZ62–6H 井井壁稳定性的弱化作用相当明显，经过交联酸作用后该井在生产压差为零的情况下，其井壁已经失稳需要支撑。

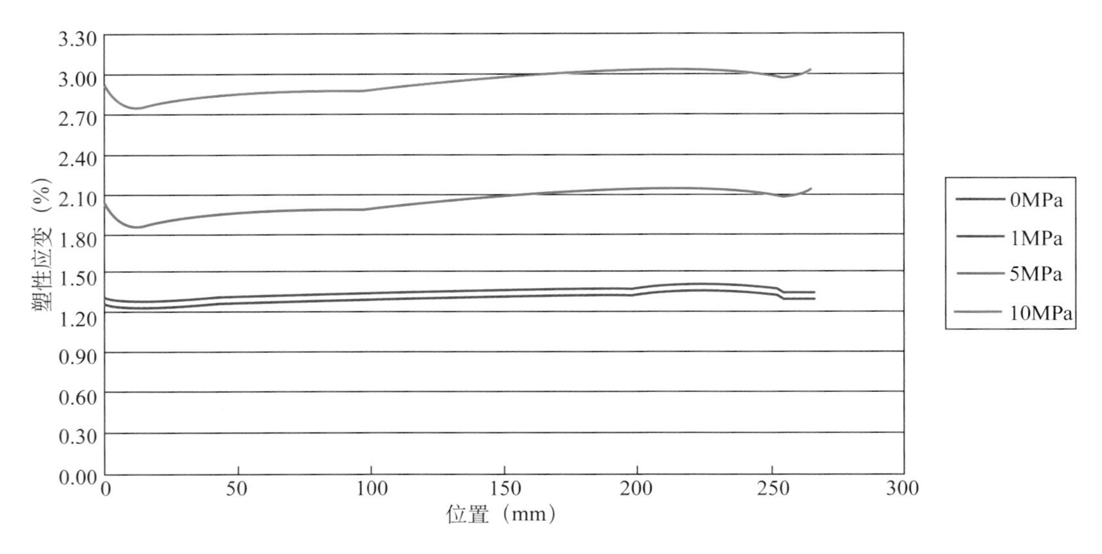

图 2–37　不同生产压差下沿水平井井轴方向井壁岩石塑性应变图（十）

2）胶凝酸对井壁稳定性及完井方式的影响

由图 2–1（A）所示有限元模型结合表 2–3 及表 2–4 中实验所得参数，设定不同生产压差分别为 0MPa、1MPa、2MPa、5MPa，计算分析胶凝酸对其井壁稳定性及完井方式的影响。

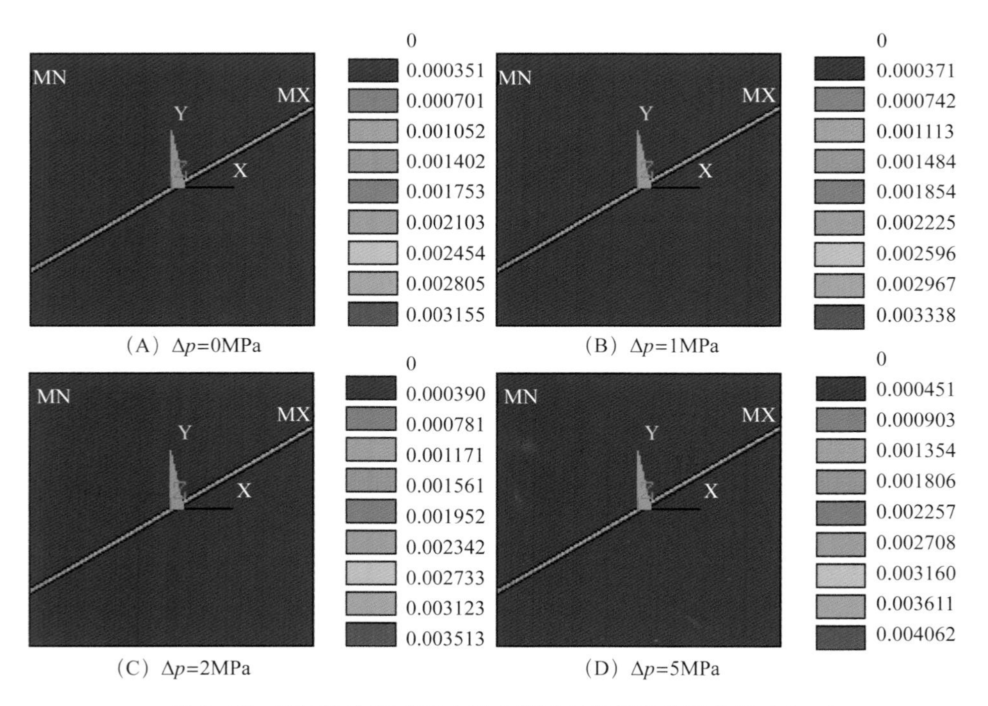

图 2–38　不同生产压差下水平井筒周围等效塑性应变图（十一）

由图 2–39 可知，即使在没有生产压差的作用下，TZ62–6H 井在经过胶凝酸作用后其井壁岩石塑性应变已超过该井区地层岩石的临界塑性应变值 0.3%，表明井壁已经失稳，井壁需要支撑。

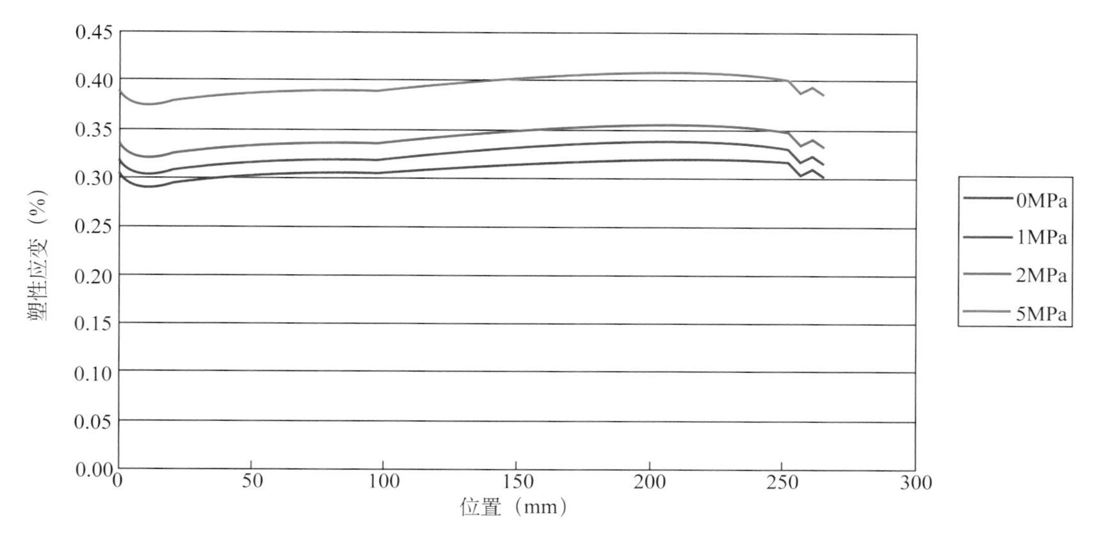

图 2–39 不同生产压差下沿水平井井轴方向井壁岩石塑性应变图（十一）

3）清洁转向酸对井壁稳定性及完井方式的影响

根据图 2–1（A）所示建立有限元模型，结合表 2–3 及表 2–4 中实验所得参数并设定生产压差为 0MPa 及 2MPa 计算分析井壁稳定性情况，由于岩心非均质性较强，在经过清洁转向酸作用后表现出的岩石强度参数差异较大，故分别采用两套参数计算分析清洁转向酸对井壁稳定性的影响，据此判断其对完井方式的影响（图 2–40 至图 2–43）。

（1）清洁转向酸作用后，其内聚力为 12.75MPa，内摩擦角为 16.13°。

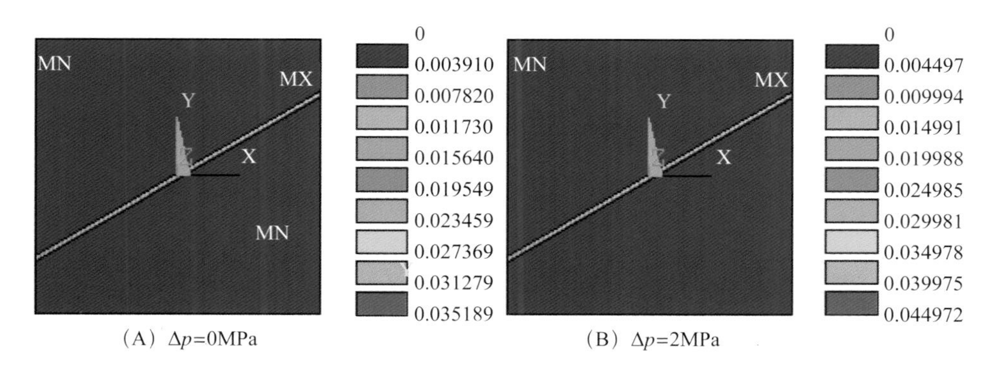

图 2–40 不同生产压差下水平井筒周围等效塑性应变图（十二）

（2）清洁转向酸作用后，其内聚力为 10MPa，内摩擦角为 22.1°。

结合图 2–40 至图 2–43 可知，清洁转向酸作用后无论是取第一组参数还是第二组参数，TZ62–6H 井即使在没有生产压差的作用下其井壁塑性应变值也分别能达到 3.2% 与 1.8%，表明清洁转向酸作用后该井井壁已经严重失稳，井壁需要支撑。

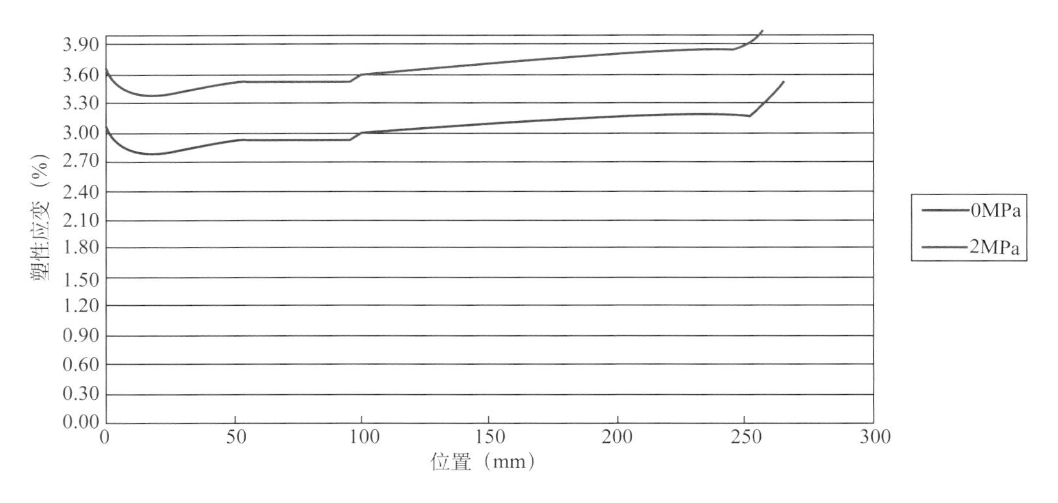

图 2-41　不同生产压差下沿水平井井轴方向井壁岩石塑性应变图（十二）

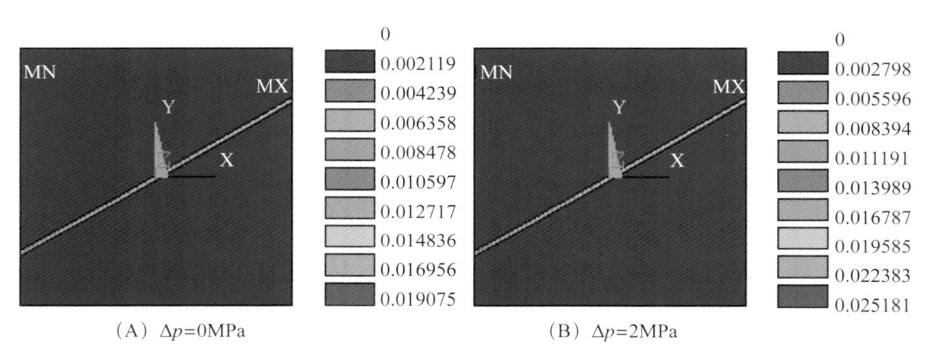

（A）Δp=0MPa　　（B）Δp=2MPa

图 2-42　不同生产压差下水平井筒周围等效塑性应变图（十三）

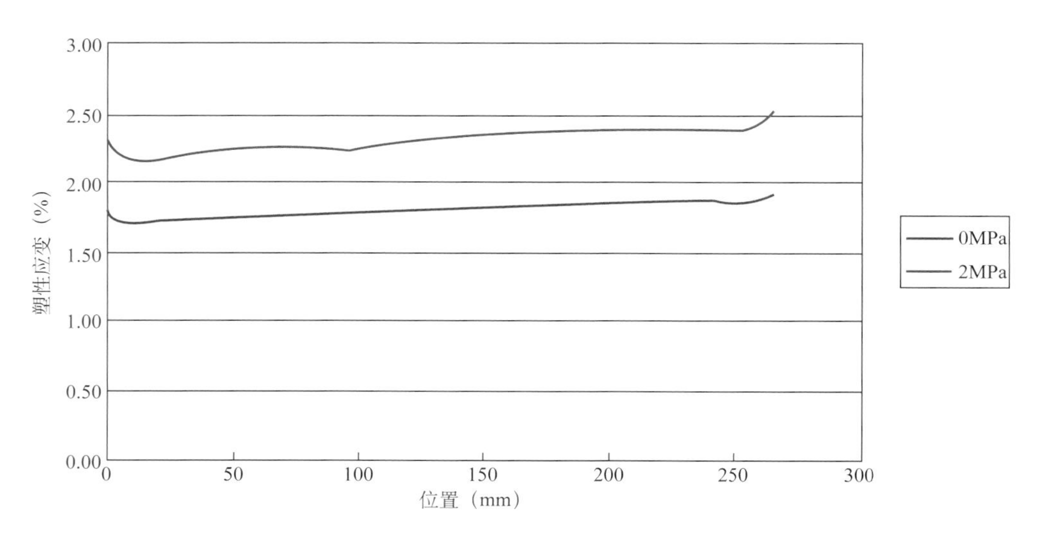

图 2-43　不同生产压差下沿水平井井轴方向井壁岩石塑性应变图（十三）

3. TZ62−7H 井实施增产措施后井壁稳定性分析

1）交联酸对井壁稳定性及完井方式的影响

根据图 2−1（B）所示有限元模型，结合表 2−3 及表 2−4 中实验所得参数并设定不同生产压差分别为 0MPa、1MPa、2MPa、5MPa，计算分析井壁稳定性情况及临界生产压差，从而确定其对完井方式的影响（图 2−44）。

由图 2−45 可知，交联酸对 TZ62−7H 井井壁稳定性的弱化作用明显，交联酸作用后该井即使在没有生产压差的作用下其井壁也已经失稳，井壁需要支撑。

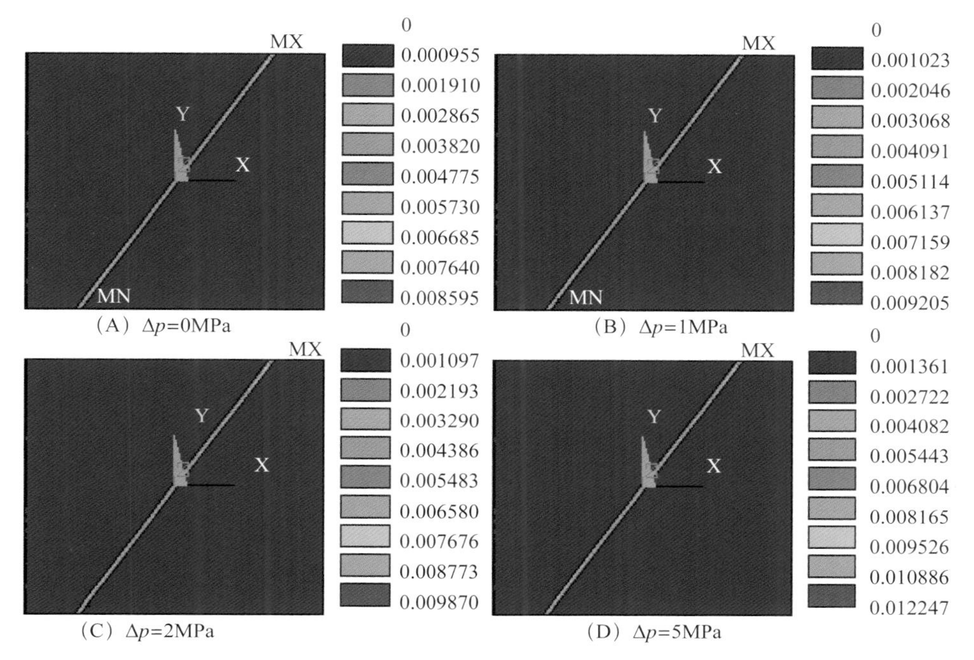

图 2−44　不同生产压差下水平井筒周围等效塑性应变图（十四）

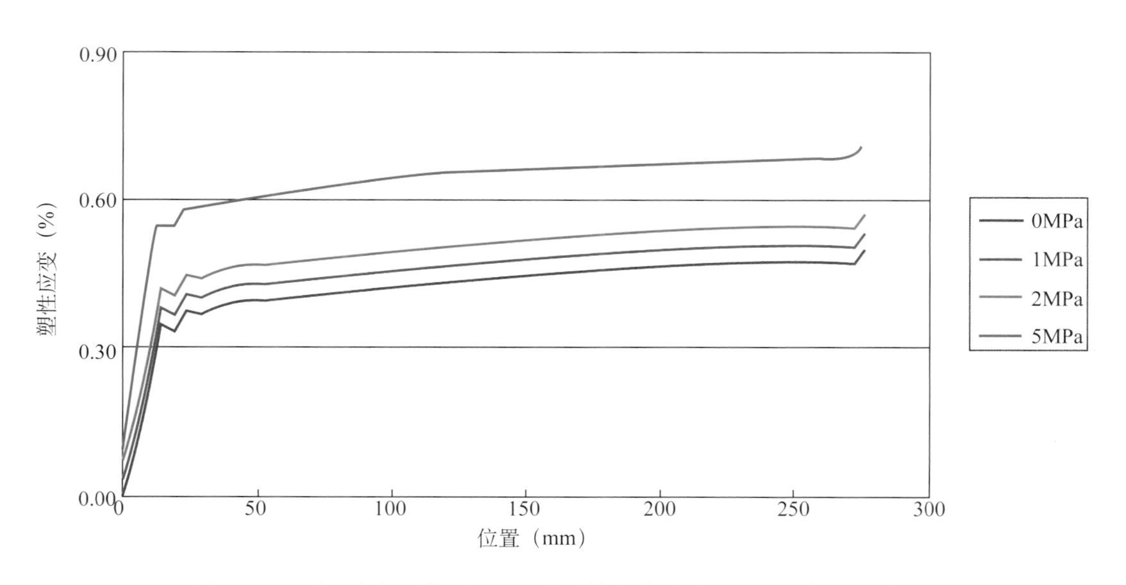

图 2−45　不同生产压差下沿水平井井轴方向井壁岩石塑性应变图（十四）

2）胶凝酸对井壁稳定性的影响

根据图 2–1（B）所示有限元模型与表 2–3 及表 2–4 中实验所得参数，计算分析不同生产压差分别为 0MPa、2MPa、5MPa、8MPa 下井壁稳定性情况，据此判断其对完井方式的影响（图 2–46）。

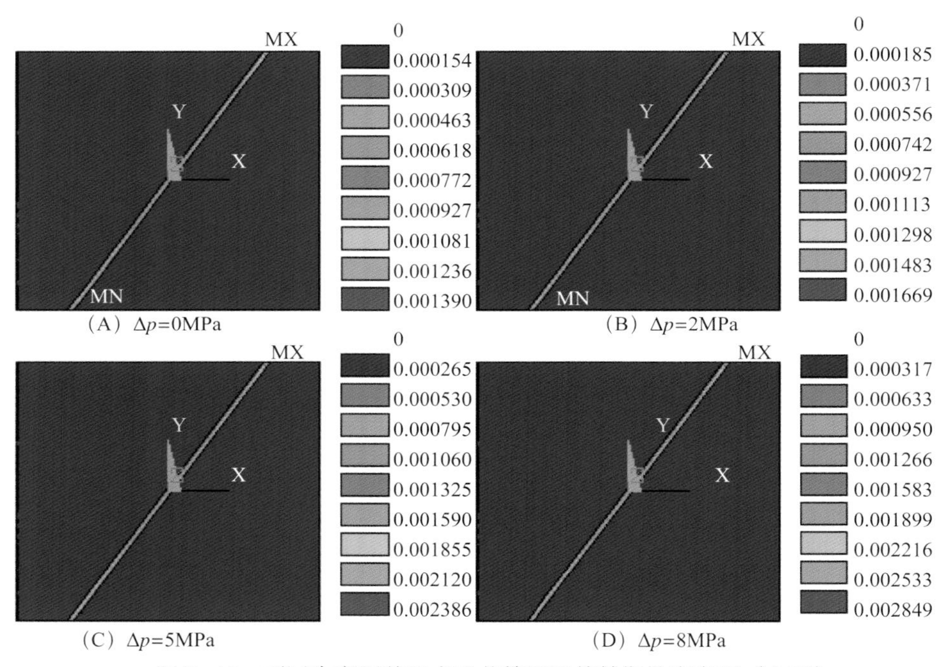

图 2–46　不同生产压差下水平井筒周围等效塑性应变图（十五）

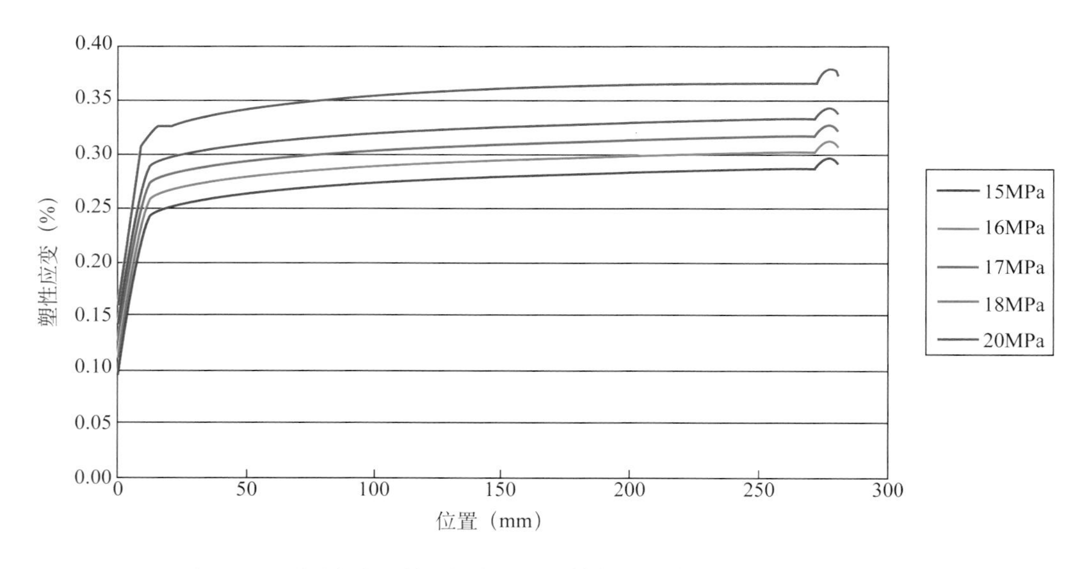

图 2–47　不同生产压差下沿水平井井轴方向井壁岩石塑性应变图（十五）

由图 2–47 可知，该井在胶凝酸作用后井壁依然较稳定，其临界生产压差达到 16MPa，但相对于该井原岩状态下的临界生产压差 33MPa 来说仍有较大幅度的降低。

3）清洁转向酸对井壁稳定性及完井方式的影响

（1）清洁转向酸作用后，其内聚力为 12.75MPa，内摩擦角为 16.13°。

（2）清洁转向酸作用后，其内聚力为 10MPa，内摩擦角为 22.1°。

由图 2–48 至图 2–51 可知，清洁转向酸作用后无论是取第一组岩石强度参数还是第二组岩石强度参数，TZ62–7H 井其井壁都已经失稳，井壁需要支撑。

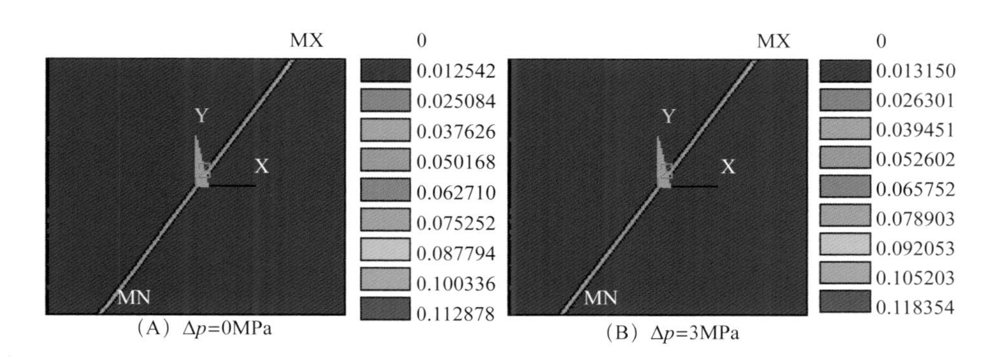

图 2–48　不同生产压差下水平井筒周围等效塑性应变图（十六）

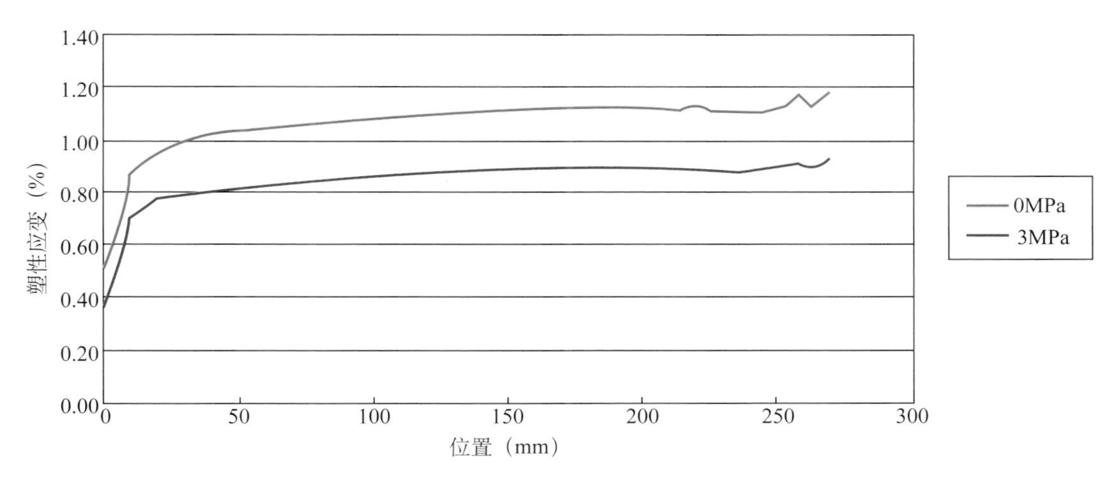

图 2–49　不同生产压差下沿水平井井轴方向井壁岩石塑性应变图（十六）

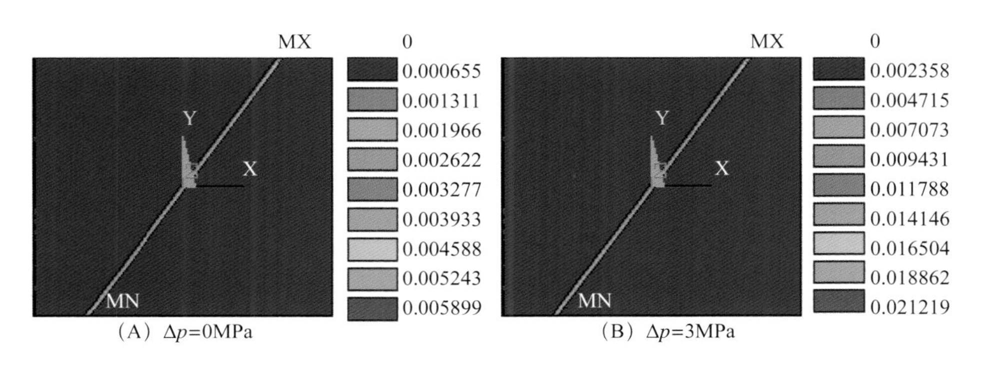

图 2–50　不同生产压差下水平井筒周围等效塑性应变图（十七）

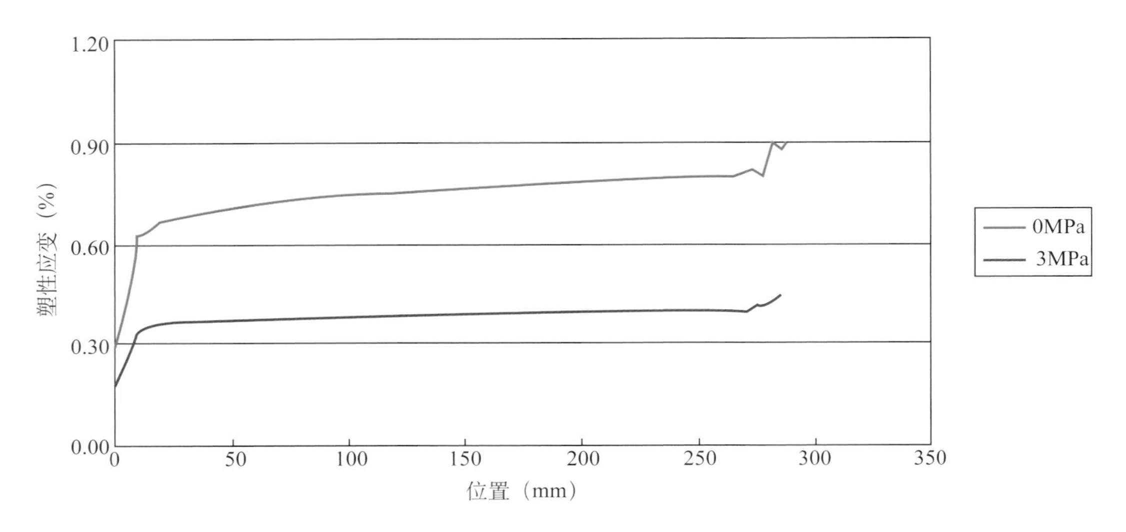

图 2–51　不同生产压差下沿水平井井轴方向井壁岩石塑性应变图（十七）

4. TZ62–10H 井实施增产措施后井壁稳定性分析

1）交联酸对井壁稳定性及完井方式的影响

根据图 2–1（C）所示有限元模型，结合表 2–3、表 2–4 中实验所得参数并设定不同生产压差分别为 0MPa、3MPa，计算分析井壁稳定性情况及临界生产压差，从而确定其对完井方式的影响（图 2–52）。

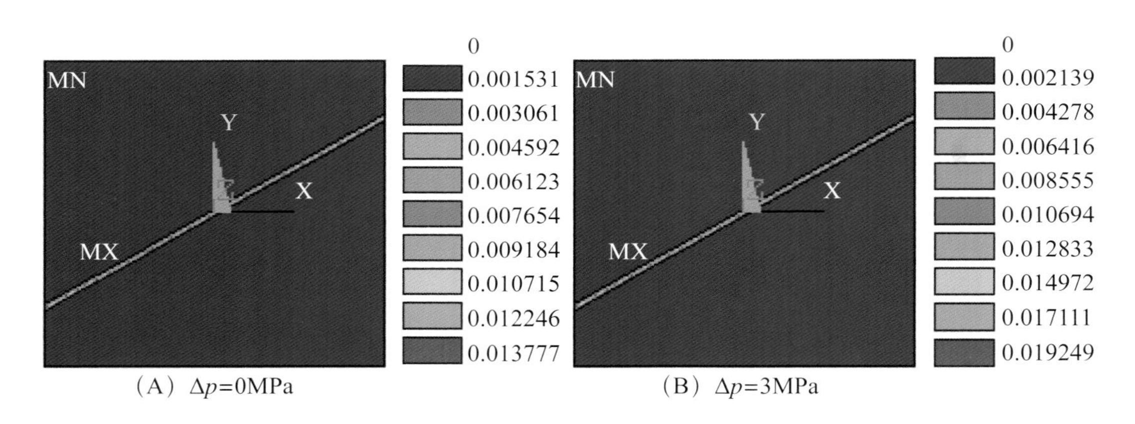

（A）Δp=0MPa　（B）Δp=3MPa

图 2–52　不同生产压差下水平井筒周围等效塑性应变图（十八）

由图 2–53 可知，交联酸作用后 TZ62–10H 井即使在没有生产压差作用下其井壁岩石塑性应变值也能达到 13‰，已远远超过该井区地层岩石临界塑性应变值 0.3%，因此，TZ62–10H 井经交联酸作用后井壁已经失稳，井壁需要支撑。

2）胶凝酸对井壁稳定性及完井方式的影响

根据图 2–1（C）所示有限元模型，结合表 2–3、表 2–4 中实验所得参数并设定不同生产压差分别为 0MPa、1MPa、2MPa、5MPa，计算分析井壁稳定性情况及临界生产压差，从而确定其对完井方式的影响。

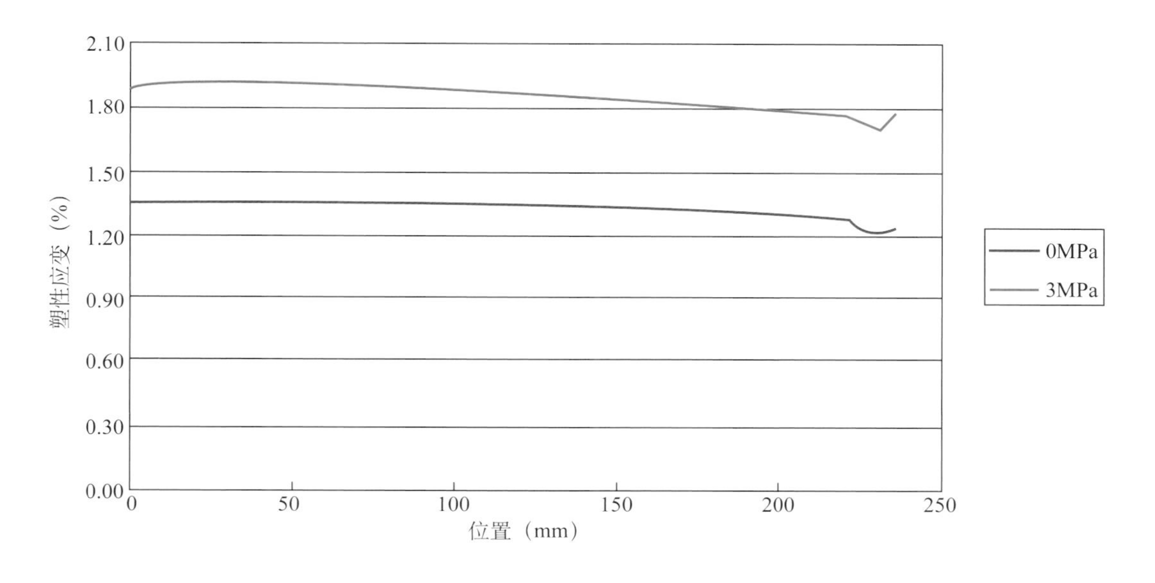

图 2–53　不同生产压差下沿水平井井轴方向井壁岩石塑性应变图（十八）

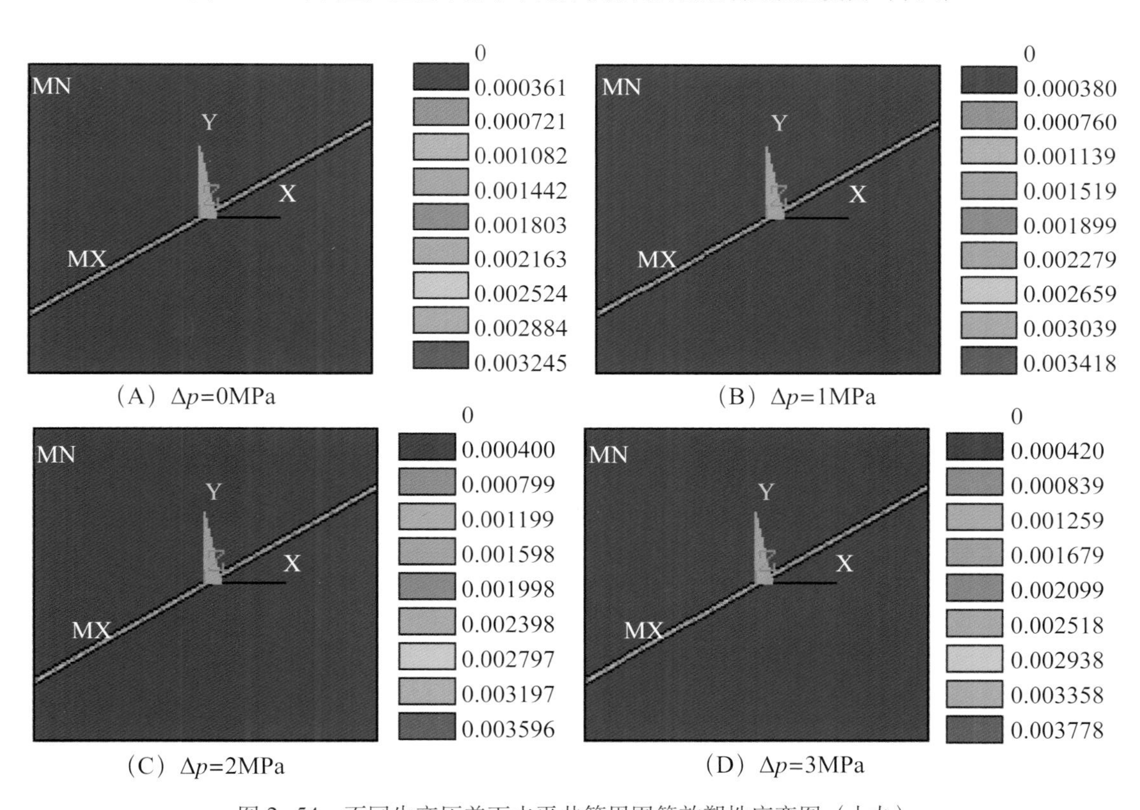

图 2–54　不同生产压差下水平井筒周围等效塑性应变图（十九）

由图 2–55 可知，胶凝酸作用后，TZ62–10H 井在低压差下（0 ~ 3MPa）的条件下井壁岩石塑性应变较交联酸作用后小，但仍然超过了 0.3%，因此，胶凝酸作用后该井井壁也已经失稳，井壁需要支撑。

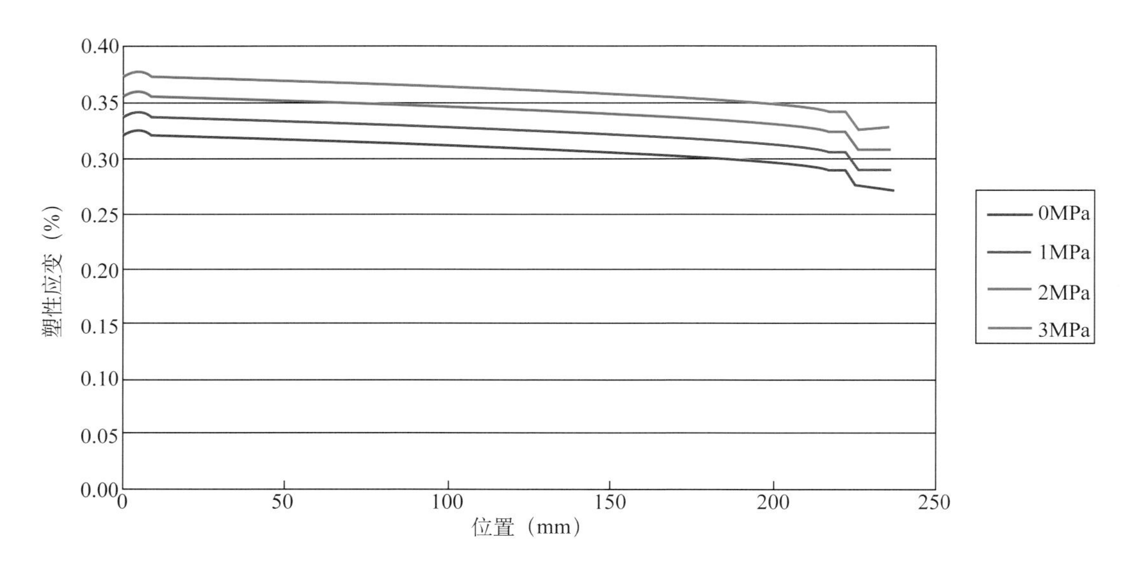

图 2–55　不同生产压差下沿水平井井轴方向井壁岩石塑性应变图（十九）

3）清洁转向酸对井壁稳定性及完井方式的影响

根据图 2–1（C）所示有限元模型结合表 2–3、表 2–4 中实验所得参数并设定不同生产压差分别为 0MPa、3MPa，计算分析井壁稳定性情况及临界生产压差，从而确定其对完井方式的影响（图 2–56 至图 2–59）。

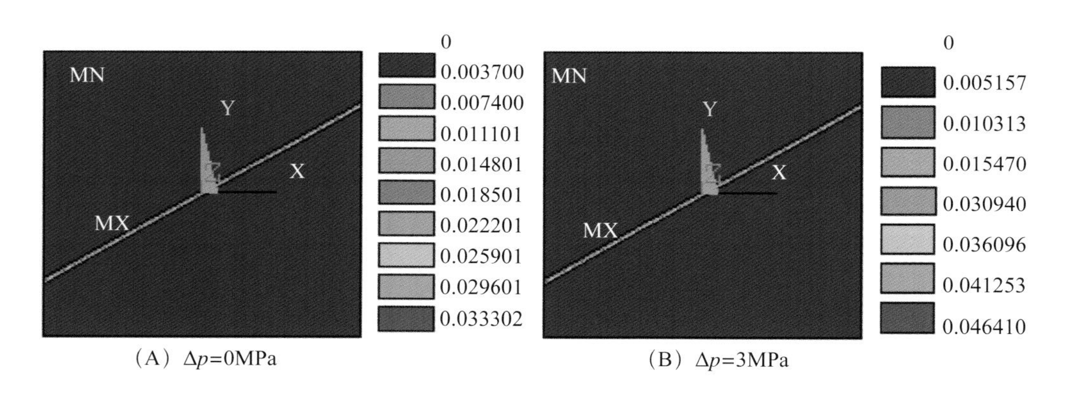

图 2–56　不同生产压差下水平井筒周围等效塑性应变图（二十）

（1）清洁转向酸作用后，其内聚力为 12.75MPa，内摩擦角为 16.13°。

（2）清洁转向酸作用后，其内聚力为 10MPa，内摩擦角为 22.1°。

5. TZ82 井区增产措施后水平井井壁稳定性分析

采用同样的方法，模拟了 TZ82 井区水平井在不同延伸方向时，酸作用后井壁稳定性的情况。从表 2–5 的数据可以看出，当水平井延伸方向与最大水平主应力一致时，交联酸和凝胶液作用后，临界生产压差分别为 7MPa 和 18MPa，清洁转向酸作用后在无生产压差的情况下井壁即已失稳；当水平井延伸方向与最大水平主应力的夹角分别为 30°、60°、90°时，三种酸作用后生产压差为 0 的条件下，井壁即已失稳，需要采用支撑方式完井。

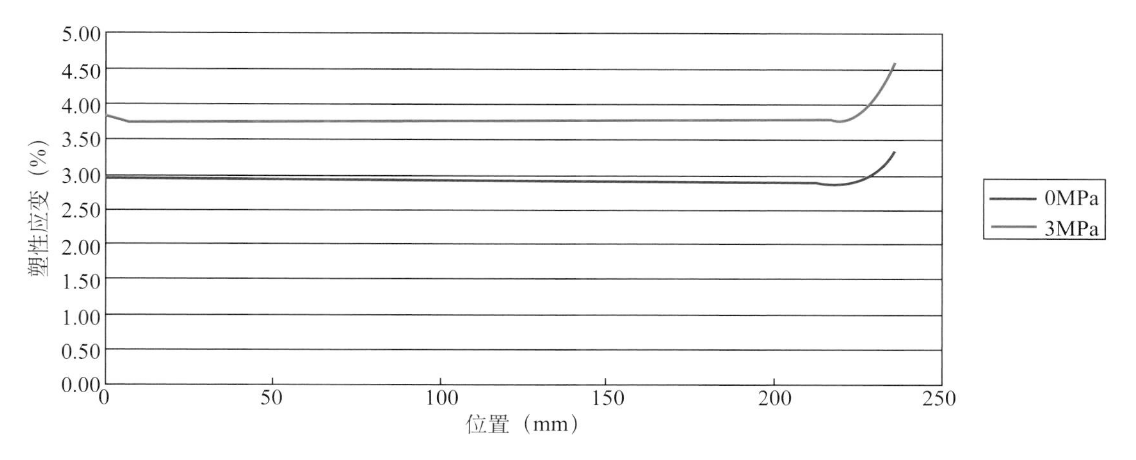

图 2–57　不同生产压差下沿水平井井轴方向井壁岩石塑性应变图（二十）

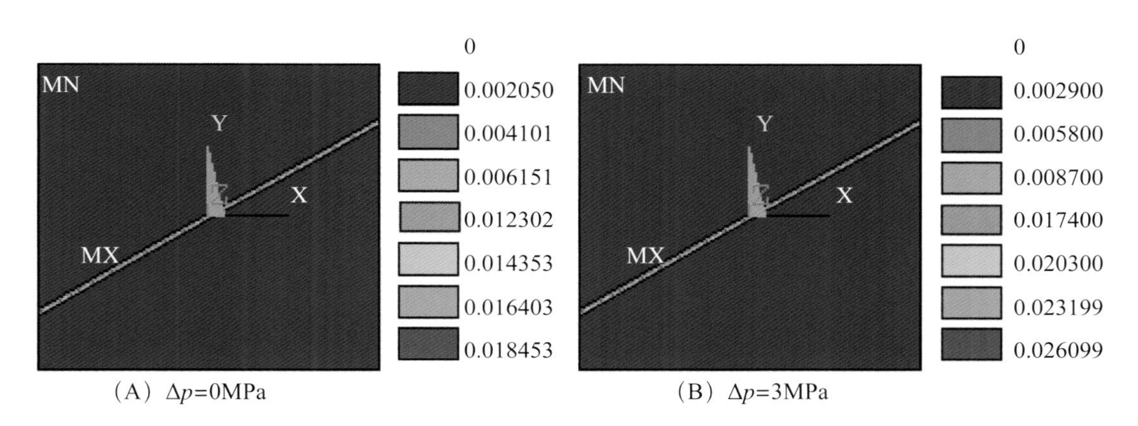

（A）Δp=0MPa　　（B）Δp=3MPa

图 2–58　不同生产压差下水平井筒周围等效塑性应变图（二十一）

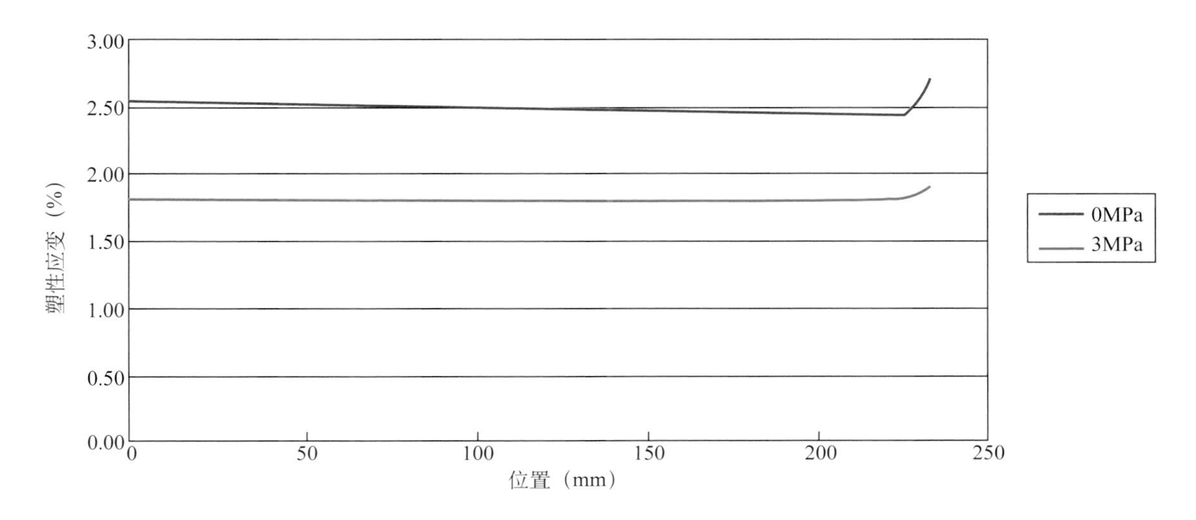

图 2–59　不同生产压差下沿水平井井轴方向井壁岩石塑性应变图（二十一）

表 2–5　TZ82 井区水平井延伸方向与临界生产压差

	与最大水平主应力平行	与最大水平主应力 30° 夹角	与最大水平主应力 60° 夹角	与最小水平主应力平行
原始状态	41	23	0	0
交联酸作用	7	0	0	0
凝胶酸作用	18	0	0	0
清洁转向酸作用	0	0	0	0

6. 塔中Ⅰ号气田水平井井壁稳定性研究的几点结论

根据上述研究，可以得到以下几点结论：

（1）水平井延伸方向与最大主应力方向一致时，水平井井壁的稳定性最高，当水平井延伸方向与最小主应力方向一致时，井壁稳定性最低。

（2）随着地层压力下降，井壁岩石塑性变形增加幅度有限，地层压力对井壁的稳定性影响很小。

（3）酸液作用后井壁的稳定性大幅度下降，其中清洁转向酸和交联酸作用后，评价的 TZ62 区块 5 口井以及 TZ82 区块不同延伸方向的水平井，井壁均已失稳。凝胶酸处理后除 TZ62–7H 和 TZ82 区块与最大水平应力延伸方向一致的井外，其他井井壁也已失稳。

七、塔中Ⅰ号气田水平井完井方式

1. 采气工程完井方式研究设计的原则

塔中Ⅰ号气田、龙岗气田采气工程完井研究设计应遵循以下原则：

（1）坚持安全第一的原则，采气工程研究设计的完井方式必须有利于完井施工和采气生产过程中的安全。

（2）坚持保证井壁稳定的原则，研究设计的完井方式在采气生产和增产作业过程中井壁不坍塌，储层不出砂。

（3）遵循保持气井自然产能的原则，确保设计的完井方式能够实现。储层与井筒连通面积大，有利于完井施工作业减小对储层的伤害。

（4）遵循便于分层分投调控的原则，研究设计的完井方式在目前工艺技术的水平上，直井能够实现层间、层内有效地调控作业，水平井能能够实现分层酸化酸压增产作业。

2. 塔中Ⅰ号气田水平井完井需要重点考虑的因素

根据塔中Ⅰ号气田储层特点，结合目前的工艺技术的能力，水平井完井需要重点考虑的因素是：

（1）水平井段长，储层缝洞发育，对全井段进行解堵的技术难度极大，因此完井过程中能够有效减小储层伤害十分重要。

（2）在目前的工艺水平下，对裂缝、缝洞发育的储层，水平井长井段固井尚未过关，固井施工难度大且风险高，固井质量难以保证。

（3）对Ⅱ类储层能够实现可靠的解堵改造，对Ⅰ类储层也要留有分段改造的条件。

（4）能够对井壁进行有效支撑，酸化、酸压后留有完好的井筒通道。

3. 塔中Ⅰ号气田水平井完井方式优化

根据上述塔中Ⅰ号气田水平井完井需要重点考虑的因素，对水平井完井方式优化如下：

（1）对于需要酸压后投产的井，采用裸眼方式完井，然后下入裸眼井段酸压油管柱。这样一是可以不固井，避免水泥浆对储层的伤害；二是能够实现分段酸压改造，提高单井产量；三是酸压后水平段内的油管柱可以有效支撑井壁，保留完好的流动通道。

（2）对于不需要酸压后投产的井，采用筛管＋管外封隔器的方式完井，既可避免水泥浆对缝洞储层的伤害，又为以后分段改造留有必要的条件，改造后还可起到有效支撑井壁的作用。

4. 实际应用情况

根据对塔中Ⅰ号气田水平井井壁稳定性以及完井方式研究的结论，为了防止井壁坍塌，塔中Ⅰ号气田水平井全部采用前期或后期支撑井壁的方式完井。

截至2010年12月，塔中Ⅰ号气田共完钻水平井22口，其中，先期筛管8口，先期裸眼完井后下入遇油膨胀封隔器管柱支撑井壁和分段改造9口，先期裸眼完井后油管柱投送筛管完井4口，套管固井射孔完成1口。

采用支撑支撑井壁的筛管方式完井，既防止了水平段井壁坍塌造成的事故，又避免了水泥浆对储层缝洞的伤害，特别是采用裸眼分段完井管柱，为水平井分段改造提供了井筒条件，获得了可喜的增产效果。

第二节　深层高温、高压气井油管柱强度评价

油管柱上任一点处所受的应力主要包括内外压作用所产生的径向应力和环向应力、轴力所产生的轴向应力和压应力、井眼弯曲所产生的轴向附加弯曲应力及剪力所产生的剪切应力。由此可见，一般情况下油管柱上任何一点的应力状态都是复杂的三轴应力状态。

对于高温、高压油气井，在井筒流动温度、压力变化较大的工况条件下，仍然按照单向抗拉、抗内压和抗外挤的单轴应力方法去校核油管柱强度，则难以发现和排除安全隐患，因此应按照三轴应力的理论和方法，对油管柱前强度进行校核评价。

一、塔中Ⅰ号气田直井典型油管柱强度分析

1. 油管柱基本结构

塔中Ⅰ号气田直井典型的油管柱结构为壁厚6.05mm、钢级110的$3^1/_2$in管、7in MHR封隔器及井下安全阀、流动短节、压力计托筒等。

在分析计算中，设定封隔器坐封位置4383m，油管下深4401m。

2. 工况参数设计

根据塔中Ⅰ号气田的情况，设计了4种工况，以及不同工况条件下井口和封隔器处的温度、压力等参数（表2–6）。

表2–6　油管柱工况参数

工况		坐封	开井		关井		酸化
			高温、高压	低温、高压	高温、高压	低温、高压	
温度（℃）	井口	15	60	0	60	0	15
	井底	128	128	128	128	128	70

续表

工况			坐封	开井		关井		酸化
				高温、高压	低温、高压	高温、高压	低温、高压	
压力（MPa）	井口	油压	25	35	35	40	40	95
		套压	0	0	0	0	0	0
压力（MPa）	井底	油压	74.6	45	45	49.4	49.4	110
		套压	49.4	49.4	49.4	49.4	49.4	49.4
管内流体密度（g/cm^3）			1.15	0.3	0.3	0.3	0.3	1.15
环空流体密度（g/cm^3）			1.15	1.15	1.15	1.15	1.15	1.15

3. 井下管柱变形分析

管柱在内压、外压、轴向力、温度等因素的影响下将发生变形，一般称为温度变形、鼓胀变形、活塞变形、螺旋弯曲变形 4 个分量，同时，将坐封工况下上述 4 种变形的数值作为“零点”，其他工况下管柱的各个变形分量与“零点”分量的差值对应地称作温度效应、鼓胀效应、活塞效应和螺旋弯曲效应；上述 4 种效应的代数和就是井下管柱因工况改变的变形变化量。由于管柱在受井口和封隔器的限制，当管柱在不同工况条件下发生变形后，将转化为轴向力，从而对封隔器的性能和管柱的密封性能，因此，当管柱变形过大时，可在管柱设计时添加伸缩补偿器，从而有效缓解作用力。

表 2–7 给出了不同工况下，井下管柱的轴向变形和各种“效应”值。由表可见，与坐封工况相比，在高温、高压情况下开井、关井时，管柱处于轴向“伸长”状态，受封隔器卡瓦限制，轴向“伸长”变形转化为轴向压力，2.5m 轴向伸长变形转化为轴向压力约 11t；在低温、高压及酸化情况下时，管柱均处于缩短状态，特别是在酸化条件下管柱缩短 7.7m 左右。如果选择锚定式封隔器，则转化为拉力为 25t 左右。

分析管柱狗腿度数据，结果表明，高温、高压条件下管柱下屈曲严重，狗腿度 20°/30m，在低温、高压条件下，管柱缩短量较小，屈曲不严重；在酸化条件下，屈曲最严重，狗腿度达 61.08°/30m。

对于酸化作业时，可以通过适当增加环空压力来降低管柱收缩，改善屈曲状态，如表 2–8 所示，随着环空压力增加，管柱缩短量逐渐降低，在环空压力为 40MPa 时，管柱由 7.7m 降为 3.5m，狗腿度由 61.08°/30m 降为 29.5°/30m。

表 2–7　完井井下管柱轴向变形和“效应”值

工况	坐封	开井		关井		酸化
		高温、高压	低温、高压	高温、高压	低温、高压	
温度效应（mm）	0	1228.27	–2037.94	1229.32	–2036.89	–1752.8
活塞效应（mm）	0	1179.58	1179.58	1073.07	1073.07	–2214.54
鼓胀效应（mm）	0	183.65	183.65	149.85	149.85	–2144.95
螺旋弯曲效应（mm）	0	–91.13	173.04	–79.15	173.04	–1572.8

续表

工况	坐封	开井		关井		酸化
		高温、高压	低温、高压	高温、高压	低温、高压	
综合效应（mm）	0	2500.38	−501.67	2373.08	−640.93	−7685.09
最大狗腿度（°/30m）	22	21		19.5		61.6

表 2–8　环空压力对酸化条件下管柱轴向变形影响

工况	酸化				
	环空压力为0MPa	环空压力为10MPa	环空压力为20MPa	环空压力为30MPa	环空压力为40MPa
温度效应（mm）	−1752.8	−1752.8	−1752.8	−1752.8	−1752.8
活塞效应（mm）	−2214.54	−1973.59	−1732.65	−1491.7	−1250.75
鼓胀效应（mm）	−2144.95	−1672.69	−1200.44	−728.18	−255.93
螺旋弯曲效应（mm）	−1572.8	−1223.5	−874.2	−540.08	−267.83
综合效应（mm）	−7685.09	−6622.59	−5560.09	−4512.77	−3527.32
中和点（m）	4386	4386	4386	4386	4386
最大狗腿度（°/30m）	61.6	53.6	45.6	37.6	29.5

TZ62–7H 井完井管柱在不同工况下的变形趋势如图 2–60 所示。

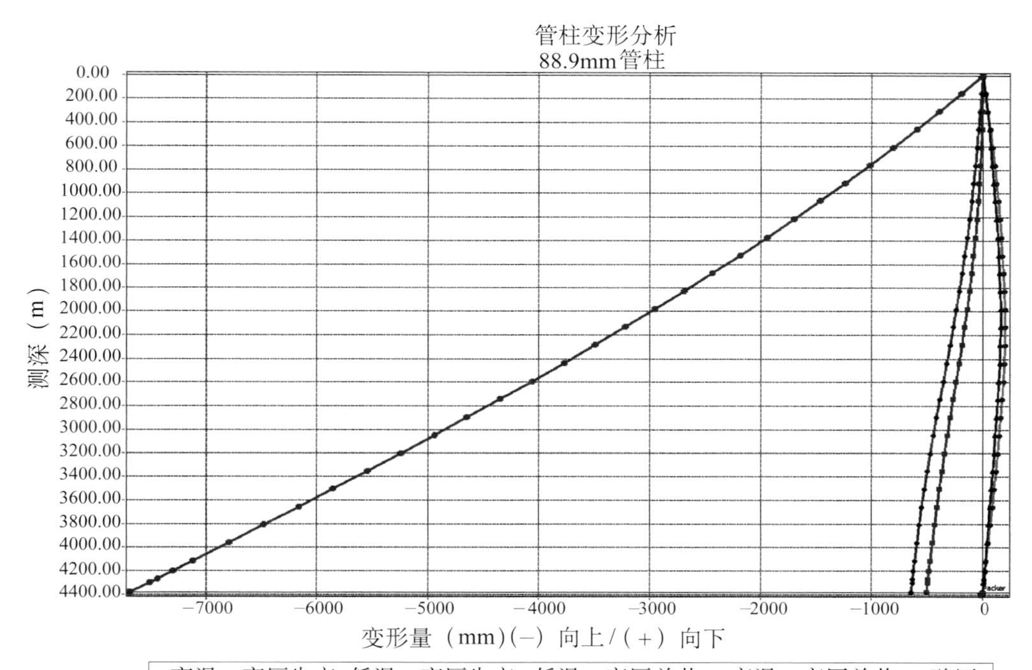

图 2–60　TZ62–7H 井完井管柱在不同工况下变形趋势图

4. 井下管柱载荷及安全性分析

从完井管柱受力情况分析，井口和封隔器处为应力危险截面，为此，根据主要工况参数对其载荷、安全性进行了计算，结果见表 2–9。结果表明：管柱在坐封、开井生产和关井等工况条件下管柱安全性较好，系数都在 2.0 以上，能够满足安全需求；在酸化井口压力 95MPa 条件下，井口处的三维应力安全系数较低，为 1.03，在封隔器处三维安全系数只有 0.79（图 2–61、图 2–62）。分析应力组成，关键是封隔器处由内压引起的轴向力太大（达到 940.6MPa）。

表 2–9 井下管柱载荷及安全系数

工况		坐封	开井		关井		酸化
			高温、高压	低温、高压	高温、高压	低温、高压	
井口	内压（MPa）	25	35	35	40	40	95
	外压（MPa）	0	0	0	0	0	0
	轴力（kN）	417.7	213.5	510.7	315.2	502.3	243
	σ_{xd4}（MPa）	270.9	274.7	344.4	304.9	359.6	735.2
	安全系数	2.8	2.7	2.2	2.4	2.1	1.03
封隔器处	内压（MPa）	74.6	45	45	49.4	49.4	110
	外压（MPa）	49.4	49.4	49.4	49.4	49.4	49.4
	轴力（kN）	–170.6	–274.8	–77.6	–273.2	–86	–345.1
	σ_{xd4}（MPa）	321.4	288.4	43.9	270.4	40.26	940.6
	安全系数	2.22	2.47	16.79	2.64	18.34	0.79

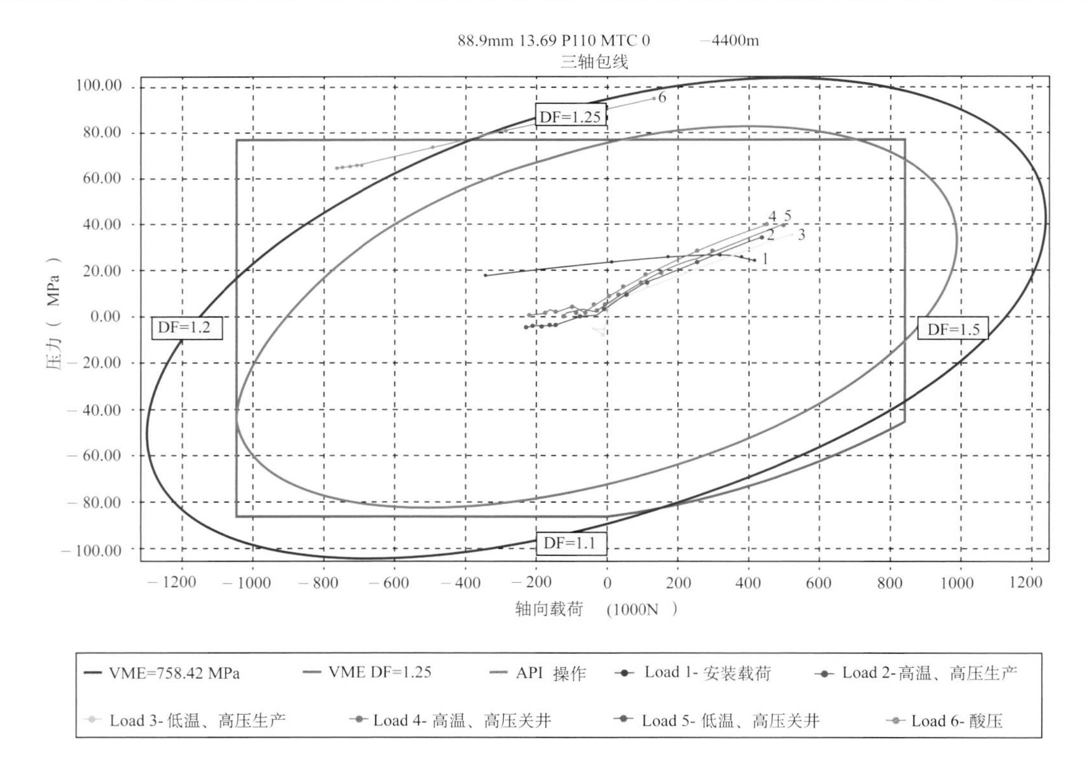

图 2–61 完井管柱管体三轴应力图

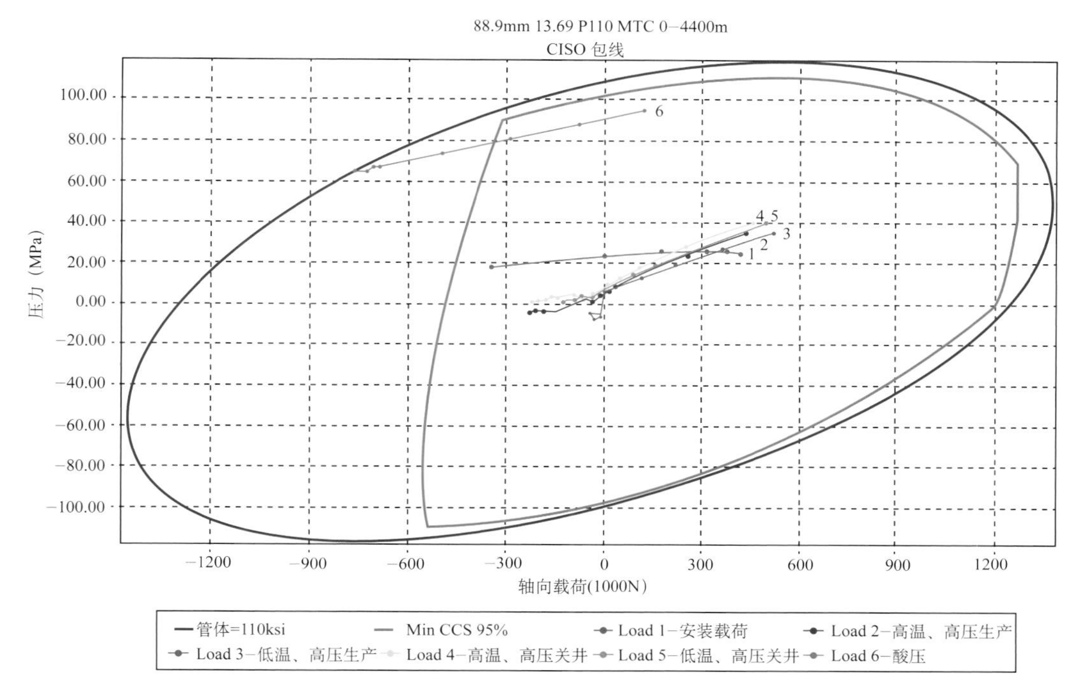

图 2–62　油管柱接箍三轴应力图

为了改善酸化施工时油管柱的安全性，可采取施加平衡压力的办法来提高管柱安全性（表 2–10），环空压力由 0MPa 增加到 40MPa，井口处的三维应力安全系数由 1.03 提高到 1.85，封隔器处安全系数由 0.79 提高到 1.59，基本能够满足管柱安全的需求。

表 2–10　环空压力对管柱安全性影响

工况		酸化				
		环空压力为 0MPa	环空压力为 10MPa	环空压力为 20MPa	环空压力为 30MPa	环空压力为 40MPa
井口	内压（MPa）	95	95	95	95	95
	外压（MPa）	0	10	20	30	40
	轴力（kN）	243	262	281	300	319
	σ_{xd4}（MPa）	735.2	639.4	552.6	477.7	410.9
	安全系数	1.03	1.19	1.37	1.59	1.85
封隔器处	内压（MPa）	120	120	120	120	120
	外压（MPa）	43	53	63	73	83
	轴力（kN）	–345.1	–326	–308	–288.3	–269
	σ_{xd4}（MPa）	940.6	822.2	704	585.38	467
	安全系数	0.79	0.9	1.05	1.26	1.59

二、龙岗气田油管柱强度分析

1. 完井工况及参数

以 LG1 井为例，进行了油管柱强度分析。根据 LG1 井完井方案，在完成井筒准备后，施工工序为：在相对密度为 1.31 的压井液中下管柱→换装井口、坐采油树→全井管内外替成相对密度为 1.0 的液体→（投球、候球入座、井口加压 25MPa）坐封封隔器→酸化→排液→求产（开井、关井）。井内管柱基本数据为：$3^{1}/_{2}$in × 6.45mmG3−125 油管 +7in MHR 封隔器（封位 5672m）+$3^{1}/_{2}$in × 6.45mm 油管下至产层（5700m）。

分析各种工况，设计出坐封和开井、关井及酸化作业时的参数见表 2−11。

表 2−11　LG1 井完井工况参数

工况			坐封	开井		关井		酸化
				高温、高压	低温、高压	高温、高压	低温、高压	
温度（℃）		井口	15	60	0	60	0	15
		井底	50	150	150	150	150	150
压力（MPa）	井口	油压	25	50	50	60	60	70
		套压	0	0	0	0	0	0
	井底	油压	80	65	65	70	70	125
		套压	55	55	55	55	55	55
管内流体密度（g/cm³）			1.0	0.3	0.3	0.3	0.3	1.0
环空流体密度（g/cm³）			1.0	1.0	1.0	1.0	1.0	1.0

2. 油管柱下深设计

这里，假设油管钢级分别为 N80、P110、Q125，仅从抗拉强度进行分析，结果见表 2−12。结果表明：N80 抗拉安全系数低于 1.6，P110、Q125 在空气和液体中安全系数均大于 1.6，但考虑到气井作业过程中额外拉伸，则 P110 拉伸安全系数储备不够，因此，单从抗拉强度看，本井完井管柱应选用 Q125 级别，从而满足下入深度 5700m 以上的完井要求。

表 2−12　LG1 井完井井下管柱重量及拉伸应力安全系数

油管级别	每米油管质量（kg/m）	段长（m）	重量（kN）		拉伸应力安全系数	
			空气中	相对密度为 1.0 的液体中	空气中	相对密度为 1.0 的液体中
N80	11.46	5700	640	560	1.24	1.42
P110	13.69	5700	764.7	672	1.66	1.89
Q125	13.69	5700	764.7	672	1.88	2.14

3. 井下管柱载荷及安全性分析

从完井管柱受力情况分析，井口和封隔器（上部）处为应力危险截面，为此，根据主要工况参数对其载荷、安全性进行了计算，结果见表 2–13。结果表明：管柱在坐封、开井生产和关井等工况条件下管柱安全性较好，基本都在 1.7 以上，能够满足安全需求；在酸化条件下在封隔器处三维安全系数较低，只有 0.96，分析应力组成，关键是封隔器处由内压引起的轴向力太大，达到 861.62MPa。此时可采取施加平衡压力的办法来提高管柱安全性（表 2–14），环空压力由 0MPa 增加到 30MPa，封隔器处的三维应力安全系数由 0.96 提高到 1.67，能够满足管柱安全的需求（图 2–63、图 2–64）。

表 2–13　LG1 井井下管柱载荷及安全系数

工况		坐封	开井		关井		酸化
			高温、高压	低温、高压	高温、高压	低温、高压	
井口	内压（MPa）	25	50	50	60	60	70
	外压（MPa）	0	0	0	0	0	0
	轴力（kN）	389.51	320.63	401.28	340.20	415.13	281.69
	σ_{xd4}（MPa）	359.01	401.92	438.22	464.02	492.14	516.84
	安全系数	2.4	2.1	1.97	1.82	1.75	1.67
封隔器处	内压（MPa）	80	65	65	70	70	125
	外压（MPa）	55	55	55	55	55	55
	轴力（kN）	−225.12	−318.08	−176.04	−304.14	−154.94	−520.49
	σ_{xd4}（MPa）	310.51	297.2	159.33	305.67	179.72	861.62
	安全系数	2.58	2.69	5.02	2.62	4.48	0.96

表 2–14　LG1 井环空压力对管柱安全性影响

工况		酸化			
		环空压力为 0MPa	环空压力为 10MPa	环空压力为 20MPa	环空压力为 30MPa
井口	内压（MPa）	70	70	70	70
	外压（MPa）	0	10	20	30
	轴力（kN）	281.69	294.44	307.19	319.94
	σ_{xd4}（MPa）	516.84	454.05	402.56	367.17
	安全系数	1.67	1.90	2.14	2.35
封隔器处	内压（MPa）	125	125	125	125
	外压（MPa）	55	65	75	85
	轴力（kN）	−520.49	−466.09	−411.68	−357.25
	σ_{xd4}（MPa）	861.62	740.14	618.66	497.17
	安全系数	0.96	1.12	1.34	1.67

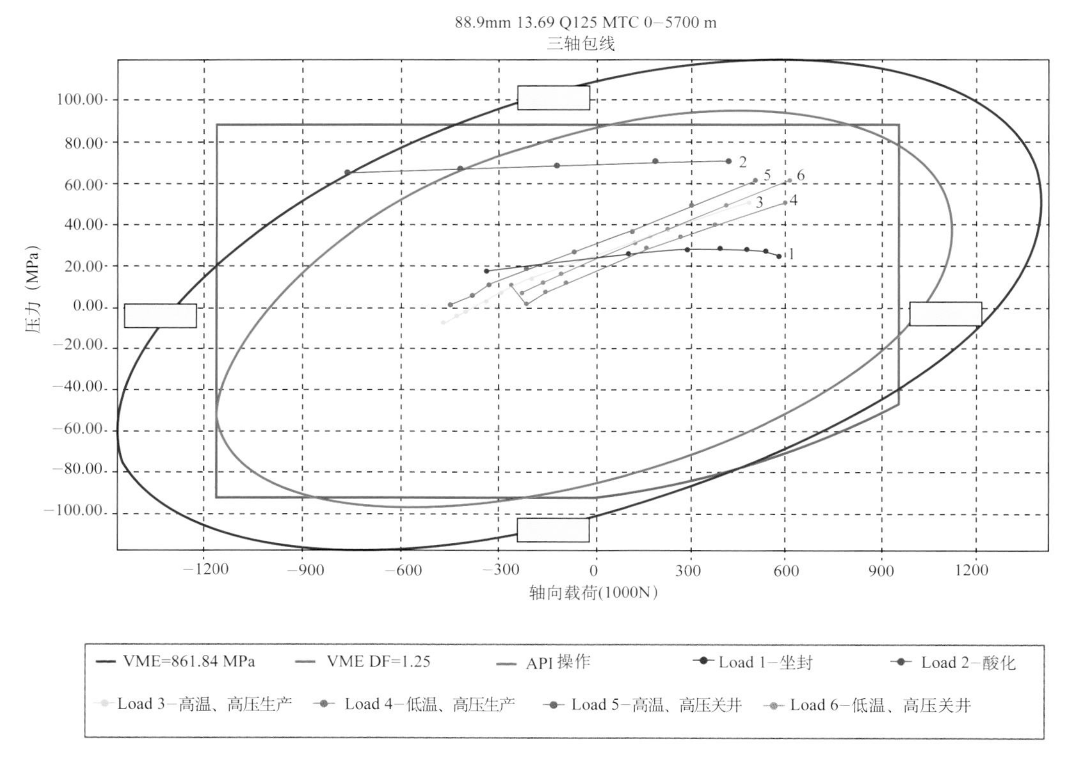

图 2–63　LG1 井完井管柱管体三轴应力图

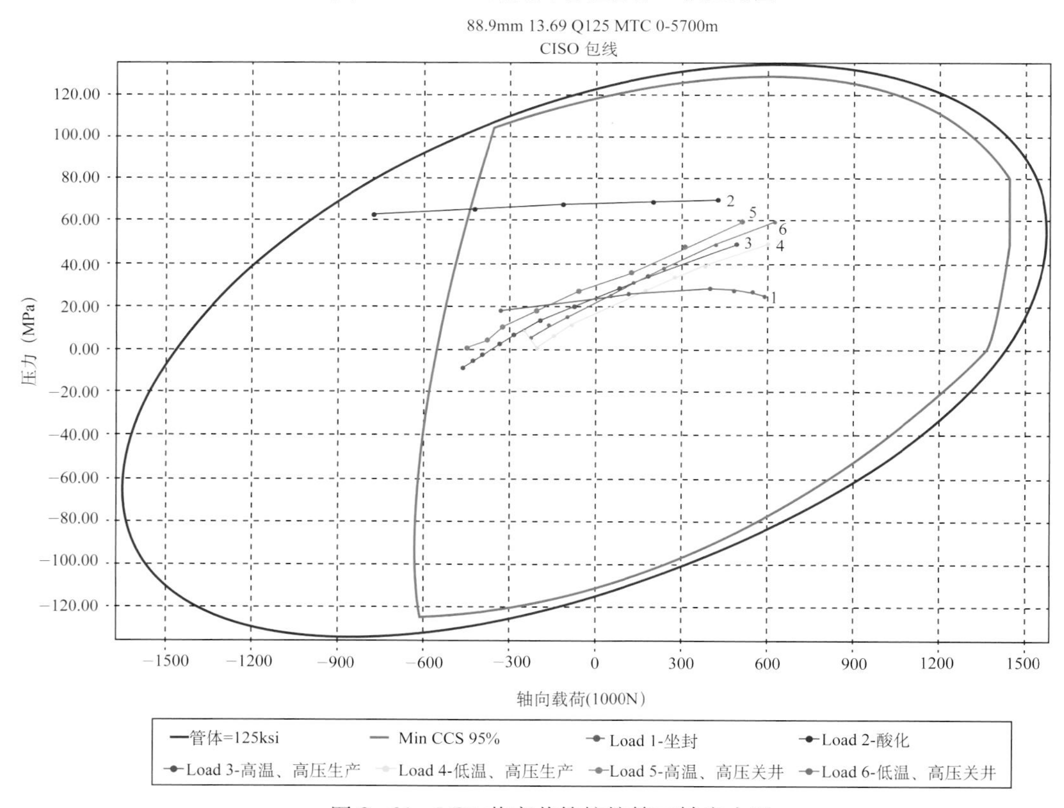

图 2–64　LG1 井完井管柱接箍三轴应力图

4. 井下管柱变形分析

表2–15给出了不同工况下，井下管柱的轴向变形和各种“效应”值。由表可见，与坐封工况相比，正常开井情况下，管柱处于轴向“伸长”状态，受封隔器卡瓦限制，轴向“伸长”变形转化为轴向压力，2.48m轴向伸长变形转化为轴向压力约11t；正常关井时，在高温、高压条件下，管柱伸长1.8m，在低温、高压条件下缩短0.69m，转化为轴向压力和拉力为3～9t；在酸化条件下若井口环空压力为0MPa，管柱缩短8.18m（图2–65）。

分析管柱中和点和狗腿度数据，结果表明，高温、高压条件下管柱下方屈曲严重，狗腿度均超过20°/30m；在低温、高压条件下，狗腿度12°/30m左右，屈曲程度有所降低；在酸化条件下，屈曲最严重，狗腿度达61.08°/30m。

在酸化作业时，增加环空压力来降低管柱收缩，改善屈曲状态（表2–16），随着环空压力增加，管柱缩短量逐渐降低，在环空压力为40MPa时，管柱缩短降为3.16m，狗腿度为26.4°/30m。

表2–15　LG1井完井井下管柱轴向变形和“效应”值

工况	坐封	开井		关井		酸化
		高温、高压	低温、高压	高温、高压	低温、高压	
温度效应（mm）	0	1920	−196.6	1920.2	−886.8	−2110
活塞效应（mm）	0	920.9	920.9	626.6	626.6	−2637.8
鼓胀效应（mm）	0	−207.7	−207.7	−543.3	−543.2	−2009.9
螺旋弯曲效应（mm）	0	−149.3	116.5	−170.83	108.6	−1416.5
综合效应（mm）	0	2483.5	633.1	1832.7	−694.6	−8176.42
中和点（m）	3963	3029.81	4351.32	2887	4260.33	868
最大狗腿度（°/30m）	22	24.6	12.3	24.7	12.5	61.8

表2–16　环空压力对酸化条件下管柱轴向变形影响

工况	酸化				
	环空压力为0MPa	环空压力为10MPa	环空压力为20MPa	环空压力为30MPa	环空压力为40MPa
温度效应（mm）	−2110	−2112.25	−2112.25	−2112.25	−2112.25
活塞效应（mm）	−2637.8	−2325.97	−2014.16	−1702.35	−1390.55
鼓胀效应（mm）	−2009.9	−1398.63	−787.37	−176.11	435.15
螺旋弯曲效应（mm）	−1416.5	−985.37	−620.73	−322.58	−90.9
综合效应（mm）	−8176.42	−6822.23	−5534.52	−4313.29	−3158.55
中和点（m）	868	1555.9	2243.7	2931.5	3619
最大狗腿度（°/30m）	61.8	52.9	44.1	36.2	26.4

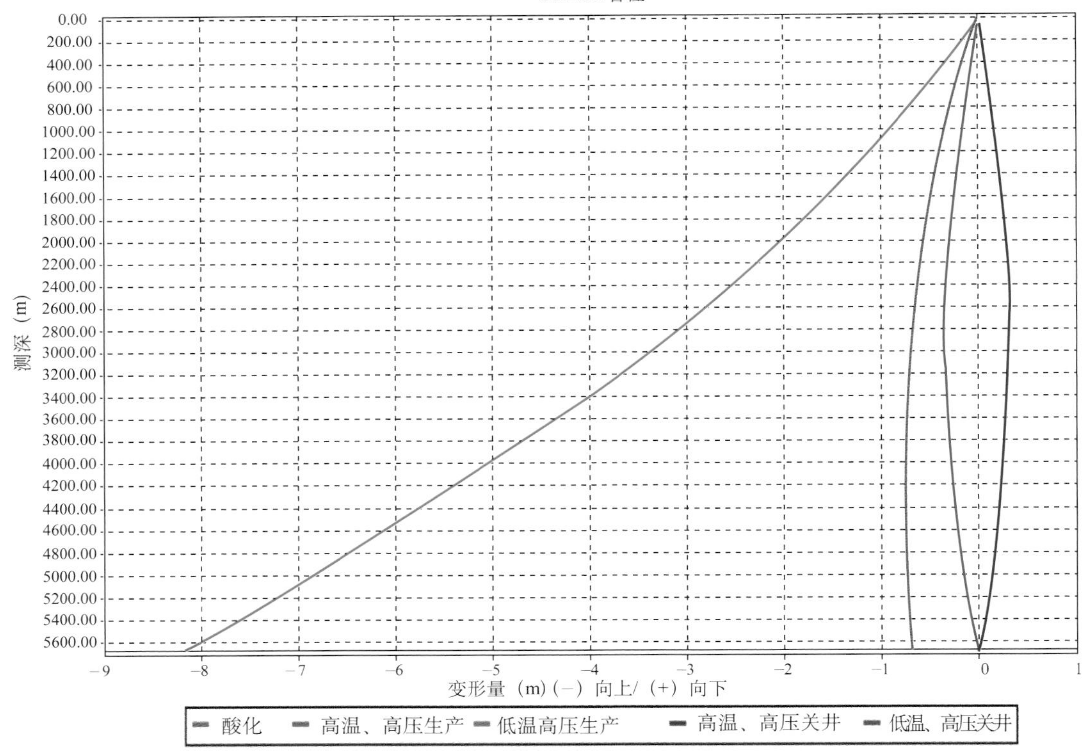

图 2−65　LG1 井完井管柱在不同工况下变形趋势图

三、水平井尾管悬挂分段完井油管柱强度分析

1. TZ62−6H 井完井管柱力学分析

1）TZ62−6H 井完井管柱结构

施工管柱采用哈里伯顿膨胀式尾管悬挂器（VersaFlexTM）+2 只遇油膨胀封隔器（SWELLPACKER）+3 只增产压裂滑套（Delta Slim Sleeve）等专用压裂工具，见井身结构及管柱结构示意图（图 2−66），实现水平裸眼段定点分段（三段）分隔酸压完井工艺设置。同时实现尾管悬挂并密封。之后采用哈里伯顿 $3^{1}/_{2}$in NE 10K 井下安全阀 +7in MHR 封隔器 + 插入密封，完井—酸压生产一体管柱实现回接密封并分段酸压后投产。

尾管悬挂、分段管柱结构（自上而下）：

$3^{1}/_{2}$in 钻杆 + 校深短钻杆 + $3^{1}/_{2}$in 钻杆 + $3^{1}/_{2}$in 短钻杆 + VF 尾管悬挂器工具串 + $3^{1}/_{2}$in FOX 油管 + DSS 滑套 + $3^{1}/_{2}$in FOX 油管 + 遇油膨胀封隔器 + $3^{1}/_{2}$in FOX 油管 + DSS 滑套 + 遇油膨胀封隔器 + $3^{1}/_{2}$in FOX 油管 + DSS 滑套 + $3^{1}/_{2}$in FOX 油管 + $3^{1}/_{2}$in 浮箍 + $3^{1}/_{2}$in EUE 油管短节 + $3^{1}/_{2}$in 浮鞋。

回接酸压完井管柱结构（自上而下）：

$3^{1}/_{2}$in FOX 油管 + $3^{1}/_{2}$in NE10K 井下安全阀工具串 + $3^{1}/_{2}$in FOX 油管 + 7in MHR 封隔器工具串 + 球座 + $3^{1}/_{2}$in FOX 油管短节 1 根 + 插入密封。

VF 尾管悬挂器的坐封深度：4501.09m 左右；MHR 封隔器坐封深度：4483.22m 左右。

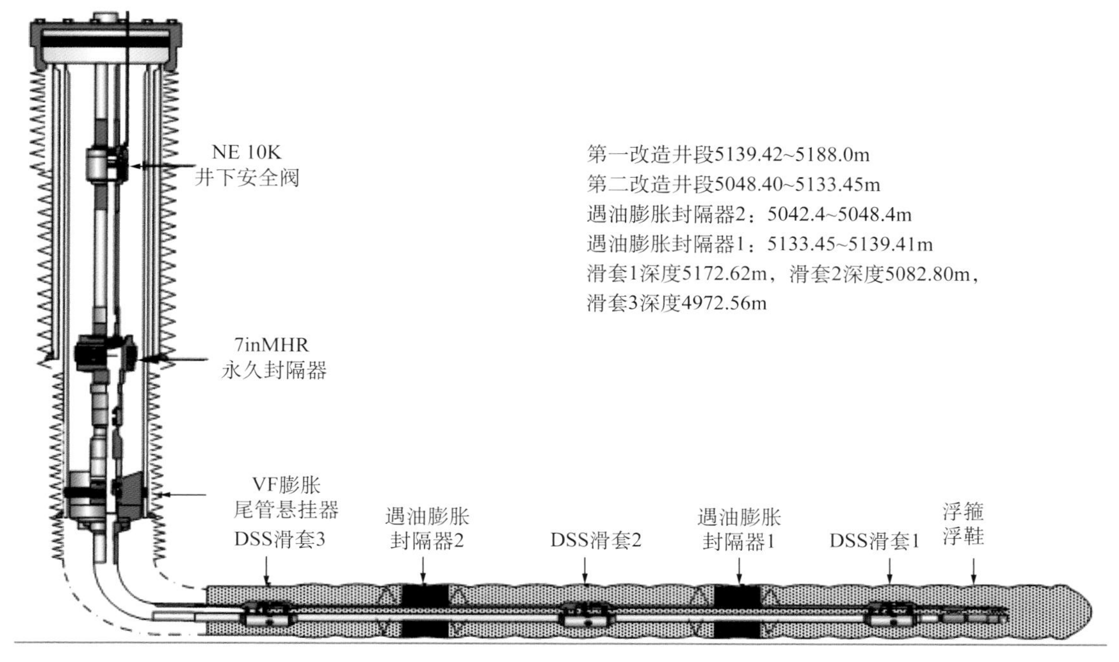

图 2–66　TZ62–6H 施工管柱示意图

2）TZ62–6H 井起、下及坐封工况下的强度校核

表 2–17 是 TZ62–6H 井起、下及坐封工况下的作业管柱强度校核结果。可以看出，TZ62–6H 坐封工况完井管柱是安全的。

表 2–17　TZ62–6H 井不同工况下典型载荷设置与变形分析（计算井深 5685m）

工况		起管柱	下管柱	坐封		
温度（℃）	井口	16	16	16	16	16
	井底	120	120	120	120	120
压力（MPa）	井口油压	0	0	34.47	0	38.61
	井口套压	0	0	0	13.79	0
流体密度（g/cm³）	管内	1.1	1.1	1.1	1.1	1.1
	环空	1.1	1.1	1.1	1.1	1.1
弹性变形（m）		4.8667	4.1772	3.6953	3.6953	3.6953
膨胀效应（m）		0.3960	0.3960	–0.7281	1.0498	–0.8632
温度效应（m）		3.5280	3.5280	3.5280	3.5280	3.5280
螺旋效应（m）		0	0	0	0	0
累计变形（m）		8.7907	8.1012	6.4952	8.2731	6.3601
安全系数		1.8	2.1	2.3	1.9	2.2

3）TZ62–6H 酸压工况下的完井管柱强度校核

酸压时，对于 ϕ88.9mm 的油管（内径 ϕ76mm）排量为 3m^3/min，沿程压力损失为 2.51MPa/1000m，排量为 4m^3/min，沿程压力损失为 4.2MPa/1000m，排量为 5m^3/min，沿程压力损失为 6.13MPa/1000m，排量为 6m^3/min，沿程压力损失为 8.4MPa/1000m，据此可以根据井口油管压力计算出管内压力分布。井口压力不同，注入排量是不同的。一般而言，油压较高，套压较低时，套管所承受的工况最严酷，安全系数也最低。在 TZ62–6H 井酸压施工过程中，施工排量为 5 ~ 6m^3/min，泵压 12.3 ~ 59.7MPa，套压为 18.6 ~ 27.1MPa；排液时，油管压力 12.67 ~ 40.43MPa；套压 8.43 ~ 10MPa。TZ62–6H 酸压工况下油管酸压工况下管柱强度校核结果见表 2–18。

表 2–18　TZ62–6H 酸压工况下油管酸压校核结果（校核井深 5685m）

温度（℃）	井口	16	16	16	16	16
	井底	120	120	120	120	120
压力（MPa）	井口油压	59.7	59.7	59.7	59.7	59.7
	井口套压	0	10	15	18.6	25
流体密度（g/cm^3）	管内	1.1	1.1	1.1	1.1	1.1
	环空	1.1	1.1	1.1	1.1	1.1
弹性变形（m）		3.6953	3.6953	3.6953	3.6953	3.6953
膨胀效应（m）		−1.2480	−0.7727	−0.5351	−0.3640	−0.0599
温度效应（m）		3.5280	3.5280	3.5280	3.5280	3.5280
螺旋效应（m）		0	0	0	0	0
累计变形（m）		5.9753	6.4506	6.6882	6.8593	7.1634
井口轴向力（kN）		567.33	567.33	567.33	567.33	567.33
井口轴向应力（MPa）		339.75	339.75	339.75	339.75	339.75
井口径向应力（MPa）		−59.70	−59.70	−59.70	−59.70	−59.70
井口周向应力（MPa）		383.16	308.86	271.70	244.95	197.40
井口安全系数		1.8	2.0	2.0	2.1	2.2

从表中可以看出，保持酸压施工压力 59.7MPa，从不施加套管到施加 25MPa 的套管压力，安全系数从 1.8 增加到 2.2，由此可见，当酸压施工压力不大时，可以不施加套管压力，套管的安全系数仍可达到 1.8，为保证施工管柱安全，可以在套管施加适当的套管压力。

图 2–67 是 TZ62–6H 井坐封工况下安全系数沿井深分布（油压 59.2MPa，套压 18.6MPa）。

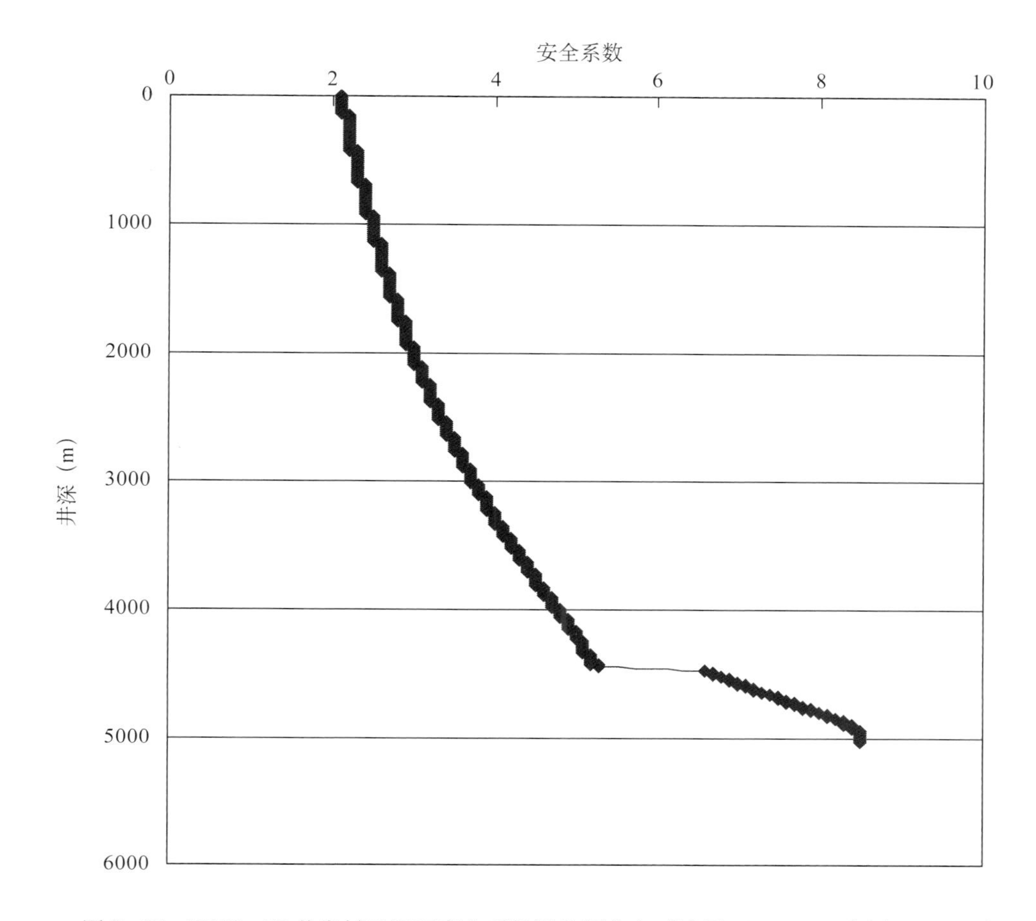

图 2–67　TZ62–6H 井坐封工况下安全系数沿井深分布（油压 59.2MPa，套压 18.6MPa）

2. TZ62–7H 井完井管柱力学分析

1）TZ62–7H 井完井管柱结构

TZ62–7H 井施工管柱采用哈里伯顿膨胀式尾管悬挂器（VersaFlexTM）+3 只遇油膨胀封隔器（SWELLPACKER）+4 只增产压裂滑套（Delta Stim Sleeve）等专用压裂工具，见井深结构及管柱结构示意图，实现水平裸眼段定点分段（四段）分隔酸压完井工艺设置。同时实现尾管悬挂并密封。之后采用哈里伯顿 $3^1/_2$in NE 10K 井下安全阀 +7in MHR 封隔器 + 插入密封，完井—酸压生产一体管柱实现回接密封并分段酸压后投产。

TZ62–7H 井施工管柱从回接筒开始从上到下的结构为：回接筒 + VF 尾管悬挂器 + 坐封套筒 + 变扣接头 + 延长短节 + 变扣接头 + $3^1/_2$in FOX 油管 + 变扣接头 + $3^1/_2$in 遇油膨胀封隔器（3） + 变扣接头 + $3^1/_2$in FOX 油管 + 提升短节 + 变扣接头 + DSS 滑套 + 变扣接头 + $3^1/_2$in FOX 油管 + 变扣接头 + $3^1/_2$in 遇油膨胀封隔器（2） + 变扣接头 + $3^1/_2$in FOX 油管 + 提升短节 + 变扣接头 + DSS 滑套 + 变扣接头 + $3^1/_2$in FOX 油管 + 变扣接头 + $3^1/_2$in 遇油膨胀封隔器（1） + 变扣接头 + $3^1/_2$in FOX 油管 + 提升短节 + 变扣接头 + DSS 滑套 + 变扣接头 + $3^1/_2$in FOX 油管 + 变扣接头 + $3^1/_2$in 浮箍 + $3^1/_2$in EUE 油管 + $3^1/_2$in 浮鞋。图 2–68 是 TZ62–7H 井酸压作业管柱示意图。

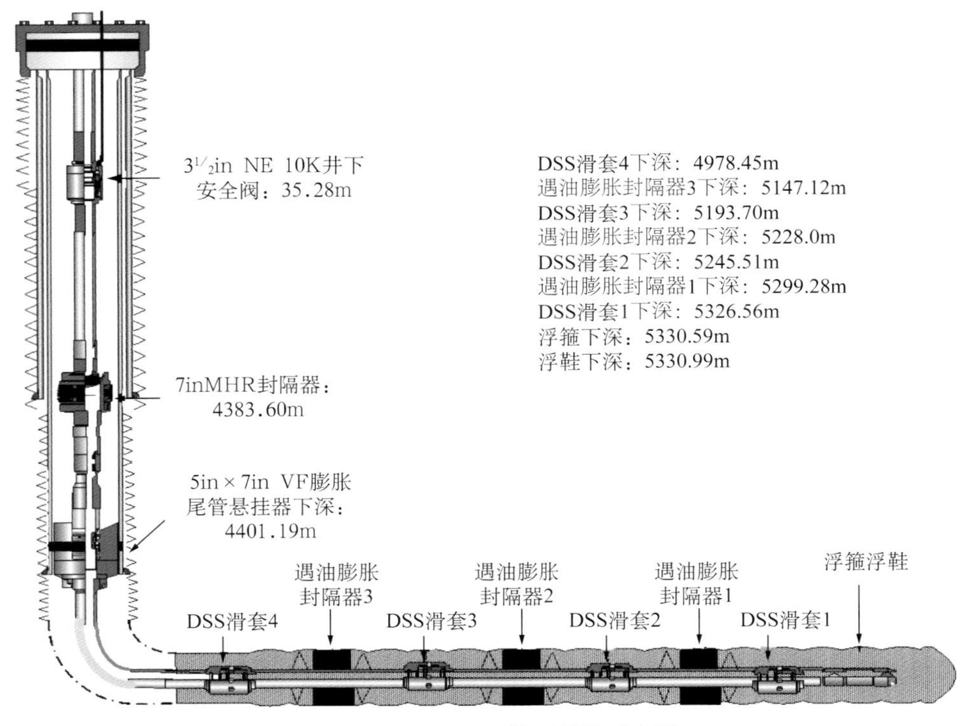

图 2–68　TZ62–7H 施工管柱示意图

2）TZ62–7H 井起、下及坐封工况下的强度校核

在起下油管柱和坐封封隔器的工况下，其安全系数均达到 1.8 以上，满足强度要求（表 2–19）。

表 2–19　TZ62–7H 井不同工况下典型载荷设置与变形分析（计算井深 5340m）

工况		起管柱	下管柱	坐封		
温度（℃）	井口	16	16	16	16	16
	井底	130	130	130	130	130
压力（MPa）	井口油压	0	0	34.47	0	38.61
	井口套压	0	0	0	13.79	0
流体密度（g/cm^3）	管内	1.10	1.10	1.10	1.10	1.10
	环空	1.10	1.10	1.10	1.10	1.10
弹性变形（m）		5.1959	4.4691	3.6388	3.6388	3.6388
膨胀效应（m）		0.4206	0.4206	−0.6598	1.0632	−0.7896
温度效应（m）		3.9789	3.9789	3.9789	3.9789	3.9789
螺旋效应（m）		0	0	0	0	0

续表

工况	起管柱	下管柱	坐封		
累计变形（m）	9.5954	8.8686	6.9579	8.6809	6.8281
安全系数	1.8	2.0	2.3	1.9	2.2

3）TZ62−7H 酸压工况下的完井管柱强度校核

酸压时，对于 ϕ88.9mm 的油管（内径 ϕ76mm）排量为 3m³/min，沿程压力损失为 2.51MPa/1000m，排量为 4m³/min，沿程压力损失为 4.2MPa/1000m，排量为 5m³/min，沿程压力损失为 6.13MPa/1000m，排量为 6m³/min，沿程压力损失为 8.4MPa/1000m，据此可以根据井口油管压力计算出管内压力分布。井口压力不同，注入排量是不同的。TZ62−7H 井酸压密度为 1.1g/cm³，酸压施工排量为 6.6m³/s，泵压为 53.1 ~ 95.3MPa，套压为 24 ~ 35.6MPa，油管采用 ϕ88.9mm × 6.45mm 的 BGP110SS。根据施工参数对 TZ62−7H 酸压工况下油管酸压工况下管柱强度进行了校核，校核结果见表 2−20。

表 2−20　TZ62−7H 酸压工况下油管酸压校核结果

温度（℃）	井口	16	16	16	16	16	16	16	16	16	16
	井底	130	130	130	130	130	130	130	130	130	130
压力（MPa）	井口油压	53	53	53	75	75	75	95.3	95.3	95.3	95.3
	井口套压	0	10	20	10	20	30	24	30	35.6	40
流体密度（g/cm³）	管内	1.1	1.1	1.1	1.1	1.1	1.1	1.1	1.1	1.1	1.1
	环空	1.1	1.1	1.1	1.1	1.1	1.1	1.1	1.1	1.1	1.1
弹性变形（m）		3.639	3.639	3.639	3.639	3.639	3.639	3.639	3.639	3.639	3.639
膨胀效应（m）		−0.750	−0.280	0.1820	−0.970	−0.510	−0.040	−0.960	−0.680	−0.420	−0.210
温度效应（m）		3.979	3.979	3.979	3.979	3.979	3.979	3.979	3.979	3.979	3.979
螺旋效应（m）		0.000	0.000	0.000	0.000	0.000	0.000	0.000	0.000	0.000	0.000
累计变形（m）		6.867	7.333	7.799	6.644	7.110	7.576	6.660	6.939	7.200	7.405
井口内压力（MPa）		53	53	53	75	75	75	95.3	95.3	95.3	95.3
井口外挤压力（MPa）		0	10	20	10	20	30	24	30	36	40
井口轴向力（kN）		570.8	570.8	570.8	570.8	570.8	570.8	570.8	570.8	570.8	570.8
井口轴向应力（MPa）		341.8	341.8	341.8	341.8	341.8	341.8	341.8	341.8	341.8	341.8
井口径向应力（MPa）		−53.0	−53.0	−53.0	−75.0	−75.0	−75.0	−95.3	−95.3	−95.3	−95.3
井口周向应力（MPa）		340.1	265.8	191.5	407.3	332.9	258.6	433.8	389.2	347.6	314.9
井口安全系数		1.9	2.1	2.2	1.7	1.8	2	1.5	1.6	1.7	1.8

图 2−69 是不同油压、套管情况下管柱安全系数计算结果。TZ62−7H 井酸压时，当泵压为 95.3MPa、套压为 35MPa 时，安全系数为 1.7，如果进一步减少套压，则安全系数偏小，作业管柱就不安全。因此，为保证酸压管柱安全，酸压时当泵压达到 95.3MPa 时，为保证作业管柱安全，至少需施加 35MPa 的套压。计算结果表明，为提高酸压管柱的安全，可以适当提高套管压力。

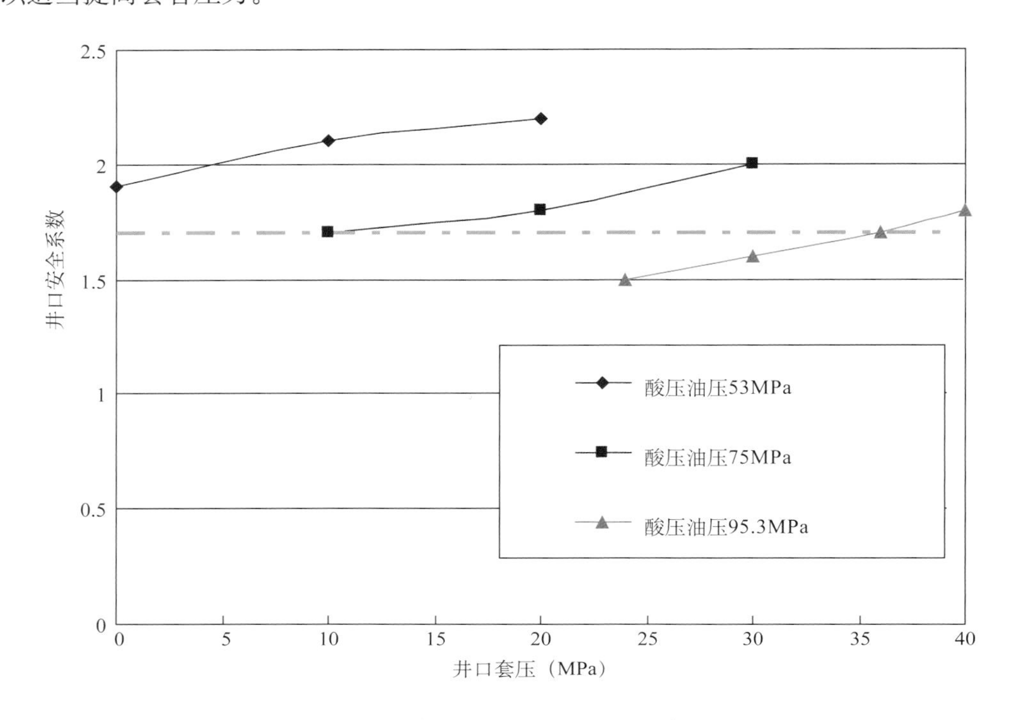

图 2−69　酸压工况下 TZ62−7H 井安全系数

3. TZ62−10H 井完井管柱力学分析

1）TZ62−10H 井完井管柱结构

从上到下 TZ62−10H 井酸压工况下的管串结构为 P110 级 ϕ88.9mm 的油管（内径 ϕ76mm）×5620m + MHR 液压永久式封隔器 + P110 级 ϕ88.9mm 的油管（内径 ϕ76mm）×30m。水平井段完井管柱送入结构如图 2−70 所示。

2）TZ62−10H 井起、下及坐封工况下的强度校核

表 2−21 是 TZ62−10H 井起、下及坐封工况下的强度校核结果。图 2−69 是坐封工况下安全系数沿井深的发布。

表 2−21　TZ62−10H 井不同工况下典型载荷设置与变形分析（计算井深 5685m）

工况		起管柱	下管柱	坐封		
温度（℃）	井口	16	16	16	16	16
	井底	130	130	130	130	130
压力（MPa）	井口油压	0	0	34.47	0	38.61
	井口套压	0	0	0	13.79	0

续表

工况		起管柱	下管柱	坐封		
流体密度（g/cm^3）	管内	1.05	1.05	1.05	1.05	1.05
	环空	1.05	1.05	1.05	1.05	1.05
弹性变形（m）		5.2166	4.3527	4.3527	4.3527	4.3527
膨胀效应（m）		0.4585	0.4585	−0.8163	1.1923	−0.9505
温度效应（m）		4.4472	4.4472	4.4427	4.4427	4.4427
螺旋效应（m）		0	0	0	0	0
累计变形（m）		10.1220	9.2578	7.9830	9.9900	7.8480
安全系数		1.8	2.1	2.2	1.8	2.1

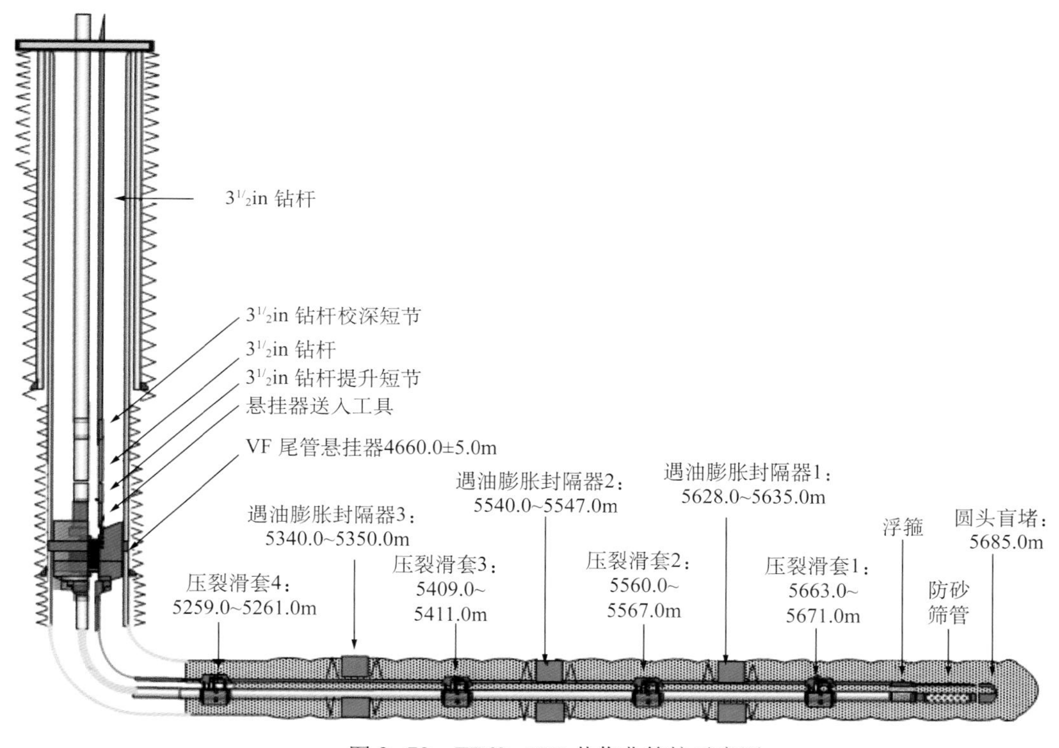

图 2−70　TZ62−10H 井作业管柱示意图

从图 2−71 中可以看出，TZ62−10H 井坐封工况下完井管柱井口的安全系数为 2.1，随着井深的增加，安全系数增加，且全井管柱的安全系数大于 2.1。如果坐封时再在环空施加一定量的套管压力，作业管柱将更加安全。

3）TZ62−10H 井酸压工况下的完井管柱强度校核

酸压时，对于 ϕ88.9mm 的油管（内径 ϕ76mm）排量为 3m^3/min，沿程压力损失为 2.51MPa/1000m，排量为 4m^3/min，沿程压力损失为 4.2MPa/1000m，排量为 5m^3/min，沿程压力损失为 6.13MPa/1000m，排量为 6m^3/min，沿程压力损失为 8.4MPa/1000m，据此可以

根据井口油管压力计算出管内压力分布。井口压力不同，注入排量不同。TZ62–10H 井酸压工况下油管酸压强度校核结果见表 2–22。

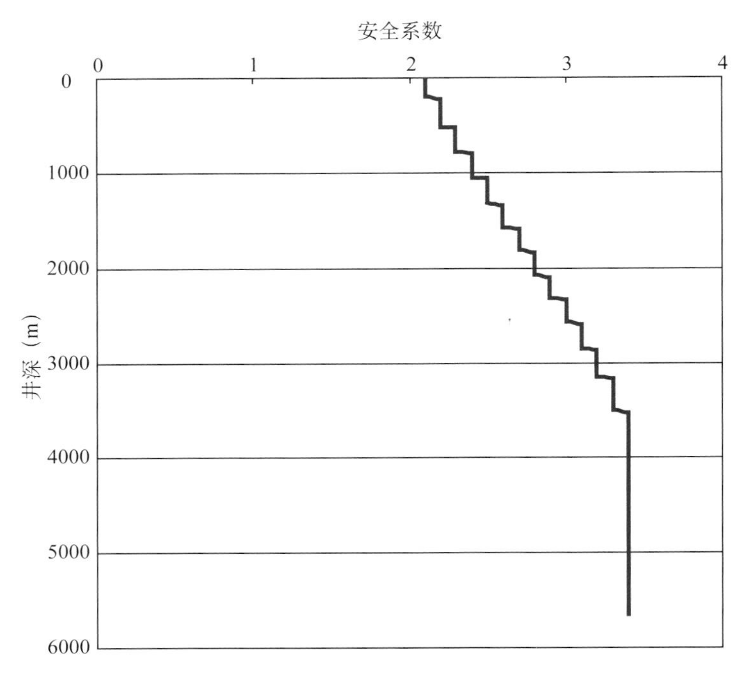

图 2–71　TZ62–10H 井坐封工况下安全系数分布

表 2–22　TZ62–10H 井酸压工况下油管酸压校核结果

工况		酸压					
温度（℃）	井口	16	16	16	16	16	16
	井底	130	16	130	130	130	130
压力（MPa）	井口油压	40	50	60	70	80	80
	井口套压	0	0	0	0	0	25
流体密度（g/cm^3）	管内	1.05	0	1.05	1.05	1.05	1.05
	环空	1.05	1.05	1.05	1.05	1.05	1.05
弹性变形（m）		4.3645	4.3645	4.3645	4.3645	4.3645	4.3645
膨胀效应（m）		−0.5577	−0.9276	−1.2974	−1.6673	−2.0371	−0.0894
温度效应（m）		4.4472	4.4472	4.4472	4.4472	4.4472	4.4472
螺旋效应（m）		−0.0005	−0.0005	−0.0005	−0.0005	−0.0005	−0.0005
累计变形（m）		8.2535	7.8836	7.5138	7.1439	6.7741	8.7217
井口内压力（MPa）		40.00	50.00	60.00	70.00	80.00	80.00
井口外挤压力（MPa）		0.10	0.10	0.10	0.10	0.10	0.10

续表

工况	酸压					
井口轴向力（kN）	712.01	712.01	712.01	712.01	712.01	712.01
井口轴向应力(MPa)	378.31	378.31	378.31	378.31	378.31	378.31
井口径向应力(MPa)	−40.00	−50.00	−60.00	−70.00	−80.00	−80.00
井口周向应力(MPa)	223.05	278.97	334.90	390.83	446.76	281.91
井口安全系数	2.1	2.0	1.8	1.7	1.5	1.8

从表 2−22 中可以看出，当油管压力小于 70MPa 时，酸压管柱井口安全系数大于 1.7，管柱是安全的，但当油管压力大于 80MPa，且环空没有时间背压时，井口安全系数仅为 1.5，油管安全系数偏低。此时，为提高安全系数，需要在施工时在环空施加一定量的套压，以确保酸压管柱的安全。

图 2−72 至图 2−75 分别是酸压工况下，当油管压力为 80MPa、套压为 25MPa 时，有效内压力、外挤压力及轴向力沿井深的分布。左边曲线代表外载荷，右边曲线是相应的强度。由表 2−22 和图 2−72 至图 2−75 的计算结果可以看出，在施工压力较大的情况下（油管压力 80MPa），只要在套管环空施加一定量的平衡压力，油管还是安全的，其井口的安全系数仍能达到 1.8。

图 2−73 分别是有无套压、油管压力为 80MPa 情况下，TZ62−10H 井酸压安全系数沿井深的分布。

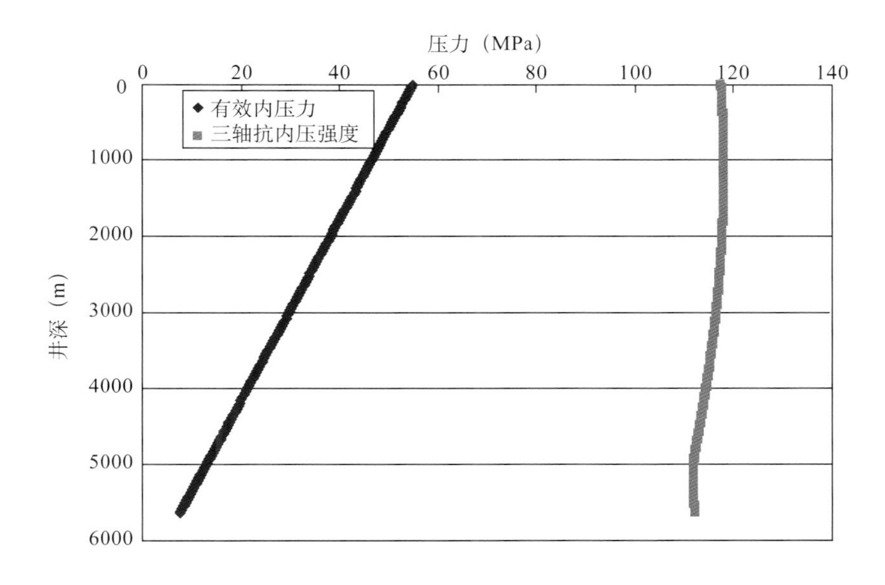

图 2−72　酸压工况下 TZ62−10H 井有效内压力随井深的变化（套管回压 25MPa）

4. TZ62−11H 井完井管柱力学分析

1）TZ62−11H 井完井管柱结构

施工管柱采用哈里伯顿膨胀式尾管悬挂器（VersaFlexTM）+5 只遇油膨胀封隔器

（SWELLPACKER）+6 只增产压裂滑套（Delta Slim Sleeve）等专用压裂工具，实现水平裸眼段定点分段（六段）分隔酸压完井工艺设置。同时实现尾管悬挂并密封。之后采用哈里伯顿 $3^{1}/_{2}$in NE 10K 井下安全阀 +7in MHR 封隔器 + 插入密封完井—酸压生产一体管柱实现回接密封并分段酸压后投产（图 2–76）。

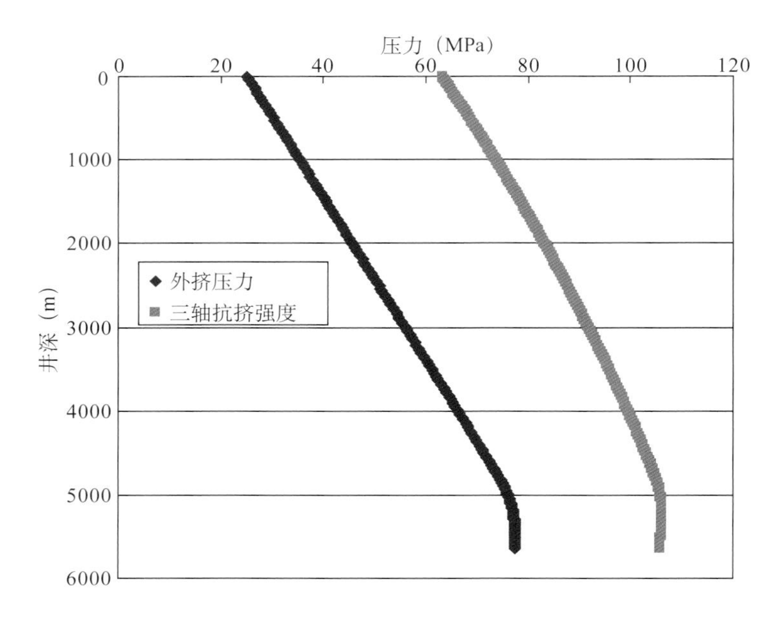

图 2–73　酸压工况下 TZ62–10H 井外挤压力随井深的变化（套管回压 25MPa）

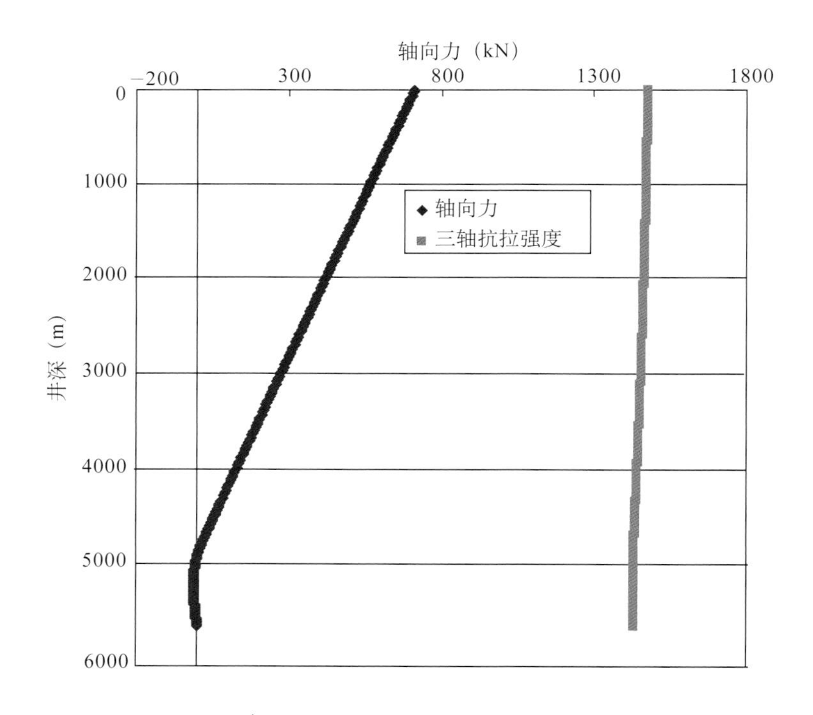

图 2–74　酸压工况下 TZ62–10H 井轴向力沿井深的分布

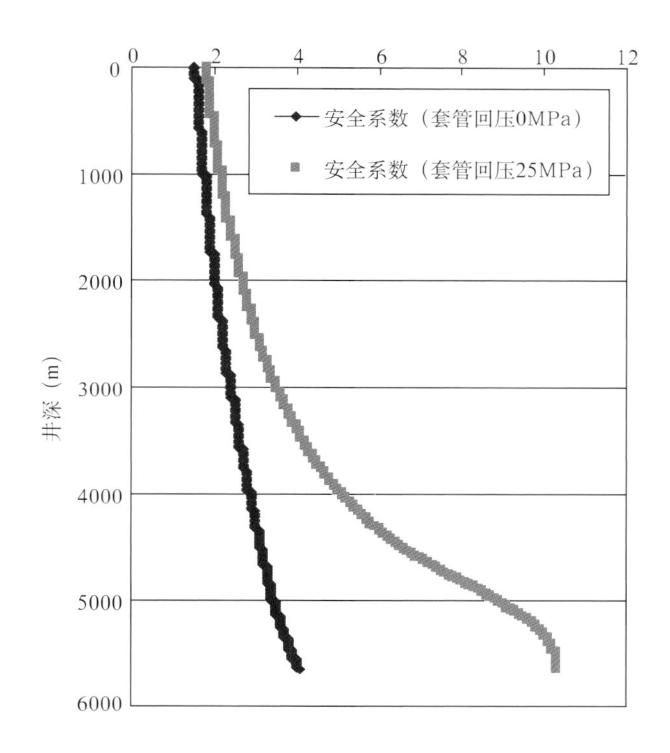

图 2–75　酸压工况下 TZ62–10H 井安全系数随井深的变化

尾管悬挂、分段管柱结构（自上而下）：

$3^1/_2$in 钻杆＋校深短钻杆＋ $3^1/_2$in 钻杆＋ $3^1/_2$in 短钻杆＋ VF 尾管悬挂器工具串＋ $3^1/_2$in FOX 油管＋ DSS 滑套 6 ＋ $3^1/_2$in FOX 油管＋遇油膨胀封隔器＋ $3^1/_2$in FOX 油管＋ DSS 滑套 5 ＋遇油膨胀封隔器＋ $3^1/_2$in FOX 油管＋ $3^1/_2$in FOX 油管＋遇油膨胀封隔器＋ $3^1/_2$in FOX 油管＋ DSS 滑套 4 ＋遇油膨胀封隔器＋ $3^1/_2$in FOX 油管＋ $3^1/_2$in FOX 油管＋遇油膨胀封隔器＋ $3^1/_2$in FOX 油管＋ DSS 滑套 3 ＋遇油膨胀封隔器＋ $3^1/_2$in FOX 油管＋ $3^1/_2$in FOX 油管＋遇油膨胀封隔器＋ $3^1/_2$in FOX 油管＋ DSS 滑套 2 ＋遇油膨胀封隔器＋ $3^1/_2$in FOX 油管＋ DSS 滑套 1 ＋ $3^1/_2$in FOX 油管＋ $3^1/_2$in 浮箍＋ $3^1/_2$in EUE 油管短节＋ $3^1/_2$in 浮鞋。

回接酸压完井管柱结构（自上而下）：

$3^1/_2$in FOX 油管＋ $3^1/_2$in NE 10K 井下安全阀工具串＋ $3^1/_2$in FOX 油管＋ $3^1/_2$in FOX 油管短节 1 根＋棘齿锁定插入密封筒。VF 尾管悬挂器的坐封深度：4465.8m 左右。TZ62–11H 井酸压管柱结构示意图如图 2–74 所示。

2）TZ62–11H 井酸压工况下的工作管柱强度校核

酸压时，对于 ϕ88.9mm 的油管（内径 ϕ76mm）排量为 $3m^3/min$，沿程压力损失为 2.51MPa/1000m，排量为 $4m^3/min$，沿程压力损失为 4.2MPa/1000m，排量为 $5m^3/min$，沿程压力损失为 6.13MPa/1000m，排量为 $6m^3/min$，沿程压力损失为 8.4MPa/1000m，据此可以根据井口油管压力计算出管内压力分布。注入排量是不同时，井口压力是不同的。TZ62–11H 井酸压较为复杂，采用了 5 个遇油膨胀封隔器、6 个滑套，没有使用 MHR 封隔器，而是采用棘齿锁定插入 VF 悬挂器回接筒密封。因此，TZ62–11H 井无须进行坐封工况的强度校核。TZ62–11H 井经第一段酸压井段为 5691 ～ 5843m，酸压时泵压为 36.3 ～ 91.8MPa；套压为 17.1 ～ 30.9MPa。

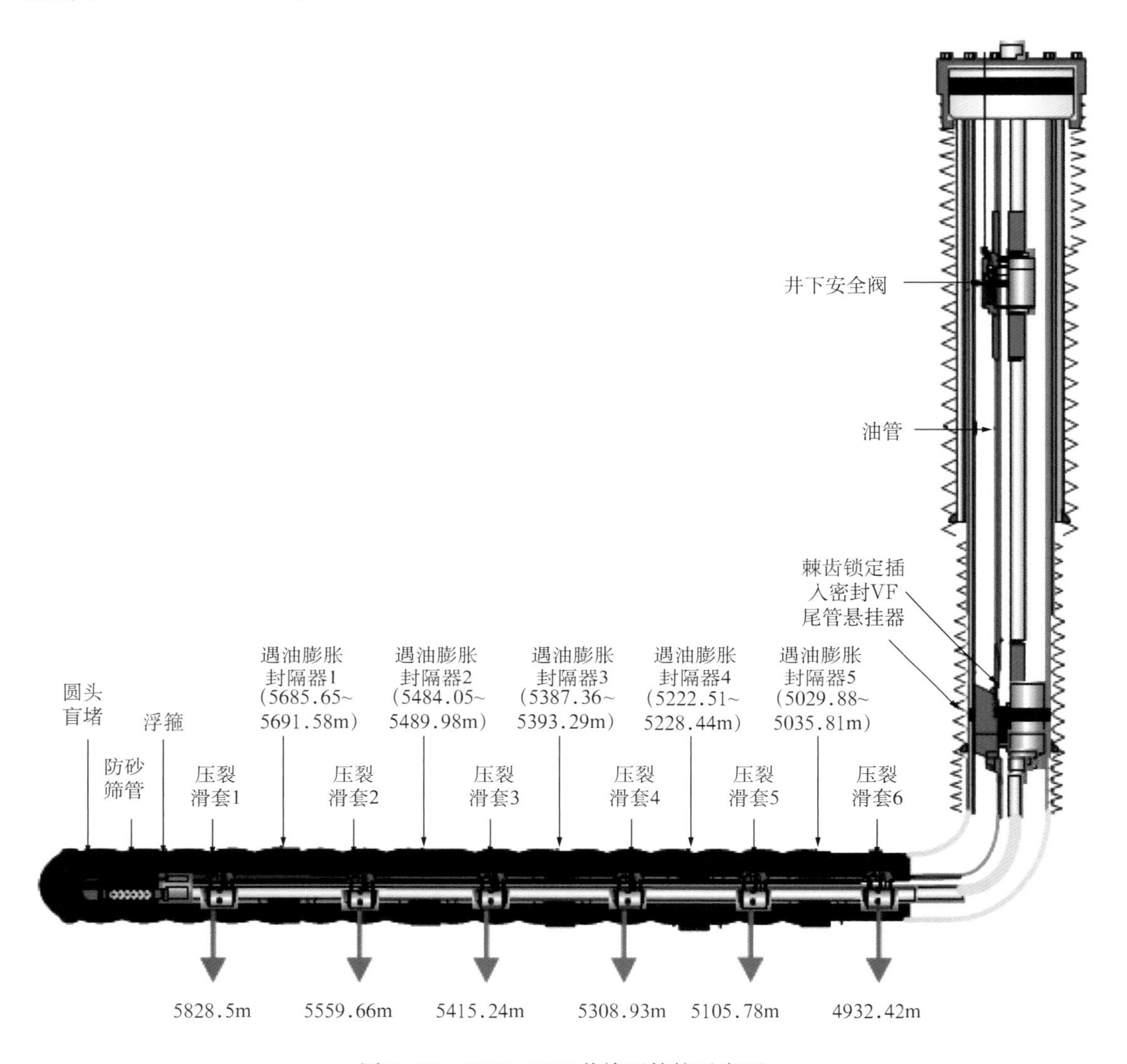

图 2–76　TZ62–11H 井施工管柱示意图

表 2–23 为 TZ62–11H 井不同井口压力情况下酸压管柱的强度校核结果。表中实际施加的载荷是根据酸压过程中酸压时泵压和套管设置的。从表中可以看出，当酸压过程中泵压较低时（36.3MPa），施加较小的套压（10MPa）就能使作业管柱的井口处的安全系数达到 2.3，作业管柱是安全的。只有在泵压较高时（大于 90MPa），如果套管压力过低（小于 25MPa），井口安全系数小于 1.6，作业管柱偏于不安全，此时，只有将套管压力增加到 31MPa，甚至增加到 35MPa，才能使得井口酸压管柱的安全系数增加到 1.8 以上，以确保酸压管柱安全。图 2–77 分别是不同油压、套压情况下作业管柱安全系数计算结果。计算结果表明，在油管压力较高时，需要适当增加套管压力。

从以上计算结果可以看出，塔里木油田塔中区块水平井完井管柱在起、下工况下管柱安全。在酸压情况下，如果施工排量不大，井口油压不大于70MPa，管柱是安全的；但如果酸压排量较大，井口油管压力大于75MPa，井口安全系数偏低，此时，需要在环空施加一定套压，施加套压也是为了在高油管压力的情况下，避免封隔器上、下压力过大引起封隔器失效。因此，施工压力过高时，无论是为了酸压管柱安全还是保证封隔器密封，都有必要施加一定的套压。

表 2–23　TZ62–11H 井酸压工况下油管强度校核结果

温度（℃）	井口	16	16	16	16	16	16	16	16	16
	井底	130	130	130	130	130	130	130	130	130
井口压力（MPa）	油压	36.3	36.3	65	65	65	91.8	91.8	91.8	91.8
	套压	0	10	10	20	30	17	25	31	35
流体密度（g/cm^3）	管内	1.1	1.1	1.1	1.1	1.1	1.1	1.1	1.1	1.1
	环空	1.1	1.1	1.1	1.1	1.1	1.1	1.1	1.1	1.1
弹性变形（m）		3.599	3.599	3.599	3.599	3.599	3.599	3.599	3.599	3.599
膨胀效应（m）		–0.362	0.112	–0.771	–0.297	0.177	–1.265	–0.885	–0.601	–0.411
温度效应（m）		4.804	4.804	4.804	4.804	4.804	4.804	4.804	4.804	4.804
螺旋效应（m）		–0.004	–0.004	–0.004	–0.004	–0.004	–0.004	–0.004	–0.004	–0.004
累计变形（m）		8.037	8.511	7.628	8.101	8.575	7.134	7.513	7.798	7.987
井口内压力（MPa）		36.3	36.3	65	65	65	91.8	91.8	91.8	91.8
井口外挤压力（MPa）		0	10	10	20	30	17	25	31	35
井口轴向力（kN）		559.6	559.6	559.6	559.6	559.6	559.6	559.6	559.6	559.6
井口轴向应力（MPa）		335.1	335.1	335.1	335.1	335.1	335.1	335.1	335.1	335.1
井口径向应力（MPa）		–36.3	–36.3	–65	–65	–65	–91.8	–91.8	–91.8	–91.8
井口周向应力（MPa）		232.69	158.38	342.94	268.63	194.33	463.26	403.82	359.24	329.51
井口安全系数		2.3	2.4	1.9	2	2.2	1.5	1.6	1.7	1.8

四、主要认识和结论

通过对塔中Ⅰ号和龙岗气田油管柱强度评价分析，可以得到如下认识：

（1）塔中Ⅰ号气田井深在4700～5000m，110钢级的油管（壁厚6.45mm）在空气中的拉伸应力安全系数可达2.0以上，即使考虑作业过程中正常的附加拉伸力等因素，仍可满足起、下油管作业的要求。

（2）龙岗气田井深5700～6000m，110钢级的油管（壁厚6.45mm）在空气中的拉伸应力安全系数为 1.66 左右，若考虑作业过程中管柱的附加拉伸力等因素，安全系数较低，选择应用 125 钢级的油管比较合适。

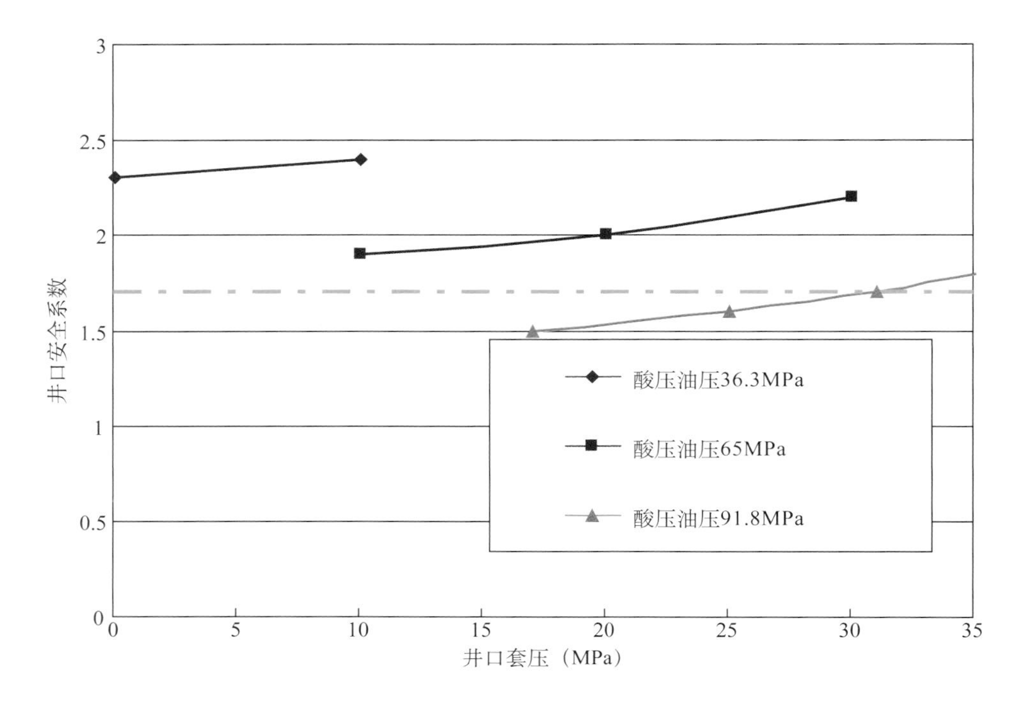

图 2–77　酸压工况下 TZ62–11H 井安全系数随井深的变化

（3）在坐封封隔器、开井、关井等工况条件下，目前龙岗气田、塔中 I 号气田所用油管柱的三轴应力安全系数均可满足要求。

（4）在开井、关井的工况条件下，油管柱在井口处的三轴应力安全系数最低，因此在油管柱设计中，应将井口处的油管柱强度作为重点校核的安全控制点之一。

（5）在酸化施工过程中，直井油管柱在封隔器处的三轴应力安全系数最低，水平井尾管悬挂、分段完井油管柱则在井口处的三轴应力安全系数最低。因此在酸化施工前，应将直井封隔器处和水平井分段管控的井口处，作为重点校核的部位。

（6）酸化施工时，在环空加注平衡压力，是改善油管柱受力状态、减小油管屈曲程度，提高安全系数的有效措施。一般情况下，环空加压值为井口油压的 1/3 至 1/2 比较合理。

（7）冲蚀和腐蚀是影响油管柱强度的重要因素，必须采用有效措施防止冲蚀、降低腐蚀，主要包括：

①应用方冲蚀、携液、降低压力损失三位一体的油管尺寸选择方法，优选油管尺寸，保证油管顶部的流速不超过冲蚀临界速度。

②根据气井腐蚀介质含量和压力、温度等参数，采用可靠的防腐措施。

③油管柱尽量做到同内径，井下工具缩径处应安装流动接箍。

④投产前彻底冲洗井筒，将岩屑、水泥等杂物冲出井筒，射孔后先控制产量返排后再正式投产。

第三节　完井测试工艺

一、塔中Ⅰ号气田完井油管柱结构

针对塔中Ⅰ号气田碳酸盐岩储层易喷易漏、高含 H_2S 且大多数井需要进行储层改造的特点及不同储层要达到的作业目的，本着安全、可靠、高效的原则，设计、定形了适应不同储层需求的完井管柱系列。通过现场试验证明，这些管柱能有效地解决储层改造后的有效封堵问题，减小储层伤害，降低了换装井口期间的安全风险。

1. FH（或 RH）封隔器＋伸缩管的测试—改造—投产完井一体化管柱

该管柱适用于储层漏失不严重、需要改造投产的直井，主要由 FH 或 RH 液压可取式封隔器、伸缩管、接球器和气密封扣油管组成，一趟管柱完成测试—改造—完井投产（表 2–24）。可在装好采气井口的情况下替环空保护液、坐封封隔器，增强了施工可控性；可在改造前测试，方便改造效果对比。

表 2–24　ZG501 井测试—改造—投产完井一体化管柱

管柱	名称	内径 (mm)	外径 (mm)	上扣扣型	下扣扣型	数量	总长度 (m)	下入深度 (m)
	油补距						9.60	9.60
	油管挂	76	275	$3^1/_2$in EUEB	$3^1/_2$in FOXP	1	0.90	7.82
	双公接头	74	88.9	$3^1/_2$in FOXP	$3^1/_2$in BGT1P	1	0.80	8.62
	油管	74	88.9	$3^1/_2$in BGT1B	$3^1/_2$in BGT1P	186	1767.32	1775.94
	油管	76	88.9	$3^1/_2$in BGT1B	$3^1/_2$in BGT1P	450	4298.89	6074.83
	变扣接头	76	88.9	$3^1/_2$in BGT1B	$3^1/_2$in EUEP	1	0.54	6075.37
	伸缩管	60	114	$3^1/_2$in EUEB	$3^1/_2$in EUEP	3	8.34	6083.71
	变扣接头	76	88.9	$3^1/_2$in EUEB	$3^1/_2$in BGT1P	1	0.62	6084.33
	油管	76	88.9	$3^1/_2$in BGT1B	$3^1/_2$in BGT1P	3	28.70	6113.03
	变扣接头	62	108	$3^1/_2$in BGT1B	$2^7/_8$in FOXP	1	0.45	6113.48
	7inFH 封隔器	60	151.7	$2^7/_8$in FOXB	$2^7/_8$in FOXP	1	0.79 1.22	6114.27 6115.49
	变扣接头	60	95	$2^7/_8$in FOXB	$2^7/_8$in EUEP	1	0.30	6115.79
	油管	62	73	$2^7/_8$in EUEB	$2^7/_8$in EUEP	12	114.99	6230.78
	接球器	22	95	$2^7/_8$in EUEB	$2^7/_8$in EUEP	1	0.14	6230.92
	变扣接头	62	114	$2^7/_8$in EUEB	$4^1/_2$in 长圆扣	1	0.17	6231.09
	套管	101.6	114.3	$4^1/_2$in 长圆扣	$4^1/_2$in 长圆扣	5	56.57	6287.66
	筛管	101.6	114.3	$4^1/_2$in 长圆扣	$4^1/_2$in 长圆扣	1	10.19	6297.85
	圆头引鞋	65	127	$4^1/_2$in 长圆扣		1	0.15	6298.00

2. HP–1AH 封隔器 + 锚定密封的测试—改造—投产完井一体化管柱

该管柱适用于水平井较短的裸眼完井，主要由 HP–1AH 封隔器、锚定密封、接球器、气密封扣油管等组成，一趟管柱可以完成筛管送入—测试—酸压—投产—回采等施工（表 2–25）。简化了施工工序，缩短了施工周期，提高了施工安全性。筛管接在该管柱下面送入水平段，比以前悬挂尾管工艺节省一趟起下钻时间。

表 2–25 ZG14–2H 井测试—改造—投产完井一体化管柱

管件	名称	数量	下入深度（m）	内径（mm）	外径（mm）	钢级	壁厚（mm）	总长度（m）	上扣扣型	下扣扣型
	油补距	1	6.45					6.45		
	油管挂	1	7.29	74	255			0.84	$3^{1}/_{2}$in EUEB	$3^{1}/_{2}$in FOXB
	双公短节	1	8.66	74	88.9	BG110S	7.34	1.37	$3^{1}/_{2}$in FOXP	$3^{1}/_{2}$in BGTP
	油管	293	2829.42	74	88.9	BG110S	7.34	2812.5	$3^{1}/_{2}$in BGTB	$3^{1}/_{2}$in BGTP
	油管	214	2829.42	76	88.9	BG110S	6.45	2066.6	$3^{1}/_{2}$in BGTB	$3^{1}/_{2}$in BGTP
	油管	110	5943.68	76	88.9	BG110S	6.45	1046.46	$3^{1}/_{2}$in EUEB	$3^{1}/_{2}$in EUEP
	锚定密封	1	5946.92	85	120			0.33	$3^{1}/_{2}$in FOXB	特殊扣
	7in HP–1AH 封隔器	1	5947.19	82.5	151.5			1.68	特殊扣	$4^{1}/_{2}$in FOXB
	磨铣延伸筒	1	5950.18	97	115		9.00	1.61	$4^{1}/_{2}$in FOXP	$4^{1}/_{2}$in FOXP
	接球器	1	5950.69	35	95			0.14	$2^{7}/_{8}$in EUEB	$2^{7}/_{8}$in EUEP
	油管	30	6236.33	76	88.9	BG110S	6.45	285.41	$3^{1}/_{2}$in EUEB	$3^{1}/_{2}$in EUEP
	打孔尾管	1	6245.88	76	88.9	BG110S	6.45	9.55	$3^{1}/_{2}$in EUEB	$3^{1}/_{2}$in EUEP
	油管	28	6511.87	76	88.9	BG110S	6.45	265.99	$3^{1}/_{2}$in EUEB	$3^{1}/_{2}$in EUEP
	割缝筛管	4	6549.83	76	88.9	BG110S	6.45	37.96	$3^{1}/_{2}$in EUEB	$3^{1}/_{2}$in EUEP
	圆头引鞋	1	6549.98	74	115			0.15	$3^{1}/_{2}$in EUEB	

3. MHR+POP 阀的封堵—测试—改造—投产完井一体化管柱

该管柱适用于喷漏同层段的井，主要由 MHR 永久式液压封隔器、棘齿锁定密封、POP–V 阀等组成（表 2–26）。该管柱的特点一是可以不动管柱完成封堵、酸压、求产、完井等施工，简化了施工工序、缩短施工周期、提高试油施工的安全性；二是能将产层与井筒隔离，实现换装井口施工作业；三是对于水平井，需两趟完成，先用钻杆将封隔器以下管柱送入，再回插上部完井管柱。

表 2–26 TZ26–4H 井封堵—测试—改造—投产完井一体化管柱

管件	名称	数量	下入深度（m）	内径（mm）	外径（mm）	钢级	壁厚（mm）	总长度（m）	上扣扣型	下扣扣型
	油补距		6.95					6.95		
	油管挂	1	7.8	76	275	P110		0.85	$3^{1}/_{2}$in EUEB	$3^{1}/_{2}$in FOXB

续表

管件	名称	数量	下入深度（m）	内径（mm）	外径（mm）	钢级	壁厚（mm）	总长度（m）	上扣扣型	下扣扣型
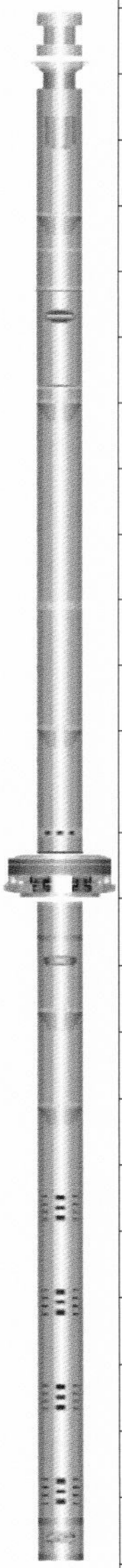	双公接头	1	9.24	74.22	88.9	BG110S/BGT1	7.34	1.44	$3^{1}/_{2}$in FOXP	$3^{1}/_{2}$in BGTP
	油管	7	76.78	74.22	88.9	BG110S/BGT1	7.34	67.54	$3^{1}/_{2}$in BGTB	$3^{1}/_{2}$in BGTP
	变扣接头	1	78.4	74.22	88.9	BG110S	7.34	1.62	$3^{1}/_{2}$in BGTB	$3^{1}/_{2}$in FOXP
	上流动短节	1	79.24	71.42	88.9	INC−925	15.95	0.84	$3^{1}/_{2}$in FOXB	$3^{1}/_{2}$in FOXP
	HE 安全阀	1	80.57	69.85	134	ALL0Y718		1.33	$3^{1}/_{2}$in FOXB	$3^{1}/_{2}$in FOXP
	下流动短节	1	81.4	74	88.9	INC−925	15.95	0.83	$3^{1}/_{2}$in FOX	$3^{1}/_{2}$in FOX
	变扣接头	1	83.02	74.22	88.9	BG110S	7.34	1.62	$3^{1}/_{2}$in FOXB	$3^{1}/_{2}$in BGTP
	调整油管	1	89.11	74.22	88.9	BG110S/BGT1	7.34	6.09	$3^{1}/_{2}$in BGTB	$3^{1}/_{2}$in BGTP
	油管伸长量	1	89.59	74.22	88.9	BG110S/BGT1	7.34	0.48	$3^{1}/_{2}$in BGTB	$3^{1}/_{2}$in BGTB
	油管	409	4025.91	74.22	88.9	BG110S/BGT1	7.34	3936.32	$3^{1}/_{2}$in BGTB	$3^{1}/_{2}$in BGTP
	校深短节	1	4027.47	74.22	88.9	BG110S/BGT1	7.34	1.56	$3^{1}/_{2}$in BGTB	$3^{1}/_{2}$in BGTP
	油管	3	4056 53	74.22	88.9	BG110S/BGT1	7.34	29.06	$3^{1}/_{2}$in BGTB	$3^{1}/_{2}$in BGTP
	压缩距	1	4054 71	74.22	88.9	BG110S/BGT1	7.34	−1.82	$3^{1}/_{2}$in BGTB	$3^{1}/_{2}$in BGTP
	变扣接头	1	4055.15	61	108	BG110S	5.51	0.44	$3^{1}/_{2}$in BGTB	$2^{7}/_{8}$in FOXP
	提升短节	1	4056.79	62	73.02	BG110S/BGT1	5.51	1.64	$2^{7}/_{8}$in FOXB	$2^{7}/_{8}$in FOXP
	棘齿铁定密封	1	4057.2	60.71	117.22	ALL0Y718		0.41	$2^{7}/_{8}$in FOXB	4.59−6RTH LYL LH
	7in MHR 封隔器	1	4059.63	80.52	144.45	ALL0Y718		2.43	4.59RTHLTHLH	$3^{1}/_{2}$in FOXP
	磨铣延伸管	1	4061.29	61.5	130			1.66	$3^{1}/_{2}$in FOXB	$2^{7}/_{8}$in EUEP
	POP−V2 阀	1	4061.46	59	89	3SCrNo		0.17	$2^{7}/_{8}$in EUEP	$2^{7}/_{8}$in EUEB
	变扣接头	1	4061.68	61	91	BG110S		0.22	$2^{7}/_{8}$in EUEB	$3^{1}/_{2}$in BGTP
	油管	34	4388.08	74.22	88.9	BG110S/BGT1	7.34	326.4	$3^{1}/_{2}$in BGTB	$3^{1}/_{2}$in BGTP
	变扣接头	1	4388.38	74	115	BG110S	6.35	0.3	$3^{1}/_{2}$in BGTB	$4^{1}/_{2}$in LTCP
	$4^{1}/_{2}$in LTC 套管	5	4438.63	101.58	114.3	BG80SS	6.35	50.25	$4^{1}/_{2}$in LTCB	$4^{1}/_{2}$in LTCP
	$4^{1}/_{2}$in LTC 筛管	2	4458.49	101.58	114.3	BG80SS	6.35	19.86	$4^{1}/_{2}$in LTCB	$4^{1}/_{2}$in LTCP
	$4^{1}/_{2}$in LTC 套管	5	4506.89	101.58	114	BG80SS	6.35	50.2	$4^{1}/_{2}$in LTCB	$4^{1}/_{2}$in LTCP
	$4^{1}/_{2}$in LTC 筛管	2	4528.84	101.58	114.3	BG80SS	6.35	20.15	$4^{1}/_{2}$in LTCB	$4^{1}/_{2}$in LTCP
	$4^{1}/_{2}$in LTC 套管	5	4578.59	101.58	114.3	BG80SS	6.35	49.75	$4^{1}/_{2}$in LTCB	$4^{1}/_{2}$in LTCP
	$4^{1}/_{2}$in LTC 筛管	2	4598.37	101.58	114.3	BG80SS	6.35	19.78	$4^{1}/_{2}$in LTCB	$4^{1}/_{2}$in LTCP
	$4^{1}/_{2}$in LTC 套管	6	4658.89	101.58	114.3	BG80SS	6.35	60.52	$4^{1}/_{2}$in LTCB	$4^{1}/_{2}$in LTCP
	$4^{1}/_{2}$in LTC 筛管	3	4668.91	101.58	114.3	BG80SS	6.35	30.02	$4^{1}/_{2}$in LTCB	$4^{1}/_{2}$in LTCP
	$4^{1}/_{2}$in LTC 盲接头	1	4689.09	0	127	BG80SS	6.35	0.18	$4^{1}/_{2}$in LTCB	围堵

4. PLS 封隔器 + 密封脱接器的测试—改造—测试—封堵—投产完井一体化管柱

该管柱适用于喷漏同层段、需换井口的井，由 PLS 封隔器、密封脱接器、伸缩管等组成（表 2–27）。该管柱通过钢丝作业可在密封脱接器内投入堵塞器将产层封堵，将封隔器上部的管柱从此解脱后，压井液与产层隔离；通过钢丝作业还可将滑套多次打开或关闭，实现多次循环作业。因此这套管柱具有酸压改造、排液求产、封堵产层以防二次伤害、循环压井、完井生产、更换管柱等功能；适用于以酸压改造、防止酸压后再次伤害、试油结束后直接完井生产为主的储层作业。

表 2–27　TZ5 井测试—改造—测试—封堵—投产完井一体化管柱

管柱	名称	内径（mm）	外径（mm）	上扣扣型	下扣扣型	数量	总长度（m）	下入深度（m）
	油管挂	76.00	175.00	$3^{1}/_{2}$in EUEB	$3^{1}/_{2}$in EUEB	1	0.29	6.69
	双公短节	76.00	88.90	$3^{1}/_{2}$in EUEP	$3^{1}/_{2}$in EUEP	1	0.38	7.07
	油管	76.00	88.90	$3^{1}/_{2}$in EUEB	$3^{1}/_{2}$in EUEP	609	5836.96	5844.03
	常闭阀	60.00	115.00	$3^{1}/_{2}$in EUEB	$3^{1}/_{2}$in EUEP	1	0.42	5844.45
	油管	76.00	88.90	$3^{1}/_{2}$in EUEB	$3^{1}/_{2}$in EUEP	1	9.64	5854.09
	短油管	76.00	88.90	$3^{1}/_{2}$in EUEB	$3^{1}/_{2}$in EUEP	1	2.00	5856.09
	变扣接头	62.00	88.90	$3^{1}/_{2}$in EUEB	$3^{7}/_{8}$in EUEP	1	0.28	5856.37
	伸缩管	60.00	101.60	$2^{7}/_{8}$in EUEB	$2^{7}/_{8}$in EUEP	1	4.56	5860.93
	伸缩管	60.00	101.60	$2^{7}/_{8}$in EUEB	$2^{7}/_{8}$in EUEP	1	2.42	5863.35
	油管	62.00	73.02	$2^{7}/_{8}$in EUEB	$2^{7}/_{8}$in EUEP	45	432.77	6296.12
	滑套	58.75	99.57	$2^{7}/_{8}$in EUEB	$2^{7}/_{8}$in EUEP	1	1.13	6297.25
	油管	62.00	73.02	$2^{7}/_{8}$in EUEB	$2^{7}/_{8}$in EUEP	3	28.70	6325.95
	变扣接头	50.50	99.00	$2^{7}/_{8}$in EUEB	$2^{3}/_{8}$in EUEP	1	0.25	6326.20
	密封脱接器	47.63	93.98	$2^{3}/_{8}$in EUEB	$2^{3}/_{8}$in EUEP	1	0.61	6326.81
	PLS 封隔器	48.77	103.89	$2^{3}/_{8}$in EUEB	$2^{3}/_{8}$in EUEP	1	0.66 0.56	6327.47 6328.03
	变扣接头	50.00	100.00	$2^{3}/_{8}$in EUEB	$2^{7}/_{8}$in EUEP	1	0.26	6328.29
	油管	62.00	73.02	$2^{7}/_{8}$in EUEB	$2^{7}/_{8}$in EUEP	1	9.57	6337.86
	管鞋	60.00	93.00	$2^{7}/_{8}$in EUEB	管鞋	1	0.20	6338.06

5. 遇油膨胀封隔器 + 压裂阀套 + 回接插入悬挂器 + 回插管柱的完井一体化管柱

针对裸眼水平井有效支撑井壁和分段改造的需求，对国外相关公司的技术和产品进行分析后，筛选并引进应用了遇油膨胀封隔器 + 压裂阀套 + 回接插入悬挂器 + 回插管柱的完井一体化管柱。该管柱主要由遇油膨胀封隔器、投球压裂滑套、VF 悬挂器、棘齿锁定插入密封和回插管柱组成。该管柱主要采用遇油膨胀封隔器实现裸眼内定点分隔分层，采用 VF 尾管悬挂器实现上部套管内封闭产层。先用钻杆将 VF 悬挂器以下管串送入井，替柴油，坐挂 VF 后，丢手起出送入钻杆柱，回插上部完井管柱，待遇油膨胀封隔器完全坐封后，逐级投球进入分段酸压，最后一起排液投产。

二、龙岗试油管柱结构

为实现在龙岗地区快速、高效地进行完井测试作业，首先要考虑利用一趟测试管柱完成射孔、酸化、测试、气举排液等多种作业，从而大幅节约试油时间，降低试油成本。这就要求测试管柱具有多项作业功能。但井下测试管柱结构复杂性的增加，作业风险相应增大，势必影响测试的成功率及测试资料的录取。因此，管柱结构的设计就是要找到二者的平衡点，最大限度地发挥井下测试工具的作用。

1. APR 正压射孔—测试—酸化—测试联作管柱

1）基本管柱结构

油管挂 + 油管 + 定位油管 + 油管 + OMNI 阀 + RD 安全循环阀 + 油管 + 放样阀 + LPR–N 阀 + 电子压力计托筒 + 振击器 + 液压循环阀 + RTTS 安全接头 + RTTS 封隔器 + 射孔筛管 + 油管 + 压力计托筒 + 筛管 + 减振器 + 压力起爆器 + 射孔枪 + 起爆器（图 2–78）。

2）工艺流程

管柱中的 OMNI 阀在下井的时候循环孔处于关闭位置，利用 LPR–N 阀，可根据需要实现油管柱内一定深度的掏空。坐封后，首先环空加压开启 LPR–N 阀，而后通过油管加压延时射孔，形成负压射孔，可以完成对地层的射孔后初次测试。之后若需进行酸化及气举排液等作业，可以通过环空加、泄压的多次操作，实现对 OMNI 阀循环孔的开启和关闭，完成后续完井试油测试作业。

3）管柱特点

（1）利用一趟管柱，直接实现了射孔、测试、酸化、气举排液等联合作业，减少了起下工具次数和压井次数，减小了地层伤害，节约了试油时间和成本，经济效益十分明显。

（2）利用 LPR–N 阀的开关，可实现井下开关井，并能有效排除井筒储集效应的影响，获取准确的井底开关井压力资料；测试结束后根据需要，操作 RD 安全循环阀不仅可以实现井底正、反循环，同时可以完成高压取样。

（3）使用油管加压延时射孔，一方面实现了对地层的负压射孔，解放了储层；另一方面克服了以前利用环空进行负压射孔测试联作造成的环空压力操作级数过多的难题，有效克服了套管承压能力偏低，对环空操作压力造成的限制。

（4）由于 OMNI 阀的存在，可以实现管柱功能的反复循环，这就为后续工艺措施的制定预留了很充足的考虑空间。试油测试作业会进行得比较从容，有利于资料的录取和对地层更充分、全面的认识。

（5）管柱结构中射孔枪双起爆器、上下筛管及上下电子压力计托筒的设置，充分保证了射孔枪的起爆、井下压力资料的录取及压井工艺措施的顺利实施。

（6）使用了 3SB、BGT 特殊扣油管，保证了井下测试管柱的密封性。

2. OMNI 射孔—酸化—测试技术

1）管柱结构

油管挂 + 油管 + 定位油管 + 油管 + OMNI 阀 + RD 安全循环阀 + 压力计托筒 + 振击器 + 液压循环阀 + RTTS 安全接头 + RTTS 封隔器 + 射孔筛管 + 油管 + 压力计托筒 + 筛管 + 减振器 + 压力起爆器 + 射孔枪（图 2–79）。

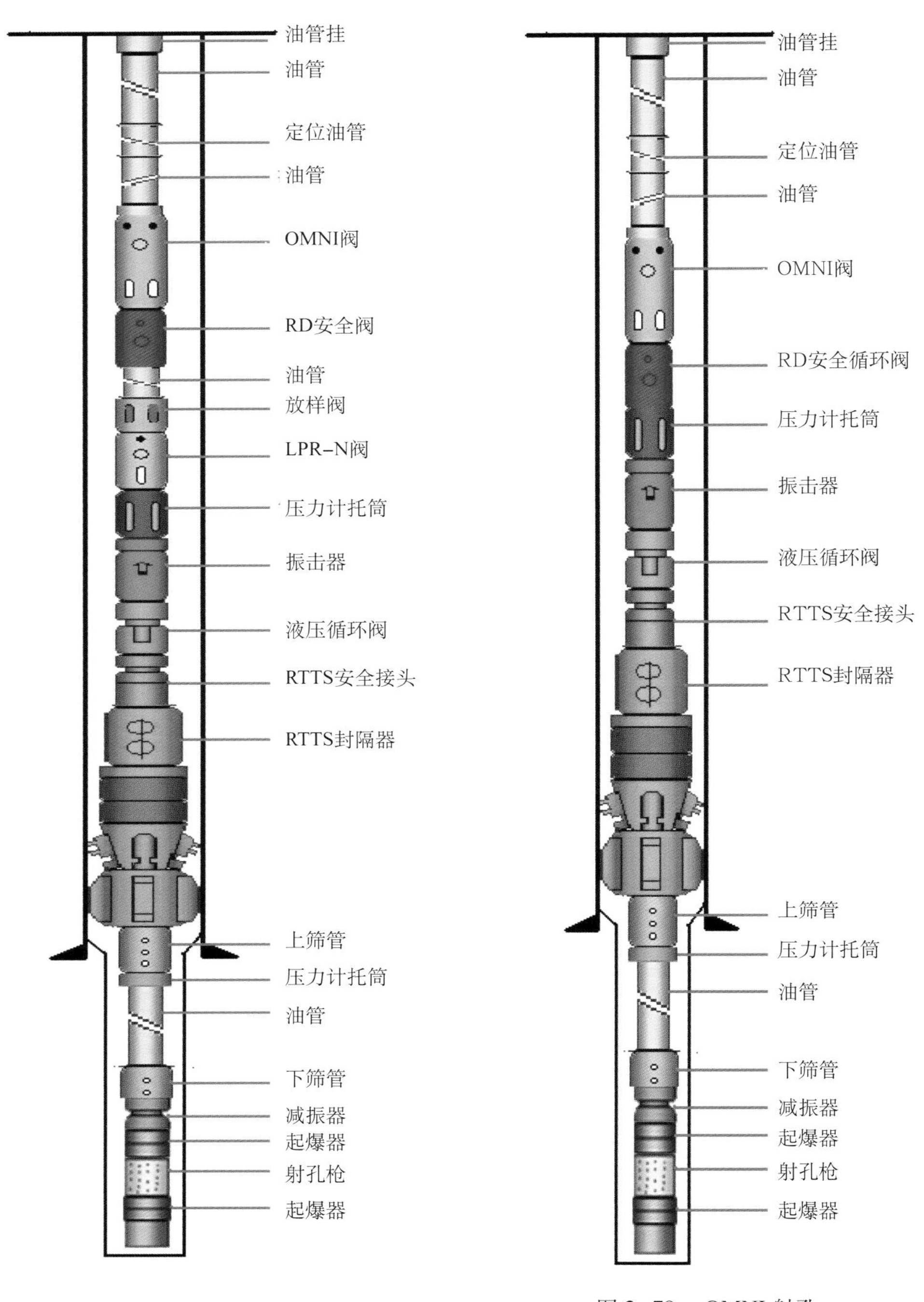

图 2-78 APR 正压射孔—测试—酸化联作管柱示意图

图 2-79 OMNI 射孔—酸化—测试联作管柱示意图

2）工艺流程

OMNI 阀的循环孔以开启的状态入井，并且球阀部分被去掉。当管柱坐封以后，替酸至工具上方，然后操作环空压力关闭其循环孔。此时，由于管柱中没有 LPR-N 阀，且 OMNI 阀的球阀部分也在入井之前被去掉，因此，不用保持环空压力，即可油管内加压射孔，随后进行酸化、排液、测试作业。

3）管柱特点

这种管柱结构是井下 APR 测试管柱结构的一种延伸形式，主要是根据龙岗地区大产量气井的储层特点和产能状况而专门设计的一种新的工艺技术。

根据地质和电测解释资料，对于龙岗探井的一些重点储层，在试油之前已经能初步判断会有较高的天然气产量，试油的时候需要进一步释放地层产能。在此试油目的的指导下，尽量提高测试井产能并保证井下测试管柱的安全和测试的成功是管柱设计的主要考虑因素，即不仅要满足储层进行酸化改造要求，还要尽量简化工具管柱，降低作业风险。

使用 OMNI 射孔—酸化—测试技术，在射孔前即可利用 OMNI 阀将酸液替至井底，关闭循环孔后便可进行酸化施工及后续的测试工作。由于这些重点储层良好的产能状况，测试后采取井口关井的方式也能很快求取到地层恢复压力。这样能够有效降低球阀的开启风险，大幅提高测试成功率。同时，该管柱结构中保留的 RD 安全循环阀也可以在测试结束后，根据需要实现井下关井，给予井下压力资料的录取充分的保证。另外，由于不用保持环空压力，压井作业期间井筒温度及压力的变化不会影响油管的畅通，有利于后续挤注法压井作业的进行。现场应用结果表明，该种管柱结构简单适用且针对性强；龙岗地区大部分完井测试作业中采用此种管柱结构。

3. 小井眼 APR 射孔—测试联作技术

1）管柱结构

油管挂＋ $3^1/_2$in 油管＋ $2^7/_8$in 油管＋定位油管＋ $2^7/_8$in 油管＋ $3^1/_8$inRD 循环阀＋ $3^1/_8$inRD 安全循环阀＋ $3^1/_8$in 压力计托筒＋ $3^1/_8$inRD 循环阀＋ $3^1/_8$inBOWN 安全接头＋ RTTS 封隔器＋射孔筛管＋油管＋压力计托筒＋筛管＋减振器＋压力起爆器＋射孔枪（图 2–80）。

2）工艺流程

利用上部 $3^1/_2$in 及 $2^7/_8$in 油管的组合管柱把小井眼测试工具及封隔器送入 5in 尾管内，待封隔器坐封于尾管内之后，可以进行油管传输射孔，并进行后续测试作业。由于管柱内没有使用 OMNI 阀及 LPR–N 阀，因此，测试期间不需要保持环空压力。测试结束后打开 RD 安全循环阀可进行井下关井，解封前再将最下面一支 RD 循环阀打开，平衡封隔器上下压差后可实现解封。

3）管柱特点

（1）由于 5in 套管内径很小，只有小尺寸的测试工具才能进入，因此，该管柱结构采用了目前世界上最小外径的 $3^1/_8$inAPR 测试工具，使得在 5in 尾管内坐封测试得以实现。

（2）5in 套管一般下入深度均很深，作业井段的压力、温度都比较高，井下作业条件比较苛刻，因此，考虑整个测试管柱的安全，管柱结构的设计以简单、安全为原则，尽量降低测试风险。

（3）管柱结构中 RD 安全循环阀可以实现一次井下关井，保证井底关井资料的获取；两支 RD 循环阀中，上面一支作为备用循环阀，下面一支代替其他 APR 测试管柱中液压循环阀的作用，在解封前打开，可以平衡封隔器上下压差，这主要考虑在井底超高温、高压条件下，管柱力学的变化会影响其开关状态，且其密封的可靠性会出现相应下降，替换以后可以减少管柱薄弱环节，进一步提高安全性。

（4）若利用该管柱进行酸化时需要使用连续油管替酸，但若 5in 套管内径超过 110mm，

则可考虑将 $3^7/_8$inOMNI 阀加入管柱结构中，以扩展管柱功能。

4. 小结

上述管柱结构有各自的特点和适用范围，实际使用，主要根据地质和电测解释资料和具体的试油目的进行选择。APR 正压射孔—测试—酸化—测试联作管柱功能完备、能满足多种井下作业的需要，是应用最多的管柱结构，并且主要考虑在 7in 套管内坐封测试时使用；OMNI 射孔—酸化—测试联作管柱简单实用、测试作业的风险得到极大的降低，也是主要应用于 7in 套管测试作业；5in 小井眼 APR 射孔—测试联作管柱受井下条件及作业风险的限制，目前实现作业功能还比较少，但能够满足基本的试油作业的要求，在剑门 1 井即采用了此种管柱结构进行作业。

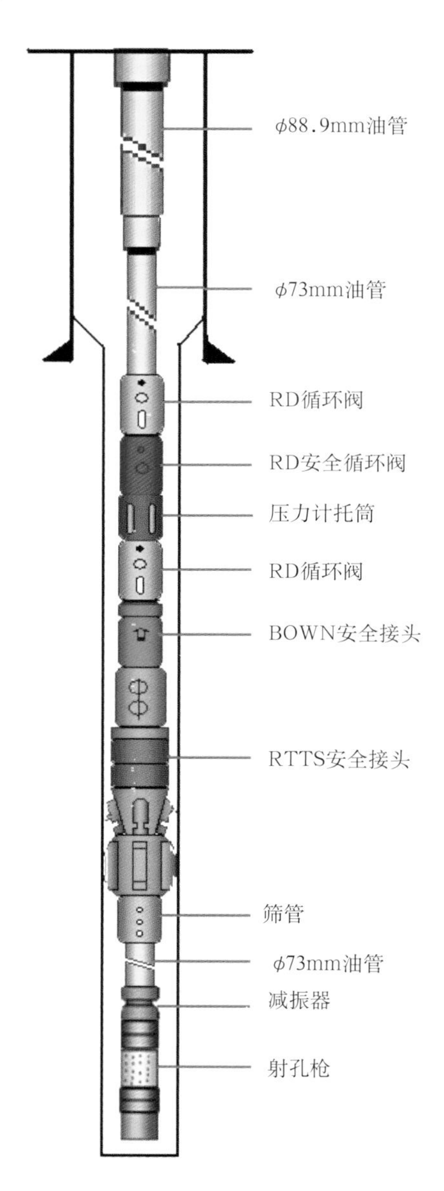

图 2–80　5in 小井眼 APR 射孔—测试联作管柱示意图

三、高压高含硫气井试气计量技术

1. 无线地面数据采集系统

西南油气田研制的无线地面测试数据采集系统采数字化、无线化、智能化的设计模式，实现了现场测试数据实时无线传输功能，成功解决了现有地面测试作业中出现的布线困难、数据传输不稳定、成本较高等实际问题。

1）硬件系统

本项目硬件系统采用无线传感器网络实现测试数据无线可靠通信，包括无线数据采集器、中继器、接收器及现场中心系统四个部分，其层次结构如图 2–81 所示：

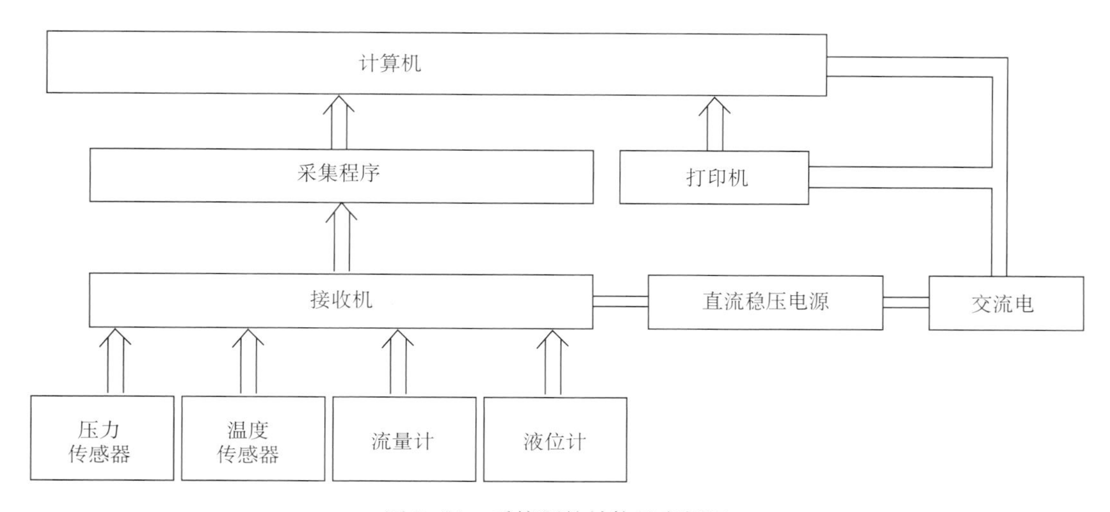

图 2–81　系统硬件结构示意框图

（1）数据采集器。

数据采集器的主要功能是完成传感器信号输入、ADC 模数转换、采集和记录传感相关数据，并通过无线射频方式将采集到的信息无线发送到中继器（图 2–82）。

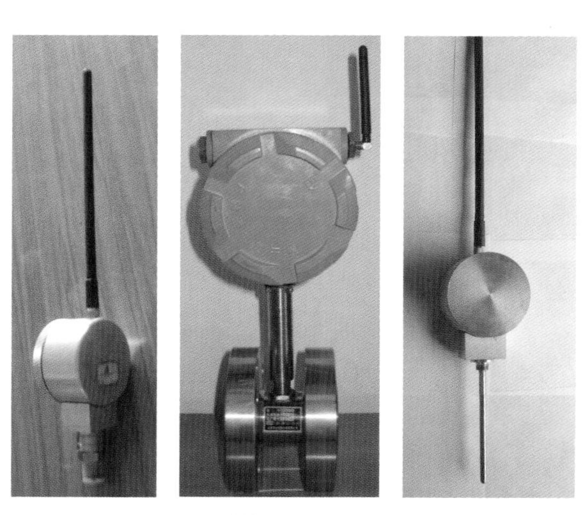

图 2–82　数据采集组成器示意图

数据采集器特性：

①应用环境：野外，露天，有遮挡，有干扰环境。

②最大传感器节点数：64。

③最小传输距离：500m。

④最小电池支撑时间（持续使用时间）：3 个月。

⑤传感器节点最低采集频率：1s。

（2）中继器组成。

中继器的主要功能是延长采集器与接收器的距离或越过遮挡，扩大系统的地域覆盖范围。每个中继器的覆盖距离为 1000m，可以管辖无线传感器网络系统中所有 64 个节点，对节点数量无限制。

（3）接收器。

接收器主要工作原理及满足的功能：通过无线通道接收中继器或采集器发出的数据；将接收到的数据通过网口经局域网传送到控制中心。

2）软件系统

（1）系统特点。

①系统构架完备合理，伸缩性强。

②无线可靠数据通信，实现采集点到中心主机无线互联。

③支持多种传感器，灵活地分离式变送电路板卡。

④实时数据采集，各个采集终端采集点时刻的准确同步。

⑤接收器数据缓存技术，通信出现故障时数据的暂存。

⑥低功耗设计，为电池供电，提供更长的工作时间。

⑦小体积结构设计，为现场工程提供方便的安装模式。

⑧采用工业级设计和加工，适应现场的恶劣环境。

⑨业务无关性设计，可自定义业务规则，系统适应面广。

⑩图形化配置和管理，所见即所得。

⑪支持汉英双语言界面。

⑫支持公制、英制两种单位及相互转换。

⑬支持无线或有线数据来源，兼容原有设备，保护已有投资。

（2）系统模块结构。

本系统具有模块化、结构化、图形化等特点，按模块划分，现场中心系统的子系统如图 2–83 所示。

（3）采集数据的记录、统计和分析。

①实时曲线监测。

实时曲线监测界面是本系统主要功能界面，可实时显示各采集通道或产量通道的曲线图和当前值。界面分左右两部分，左边为曲线图，右边为通道列表。左边的曲线图为多坐标轴图。左侧的坐标为采集通道坐标，右侧为产量通道坐标。相同单位的参数共用一个坐标，不同单位的参数分别使用不同的坐标。坐标根据显示的通道按需出现。

曲线图有 3 种显示方式：第一种显示方式为曲线图。在此方式下可以使用时间滑动条。可对所选段的曲线放大而不影响数据采集过程。在曲线图上任一点按鼠标右键，则显示时间点上所有显示通道的参数值（图 2–84）。第二种显示方式为柱状图（图 2–85）。此种方式以柱状方式显示通道的量程范围、报警范围和当前值。第三种显示方式为流程图（图 2–86）。

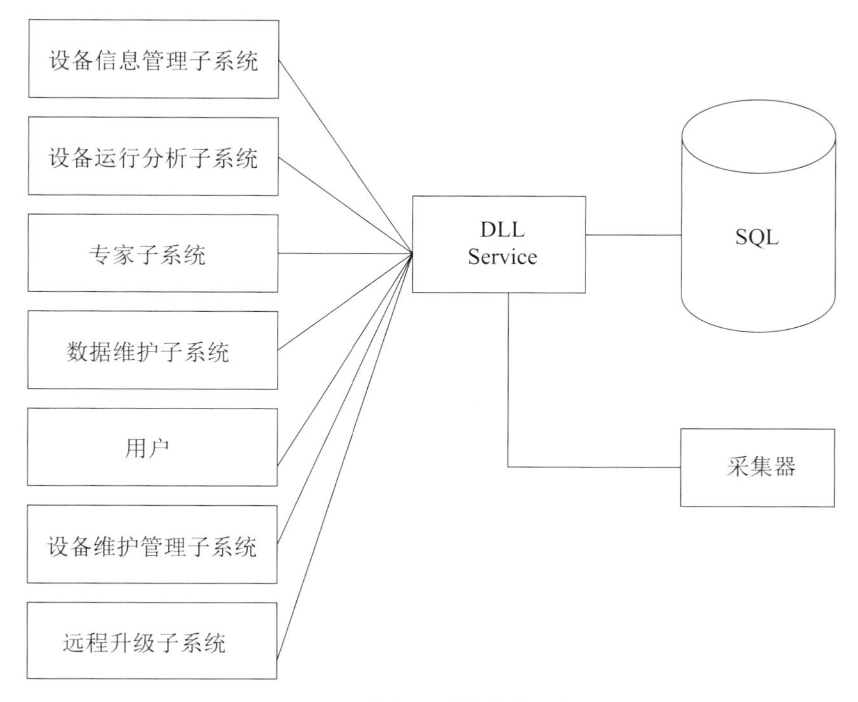

图 2–83　软件子系统结构示意图

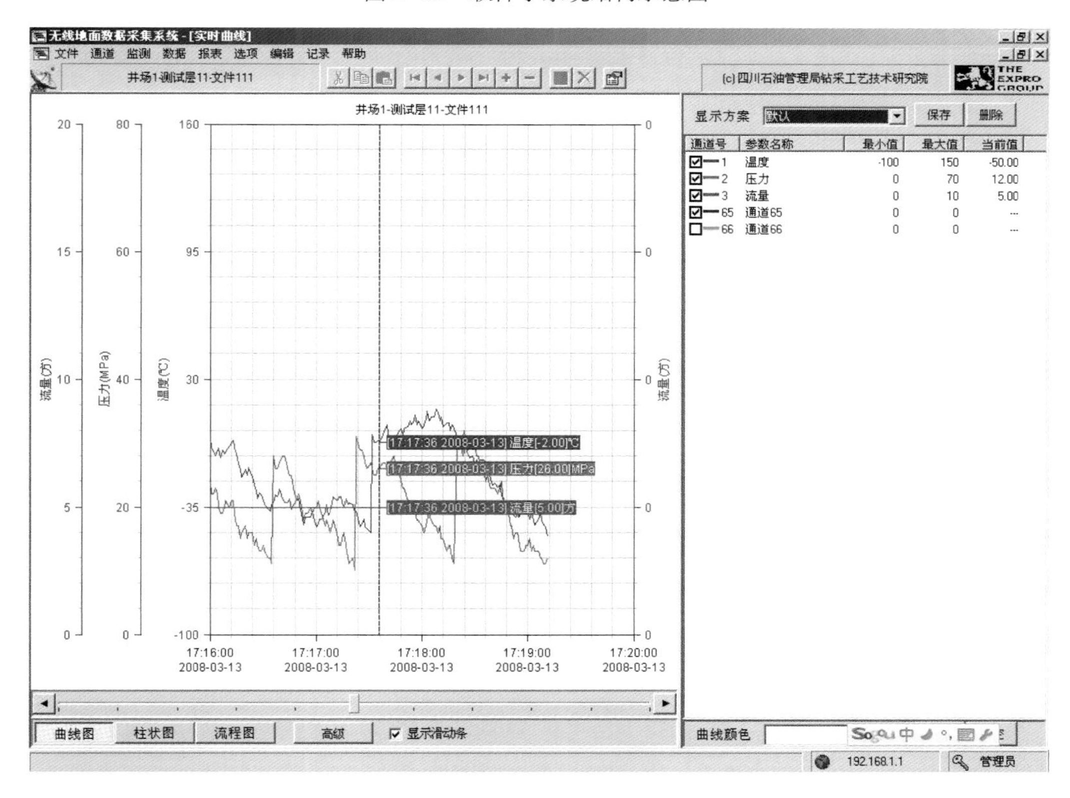

图 2–84　显示曲线示意图

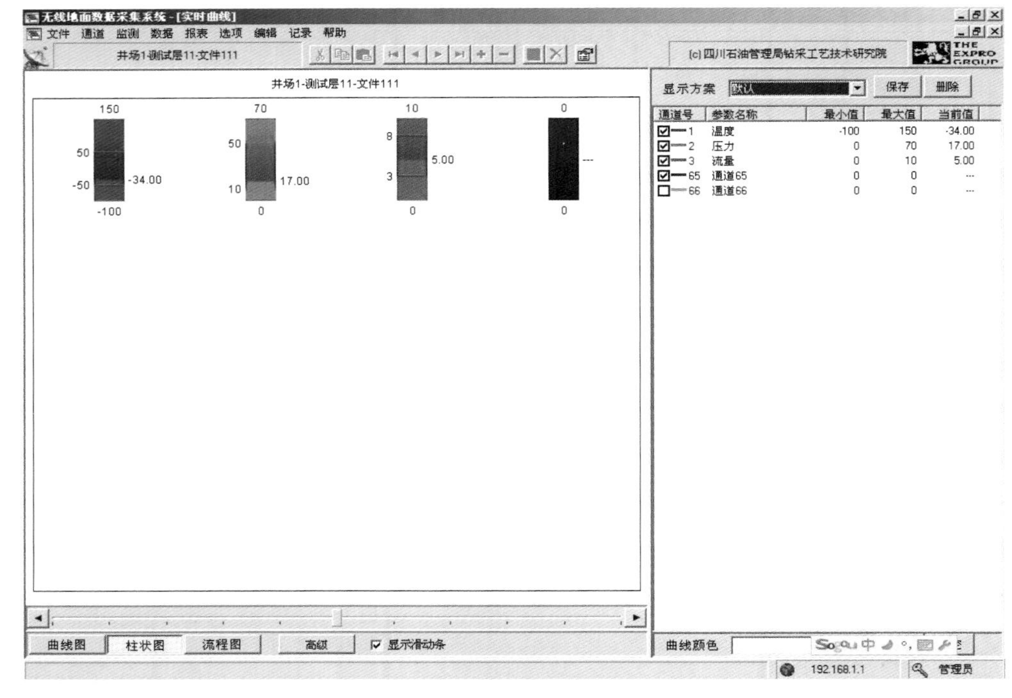

图 2-85　显示柱状示意图

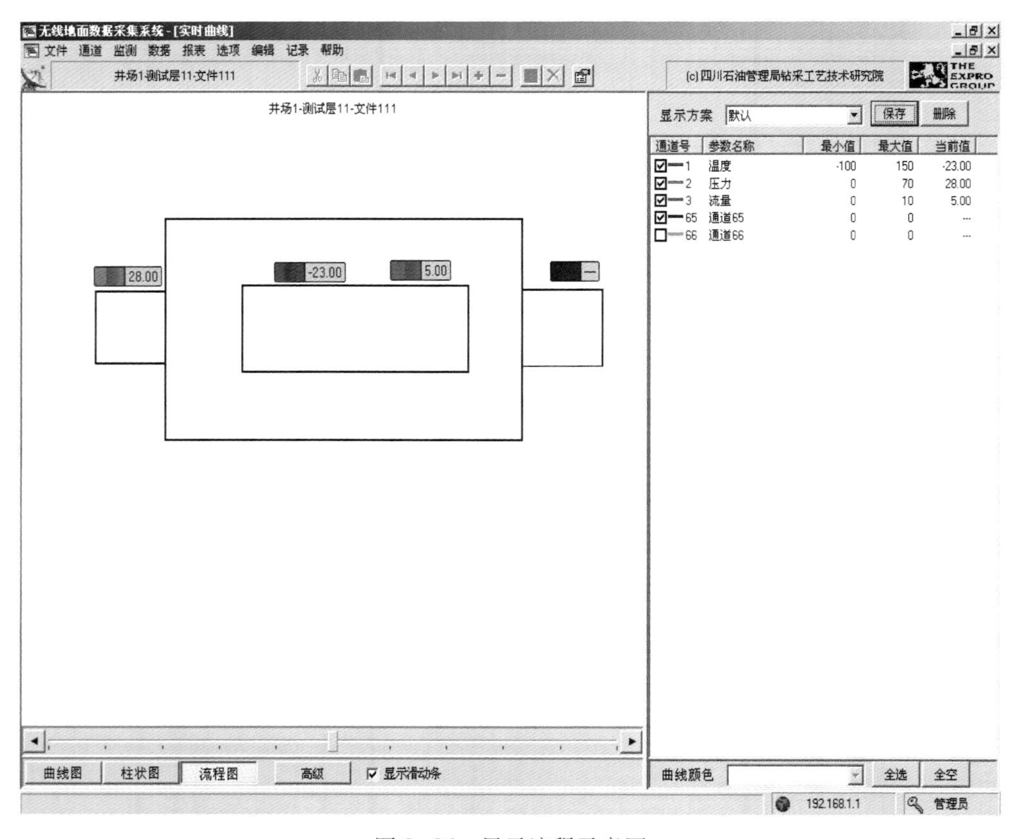

图 2-86　显示流程示意图

此种方式以流程图方式显示通道的当前值。点高级可选择 BMP 格式的流程图，用鼠标左键按住各个通道的显示块可以拖动位置。

②历史曲线监测。

本功能操作与实时曲线监测类似，区别在于历史曲线需要选择数据的起止时间和抽点间隔。

2. 卧式两相测试分离器性能改进

自主开发的气液两相分离器是地面测试计量的核心设备，要保证气水的准确计量，需要分离器进行有效的气液分离，并实现精确的液位控制。目前，分离器的气水界面检测与控制方式有许多种，但各有其适用性和局限性，分析优劣后采用浮子式气水界面控制器来实现液面的精确控制。浮子式气水界面控制器包括液位感应器（图 2–87）、液位控制器（图 2–88）。

图 2–87　液位控制器

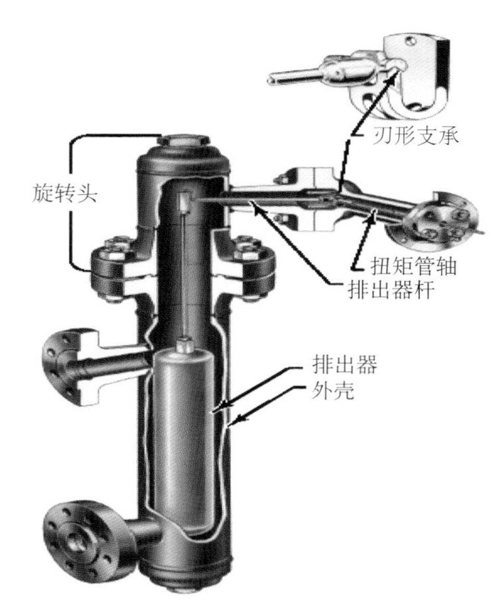

图 2–88　浮子式液位感应器

1）浮子式气水界面控制器的优点

浮子式油水界面调节装置具有适用范围广、灵敏度高等优点。目前国外应用于地面计量中的大部分分离器，均将其作为油水界面的主要控制方式。

2）工作原理

图 2–89 所示为油水界面控制系统工作原理图，该系统是由浮子、界面调节器和气控阀三部分所组成的，浮子是依靠液体的浮力而漂浮在液体上的，随着液面的变化，浮子也会随之上下移动；调节器是由供气源供给的气体来操纵液体排放阀的，气控阀是由从调节器中输出变化着的气压，来控制液体排放阀的开启的。当液面升高时，浮子亦随之升高，这时与浮子连杆相连的舌片向上移动，使其与喷嘴中的气流受阻，背压室的气压增加，由于压力的增加而使大小隔膜受压变形向下作用于替换阀，使替换阀下端的进气阀打开，气源的气体进入气压替换室，替换室内的气压升高（即输出气压增加）这样通过气控线路内输出气压的增加来操纵气控阀，使气控阀开启一些，从而泄掉一部分多余的流体，使分离器

内的液面回到预定位置，当液面降低时，浮子下落，舌片也会下移并与喷嘴间距增大，则喷嘴中的气流畅通，背压室压力降低，大小隔膜由于压力的降低而复位，这时在替换阀下端弹簧的作用下使其下端的进气阀关闭；上端的放气阀打开放气，因此气压替换室内的气压降低（即输出气压减小）。输出气压的减小通过气控制路会使气控阀关闭一些，使液体减小排放量。从而使液面回升到原来的高度。

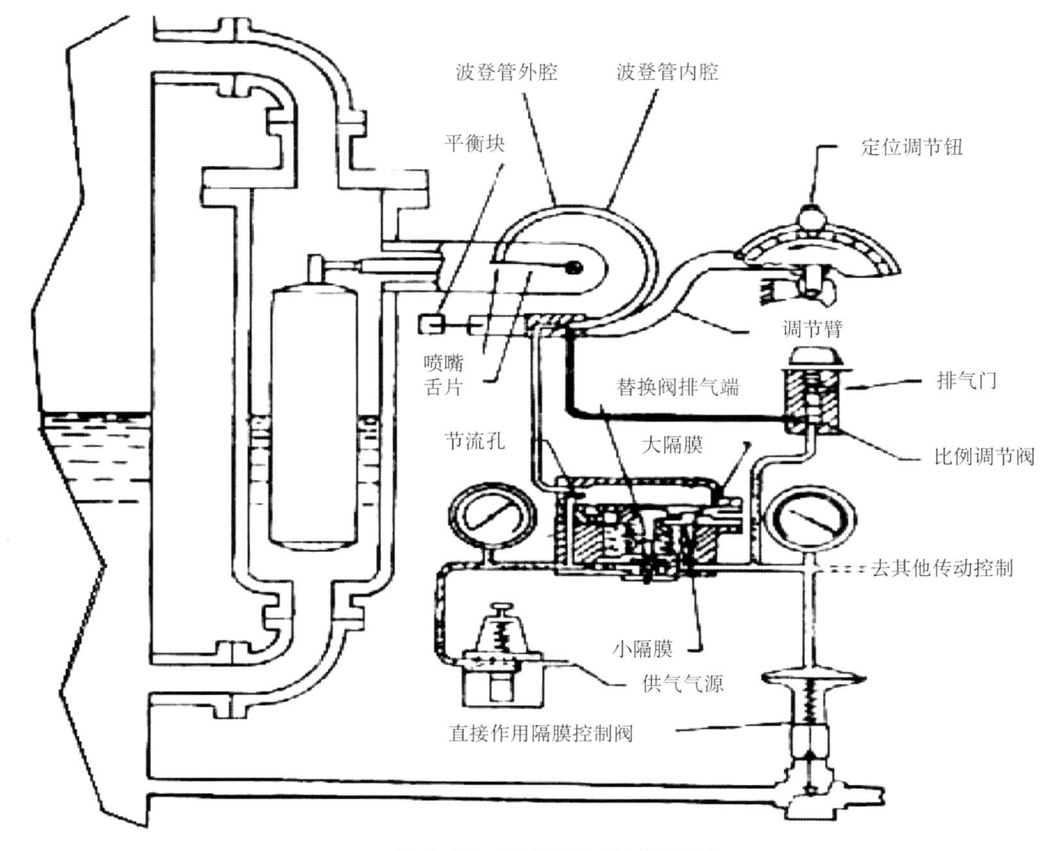

图 2–89　气水界面调节原理图

一部分输出气压通过比例调节阀进入波登管的外腔，由于波登管外腔气压的变化，使波登管变形从而抵消了喷嘴气流的气压变化和补偿替换隔膜压力的压差，因此，替换阀便依据情况的变化而供给替换室内新的输出气压。当全部打开比例调节阀时，输出的气压就会百分之百进行反馈控制，当全部关闭比例调节阀时，只有一少部分气体起到了反馈控制作用，而大部分输出气体则从比例调节阀中的放气孔排泄出去。从图 2–89 中可以看出，当液面升高，浮子与舌片均向上移动，舌片与喷嘴间距离缩小，气流受阻，隔膜室气压升高，由于大小隔膜受压而作用于替换阀上，使其下移，这时替换阀的下端进气阀打开，上断排气阀关闭。

气源的气体进入气压替换阀使其气压增高（即控制气路的输出气压增高），这样升高压力的输出气体通过比例调节阀的节流调节，进入波登管外腔，使其内部气压增加而变形拔起，于是舌片与喷嘴之间的距离便会增大，缓解了喷嘴中气流的阻力，从而起到了反馈调控作用，当液面降低，浮子舌片下移，舌片与喷嘴间距增大，则喷嘴中气流阻力减小，背压室内气压降低使大小隔膜复位，在替换阀底端弹簧的作用下使其上移，这时替换阀的下端进气阀关闭，上端的放气阀打开放气，使气压替换室内气压减小（即输出气压减小），减小的输出气压通过比例调节阀的节流控制进入波登管外腔，由于波登管外腔气压的减小而使其产生收缩变形，使喷嘴与舌片之间的距离减小一些，以抵消由于液面浮子下降而产生的舌片与喷嘴之间距离拉大的现象，缓解了喷嘴内气流的气压降低而起到了反馈控制作用。

四、井下工具研制改进

1. 7in 套管 RTTS 封隔器的改型

普通的 70MPaRTTS 封隔器承压能力实际作业中只在 56MPa 压力条件下使用，这对完井测试工作形成制约。特别是进行酸化作业时，封隔器的承压能力还要考虑得更低，同时对于龙岗超深井而言，由于酸化作业时的井底压力非常高，为防止由此形成的上顶力引起封隔器上移，保证封隔器密封性能，其水力锚还应该具备很强的抗上顶力性能。另外，根据现场使用经验表明，部分封隔器在解封的时候由于胶筒回缩性能下降，导致解封困难。因此，根据龙岗超深井完井试油的要求，对 RTTS 封隔器进行了加强改进（图 2–90）。具体措施是：（1）在不改变心轴内径的条件下，增加了心轴外径和材料强度，有效提高封隔器抗内压和抗拉强度；（2）使用了新型胶筒，有效提高封隔器密封性能的同时，使胶筒有了更好的回缩性能，更利于解封操作；（3）封隔器设置两排水力锚，有效提高了封隔器在酸化等作业时抗上顶能力；（4）对封隔器作了一些细节改进，在其心轴外壁接近容积管下段 O 形环的位置钻了带螺纹小孔，便于其在现场试压及作功能试验的时候能检验水力锚牙快的密封性能，弥补普通型 RTTS 封隔器密封检验的盲点。经过改进的 RTTS 封隔器，承压可以达到 105MPa（表 2–28）。

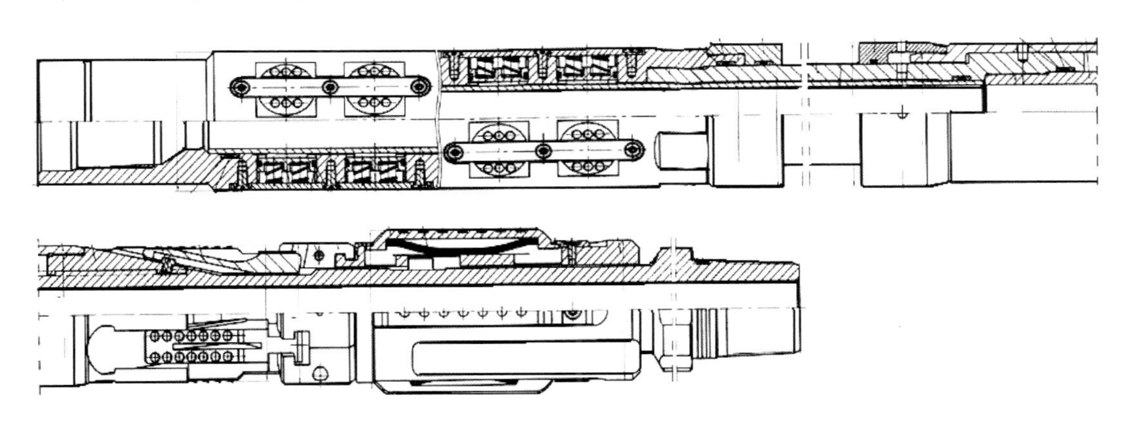

图 2–90　改进型封隔器结构示意图

表 2–28　改进型 RTTS 封隔器与其他封隔器性能对比

名称	外径（mm）	内径（mm）	工作压力（MPa）	抗拉强度（kN）
RTTS 封隔器	146	57	70	703
CHAMP XHP 封隔器	146	57	105	726
改进型 RTTS 封隔器	148	57	105	1708

经过改进后的RTTS封隔器的工作压力不仅可达到哈里伯顿CHAMP XHP封隔器的标准，其抗拉强度还远高于其他封隔器，同时也节约了进口国外工具所需要耗费的大量资金。

2. 专用电子压力计托筒的研制

龙岗探井的完井测试作业使用了新型的如SS等高精度、高量程的电子压力计，为此，需要设计专用的压力计托筒以满足需要。APR测试工艺要求压力计托筒要能保护压力计（包括防酸腐蚀和防振两个方面），同时还要求压力计托筒保持全通径。根据需要，设计了5inSS内置式托筒及3⅛in内置式托筒（图2-91、图2-92）。

1）5inSS内置式托筒的设计

该托筒的特点如下：

（1）托筒使用了全方位的减振措施，在起、下测试管柱和射孔时，可有效保护压力计。

（2）内置托筒的设计严格控制其内外径为57mm，与其他APR测试工具结合使用的时候，保证了测试管柱的全通径性能，同时电子压力计放在托筒壁的夹层中，这样不会直接暴露在环空井筒液和管柱内流体中，避免了压力计被腐蚀。

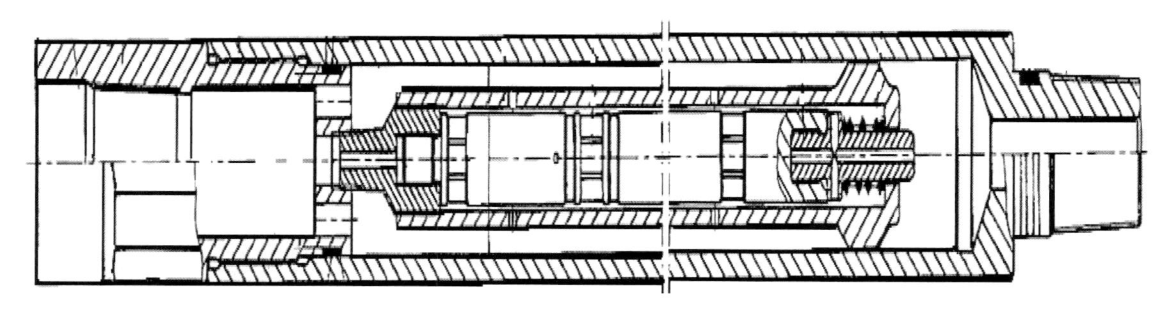

图2-91 5inSS内置式托筒结构示意图

（3）托筒采用单长槽设计，即一支托筒内仅开一条压力计放置槽，可一次将3支压力计串接放入；同时托筒配备替代延长杆，解决了压力计数量不够时仍能将压力计固定在槽内的问题。

2）3⅛in内置式托筒的设计

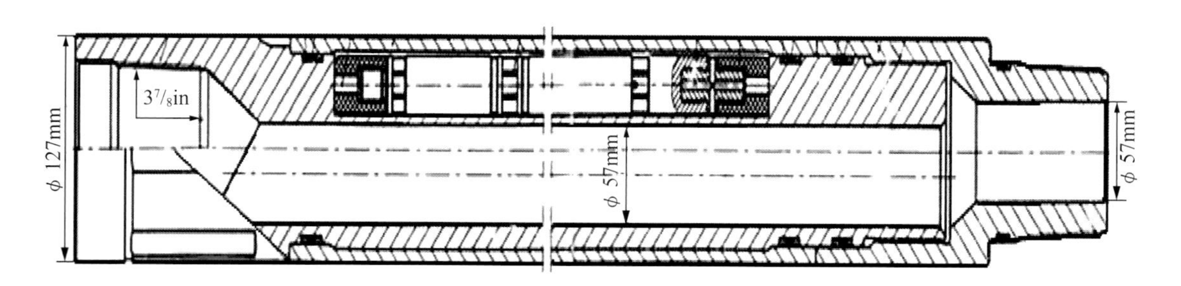

图2-92 3⅛in内置式托筒示意图

托筒特点如下：

（1）托筒的设计严格控制了其内外径尺寸，首先保证其能进入5in尾管内；其次，其内部过流面积达到其他3⅛in测试工具内部过流面积的1.5倍以上，避免在此处形成流体节流，保证酸化及放喷测试的顺利进行。

(2) 采用中心悬挂压力计的方式，由于没有压力计放置槽的限制，使该托筒可以悬挂多种外径的压力计，有很好的通用性。

(3) 为压力计配置了相应的套筒，一方面避免了压力计直接暴露于井筒液体中，减少了流体对压力计的腐蚀；另一方面套筒上的扶正块使悬挂的压力计能稳定地中置于内筒里，避免了高速流体通过时对压力计造成的剧烈振动。

五、试气配套工艺技术

配合龙岗探井的试油测试管柱结构，经过分析研究，制订了相应的配套工艺技术措施，可有效提高测试作业成功率。

1. 压井工艺研究

对于龙岗探井的高产储层而言，测试作业结束后往往发生井漏的情况，LG1 井长兴组、LG2 井长兴组上段压井作业过程中，钻浆液漏失量都近 200m^3，加之 H_2S 含量很高，压井作业风险高，造成堵漏比较困难。初期在现场作业的时候，即便解封以后，迫于严峻的井漏形势，还得将封隔器重新坐封，管柱无法活动；在此种情况下，等堵漏泥浆最后发挥作用的时候，可能又会导致下部管柱被卡埋，造成最后解封困难。

1) 管柱结构的改进

一般的射孔—测试联作管柱结构的设计对筛管的下入位置和数量没有特别的规定，因此通常在封隔器及射孔枪之间仅有一个筛管，且筛管的位置紧挨着射孔枪。但是，根据龙岗及九龙山探井的作业经验表明，由于封隔器坐封位置距离射孔井段较远，测试遇到高产气井后，往往在封隔器以下油套环空内形成一段高压气柱。由于筛管在整个管柱最下方，测试结束后无论用什么方法进行压井循环，在解封前这一段气柱仍然存在，甚至还会因为上覆液柱压力的增高导致气柱压力增大，解封后即会引起井内液面的不平稳。为此，在封隔器以下管柱中设置了双筛管，一根筛管连接在起爆器上，另一根筛管在封隔器以下一根油管下面（图 2–93）。在进行直推法压井时，一部分压井液从上筛管出来，有利于把封隔器以下的管柱外的环空天然气推回地层；另一部分压井液从下筛管出来，将整个油管内充满钻井液。上下两个筛管出来的钻井液更有利于把封隔器以天然气推回地层，有利于将井压平稳，降低循环压井和起钻过程中的不安全因素。

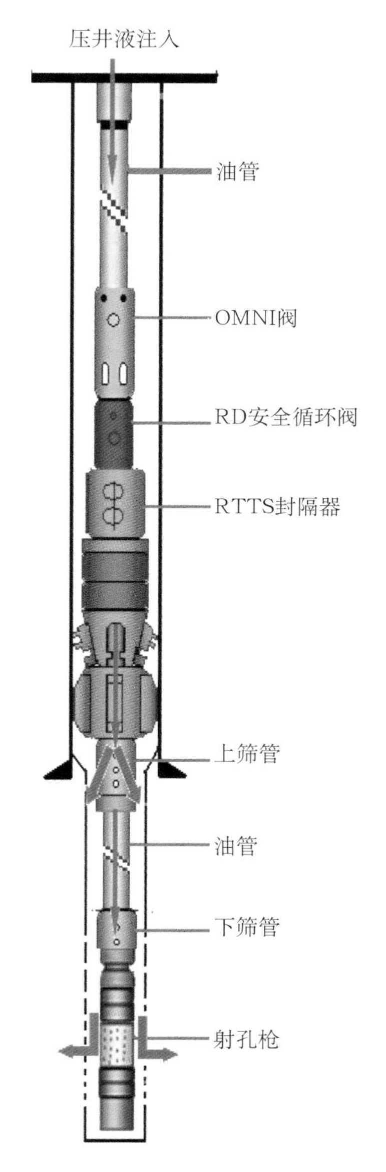

图 2–93　双筛管管柱结构示意图

2) 压井方案的制定

经过探索研究和反复的现场试验，逐渐摸索出一套对付此类储层的压井工艺技术如下：

（1）利用井口关井获得的井口压力数据，推算压井液密度，避免盲目使用重浆，导致井漏加重。

（2）摒弃传统的解封后利用置换法压井的技术，采用直推法先行向油管内灌注压井液。应该认识到，由于储层经过大产量放喷测试之后，必定形成一定体积的空容，初期钻井液下井后会有比较严重的漏失是可以预见的，此时井口采油树等地面设备没有倒换，全井处于有效控制状态，地面作业人员可以较从容地向井内补充压井液，期间择机向地层注入适量堵漏钻井液。

（3）经过观察，待井漏速度在较低水平之后，立即更换井口，并打开 RD 安全循环阀，实现井下关井。

（4）解封后，正循环逐步调整钻井液，直至井内平稳后即可起钻。

3）堵漏钻井液的选择

对于测试管柱而言，堵漏作业存在着较大风险，主要是一旦堵漏钻井液颗粒沉淀过多，可能会将液压旁通及封隔器以下的筛管全部堵死，在解封的时候封隔器上下压力无法沟通，形成巨大压差，导致解封困难，甚至卡埋工具。如 LG1 井长兴层测试结束后井漏，堵漏后造成解封困难，最后只有强行硬拔才最终解封，但上部油管已经严重拉伸变形，情况比较危险。因此，对于有测试工具存在的井堵漏，首先还是要在封隔器解封后再进行堵漏作业，管柱可随时活动，减少卡埋概率；其次，堵漏时主要选用细颗粒随堵钻井液逐步完成堵漏作业，一般不选用含有大颗粒材料的堵漏钻井液，避免盲目地使用极端堵漏措施再次卡埋井下管柱，造成二次复杂井况。

2. 环空压力控制技术

1）井筒准备

根据龙岗地区的现场经验，发现龙岗部分探井的 7in 套管固井质量不甚理想，有的井甚至存在着上部地层有少量气体窜入套管内的情况出现，这部分气体在井筒环空中部形成气包，导致操作人员按照计算值进行环空压力操作的时候，传递到井下测试工具的压力达不到其真实操作值，结果就是造成 OMNI 阀换位困难，甚至导致测试失败。因此，在封隔器坐封后，利用 OMNI 阀的循环孔，对井筒完井液进行成分的循环，不仅可以避免因套管因素造成的不利影响，还可以有效地清除环空杂质，防止沉淀物堵塞工具传压孔，影响压力的传递。

2）环空压力操作工艺

对于超过 6000m 的井筒，应该说井筒环空的储集效应也是很明显的，环空压力的传递和涨落较之一般的井要迟缓一些。因此，特别是进行环空加压操作的时候应采用大排量、高泵压的操作方式，以达到工具的开启要求。实际作业时，为达到操作要求，需要采用 2 台 700 型压裂车同时作业。

另外特别提出了在结束替液后，一定要将 OMNI 阀从循环位操作到测试位后才开始放喷测试工作，严禁将其心轴停留在过渡位置就开始下步作业；这是因为通常一支标准的带球阀的 OMNI 阀其功能位置按照循环位（循环孔开启、球阀关闭），过渡位（循环孔关闭、球阀关闭），测试位（循环孔关闭、球阀开启），过渡位（循环孔关闭、球阀关闭）循环出现。但是，当 OMNI 阀不带球阀的时候，过渡位和测试位即出现了相同的状态，即循环孔关闭，管柱畅通。这时，一般的操作人员往往认为在过渡位置即可进行下一步测试。通过对 OMNI 阀结构和功能的深入研究，当测试期间环空压力发生波动的时候，往往引起换位心轴的运动，而在过渡位置心轴会发生长距离运动，在测试期间的高压差条件下这种运动极容易造成循环密封的损坏，从而导致管柱密封失效。这一点连工具使用手册上都未提及，对于 OMNI 阀操作要求的最新改进工作使其工艺技术水平得到了有效提升。

3）环空压力控制工艺

在龙岗地区的现场试验过程中发现，有的井在酸化作业完毕的时候，环空压力会达到 40MPa。开井后，由于油压的降低，现场操作人员出于压力平衡的考虑会人为地将环空压力泄至 20MPa，理论上此压力远在 LPR–N 阀的操作压力之上，结果却导致 LPR–N 阀关闭。经过分析研究，在较短的时间内，压力的波动值比较大的情况下，就会导致 LPR–N 阀的开闭，而这是其操作手册里未明确指出的。经过进一步分析研究又发现，如果环空压力是在较长的时间内出现了较大波动值，将导致 OMNI 阀会发生换位动作。因此，控制环空压力在较小幅度内的波动，对于测试的顺利进行至关重要。

前面已经提到，对于深井而言，地面比较难以判断射孔的准确时间，特别是利用氮气作为传压介质的时候，对于射孔的判断在短时间内很难通过压力的变化来进行辨别，这直接影响了现场作业人员对射孔后续措施的及时实施。高灵敏度射孔地面监测技术针对这一难题，是自行开发、研究的一种高速油管传输射孔监测技术，可用于射孔时井下数千米的射孔信号的地面判定。

3. 射孔—测试联作技术的优化

1）双起爆器的设置

龙岗超深井的射孔—测试联作管柱的下入时间比较长，加之后续电测校深、调整管柱长度、坐封、换装井口、连接高压管线等工序会耗时比较多，因此，从射孔枪入井到其被引爆，时间往往超过 48h。因此，为避免因枪管长时间待在井内可能出现性能下降而无法引爆的情况，在射孔枪上下都设置起爆器，可有效保证射孔枪的起爆。

2）联作方式的优化

龙岗探井采用了正压延时的射孔联作工艺技术，加之合理的管柱结构设计，有效避免了采用环空加压射孔联作工艺造成的由于套管承压能力受限，即对多级环空操作压力有限制的问题（表 2–29）。

表 2–29　不同射孔—测试联作管柱的环空控制压力级数

联作类型	测试阀压力	射孔压力	取样压力	平衡压力	循环阀压力	级数
环空负压射孔—测试联作	✓	✓	✓	✓	✓	5
APR 正压射孔—测试—酸化联作	✓			✓	✓	3
OMNI 射孔—酸化—测试联作				✓	✓	2

由于采用正压延时引爆方式，加压后即泄掉射孔压力，延时 5 ～ 10min 引爆射孔枪，这样作业的主要优点在于便于判定是否已经射孔，以及有利于射孔时封隔器以下部分的能量，保护管柱安全。

3）射孔介质的优选

采用正压射孔，较常见的做法是在射孔枪上部油管内灌满水后，正眼加压即可完成操作。

另一种方式则是清水和氮气的组合射孔介质。即射孔枪入井过程中，利用测试工具在油管内形成尽可能大的掏空深度，完成坐封后，首先向油管内注入一定氮气，以平衡测试阀开启压差，然后再开启 LPR−N 阀；最后继续向油管内注入氮气，达到起爆压力。这种工艺技术措施的难度首先在于井太深的情况下，需要准确计算注入一定量的氮气后，井底油管内的绝对压力值，否则无法准确平衡球阀开启压差和启动延时起爆器；其次，由于上部油管充满氮气，地面对于射孔与否的判断比较难，但是通过开发的精确的地面监控设备克服了此难题，将在后面章节中详细论述。显而易见，引入这种混合射孔介质，能够在射孔之后，形成较大的诱喷压差，对于地层能量的释放非常有利。在 LG1 井掏空 5134m 进行液氮加压射孔，这一创新性工艺措施创造了国内完井试油的新纪录。

4. 高灵敏度射孔地面监测技术

前面已经提到高灵敏度射孔地面监测技术，下面将详细介绍。

1）工作原理

工作过程中，将加速度振动传感器和压力传感器作为采集装置安装在采油树上，用专用低噪音电缆将其和计算机相连，射孔过程中根据传感器输出的振动数据信号和压力数据信号特征来判断射孔枪的爆炸情况。

在系统终端采用中央处理器作为系统的主控制部件，配合两个压力模数转换单元、两个振动模数转换单元这四路模数转换单元及大型的后台实时处理软件包，用模拟和数字两种方式记录井下爆轰序列信号，完整的建立了地面数据监测系统及计算机数据采集和处理系统（图 2−94）。该技术作为一种新型的高速油管传输射孔监测成套技术可以成功捕捉到射孔瞬间产生的压力波动及振动信号，准确提供完整的射孔判断依据：系统保持高速采集频率（1000kB/S）和高速的数据通信，在射孔过程提供实时屏幕显示以监测射孔全过程；另一方面系统将监测结果以完整、准确的图形和数字化的形式实时输出，为井下作业提供了可靠的监测手段。

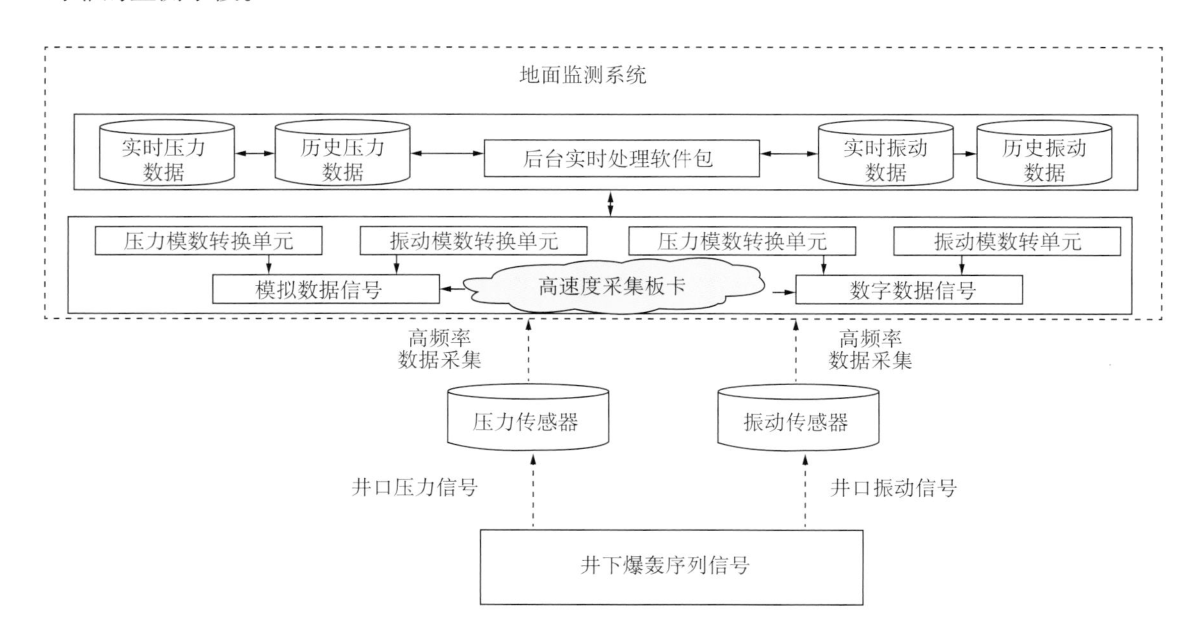

图 2−94　高灵敏度射孔地面监测系统

2）工作流程

工作流程为：采集装置包括加速度传感器和压力传感器，专用低噪音电缆将其和主机连接，并固定在油管上；终端中央处理器将射孔过程中的 2 路振动信号和 2 路压力信号模数转换单元，用模拟和数字两种方式记录井下爆轰序列信号，形成了高速油管传输射孔地面监测系统。工艺步骤如下：

（1）将加速度传感器和压力传感器用卡箍固定在油管上。

（2）将加速度传感器和压力传感器用专用低噪音电缆与地面监测终端处理器相连接。

（3）井下进行射孔，发出爆轰序列信号，传感器通过油管采集井下爆轰压力信号和振动信号。

（4）终端处理器通过后台处理软件包将振动信号和压力信号进行模数转换，捕捉到射孔瞬间产生的压力波动及振动信号，在地面形成完整的监测系统。

目前，射孔监测技术已经在龙岗、九龙山地区开展应用，取得了一些成果，在大部分深井中能够准确监测射孔振动，帮助判断井下情况；目前已经能成功应用于井深 6000m 以上井。

表 2–30 射孔监测技术现场试验情况

井号	层位	射孔井段	实验效果
JM1 井	须三层	4308 ~ 4326m，4394 ~ 4404 m	成功
LG37 井	雷四段	4198 ~ 4220m	成功
LG36 井	长兴组	6840 ~ 6889m	成功
LG18 井	长兴组	6209 ~ 6242m	成功

图 2–95 为 LG37 井射孔监测结果，结果非常容易判断，数据显示射孔成功，射孔时间和管柱振动情况均能够准确显示。

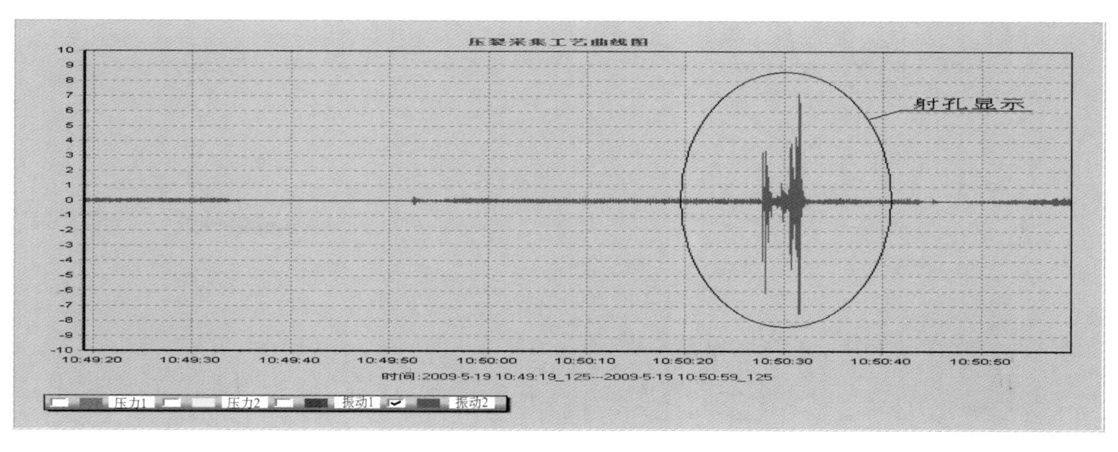

图 2–95 LG37 井射孔监测结果示意图

六、完井试气技术在龙岗、塔中 I 号气田应用效果

针对龙岗气田、塔中 I 号气田高温、高压、酸性气藏采气工程完井试气技术的研究成

果，已经在这两个气田规模应用，为安全、可靠、高效完井试气提供了技术基础。其中，研究设计的多功能试油完井油管柱在塔中Ⅰ号气田应用于49口井，在龙岗气田应用于22口井，实现了射孔、改造、测试、封堵等联作目标；试气数据无线采集、压井及环空压力控制、射孔地面监测等新技术进一步完善配套了试气工艺，在龙岗等气田应用50层次，实现了高温、高压、高含硫超深井安全试气完井的目标。

1. 多功能试油完井管柱在塔中Ⅰ号气田、龙岗气田规模应用

1）射孔—酸化—完井测试联作管柱在龙岗等区块应用50层次

研究设计的三种射孔—酸化—完井测试联作管柱，在龙岗等区块的22口井应用50层次。现场应用表明，无论是APR正压射孔—酸化—完井测试联作管柱，还是适应高产量的OMNI射孔—酸化—完井测试联作管柱以及适应5in小井眼的APR射孔—测试联作管柱，在确保安全的前提下，均实现了预定的联作功能，大幅度降低了起下管柱作业工作量，规避了施工风险，减小了对储层的二次伤害，具有很强的针对性和实用性，在高风险、高难度试油完井中发挥了重要作用。

2）一体化管柱在塔中Ⅰ号等区块应用49口井

根据塔中Ⅰ号气田不同条件井层的需要，设计的5种多功能一体化油管柱在塔中Ⅰ号等区块应用49口井。其中适用于直井的测试—改造—完井投产联作管柱，应用30井次，水平井分段改造管柱应用9井次，具有投送筛管、封堵、换井口功能的其他三种测试、改造、投产联作管柱应用10井次，满足了不同井型和产层条件下试油测试、改造和完井投产的要求，为塔中Ⅰ号气田实现安全试采、高效完井提供了可靠的技术保证。

2. 水平井裸眼分段完井技术应用效果显著

筛选应用的水平井裸眼分段改造技术，在塔中Ⅰ号气田水平井先期裸眼完井的条件下，不仅起到了支撑井壁、防止坍塌的作用，还为分段改造大幅度提高单井产量创造了条件。

截至2010年12月，塔中Ⅰ号气田已实施9口井33段的水平井分段改造工作，成功率100%，测试期间平均单井日产油80.7m^3，日产天然气13.8×10^{4}m^3，初期生产情况见表2–31。

表2–31　塔中Ⅰ号分段完井改造井初期生产情况统计表

序号	井号	段数	注入地层总液量（m^3）	工作制度	油压（MPa）	日产油量（m^3）	日产气量（m^3）	日产油当量（m^3）
1	TZ62–7H	4	1865.1	8mm	30.03	208	147351	355
2	TZ62–6H	3	1393	8mm	40.37	124	264918	389
3	TZ62–11H	6	2541.5	12mm	17.77	81.8	261258	343
4	TZ62–10H	4	1845.2	10mm	9.817	49.3	30483	79.8
5	TZ83–2H	4	2380	8mm	35.36	32.5	289508	322
6	ZG162–1H	3	2422.19	6mm	39	114	27123	141
7	TZ82–1H	2	1314	5mm	42.416	59.6	117928	178
8	TZ62–H8	3	1409	4mm	28.369	15.7	57600	73.3
9	TZ26–H6	4	1566	4mm	69	42	47000	81

对比TZ62井区相邻同储层条件下，2口分段改造水平井、3口直井和1口筛管完井水平井，试采365d的产量（表2–32）：分段水平井平均产油当量为167t/d，直井平均产油当量为44d/t，筛管水平井产油当量为28d/t，分段水平井是直井产量的3.8倍；水平井平均累计产油当量为68819t，直井平均累计产油当量为27578t，筛管水平井累计产油当量为8803t，分段水平井是直井产量的2.5t。因此水平井分段改造比直井和不分段水平井能大幅度提高单井产量，实现高效开发并快速回收投资。

表2–32　分段改造水平井与直井试采365d的产能对比表

井号	油嘴（mm）	油压（MPa）	日产油气当量（t/d）	油气当量累计产量（t）
TZ62–6H	4	30.5	148.4	72756
TZ62–7H	6	27	181.3	64881
TZ621	5	17	93.4	44711
TZ622	4	7.4	23.8	10096
TZ62–1	5	11.8	17	27926
TZ62–13H	6	6.1	28	8803（320天）

3. 高温、高压、高含硫超深井试气完井技术使西南油气田公司试采工作创出新水平

由适应不同条件的多功能联作油管柱、地面数据无线采集、压井及环空压力控制、射孔地面监测等组成的试油完井工艺技术，在22口井、50层次高温、高压、高含硫超深井试气完井过程中，不仅安全高效地完成了各项预定的试采任务，还使西南油气田公司试采工作创出了新水平，新的纪录如下：

（1）试油井段最深达到7322m（FS1井）。

（2）地层压力最高131MPa（LG17井）。

（3）井口关井压力最高107.6MPa（LG17井）。

（4）地层温度最高175.2℃（JM1井）。

（5）H_2S含量最高达到870g/m³（LG18井）。

（6）试油井井斜最大78°（JM1井）。

（7）尾管最长2159.73m（JM1井）。

（8）地层水日产量最高1224m³（LG11井）。

（9）井口施工泵压最高96MPa（LG9井）。

（10）天然气日产量最高$120.57\times10^4m^3$（LG28井）。

（11）施加地层压力最高207MPa（JM1井）。

第三章　高压、中低酸性气田低成本防腐技术

国外的一些油套管生产公司，制订了酸性气体不同分压时选用管材材质的图版，对于高压、酸性气体含量中低的气井，往往需要选用高级别的油套管材，虽然能够实现有效防腐，但同时却大幅度增加了完井建设投资。本章以塔中Ⅰ号气田为例，介绍了高压、酸性气体含量中低井筛选低成本防腐措施的工作流程和取得的技术成果。

塔中Ⅰ号气田天然气中 H_2S 含量一般为 21 ～ 22800mg/m^3，CO_2 含量为 1.2% ～ 7.7%，属于低—中 H_2S、CO_2 含量气藏。但由于 H_2S 和 CO_2 共存，地层水中 Cl^- 含量高，加上储层平均埋深 5500m，压力高达 60MPa 左右，地层温度 135℃，因此腐蚀影响因素非常复杂，潜在的腐蚀危害不可忽视，需要在分析明确腐蚀规律的前提下，研究建立低成本防腐技术的对策和措施，为塔中Ⅰ号气田降低生产建设投资、实现有效开采提供技术保证。

第一节　H_2S、CO_2 共存条件下的井筒腐蚀规律

塔中Ⅰ号气田包括的范围有：TZ62 井区、TZ82 井区和 TZ83 井区，这些井区的腐蚀类型复杂，几乎涵盖了酸性气田的各种腐蚀因素，如 CO_2、H_2S 分别单独存在或共同存在及高 Cl^- 含量、低 pH 值等，同时具有井深、温度高、压力高的特点，因此影响腐蚀的因素非常复杂，为了对这些繁杂的井筒腐蚀环境有一个概括的认识，首先按腐蚀影响因素进行分类，以便找出其共同的腐蚀规律。

一、井筒腐蚀条件

1. 井筒腐蚀因素

塔中Ⅰ号气田天然气中普遍含 CO_2，其中，TZ83 区块 CO_2 摩尔百分数最高，达到了 7.70%，TZ82 区块、TZ62 区块 CO_2 摩尔百分数相当（表 3–1），分别为 3.57%、1.94%。

表 3–1　各区块 CO_2 摩尔百分数统计

区块	CO_2 摩尔百分数范围（%）	平均值（%）
TZ83 区块	7.702	7.702
TZ82 区块	1.62 ～ 5.52	3.57
TZ62 区块	1.29 ～ 2.81	1.94

塔中Ⅰ号气田压力系数为 1.14 ～ 1.23，属于正常压力系统；温度梯度 2.1℃ /100m，属于正常温度系统。

表 3–2 为塔中Ⅰ号气田 H_2S 含量的统计情况，其平面分布差异性较大，个别井测得的 H_2S 含量可达 32.7g/m^3；表 3–3 为塔中Ⅰ号气田 H_2S/CO_2 分压统计表。

表 3-2　塔中Ⅰ号气田 H_2S 含量统计表

序号	分区	H_2S 含量分类	层系	代表井	硫化氢含量（mg/m^3）	硫化氢平均含量（mg/m^3）	备注
1	TZ82 区块西部	低含硫	O_3l	TZ828、TZ82	33.4 ～ 161	83.1	
2	TZ82 区块东部	中含硫		TZ823、TZ821、TZ62-3	6800 ～ 22800	12320	
3	TZ62 区块油藏区	低含硫Ⅱ		TZ622	1090 ～ 2700	1807	
		低含硫Ⅰ		TZ62-1、TZ621	130 ～ 890	401.6	
4	TZ62 区块凝析气区	低含硫Ⅱ		TZ62-2、TZ44、TZ62	1299 ～ 3600	2472.4	
		低含硫Ⅰ		TZ623、TZ242	250 ～ 1000	601.4	
5	TZ 83 区块	高含硫	O_1y	TZ83	32700	32700	未试采
		低含硫		TZ721	21.42 ～ 172	91.3	现场检测

H_2S 含量（g/m^3）判别标准：小于 0.02，为微含硫；0.02 ～ 5，为低含硫；0.02 ～ 1，为低含硫Ⅰ；1 ～ 5，为低含硫Ⅱ = ；5 ～ 30，为中含硫；30 ～ 150，为高含硫；150 ～ 770，为特高含硫。

表 3-3　塔中Ⅰ号气田 H_2S/CO_2 分压统计表

序号	分区	H_2S 含量分类	代表井	H_2S 分压	CO_2 分压	CO_2/H_2S 分压比值	产能
1	TZ82 区块西部	低含硫	TZ828、TZ82	0.0034 ～ 0.0066	1.01 ～ 1.07	153 ～ 311	低产—高产
2	TZ822 区块东部	中含硫	TZ823、TZ821、TZ62-3	0.2885 ～ 0.9057	1.54 ～ 3.15	2 ～ 7	高产—低产
3	TZ622 区块油区	低含硫Ⅱ	TZ622	0.0514	0.81	16	高产
		低含硫Ⅰ	TZ62-1、TZ621	0.0091 ～ 0.0294	1.17 ～ 1.45	49 ～ 129	
4	TZ622 区块凝析气区	低含硫Ⅱ	TZ62-2、TZ44、TZ62	0.0091 ～ 0.1116	0.44 ～ 0.82	7 ～ 8	中产
		低含硫Ⅰ	TZ623、TZ242	0.0041 ～ 0.0174	0.27 ～ 0.76	44 ～ 66	
5	TZ832 区块	高含硫	TZ83	1.2978	4.64	4	高产
		低含硫	TZ721	0.0055	1.43	260	

塔中Ⅰ号气田各单井地层水分析数据显示：地层水矿化度大多在 100000mg/L 以上，最高值达 280200mg/L；氯离子含量大多超过 50000mg/L，最高值达到 167700mg/L。由于 CO_2 和 H_2S 在污水中的溶解，使污水的 pH 值小于 7，呈弱酸性。

2. 井筒腐蚀环境分类

Pots B.F.M 等的研究指出，CO_2/H_2S 共存体系中，决定腐蚀主导作用的基本因素是 CO_2/H_2S 分压的比值（表 3-4）。

调查数据（表 3-4）表明：

（1）TZ82 区块西部 TZ828 井、TZ82 井，TZ622 区块油环区 TZ62−1 井、TZ621 井，TZ622 区块凝析气区 TZ623 井、TZ624 井的井筒都属于Ⅱ类腐蚀环境，CO_2—H_2S—Cl^-—H_2O 是这些井的井筒腐蚀的主要矛盾。由于 p_{CO_2} 达到 1MPa 以上，在这一类腐蚀中是比较苛刻的，属强腐蚀性。

表 3−4　酸性气体分压对系统腐蚀的影响

p_{CO_2}/p_{H_2S} 分压比	腐蚀主导
$p_{CO_2}/p_{H_2S}>500$	CO_2 腐蚀
$20<p_{CO_2}/p_{H_2S}<500$	两者共同作用
$p_{CO_2}/p_{H_2S}<20$	H_2S 腐蚀

（2）TZ822 区块 TZ823 井、TZ821 井、TZ62−30 井和 TZ632 区块的 TZ283 井由于 H_2S 分压的增加导致 $p_{CO_2}/p_{H_2S}<20$，这些井的井筒腐蚀环境属于Ⅲ类腐蚀环境，而 TZ622 区块凝析气区的 TZ62−2 井、TZ44 井、TZ62 井的井筒由于 p_{CO_2} 分压的降低导致 $p_{CO_2}/p_{H_2S}<20$，上述两种情况使这些井的井筒腐蚀环境处于Ⅲ类腐蚀环境，这一类型腐蚀的主要矛盾是 H_2S—Cl^-—H_2O。但腐蚀强度上两种情况有着显著的差异。

（3）塔中Ⅰ号气田中没有属于Ⅰ类腐蚀环境的气井，没有完全受 CO_2—Cl^-—H_2O 腐蚀控制的气井，这是因为塔中 1 号气田所有气井中都含有不同含量的 H_2S，而每口井的 p_{CO_2} 又不足够高，使 p_{CO_2}/p_{H_2S} 没有超过 500。

由于塔中Ⅰ号气田地层水的矿化度大多在 100000mg/L 以上，最高值达 280200mg/L；氯离子含量大多超过 50000mg/L，最高值达 167700mg/L。因此所有类型的腐蚀都必须考虑 Cl^- 的影响。

二、电化学腐蚀特点及规律

1. 环境因素对腐蚀的影响

1）应用数模研究单因素对腐蚀的影响

（1）H_2S 分压对均匀腐蚀速率的影响。

通过数模分析不同 H_2S 分压对均匀腐蚀速率的影响。不同分压下均匀腐蚀速率与 H_2S 含量的关系见图 3−1 和表 3−5（总压为 30MPa，流速为 1m/s，材料为碳钢）。

表 3−5　不同 H_2S 分压下的均匀腐蚀速率（总压 30MPa）

温度（℃）	腐蚀速率（mm/a）				
	0	0.50%	1%	2%	2.50%
30	0.0459	0.1340	0.1741	0.2251	0.2450
40	0.0935	0.1452	0.1823	0.2294	0.2475
50	0.3542	0.1944	0.2382	0.2924	0.3136
60	0.9575	0.2856	0.3371	0.4038	0.4307
70	1.9349	0.4655	0.5279	0.6176	0.6565

续表

温度（℃）	腐蚀速率（mm/a）				
	0	0.50%	1%	2%	2.50%
80	2.6925	0.7541	0.8374	0.9718	1.0309
90	2.7520	1.1849	1.3062	1.5187	1.6116
100	2.5493	1.8004	1.9914	2.3238	2.4696
110	2.1641	2.6556	2.9512	3.4642	3.6886
120	2.5353	3.8090	4.2523	5.0217	5.3632
130	3.3362	5.7462	6.3717	7.4983	8.0144

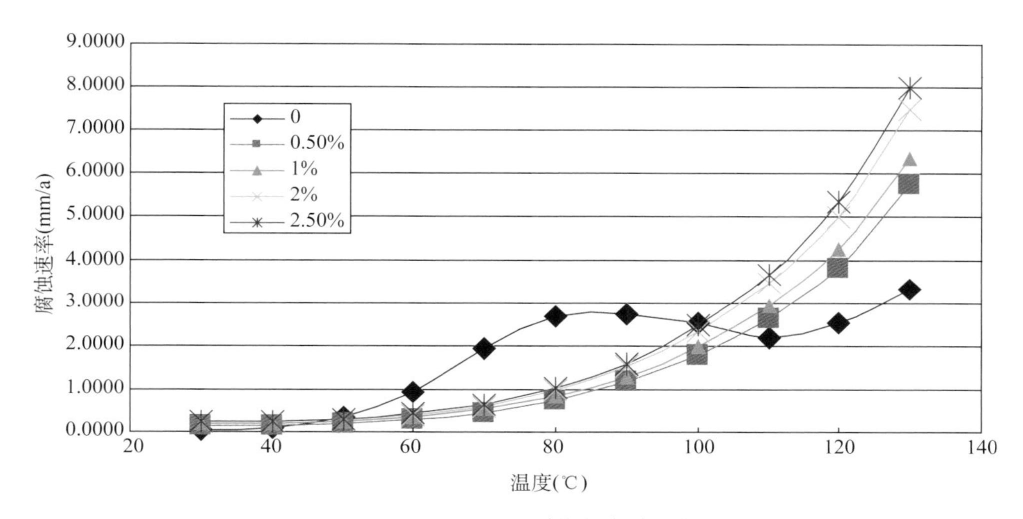

图 3–1　不同 H_2S 分压对均匀腐蚀速率的影响

通过数模分析结果可知，随着 H_2S 含量的增加，均匀腐蚀速率呈增加的趋势。在数模分析中，增加了不含 H_2S 的对照组。通过对照可以明显看出 H_2S 对均匀腐蚀速率的影响。

（2）温度、压力对均匀腐蚀速率的影响。

数模分析了不同温度、压力条件下，CO_2 对碳钢的均匀腐蚀速率，其结果如图 3–2 所示。

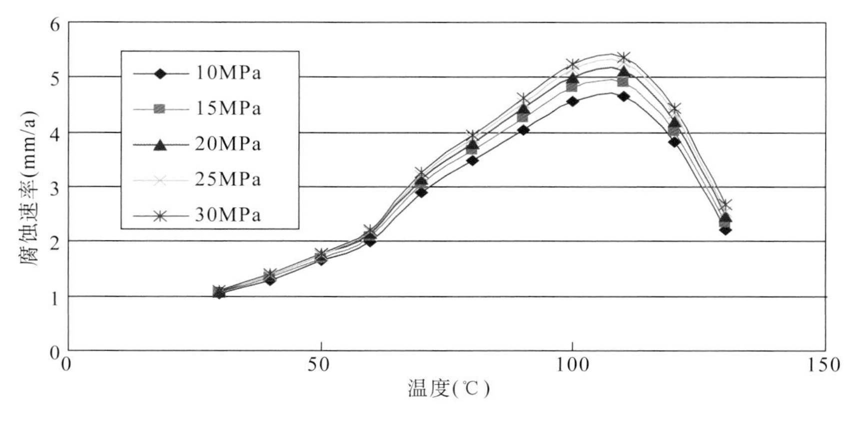

图 3–2　不同温度、压力条件对均匀腐蚀速率的影响

通过数模结果可知，随着温度的增加，腐蚀速率先是随着温度的升高而升高，后随着温度的升高而有所下降，这与实验及以往国内外研究成果相一致。从数模结果还可以得到以下结论：在压力和温度双重影响下时，温度是主控因素，压力对腐蚀速率的影响与温度相比，影响较小。

（3）pH 值对均匀腐蚀速率的影响。

通过数模分析不同 pH 值对均匀腐蚀速率的影响。均匀腐蚀速率与 pH 值的关系如图 3–3 和表 3–6 所示。模拟温度分别为 63.3℃、105℃、130℃，模拟压力分别为 15MPa、16.77MPa、23.5MPa 的环境下，不同 pH 值对于均匀腐蚀速率的影响（模拟条件为普通碳钢，流速为 1m/s）。

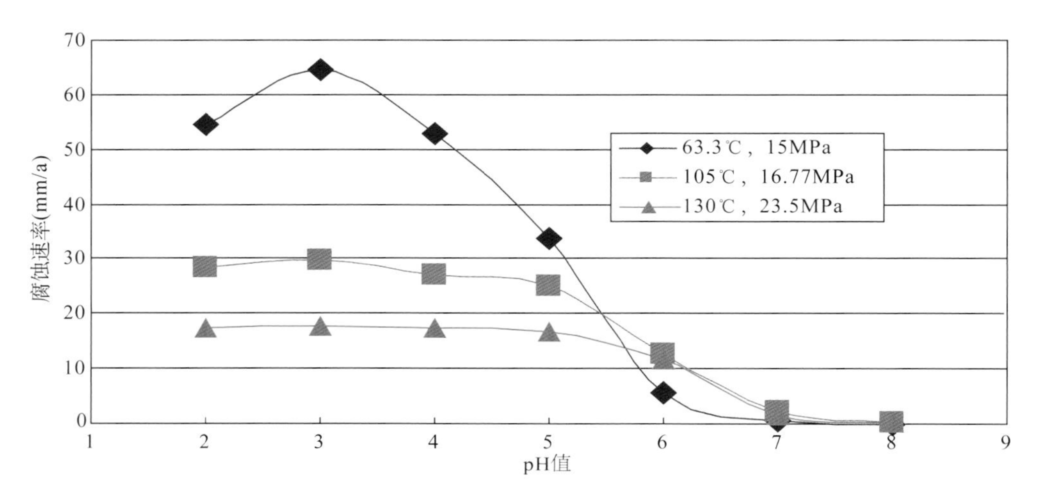

图 3–3　不同 pH 值对均匀腐蚀速率的影响

表 3–6　不同 pH 值下的均匀腐蚀速率

pH 值	腐蚀速率（mm/a）		
	T = 63.3℃	T = 105℃	T = 130℃
	p = 15MPa	p = 16.77MPa	p = 23.5MPa
2	54.6978	28.4616	17.4943
3	64.4887	29.7231	17.6875
4	52.9380	26.9796	17.2827
5	33.7277	24.9839	16.8157
6	5.6885	12.7113	11.8295
7	0.8109	2.4081	1.6655
8	0.1170	0.3904	0.4929

通过数模结果可知，随着 pH 值的上升，体系的均匀腐蚀速率逐渐下降，特别是 pH 值大于 5 时，腐蚀速率大幅下降。这与以往实验，特别是金属稳态图分析是一致的。在理论上认为，在较高的 pH 值的作用下，金属表面可以形成具有保护作用的物质，从而降低腐蚀速率。

（4）流速对均匀腐蚀速率的影响。

通过数模分析不同流速对均匀腐蚀速率的影响。均匀腐蚀速率与流速的关系如图 3–4 和表 3–7 所示。模拟腐蚀环境为：普通碳钢，总压 30MPa，CO_2 含量为 25.9%，模拟温度分别为 30℃、60℃、90℃、120℃时的均匀腐蚀速率。

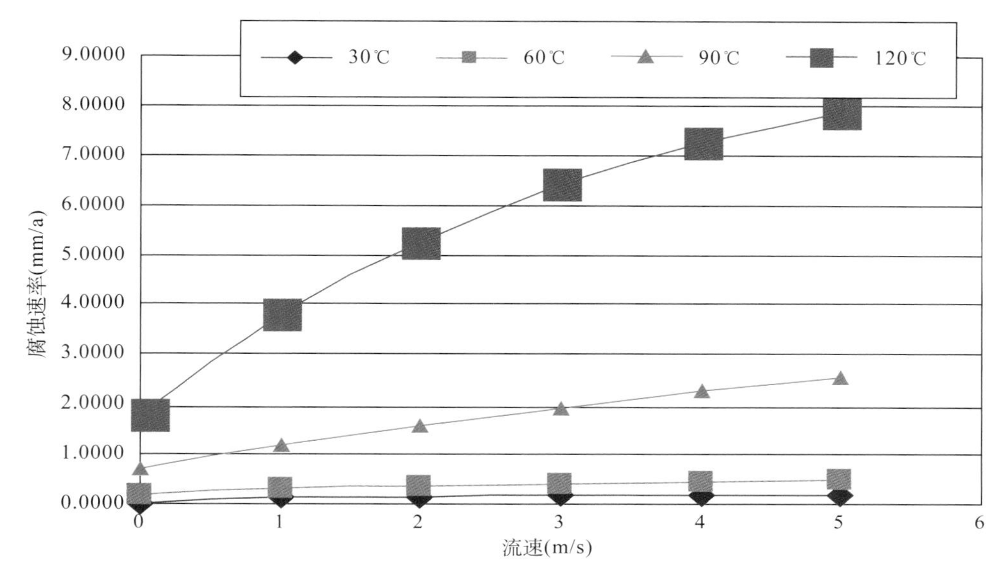

图 3–4　不同流速对均匀腐蚀速率的影响

表 3–7　不同流速下的均匀腐蚀速率

流速 (m/s)	腐蚀速率（mm/a）			
	T = 30℃	T = 60℃	T = 90℃	T = 120℃
	p = 30MPa	p = 30MPa	p = 30MPa	p = 30MPa
0	0.0201	0.1553	0.7122	1.7706
1	0.1340	0.2856	1.1849	3.8090
2	0.1521	0.3377	1.5555	5.2283
3	0.1618	0.3846	1.9294	6.4081
4	0.1695	0.4318	2.2606	7.2562
5	0.1764	0.4775	2.5366	7.8494

通过数模分析结果可知，流速对腐蚀速率影响较大，随着流速加快，腐蚀速率也相应增大。从模拟结果可知，在温度较低、小流速条件下（特别是 0 ~ 1m/s 的范围内），腐蚀速率增幅较大，随着流速的增加，腐蚀速率仍然增大，但增幅有所减小。当温度较高时，腐蚀速率随着流速的增加都保持较大的增幅。

（5）不同水气比对均匀腐蚀速率的影响。

通过数模分析不同水气比对均匀腐蚀速率的影响。均匀腐蚀速率与水气比的关系如图 3–5 和表 3–8 所示。模拟腐蚀环境为：材质为普通碳钢，总压 11.2MPa，CO_2 含量为

25.9%，流速为 1m/s，分别模拟不同水气比时的均匀腐蚀速率。

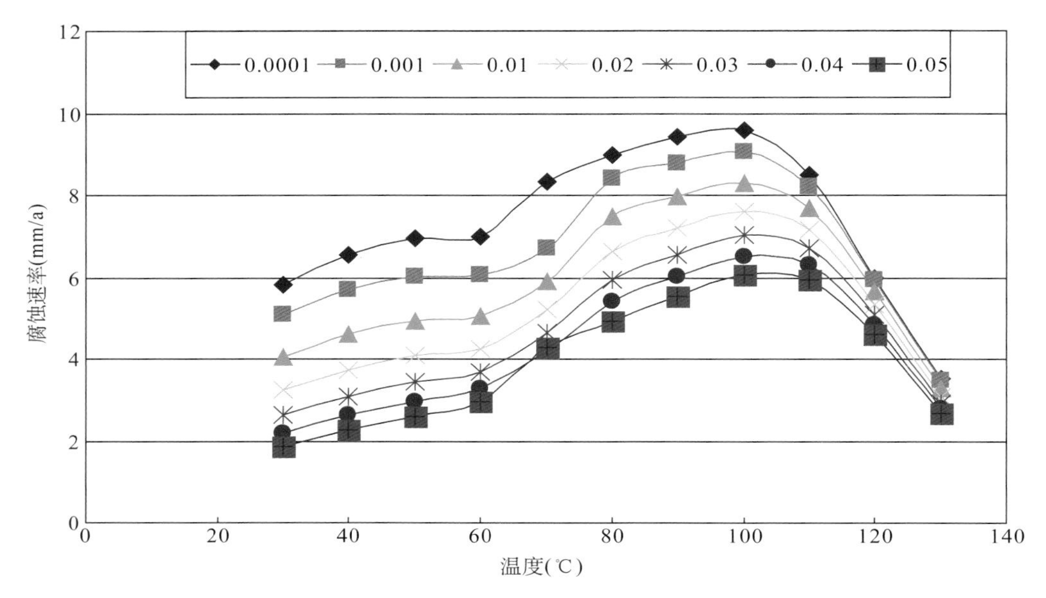

图 3−5　不同水气比对均匀腐蚀速率的影响

表 3−8　不同水气比下的均匀腐蚀速率

温度（℃）	腐蚀速率（mm/a）						
	0.0001	0.001	0.01	0.02	0.03	0.04	0.05
30	5.8224	5.0859	4.0449	3.2236	2.6291	2.1936	1.8671
40	6.5641	5.6874	4.5891	3.7215	3.0804	2.6175	2.2623
50	6.9321	6.0186	4.9405	4.0938	3.4503	2.9566	2.5719
60	6.9698	6.0431	5.0373	4.2235	3.6618	3.2756	2.9630
70	8.3431	6.7098	5.9017	5.2190	4.6651	4.2128	4.2952
80	8.9743	8.3905	7.4594	6.6346	5.9584	5.4048	4.9454
90	9.3969	8.7786	7.9401	7.1867	6.5503	6.0118	5.5539
100	9.5571	9.0345	8.2950	7.6141	7.0253	6.5163	6.0754
110	8.4738	8.2187	7.6845	7.1702	6.7150	6.3114	5.9546
120	5.9814	5.9539	5.6482	5.3436	5.0741	4.8360	4.6196
130	3.5056	3.4659	3.2748	3.0887	2.9256	2.7826	2.6569

通过数模计算分析可知，均匀腐蚀速率随着水气比的上升而上升。此结果和以往的实验和调研结果相一致，随着含水量的上升，腐蚀速率有所上升。

（6）不同腐蚀环境对均匀腐蚀速率的影响。

通过数模分析计算不同腐蚀环境对均匀腐蚀速率的影响。由于塔中 I 号气田各个区块

CO_2、H_2S 含量差异大，导致腐蚀速率不一样。根本原因在于不同腐蚀环境的腐蚀机理发生了变化，阴极和阳极主控反应不一样。应用数模分析 1 个大气压力下，腐蚀介质静止时，不同组分时普通碳钢的腐蚀速率（图 3–6、表 3–9）。

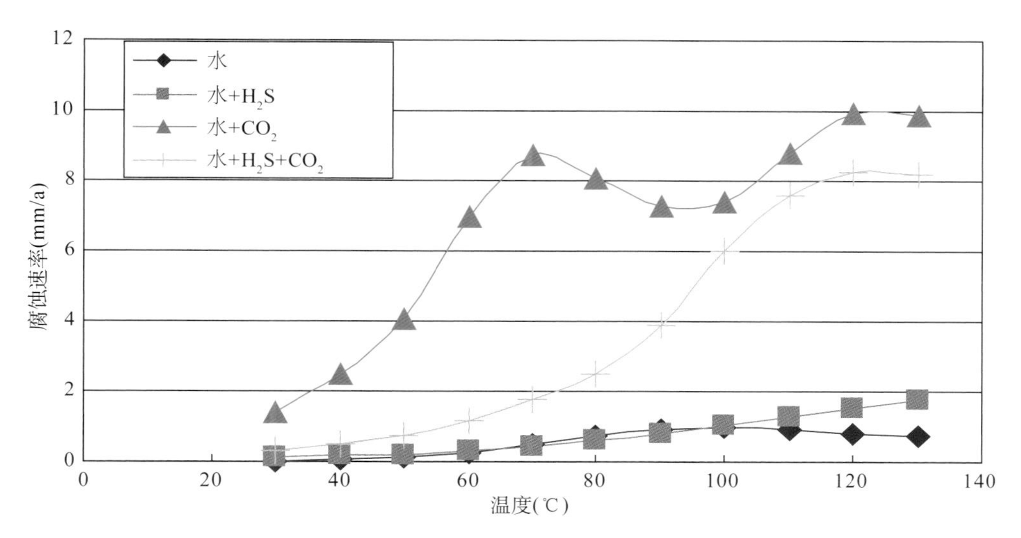

图 3–6 不同腐蚀环境对腐蚀速率的影响

表 3–9 不同腐蚀环境下的腐蚀速率

温度（℃）	腐蚀速率（mm/a）			
	水	水 +H_2S	水 +CO_2	水 +CO_2+H_2S
30	0.0220	0.1503	1.4144	0.3283
40	0.0396	0.1789	2.5041	0.4936
50	0.1133	0.2031	4.0650	0.7096
60	0.2611	0.2779	6.9612	1.1272
70	0.4748	0.4056	8.7314	1.7281
80	0.7193	0.5804	8.0852	2.5055
90	0.9041	0.7916	7.2465	3.9046
100	0.9840	1.0242	7.3715	5.9797
110	0.9343	1.2651	8.7982	7.5528
120	0.8130	1.5071	9.9419	8.2601
130	0.7315	1.7788	9.8887	8.1700

由数模计算分析得到，不同的腐蚀环境对腐蚀速率存在较大的影响。所以在处理塔中 I 号各个区块时，要求对各个区块的腐蚀环境进行详尽地分析，针对不同的腐蚀环境进行防腐设计。

2）井筒实验单因素对腐蚀速率的影响

（1）CO_2 分压对两种材质腐蚀速率的影响。

通过正交分析可知 CO_2 分压为影响腐蚀的主要因素，其不同分压下平均腐蚀速率和点蚀速率均值与腐蚀速率之间关系如图 3–7、图 3–8 所示。

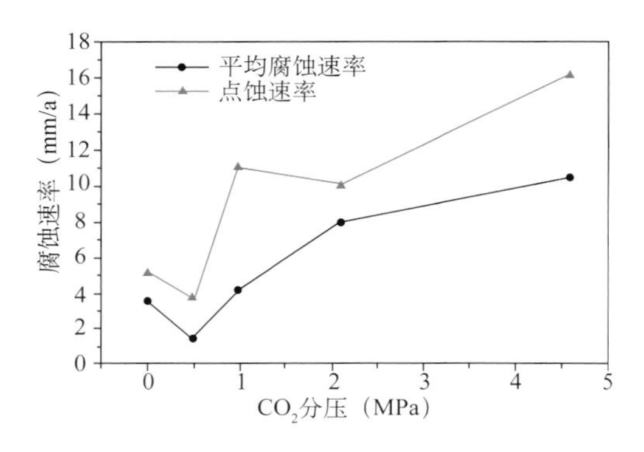

图 3–7　P110S 材质 CO_2 分压与腐蚀速率关系

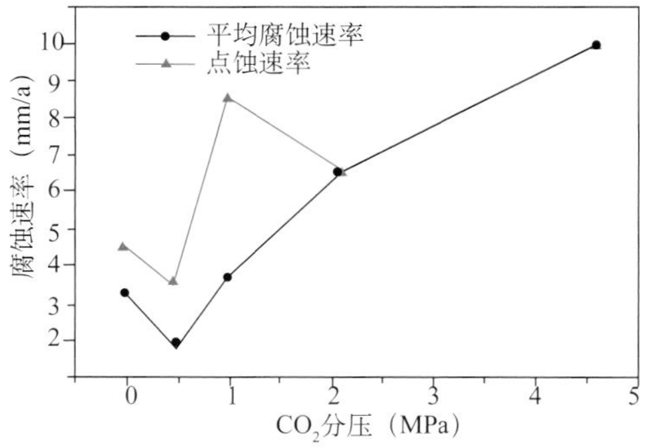

图 3–8　P110SS 材质 CO_2 分压与腐蚀速率关系

从极差结果来看，CO_2 是影响腐蚀速率变化的主要因素，从图中可以看出，CO_2 对腐蚀速率的影响总的规律是随着分压的增大而增大，但在 0.5MPa 处有一低点，比较实验数据发现 CO_2 分压为 0.5MPa 时腐蚀速率整体比 CO_2 分压为 0 时偏小。其原因可能是在 CO_2 分压为 0 时，腐蚀速率主要由 H_2S 引起，当 CO_2 分压增加，少量的 CO_2 与 H_2S 在发生腐蚀反应时发生了竞争，此时 CO_2 对 H_2S 的腐蚀产生了抑制作用。当 CO_2 分压继续增加时，由于腐蚀性气体含量的增加导致腐蚀速率继续上升。

（2）H_2S 分压对两种材质腐蚀速率的影响。

交互作用下，不同 H_2S 分压下平均腐蚀速率和点蚀速率均值与腐蚀速率之间关系分别如图 3–9、图 3–10 所示。

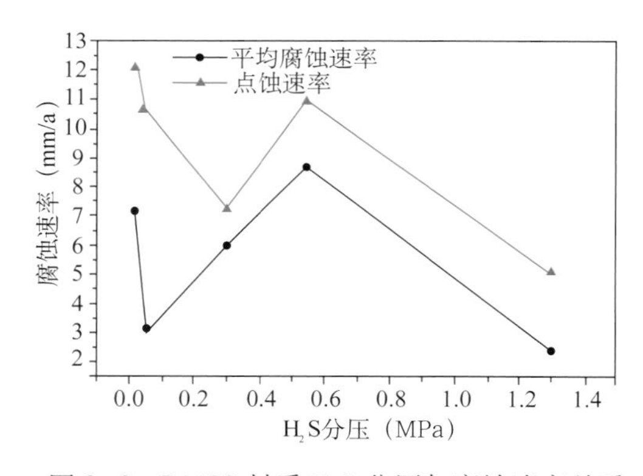

图 3–9　P110S 材质 H_2S 分压与腐蚀速率关系

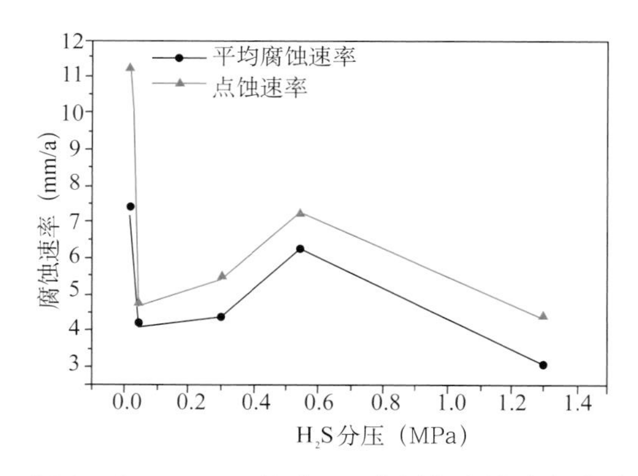

图 3–10　P110SS 材质 H_2S 分压与腐蚀速率关系

从图中可知，在高浓度的 H_2S 条件下，腐蚀速率并不一定增加，图中显示，在低浓度条件下，具有较高的腐蚀速率。分压达到 0.05MPa 后，在 0.55MPa 时腐蚀速率达到最大，之后随着分压的升高腐蚀速率又开始下降。且通过点蚀变化曲线可以看出，H_2S 在低浓度条件下，点蚀发生的速度很快。低浓度条件下腐蚀速率快，高浓度条件下腐蚀速率慢，造成这种现象的原因可能是在 CO_2 与 H_2S 共存的环境下，产物膜的形成机制有关，高浓度下的 H_2S 生成的腐蚀产物 FeS 会阻碍其他腐蚀介质的进一步腐蚀基体。

（3）温度对两种材质腐蚀速率的影响。

交互作用下，不同温度条件下平均腐蚀速率和点蚀速率均值与腐蚀速率之间关系如图 3–11、图 3–12 所示。

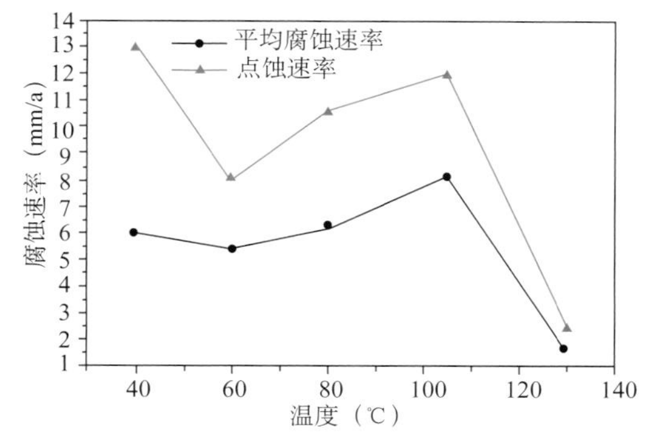

图 3–11　P110S 材质温度与腐蚀速率关系

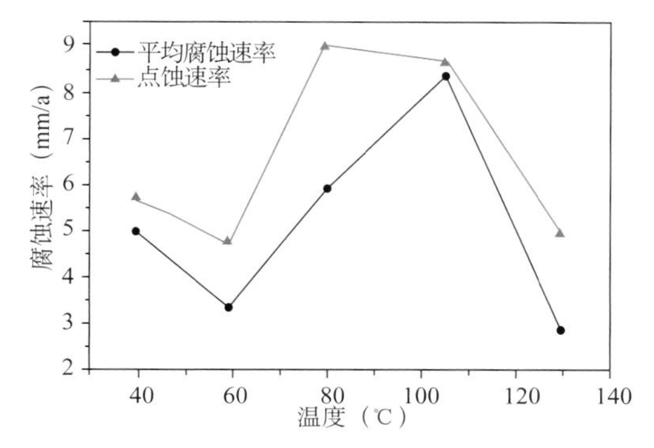

图 3–12　P110SS 材质温度与腐蚀速率关系

如图所示，温度对腐蚀速率的影响是腐蚀速率先随着温度升高而增大，而后腐蚀速率随温度升高迅速下降，这与以往的研究成果一致（表 3–10、表 3–11）。在温度为 130℃时的腐蚀速率，可以看出表中所示的腐蚀速率相对较小，仅在 CO_2 分压达到 4.6MPa 时腐蚀速率较大，但较 H_2S 分压同为 4.6MPa 的实验速度仍然较小。造成这种现象的原因是，CO_2 在温度较高的情况下会生产一层致密的腐蚀产物膜 $FeCO_3$，从而阻止腐蚀的进一步发生，大幅减缓腐蚀发生的速度；H_2S 在高温条件下的腐蚀产物 FeS 也比较致密，同样可以起到阻止腐蚀进一步发生的目的。

表 3–10　P110S 材质在 130℃温度条件下的腐蚀速率

因素	CO_2 分压（MPa）	H_2S 分压（MPa）	温度（℃）	Cl^- 含量（g/L）	含水率（%）	均匀腐蚀速率（mm/a）	点蚀速率（mm/a）
实验 17	2.1	0.05	130	90	50	0.135	无坑
实验 5	0	1.3	130	160	100	0.683	1.291
实验 13	1	0.3	130	75	90	1.089	2.427
实验 9	0.5	0.55	130	60	70	1.556	3.502
实验 21	4.6	0.02	130	125	80	4.516	4.759

表 3–11　P110SS 材质在 130℃温度条件下的腐蚀速率

因素	CO_2 分压（MPa）	H_2S 分压（MPa）	温度（℃）	Cl^- 含量（g/L）	含水率（%）	均匀腐蚀速率（mm/a）	点蚀速率（mm/a）
实验 17	2.1	0.05	130	90	50	0.133	无坑

续表

因素	CO_2 分压（MPa）	H_2S 分压（MPa）	温度（℃）	Cl^- 含量（g/L）	含水率（%）	均匀腐蚀速率（mm/a）	点蚀速率（mm/a）
实验 9	0.5	0.55	130	60	70	1.524	4.322
实验 5	0	1.3	130	160	100	1.73	4.65
实验 13	1	0.3	130	75	90	2.019	6.764
实验 21	4.6	0.02	130	125	80	8.597	13.707

（4）Cl^- 含量对两种材质腐蚀速率的影响。

交互作用下，不同 Cl^- 含量平均腐蚀速率和点蚀速率均值与腐蚀速率之间关系如图3–13、图 3–14 所示。

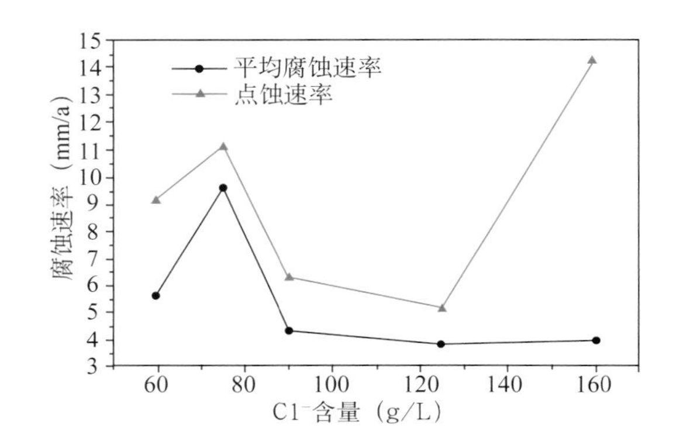

图 3–13　P110S 材质 Cl^- 含量与腐蚀速率关系

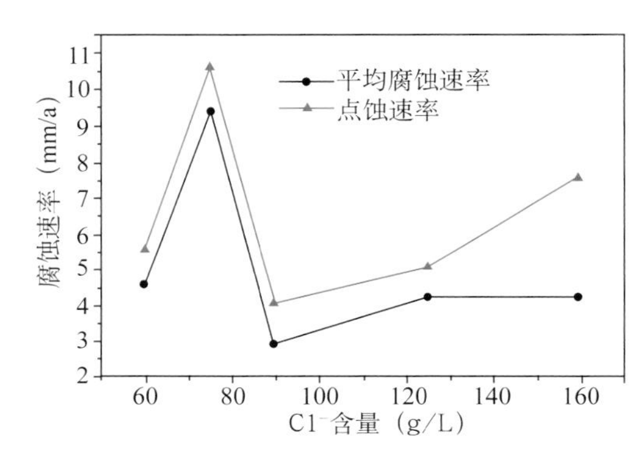

图 3–14　P110SS 材质 Cl^- 含量与腐蚀速率关系

实验发现，在 Cl^- 浓度小于 75g/L 的情况下，腐蚀速率随浓度升高而增加，当浓度继续增大时，由于高浓度的 Cl^- 能够争先吸附在金属表面，在空间上阻止了 H_2S 与金属基体的反应，造成了腐蚀速率的下降，说明高浓度条件下 Cl^- 对 H_2S 的腐蚀有一定削弱作用，这与相关文献的结论相一致。当 Cl^- 浓度继续增加，高浓度的 Cl^- 对金属产生了严重的腐蚀，Cl^- 浓度约为 120g/L 时，腐蚀速率尤其是点蚀速率随浓度升高而增加。

（5）含水率对两种材质腐蚀速率的影响。

交互作用下，不同含水率平均腐蚀速率和点蚀速率均值与腐蚀速率之间关系如图 3–15、图 3–16 所示。

介质中的含水率对腐蚀速率的影响规律并不明显，有研究表明，在含水率大于 40% 时，就会形成水包油的情况，一旦大于这个临界值腐蚀速率就会突然增加。但这一临界值与试验所采用的油的性质有关。

在含水率为 100% 时，既有腐蚀速率很小的，又有腐蚀速率非常大的，说明含水率对腐蚀速率的影响并不明显。

3）地面实验交互作用下单因素对腐蚀速率的影响

地面实验交互作用下单因素均值见表 3–12、表 3–13。

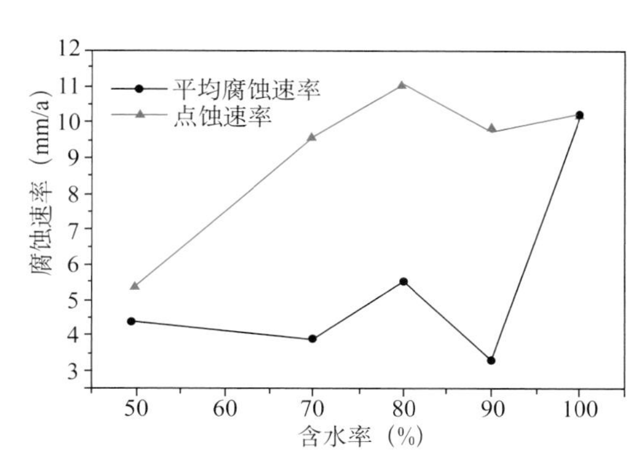

图 3-15　P110S 材质含水率与腐蚀速率关系

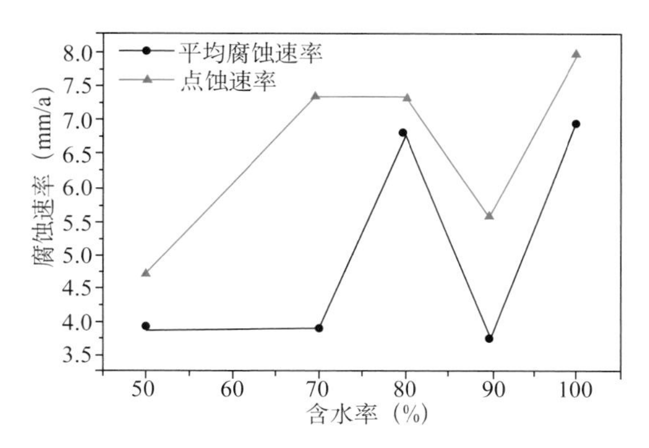

图 3-16　P110SS 材质含水率与腐蚀速率关系

表 3-12　交互作用下各因素均匀腐蚀速率均值（单位：mm/a）

因素	CO_2	H_2S	温度	Cl^-	含水率
均值 1	5.516	3.529	3.294	6.040	4.234
均值 2	4.844	5.965	5.367	6.846	7.146
均值 3	6.494	7.360	8.193	3.967	5.473

表 3-13　交互作用下各因素点蚀速率均值（单位：mm/a）

因素	CO_2	H_2S	温度	Cl^-	含水率
均值 1	8.727	5.932	5.450	10.275	8.650
均值 2	7.013	11.346	9.372	12.359	13.431
均值 3	13.778	12.241	14.696	6.884	7.437

(1) 交互作用下温度对腐蚀速率的影响。

交互作用下温度对腐蚀速率的影响如图 3-17、图 3-18 所示。

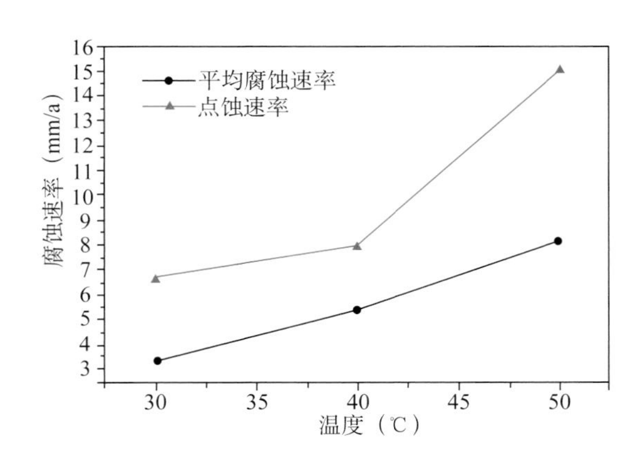

图 3-17　温度对 L245 材质腐蚀速率的影响

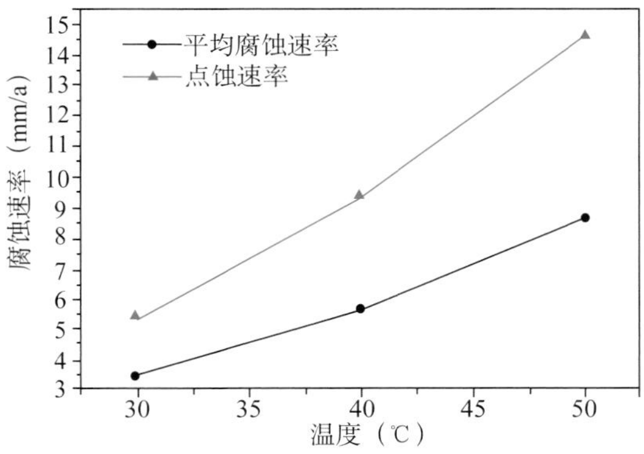

图 3-18　温度对 L360 材质腐蚀速率的影响

从图中可以看出，交互作用下，温度为影响腐蚀速率的主要因素，点蚀速率和均匀腐蚀速率均随着温度的升高而增大。温度对腐蚀速率的影响分为三个方面：

（1）温度升高，反应速度加快，促进腐蚀。

（2）温度升高，CO_2 溶解度下降，抑制腐蚀。

（3）对腐蚀产物膜的致密程度和溶解度产生影响。

有文献表明，温度为 60℃以下时，CO_2 的腐蚀产物膜均是疏松不致密的，而对于 H_2S 而言，温度在 55℃以上时，腐蚀速率才会因腐蚀产物膜的变化随着温度升高而降低。在目前试验条件下，温度较低，腐蚀速率主要受腐蚀反应发生速度的影响，因此腐蚀速率随温度升高而增加。

（2）交互作用下 H_2S 分压对腐蚀速率的影响。

交互作用下 H_2S 分压对腐蚀速率的影响如图 3−19、图 3−20 所示。

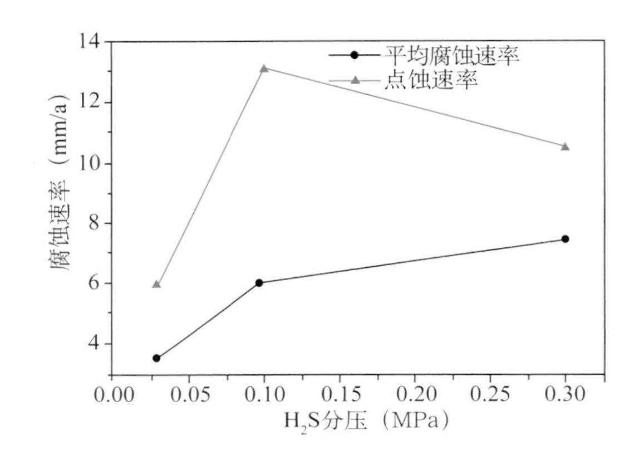

图 3−19　H_2S 分压对 L245 材质腐蚀速率的影响

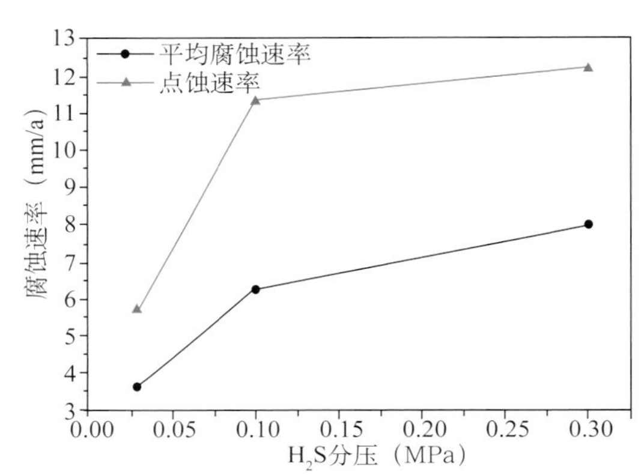

图 3−20　H_2S 分压对 L360 材质腐蚀速率的影响

H_2S 对金属基体的腐蚀受到水、CO_2、Cl^-、温度、流速等多因素的共同影响，从本次试验结果看，腐蚀速率随着 H_2S 的分压的升高而增加。这与井下实验所得到的结论不一致，这主要是地面腐蚀环境温度低造成的。井下温度较高，这种环境下 H_2S 和 CO_2 共存，H_2S 所产生的腐蚀产物膜会比较致密，阻碍了腐蚀的进一步发展，因而腐蚀速率随 H_2S 浓度升高有所下降。地面温度低的环境下，即使 H_2S 生成了比较多的腐蚀产物，也会比较蓬松且不致密，对腐蚀进一步发展的阻碍作用不大。所以，环境温度的变化导致了这两种环境下 H_2S 腐蚀规律的变化。

（3）交互作用下 CO_2 分压对腐蚀速率的影响。

交互作用下 CO_2 分压对腐蚀速率的影响如图 3−21、图 3−22 所示。均匀腐蚀速率变化趋势随 CO_2 分压升高而增加，点蚀速率在 0.8MPa 左右时最低。

（4）交互作用下 Cl^- 含量对腐蚀速率的影响。

交互作用下 Cl^- 含量对腐蚀速率的影响如图 3−23、图 3−24 所示。

在 Cl^- 浓度较低时，腐蚀速率在 Cl^- 含量大于 90g/L 时，无论是腐蚀速率还是点蚀速率均有明显下降的趋势。这可能是由于 Cl^- 浓度高的情况下，可以竞先吸附在金属表面，从而减少了 CO_2 和 H_2S 在金属表面的吸附，抑制了溶解在水中的腐蚀性气体对金属本体的腐蚀。

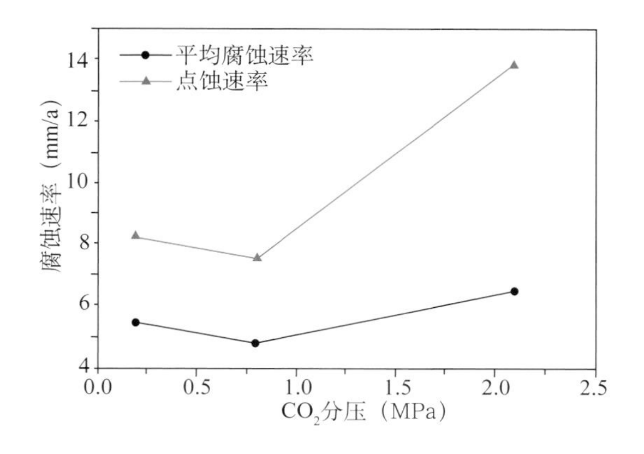

图 3–21　CO_2 分压对 L245 材质腐蚀速率的影响

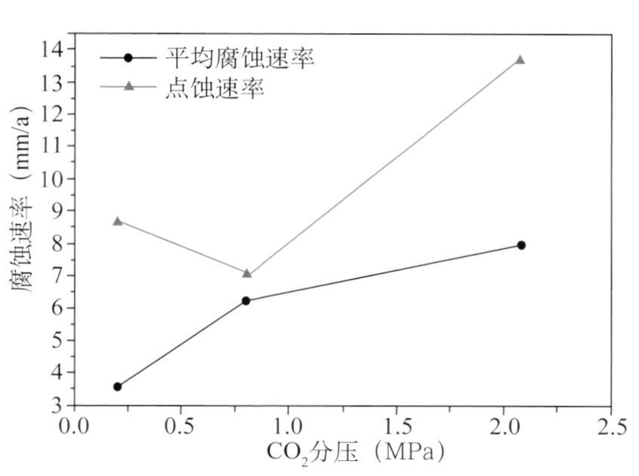

图 3–22　CO_2 分压对 L360 材质腐蚀速率的影响

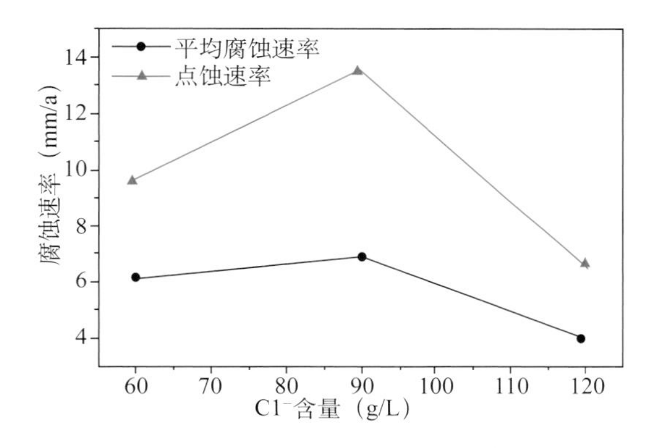

图 3–23　Cl^- 含量对 L245 材质腐蚀速率的影响

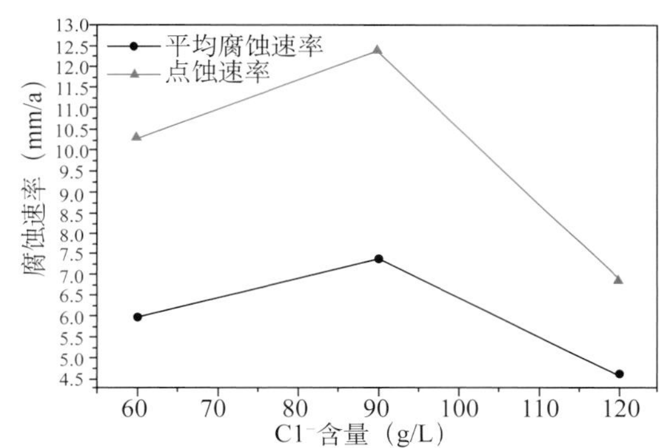

图 3–24　Cl^- 含量对 L360 材质腐蚀速率的影响

（5）交互作用下含水率对腐蚀速率的影响。

交互作用下含水率对腐蚀速率的影响如图 3–25、图 3–26 所示。在含水率为 80% 时，腐蚀速率和点蚀速率都达到最大，在含水率为 100% 时点蚀速率反而明显下降。

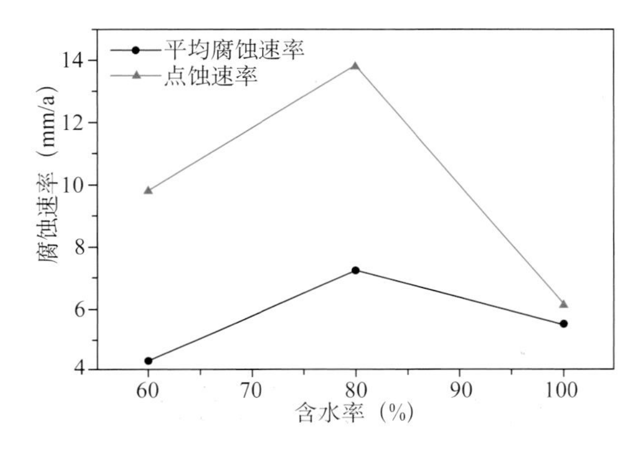

图 3–25　含水率对 L245 材质腐蚀速率的影响

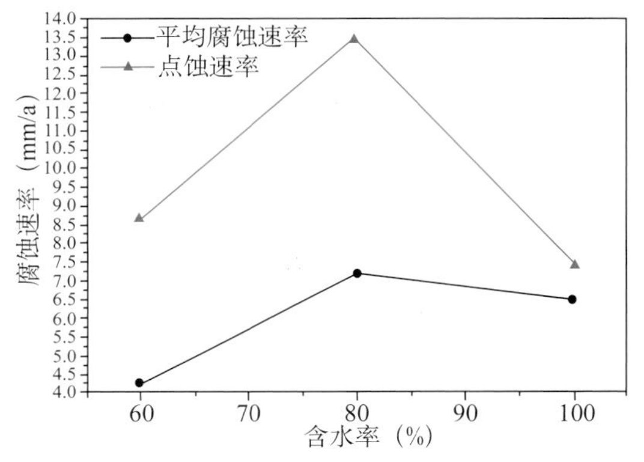

图 3–26　含水率对 L360 材质腐蚀速率的影响

2. CO_2、H_2S 共存条件下的腐蚀特征

在 $C0_2$ 和 H_2S 共存体系中 H_2S 的作用表现为三种形式：(1) 在 H_2S 分压小于 7×10^{-5}MPa (0.01psi) 时，CO_2 是主要的腐蚀介质，温度高于 60℃时，腐蚀速率取决于 $FeCO_3$ 膜的保护性能，基本与 H_2S 无关；(2) 在 $p_{CO_2}/p_{H_2S}>200$ 时，材料表面形成一层与系统温度和 pH 值有关的较致密的 FeS 膜，导致腐蚀速率降低；(3) 在 $p_{CO_2}/p_{H_2S}<200$ 时，系统腐蚀以 H_2S 为主导，H_2S 一般会使材料表面优先生成一层 FeS 膜，此膜的形成会阻碍具有良好保护性的 $FeCO_3$ 膜的生成，系统最终的腐蚀性取决于 FeS 和 $FeCO_3$ 膜的稳定性及其保护情况。

国外的研究还表明，起初铁的各种腐蚀产物竞相生成，最后是磁黄铁矿膜成为主导，形成一种连续且细致的保护膜，其中夹杂一些其他的铁化合物。在膜形成的初始阶段，黄铁矿 FeS_2 的形成速率远低于磁黄铁矿的生成速率，最终立方晶形的 FeS_2 镶嵌在磁黄铁矿之中。Vedage 研究发现一旦形成磁黄铁矿膜，腐蚀速率将取决于铁离子在该膜中的扩散速率。

由于 CO_2 和 H_2S 共存时的复杂性和腐蚀过程本身的复杂性，实验室难以准确控制，得到的数据重现性也较差，因此，此方面的研究工作国内外都开展得不多，仅从已经发表的

表 3-14　不同浓度的 H_2S 对 CO_2 腐蚀的影响

H_2S 浓度 (mg/kg)	类型一	类型二	类型三
< 3.3	$FeCO_3$ Fe^{2+}	Fe^{2+} $FeCO_3$	$FeCO_3$
33	$FeCO_3$ Fe^{2+} FeS	Fe^{2+} FeS	$FeCO_3$　FeS
330	$FeCO_3$ FeS Fe^{2+} FeS	$FeCO_3$ Fe^{2+} FeS FeS	$FeCO_3$　FeS

少量的成果看，也没有统一的认识。例如，表3–14中引入的不同浓度H_2S对CO_2腐蚀影响的结论同另外的成果（图3–27）是不一致的，前者认为H_2S对CO_2腐蚀的影响可分为三类：第一类是环境温度较低（60℃左右）时，H_2S通过加速腐蚀的阴极反应而加快腐蚀的进行；第二类是温度在100℃左右时，H_2S浓度超过33mg/kg时，局部腐蚀速率降低但均匀腐蚀速率增加；当温度在150℃附近时，发生第三类腐蚀，金属表面会形成$FeCO_3$或FeS保护膜，从而抑制腐蚀的进行。而后者（图3–27）认为，少量的H_2S能使CO_2的腐蚀受到强烈的抑制作用。

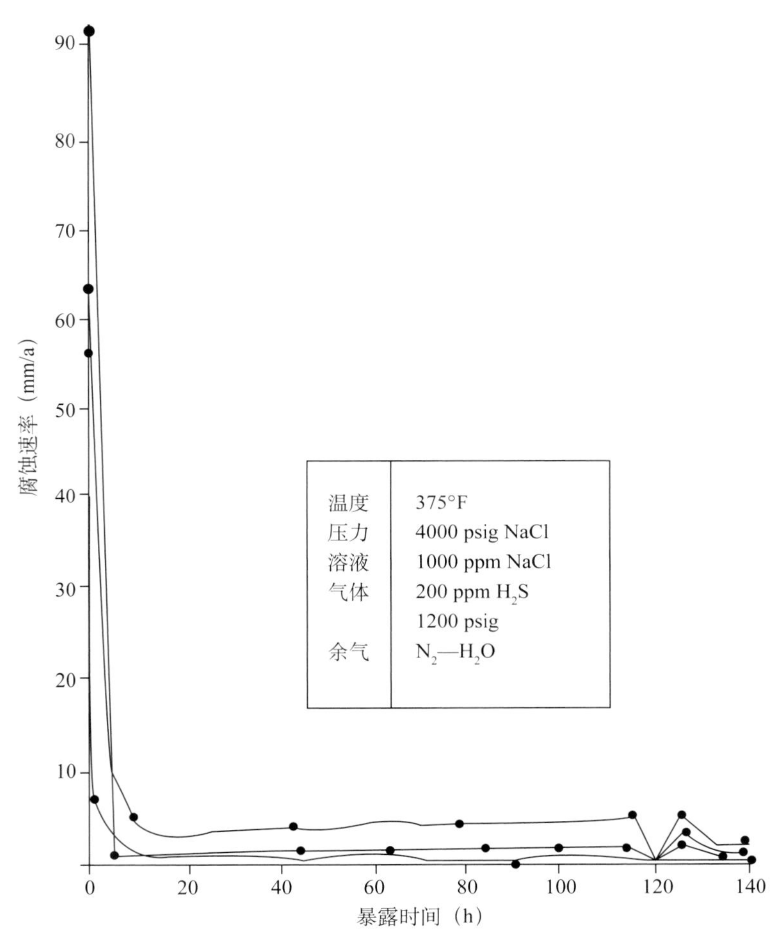

图3–27　含有少量H_2S形成腐蚀产物膜后，腐蚀速率受到强烈的抑制

CO_2和H_2S共存条件下的腐蚀试验共进行了三组，试验结果分别列入表3–15、表3–16、表3–17中。第一组是配制好含H_2S的高矿化度溶液，然后在高压釜内，用CO_2气体（0.4MPa）来平衡。第二组是配制好含CO_2的高矿化度溶液，在高压釜内用0.4MPa的CO_2气体来平衡，然后再用H_2S气体（1.68MPa）来平衡，总压力为2.08MPa，根据H_2S气体的平衡压力关系计算，在H_2S分压为1.68MPa的条件下，釜内水溶液中的H_2S浓度应达到18000 ~ 20000mg/L。第三组试验与第二组相同，只是CO_2的平衡压力为0.7MPa，总压力为2.38MPa。75℃时，CO_2分压为0.4MPa的腐蚀数据可以看出，由于H_2S的引入，A3

钢、J–55 钢的腐蚀速率从 2.6 ~ 3mm/a 降至 1.3 ~ 1.5mm/a，降幅达 50%，N–80 钢的降幅达到 70%，与上面三种钢相反，13Cr–L–80 钢的腐蚀速率从 0.06mm/a 上升到 0.5mm/a。H_2S 浓度的进一步提高（从 360mg/L 提高到 18000 ~ 20000mg/L），腐蚀速率进一步降低，除了对 13Cr–L–80 钢影响不大外，其余三种钢的腐蚀速率降至原来的 10% 的水准。

观察试片表面状态，所有的样品都出现了黑色硫化物的产物，且有局部腐蚀发生。

由于实验条件控制的难度，不能认为每一组数据的精度和重现性都符合要求。但由于 H_2S 的引入，使 CO_2 腐蚀的速度降低的规律是可信的，这同其他一些工作者研究的结果也是一致的。

表 3–15　CO_2、H_2S 共存时的腐蚀（第一组）

（H_2S 浓度 360mg/L，CO_2 分压 6.4MPa，75℃，24h）

材料	压力（MPa）	腐蚀速率（mm/a）	试片表面状态
A3	0.4	1.5103	灰，局部腐蚀
J–55	0.4	1.3211	灰，局部腐蚀
N–80	0.4	1.0873	浅灰，局部腐蚀
13Cr–L–80	0.4	0.5112	亮，局部腐蚀

表 3–16　CO_2、H_2S 共存时的腐蚀（第二组）

（CO_2 饱和水，CO_2 分压 0.4MPa，H_2S 分压 1.68MPa，75℃，24h）

材料	压力（MPa）	腐蚀速率（mm/a）	试片表面状态
A3	2.08	0.7279	灰黑，局部腐蚀
J–55	2.08	0.4068	灰黑，局部腐蚀
N–80	2.08	0.2925	浅黑，点蚀
13Cr–L–80	2.08	0.1815	亮，点蚀

表 3–17　CO_2、H_2S 共存时的腐蚀（第三组）

（CO_2 饱和水，CO_2 分压 0.7MPa，H_2S 分压 1.68MPa，75℃，24h）

材料	压力（MPa）	腐蚀速率（mm/a）	试片表面状态
A3	2.38	0.3144	灰黑，局部腐蚀
J–55	2.38	0.3204	灰黑，局部腐蚀
N–80	2.38	0.1858	灰黑，局部腐蚀
13Cr–L–80	2.38	0.0705	亮，点蚀

3. 环形空间腐蚀特征

油套环形空间大部分时间是处于封闭状态，并且被井底产出液中的可挥发性成分（水、H_2S、CO_2、天然气和原油中的一些可挥发馏分等）充斥，而且深度不同带来的温度差，会在这一空间形成湿气的饱和状态，水的蒸发和凝析同时在不同的部位进行，这是金属发生腐蚀和硫酸盐还原菌滋生的最佳条件，其后果是导致油管外壁和套管内壁的严重腐蚀。特别是在油管和油管之间、套管和套管之间的连接处，还会因存在的缝隙而加剧腐蚀。

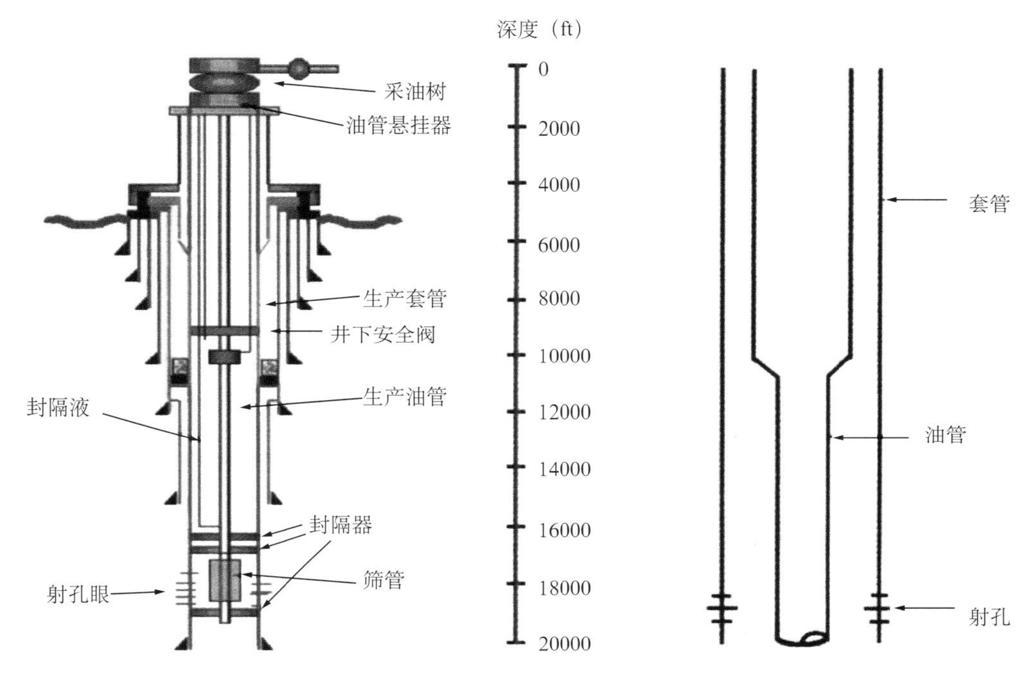

图 3–28　环形空间示意图

油套环形空间的腐蚀现象已在众多油气田发现，例如重庆气矿从 2001 年开始对卧龙河、铁山、沙罐坪、福成寨、双家坝、龙会、大池干、明北月、高峰场、沙坪场、五百梯、石宝寨等 30 口井油管腐蚀检测发现大部分井油管外壁比内壁腐蚀严重，腐蚀形式为点腐蚀、坑腐蚀和溃疡状腐蚀，腐蚀产物主要为 Fe_9S_8，部分井还有 $FeCO_3$（图 3–29）。诸如此类的腐蚀事件表明油套环形空间的腐蚀现象已经在一定程度上影响到了油气田的安全生产和经济效益。

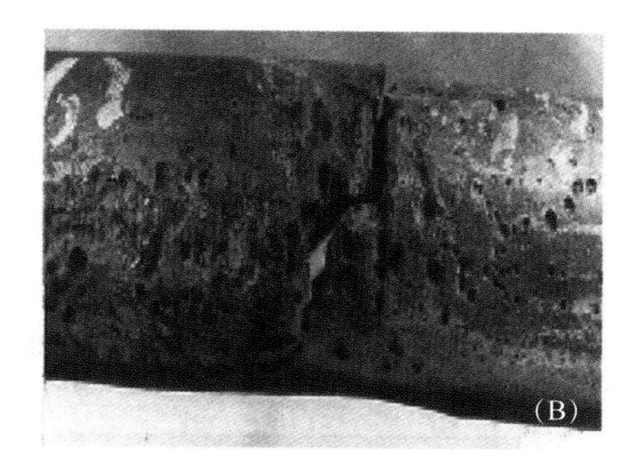

图 3–29　重庆气矿罐 3 井（A）和铁 12 井（B）油管外壁点蚀照片

长庆油田第一采气厂的资料表明，他们对靖边气田的油管腐蚀进行了系统的调查，结果发现油管外壁腐蚀严重，且在不同的深度有不同的腐蚀形态（图 3–30）。

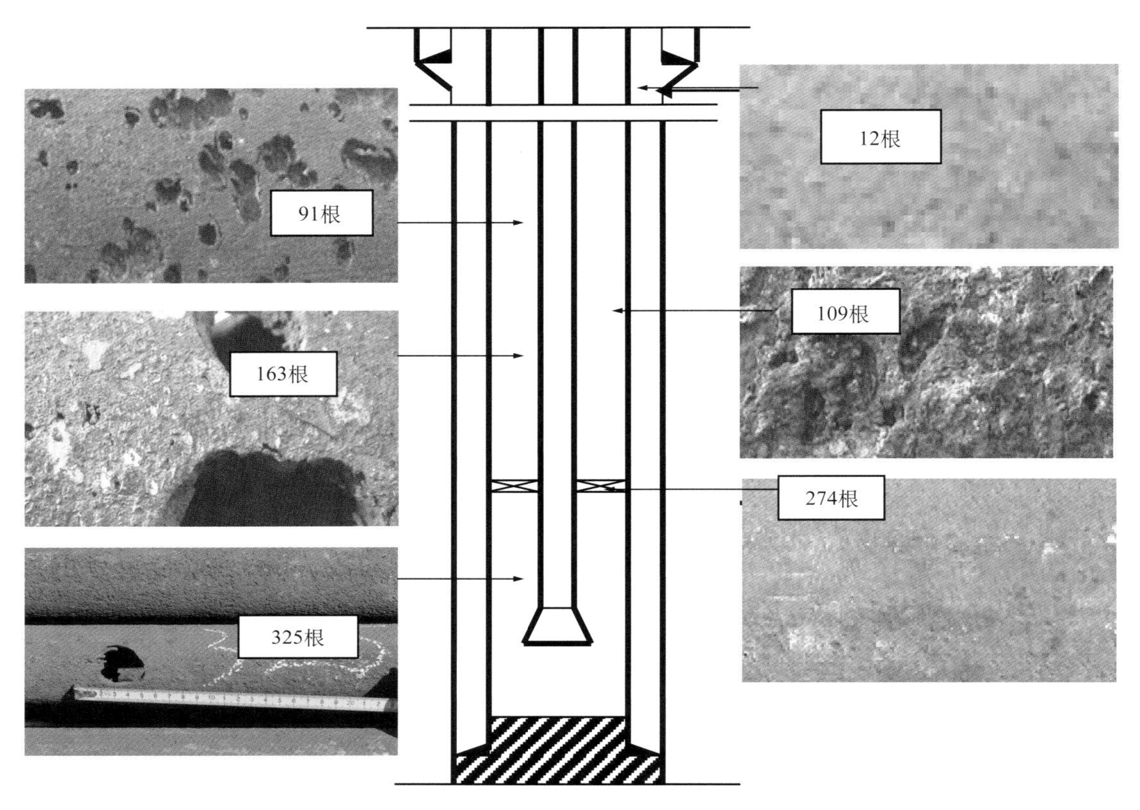

图 3–30　长庆油田靖边气田气井管柱壁外表面腐蚀形貌沿井深的变化

图 3–31 是长庆油田靖边气田某气井第 180 根油管外壁腐蚀形貌，该油管处于井深 1728m 处，温度为 76.4℃，该段油管主要为孔蚀，蚀孔由外向内发展，是典型的环形空间环境对油管外壁造成的腐蚀破坏。

图 3–31　靖边气田某气井第 180 根油管外壁腐蚀形貌（1728m，76.4℃）

环形空间油管的腐蚀可以通过对打捞出的油管进行观察并做出判断。而对套管内壁的腐蚀则无法进行直观地调查；甚至是套管穿孔破裂也没有办法了解真实情况及进行修复，这方面能提供的资料就更少了。图 3–32 和图 3–33 是某石油公司有关资料报道用专门检测仪对套管进行检测的结果。

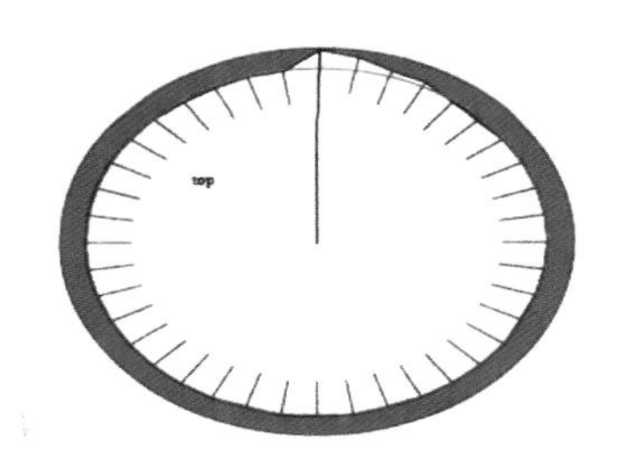

图 3–32　GX–X 井井深 1256m 处套管腐蚀截面图

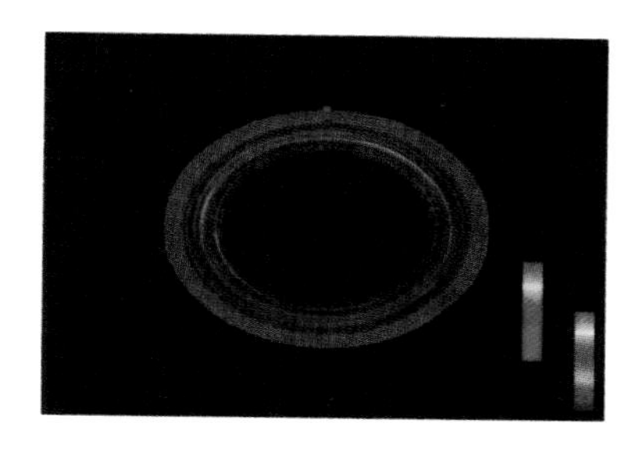

图 3–33　某井井深 3327.56m 处套管结垢增厚截面图

在单纯含 CO_2 天然气井的环形空间，处于液相部位腐蚀最为严重，气相空间的腐蚀随温度的升高而变大，以 110℃高度为最大，且随 CO_2 分压的提高而降低。

含 H_2S 的气井环形空间的腐蚀主要发生在温度为 70 ～ 110℃的高度段，腐蚀最严重的应该在温度为 70℃的高度段，且随 H_2S 分压的提高而变小。

在含有 H_2S 和 CO_2 的天然气井，环形空间的腐蚀在温度 90 ～ 110℃区间最为严重。

4. 油管内的腐蚀特征

根据正交试验得出塔中 I 号气田井下油管具有如下腐蚀特征：

（1）腐蚀条件苛刻，平均腐蚀速率和点蚀速率都比较大。

（2）P110S 材质和 P110SS 材质不具备抗均匀腐蚀和点蚀的性能。

（3）CO_2 分压为影响均匀腐蚀速率和点蚀速率的主要影响因素，在 CO_2 分压大于 2MPa 的情况下腐蚀速率增加明显。

（4）温度对腐蚀速率有一定影响，在高温条件下（130℃以上），腐蚀速率迅速下降。

（5）Cl^- 对点蚀有存在一定影响，在 Cl^- 含量大于 130g/L 时，点蚀速率有迅速增大的趋势。

（6）H_2S 分压在低浓度条件下（0.02MPa），腐蚀速率和点蚀速率比较大。

（7）在含水率大于 50% 时，水中油性液体含量对腐蚀速率的影响不大。

第二节　气田低成本防腐技术及对策

一、抗硫化物应力开裂管材评价

塔中 I 号气田在用管材中主要四种材料 P110、TP110-3Cr、TP110S、TP110SS 在模拟 CO_2/H_2S 腐蚀环境中的平均腐蚀速率相对较低，局部腐蚀发生的概率同样也很小，因此在油田的选材方面，这四种材料在模拟 CO_2、H_2S 共存时的平均腐蚀速率及局部腐蚀并不是主要影响因素，选择材料的关键是其在工作环境中抗 H_2S 应力腐蚀开裂能力。

硫化物应力开裂（SSC）的试验方法包括恒载荷试验法、弯曲梁试验法、DCB 试验法和 C 环试验法五种。这些试验均在室温及正常气压下的饱和硫化氢水溶液中进行，目前国内最常使用的是恒载荷试验法（单向拉伸法）和弯曲梁试验法（四点弯曲法或三点弯曲）。

1. 硫化物应力开裂（SSC）试验

1）恒载荷拉伸实验评价

恒载荷拉伸试验依据的标准为美国石油学会标准 API Spec 5CT—2001（石油天然气工业—油气井套管或油管用钢管）和美国腐蚀工程师协会标准 NACE TM 0177—2005（H_2S 环境中金属抗硫化物应力开裂和应力腐蚀开裂的室内试验）。

四种材料的加载应力均选取 72% 的屈服强度，故施加应力为 545.8MPa。对于抗硫管选取加载应力为 80% 及 85% 的屈服强度。将试验温度控制在 24±3℃。最长的试验周期为 720h（30d）。

表 3–18 为标准条件应力腐蚀开裂试验结果，图 3–34 为 P110、TP110–3Cr 试样经 SSC 试验后的宏观断裂照片，试样在试验过程中发生断裂，所有试样断裂部位均在有效范围之内，P110、TP110–3Cr 材料的试样未通过美国腐蚀工程师协会 NACE TM0177–2005 标准规定的抗 SSC 性能检测。图 3–35（B）为 TP110S 材料 30d 试验后试样，经过 30d 的试验，试样没有发生断裂，且试样未发生颈缩现象。TP110S 材料通过了美国腐蚀工程师协会 NACE TM0177—2005 标准规定的抗 SSC 性能检测。

表 3–18　加载 545.8MPa（72%YS_{min}）应力时试验结果

材料	试样编号	试验应力（MPa）	试验结果
P110	1#	545.8	3d 断裂
	2#	545.8	12d 断裂
	3#	545.8	13d 断裂
TP110–3Cr	1#	545.8	3d 断裂
	2#	545.8	3d 断裂
	3#	545.8	3d 断裂
TP110S	1#	545.8	通过
	2#	545.8	通过
	3#	545.8	通过

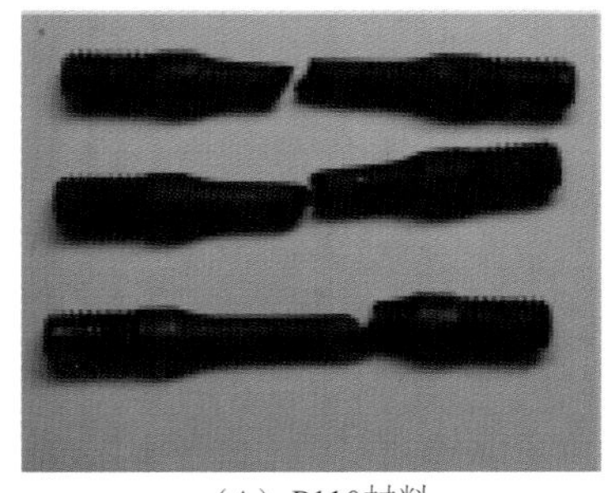
（A）P110材料

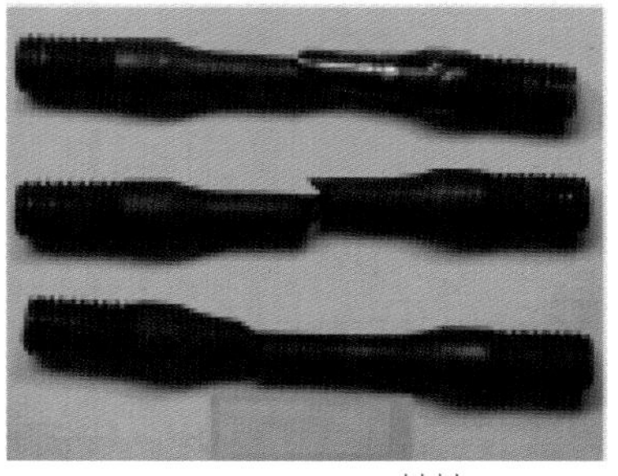
（B）TP110-3Cr材料

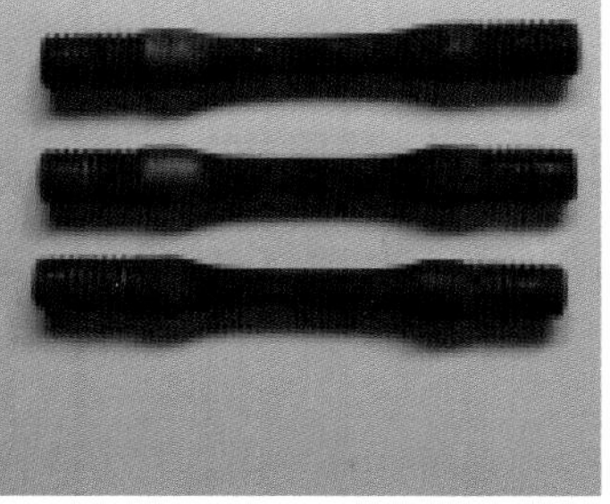
（C）TP110S材料

图 3–34　加载 545.8MPa（72%YS_{min}）应力时材料试样的宏观断裂形貌

2）弯曲梁实验评价

弯曲梁试验法依据标准美国石油学会标准 API Spec 5CT—2001（石油天然气工业—油气井套管或油管用钢管）、美国腐蚀工程师协会标准 NACE TM 0177—2005（H_2S 环境中金属抗硫化物应力开裂和应力腐蚀开裂的室内试验）和 ISO 标准 7539–2：1989（金属和合金腐蚀应力腐蚀试验第 2 部分：弯梁试样的制备和应用）四种材料加载应力选取 72%、80% 的 YS_{min}，施加应力分别为 545.8MPa、606.4MPa，将试验温度控制在 24±3℃；最长的试验周期为 720h（30d）。

表 3–19 为加载 545.8MPa（72%YS_{min}）应力时的试验结果。图 3–35 为试验结束后试样的宏观形貌。TP110–3Cr 材料的三个平行试样全部断裂，说明 TP110–3Cr 材料在加载应力为 545.8MPa 时没有通过 NACE TM0177—2005 标准规定的抗 SSC 性能检测。两种抗硫管试验结束后未出现断裂，将试样表面放大 100 倍（图 3–36），未发现明显裂纹。表明两种抗硫管通过了 NACE TM0177—2005 标准规定的抗 SSC 性能检测。

表 3–19　加载 545.8MPa（72%YS_{min}）应力时试验结果

材料	试样编号	试验应力（MPa）	试验结果
TP110–3Cr	1#	545.8	断裂
	2#	545.8	断裂
	3#	545.8	断裂
TP110S	1#	545.8	未断裂
	2#	545.8	未断裂
	3#	545.8	未断裂
TP110SS	1#	545.8	未断裂
	2#	545.8	未断裂
	3#	545.8	未断裂

（A）TP110–3Cr 材料

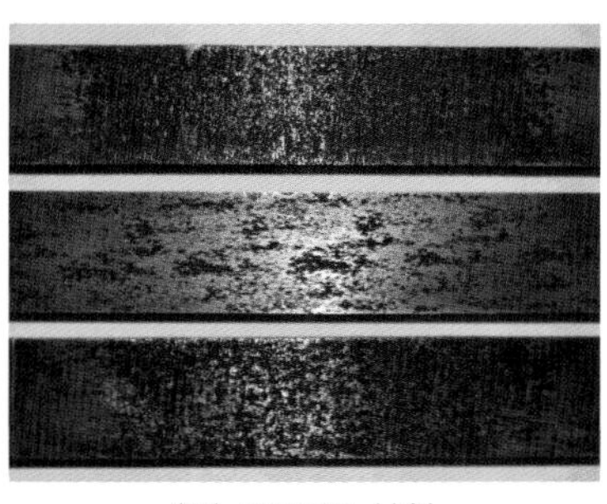

（B）TP110S 材料

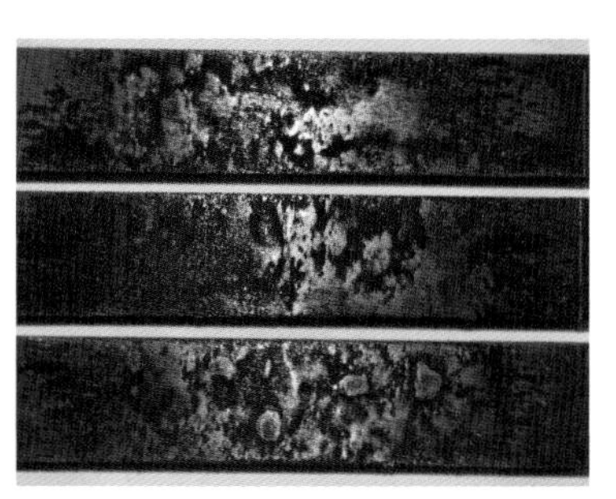

（C）TP110SS 材料

图 3–35　加载 545.8MPa 应力时材料试样的宏观形貌

表 3–20 为加载应力为 80%YS_{min} 应力时的试验结果。图 3–37 为试验结束后试样的宏观形貌。P110 材料及 TP110–3Cr 材料的三个平行试样全部断裂，说明 P110 材料和 TP110–

3Cr 材料在加载 80%YS_{min} 应力时没有通过 NACE TM0177—2005 标准规定的抗 SSC 性能检测。TP110S 材料和 TP110SS 材料的两种抗硫管在试验结束后未出现断裂，将试样表面放大 100 倍（图 3-38），未发现明显裂纹，表明 TP110S 材料和 TP110SS 材料均通过 NACE TM0177—2005 标准规定的 80%YS_{min} 应力时 SSC 性能检测。

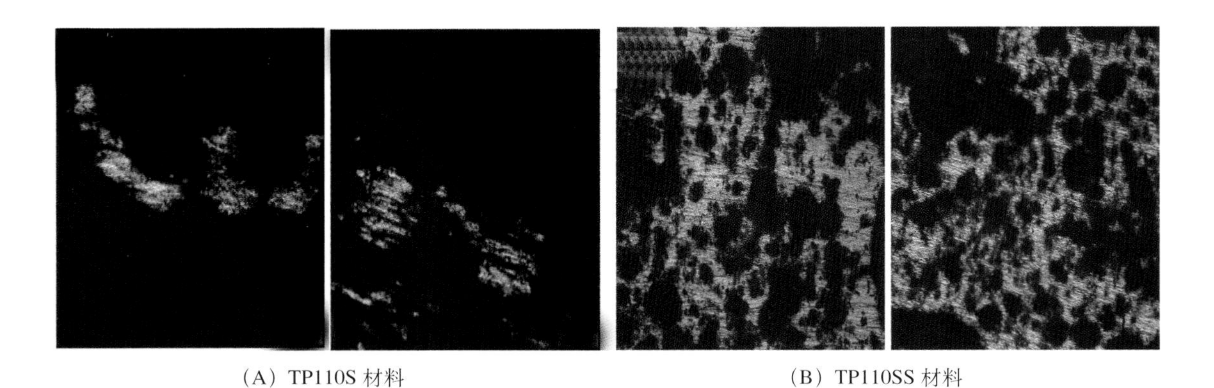

（A）TP110S 材料　　（B）TP110SS 材料

图 3-36　加载 545.8MPa 应力时材料试样的表面微观形貌（100×）

表 3-20　加载 606.4MPa（80%YS_{min}）应力时的试验结果

材料	试样编号	试验应力（MPa）	试验结果
P110	1#	606.4	断裂
	2#	606.4	断裂
	3#	606.4	断裂
TP110-3Cr	1#	606.4	断裂
	2#	606.4	断裂
	3#	606.4	断裂
TP110S	1#	606.4	未断裂
	2#	606.4	未断裂
	3#	606.4	未断裂
TP110SS	1#	606.4	未断裂
	2#	606.4	未断裂
	3#	606.4	未断裂

表 3-21 为 TP110SS 材料加载 644.3MPa（85%YS_{min}）应力时的 SSC 试验结果。图 3-39 为试验结束后试样的宏观形貌。可见，试验结束后，试样未出现断裂，将试样表面放大 100

倍（图 3–40），未发现明显裂纹，表明 TP110SS 材料通过了 NACE TM0177—2005 标准规定的加载 85%YSmin 应力的抗 SSC 性能检测。

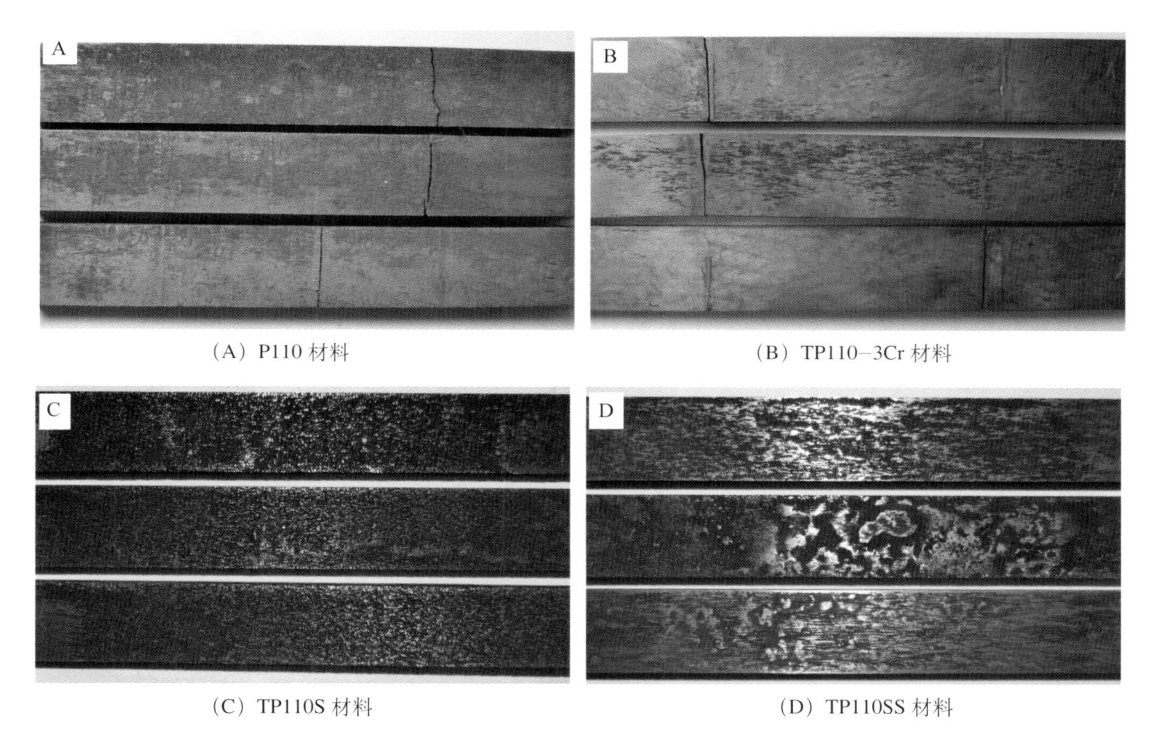

（A）P110 材料　　（B）TP110–3Cr 材料

（C）TP110S 材料　　（D）TP110SS 材料

图 3–37　加载 606.4MPa（80%YS_{min}）应力时材料试样的宏观形貌

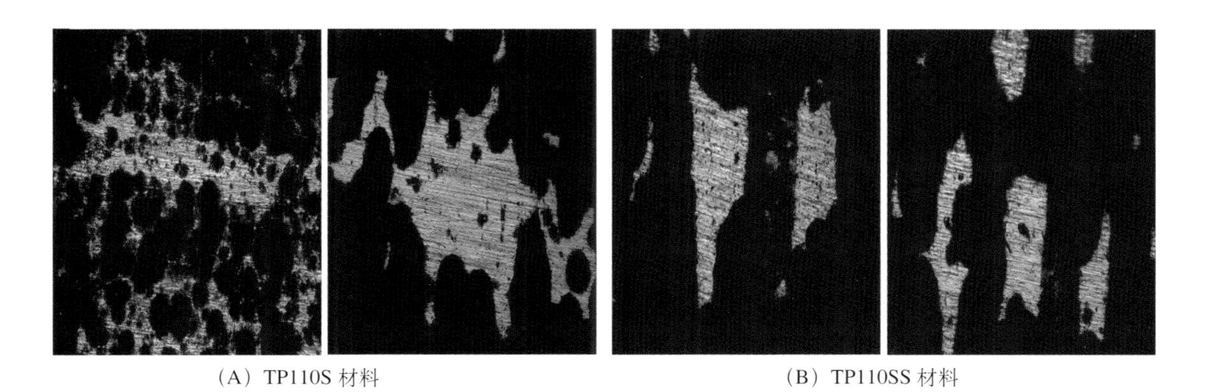

（A）TP110S 材料　　（B）TP110SS 材料

图 3–38　加载 545.8MPa（72%YS_{min}）应力时材料试样的微观形貌（100×）

表 3–21　加载 644.3MPa（85%YS_{min}）应力的试验结果

材料	试样编号	试验应力（MPa）	试验结果
TP110SS	1#	644.3	未断裂
TP110SS	2#	644.3	未断裂
	3#	644.3	未断裂

图 3–39　加载 644.3MPa（85%YSmin）应力时 TP110SS 材料试样的宏观形貌

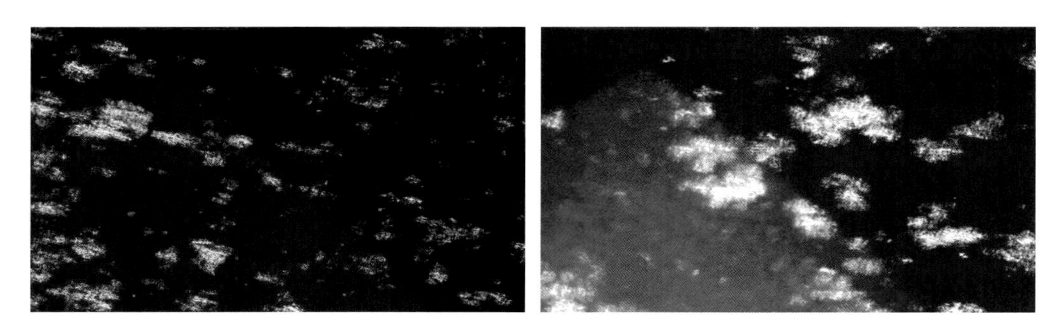

图 3–40　加载 644.3MPa（85%YS_{min}）应力时 TP110SS 材料试样的微观形貌（100×）

2. 高温、高压应力腐蚀开裂试验

对 P110、TP110–3Cr、TP110S、TP110SS 进行高温、高压条件下的应力腐蚀开裂性能检测，具体试验条件见表 3–22。

表 3–22　高温、高压应力腐蚀模拟环境的试验条件

H_2S 分压（MPa）	1.4
CO_2 分压（MPa）	3.0
介质（mg/L）	K^++Na+：30053；Mg^{2+}：613.87；Ca^{2+}：11716.33； Cl^-：69456.32；SO_4^{2-}：784.36；HCO_3^-：540.09
材料	天钢：P110、TP110–3Cr、TP110S、TP110SS
温度（℃）	140
流速（m/s）	静态
试验时间（h）	720

图 3–41 为 P110 钢在该模拟环境下试验结束后试样的微观形貌，可见，试样放大 100 倍后，1#、3# 样未发现有微观裂纹出现，但 2# 样出现垂直于张应力方向的微裂纹。

（A）1# 样　　（B）2# 样　　（C）3# 样

图 3–41　加载 545.8MPa（72%YS_{min}）应力时 P110 的微观形貌

图 3–42 为 TP110–3Cr 钢在该模拟环境下试验结束后试样的微观形貌，可见，试样放大 100 倍后，1# 试样出现垂直于张应力方向的微裂纹，2# 和 3# 试样未发现微裂纹。

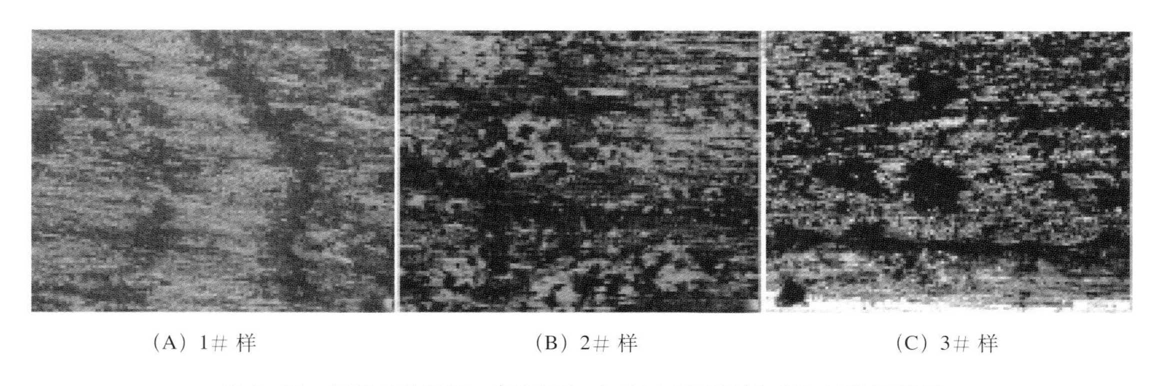

（A）1# 样　　（B）2# 样　　（C）3# 样

图 3–42　加载 545.8MPa（72%YS_{min}）应力时 TP110–3Cr 的微观形貌

图 3–43 为 TP110S 钢在该模拟环境下试验结束后试样的微观形貌，可见，试样放大 100 倍后，3 个试样表面均未出现微裂纹。

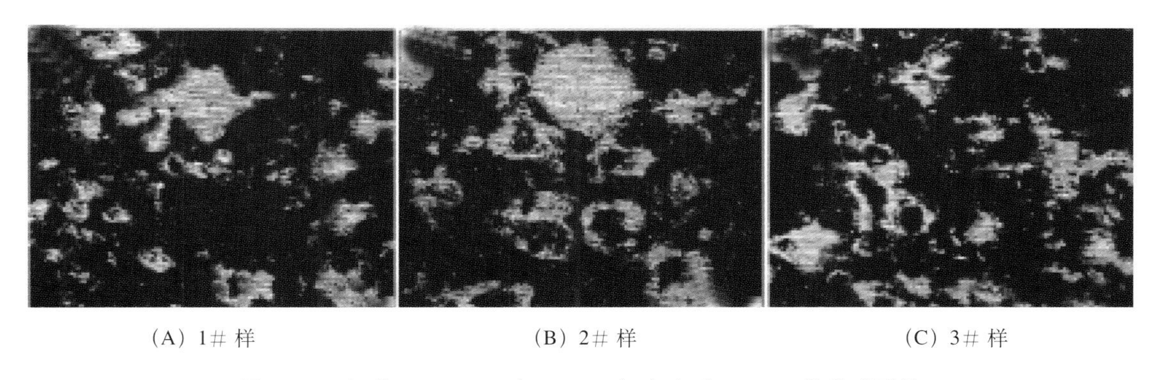

（A）1# 样　　（B）2# 样　　（C）3# 样

图 3–43　加载 545.8MPa（72%YS_{min}）应力时 TP110S 的微观形貌

图 3–44 为 TP110SS 钢在该模拟环境下试验结束后试样的微观形貌，可见，试样放大 100 倍后，三个试样表面均未出现微裂纹。

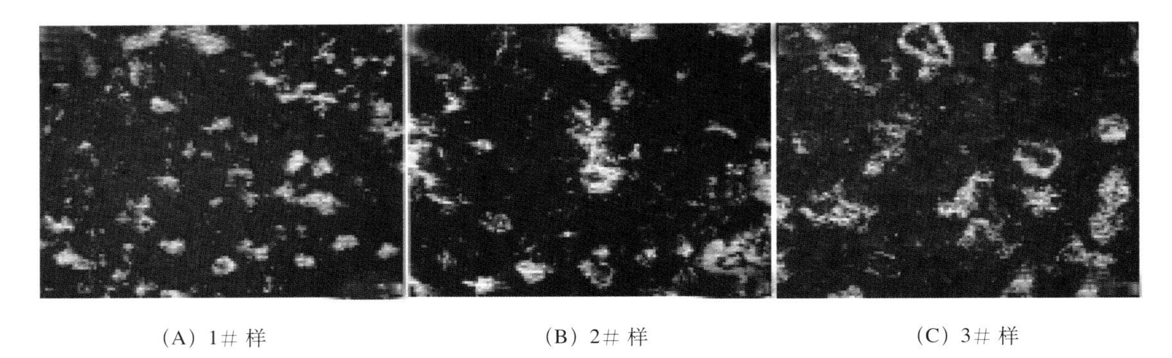

(A) 1# 样　　(B) 2# 样　　(C) 3# 样

图 3–44　加载 545.8MPa（72%YS_{min}）应力时 TP110SS 的微观形貌

总结上述结果可知，TP110S 钢和 TP110SS 钢均通过了 NACE MR0175/ISO15156–2：2003 标准规定的在模拟环境中加载 72%YS_{min} 应力时的抗 SSC 性能检测。

3. 小结

1）结果分析

标准条件下所有材料试验结果（表 3–23）显示：TP110 钢和 TP110–3Cr 钢均未通过 NACE 0177—2005 标准规定的加载 72% 及 80%YS_{min} 的应力腐蚀开裂性能检测，TP110S 通过了 NACE 0177—2005 标准规定的加载 80%YS_{min} 的应力腐蚀开裂性能检测，TP110SS 通过了 NACE 0177—2005 标准规定的加载 80% 和 85%YS_{min} 的应力腐蚀开裂性能检测。

表 3–23　常温条件下应力腐蚀检测的试验结果

材料 / 规格	加载应力（MPa）/（%）	试验结果	备注
TP110	545.8 /（72%YS_{min}）	未通过	一般套管材料
	606.4 /（80%YS_{min}）	未通过	
TP110–3Cr	545.8 /（72%YS_{min}）	未通过	抗 CO_2 腐蚀套管
	606.4 /（80%YS_{min}）	未通过	
TP110S	545.8 /（72%YS_{min}）	通过	抗硫管
	606.4 /（80%YS_{min}）	通过	
TP110SS	545.8 /（72%YS_{min}）	通过	
	606.4 /（80%YS_{min}）	通过	
	644.3 /（85%YS_{min}）	通过	

模拟现场高温、高压条件下的应力腐蚀开裂的检测结果统计见表 3–24。由表可知，TP110S 钢和 TP110SS 钢均通过了 NACE MR0175/ISO15156–2：2003 标准规定的在模拟环境中加载 72%YS_{min} 应力时的抗 SSC 性能检测。

表 3-24　高温、高压条件下应力腐蚀检测的试验结果

材料 / 规格	加载应力（MPa）/（%）	试验结果	备注
TP110	545.8 /（72%YS_{min}）	未通过	一般套管材料
TP110-3Cr	545.8 /（72%YS_{min}）	未通过	抗 CO_2 腐蚀套管
TP110S	545.8 /（72%YS_{min}）	通过	抗硫管
TP110SS	545.8 /（72%YS_{min}）	通过	

2）结论

（1）在塔中Ⅰ号气田环境中，P110 钢及 TP110-3Cr 钢虽然腐蚀速率较小，但由于该环境属于酸性环境，P110 钢及 TP110-3Cr 钢不能通过 NACE 0177—2005 标准规定的常温条件下的抗 SSC 性能检测和 NACE MR0175/ISO15156-2：2003 标准规定的在模拟环境中的抗 SSC 性能检测，所以这两种材料不能作为塔中Ⅰ号气田环境中的套管材料。

（2）在塔中Ⅰ号气田环境中，TP110S 钢及 TP110SS 钢平均腐蚀速率较小，没有明显的局部腐蚀发生，并且可以通过 NACE 0177—2005 标准规定的常温条件下的抗 SSC 性能检测和 NACE MR0175/ISO15156-2：2003 标准规定的在模拟环境中的抗 SSC 性能检测，可作为塔中Ⅰ号气田环境中的套管材料。

二、井筒缓蚀剂

1. 缓蚀剂初选

1）初选实验条件

模拟水介质，pH 值为 6，温度 90℃，试验时间 96h，试片材质 P110 钢，缓蚀剂加量 100mg/L。

2）缓蚀剂初步评价

收集缓蚀剂样品 22 种开展初步评价筛选，筛选结果见表 3-25。

表 3-25　不同缓蚀剂对 P110 钢油管的缓蚀效果评价

实验序号	缓蚀剂名称	钢片失重（g）	腐蚀速率（mm/a）	缓蚀率（%）
0	—	0.0381	0.431	—
1	HG	0.0019	0.022	95.01
2	MY-80HZ	0.0089	0.101	76.64
3	A-10	0.0099	0.112	74.01
4	A-9	0.0099	0.112	74.01
5	MY-80ZS	0.0109	0.123	71.39
6	A-7	0.0115	0.130	69.82
7	A-4	0.0117	0.132	69.29
8	KZ	0.0118	0.133	69.03

续表

实验序号	缓蚀剂名称	钢片失重（g）	腐蚀速率（mm/a）	缓蚀率（%）
9	MY－80BHH	0.0121	0.137	68.24
10	A－5	0.0122	0.138	67.98
11	A－3	0.0128	0.145	66.40
12	A－6	0.0152	0.1726	60.10
13	YJ	0.0158	0.178	58.53
14	FX	0.0159	0.179	58.27
15	A－8	0.0161	0.182	57.74
16	A－2	0.0164	0.185	56.95
17	MY－80N	0.0166	0.1875	56.43
18	GH	0.0169	0.191	55.64
19	XD	0.0169	0.191	55.64
20	MY－871GX	0.0171	0.193	55.12
21	A－1	0.018	0.2033	52.76
22	SL	0.0189	0.213	50.39

由表 3–25 中的数据可知，所评价的 22 个缓蚀剂样品中，只有 HG、MY－80HZ、A－10、A－9 、MY－80ZS 此 5 种缓蚀剂对 P110 在模拟地层水介质中的腐蚀具有较好的缓蚀效果，可将腐蚀速率控制在 0.125mm/a 内，缓蚀率均高于 70%。其中 HG 缓蚀剂的效果最好，此时 P110 钢腐蚀速率仅为 0.022mm/a，远小于 0.076mm/a；但 MY－80HZ、A－10、A－9 、MY－80ZS 等缓蚀效果相对较差，此时 P110 钢腐蚀速率仍大于 0.076mm/a。进一步分析 22 种缓蚀剂缓蚀实验现象发现，在腐蚀实验挂片容器壁和底部存在明显的垢状物质，即模拟地层水结垢（这与地层水中存在大量钙、钡、锶及硫酸根离子相吻合）可能影响缓蚀剂效能发挥。

3）缓蚀剂优化复配

选取缓蚀剂初选性能较优的 5 种缓蚀剂进行彼此间复配或添加阻垢剂复配实验，以期提高缓蚀剂配方体系缓蚀率或消除模拟地层水结垢对缓蚀剂缓蚀效果的影响，具体实验结果见表 3–26。

表 3–26　缓蚀剂间复配或添加阻垢剂后对 P110 钢管材缓蚀效果（缓蚀剂总加量 100mg/L）

实验编号	样品代号	缓蚀剂配方体系与加量	钢片失重（g）	腐蚀速率（mm/a）	缓蚀率（%）
0		空白	0.0381	0.431	—
1	HG－1	HG ：阻垢剂 Y－1 ＝ 85 ： 15（100mg/L）	0.0012	0.014	96.85
2	MY－1	MY－80HZ（70mg/L）＋阻垢剂 Y－1（30mg/L）	0.0026	0.029	93.17

续表

实验编号	样品代号	缓蚀剂配方体系与加量	钢片失重(g)	腐蚀速率(mm/a)	缓蚀率(%)
3	MY-2	MY-80ZS（70mg/L）：阻垢剂 Y-2（30mg/L）	0.0027	0.030	93.04
4	HG-2	HG ：A-9 = 1 ：1（100mg/L）	0.003	0.033	92.12
5	HG-3	HG ：MY-80HZ = 1 ：1（100mg/L）	0.0037	0.042	90.28
6	MY-3	MY-80HZ（50mg/L）+MY-80ZS（50mg/L）	0.0043	0.048	88.71
7	YU	A-10 ：吐温 ：KI ：HG = 50 ：24 ：1 ：25（100mg/L）	0.0061	0.068	83.98
8	HG-4	HG ：MY-80ZS = 1 ：1（100mg/L）	0.0069	0.078	81.88

由表 3-26 中的数据可知，经过缓蚀剂和阻垢剂复配或缓蚀剂之间相互复配，极大地提高了缓蚀剂的缓蚀剂性能，其复配体系大部分能有效地将模拟地层水对 P110 钢腐蚀速率控制在 0.076mm/a 以内。其中 HG-1、MY-1、MY-2 缓蚀剂的效果最好，其缓蚀率高达 93%，此时管材的腐蚀速率均不大于 0.03mm/a。即使是复配缓蚀剂体系 HG-1 仍比相同加量（100mg/L）HG 的缓蚀率高出了 1.8%，此时腐蚀速率已控制于 0.014mm/a。下面将进一步评价上述 3 种复配缓蚀剂在含 CO_2 或 CO_2/H_2S 模拟地层水中对井筒管材（P110 钢、P110S 钢、P110SS 钢）的缓蚀效果。

2. 抗 CO_2 腐蚀用井筒缓蚀剂

塔中 I 号气田井筒腐蚀主要分为 CO_2 腐蚀和以 H_2S 为主的腐蚀，其中 TZ822 井、TZ721 井和 TZ828 井为 CO_2 腐蚀类型；TZ83 井、TZ823 井、TZ621 井等 14 口井则为以 H_2S 为主导 CO_2/H_2S 腐蚀类型。本部分主要研究 CO_2 对井筒管材的腐蚀规律与程度，并据此开展相关缓蚀剂的筛选与复配。

1）缓蚀剂在管材 CO_2 腐蚀“短板效应”温度点缓蚀性能研究

在 90℃下评价 3 种复配缓蚀剂（MY-1、MY-2、HG-1）对井下管材腐蚀的控制能力。实验条件：总压 p = 6 MPa，p_{CO_2} = 4.64MPa，腐蚀介质为 CO_2 模拟地层水，药剂加量 200mg/L；实验管材 P110SS 钢，评价结果见表 3-27 和图 3-45。

由表 3-27 和图 3-45 可知，在管材二氧化碳腐蚀“短板效应”温度点，3 种缓蚀剂对 P110SS 钢管材的缓蚀率均不小于 89%，说明其对液相二氧化碳腐蚀均具有较好的控制能力；但三种缓蚀剂对 TPSS 腐蚀速率控制能力差别较大，其中 MY-1 缓蚀剂性能最优，能将管材腐蚀速率控制在 0.081mm/a，略高于 0.076mm/a；而 MY-2 和 HG-1 缓蚀剂对管材腐蚀速率的拟制相对较差，如加入 MY-2 缓蚀剂后管材腐蚀速率仍高达 0.365mm/a。

表 3-27　温度为 90℃时下不同缓蚀剂对 P110SS 钢管材缓蚀防腐效果

缓蚀剂种类	钢片初重（g）	钢片末重（g）	钢片失重（g）	液相腐蚀速率（mm/a）	缓蚀率（%）
HG-1	11.3488	11.3432	0.0056	0.189	94.5
MY-1	11.3503	11.3479	0.0024	0.081	97.6
MY-2	11.3564	11.3456	0.0108	0.365	89.3

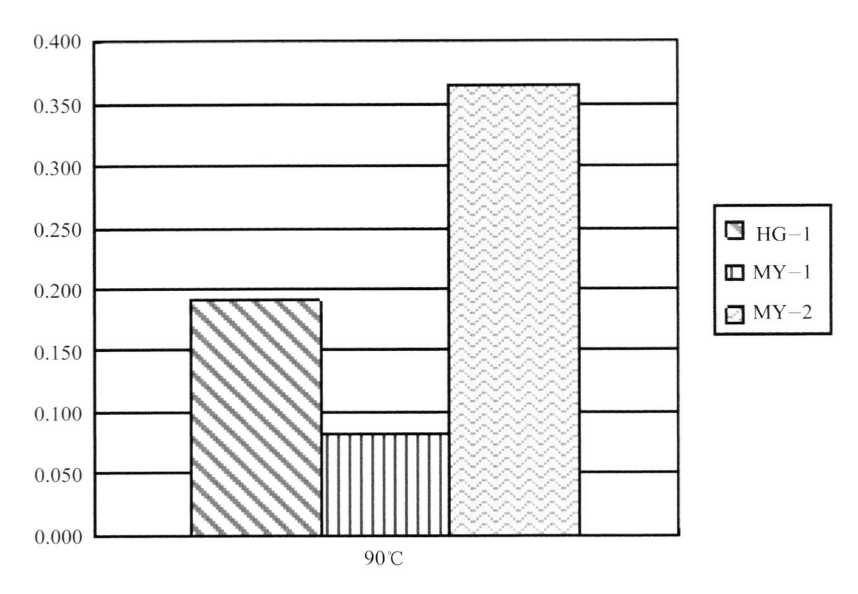

图 3−45 温度为 90℃时，不同缓蚀剂对 P110SS 钢管材腐蚀速率控制对比

2）温度变化对缓蚀剂性能的影响

缓蚀剂性能表现是多因素影响的结果：一方面，温度能影响腐蚀产物膜的生成及致密程度，从而影响到管材钢片试件的腐蚀速率；另一方面，温度过高可能会影响缓蚀剂分子在钢片试件表面的吸附性能，从而影响缓蚀剂的缓蚀效率。因此研究了温度变化对缓蚀剂 MY−1 缓蚀性能的影响，有关评价实验结果见表 3−28。

由表 3−28 中数据可知：添加 MY−1 缓蚀剂后，在所实验的温度范围内，P110SS 钢管材试件的腐蚀速率相对于未加药时显著下降，缓蚀率均达到 93% 以上。说明 MY−1 缓蚀剂对 P110SS 钢管材在含 CO_2 液相中的腐蚀具有较好的抑制效果。但仔细分析图 3−45 可发现，温度升高，MY−1 缓蚀剂对 P110SS 钢管材腐蚀控制能力下降，尤其是当温度高于 90℃后，如达到 120℃时，其缓蚀率明显下降，由 90℃时的 97.6% 下降至 93.2%。

表 3−28 温度变化对 MY−1 缓蚀剂缓蚀效果的影响

温度（℃）	药剂加量（mg/L）	钢片初重（g）	钢片末重（g）	钢片失重（g）	腐蚀速率（mm/a）	缓蚀率（%）
60	200	11.3661	11.3615	0.0022	0.074	97.9
90	200	11.3503	11.3479	0.0024	0.081	97.6
120	200	11.3622	11.3543	0.0079	0.267	93.2

以上研究表明，在 MY−1 缓蚀剂加量为 200mg/L 时，能将 60℃和 90℃时 P110SS 钢的腐蚀速率控制在 0.076mm/a 左右，但温度达到 120℃时 MY−1 缓蚀剂对其腐蚀速率控制与行业标准还有一定差距，需进一步对 MY−1 缓蚀剂进行复配以加强其高温条件下的缓蚀性能。如将 MY−1 缓蚀剂和实验室合成的抗温性能较好的改性含 N 杂环缓蚀剂复配为 YU−1 缓蚀剂，并将其用于后面高温条件下 CO_2 缓蚀剂腐蚀环境下气 / 液相腐蚀防腐评价中。

3）缓蚀剂气 / 液相缓蚀性能对比研究

管材在 CO_2 气相腐蚀介质中的腐蚀速率明显低于其在相同分压下液相的腐蚀速率，但适合于液相腐蚀控制的缓蚀剂能否满足气相腐蚀防护的要求尚未可知。在温度为 120℃条件下开展了 YU–1 缓蚀剂对 P110SS 钢管材气 / 液相腐蚀防护能力的评价工作。实验条件为 p_{CO_2} = 4.64MPa，T = 120℃，缓蚀剂加量 300mg/L，腐蚀周期 96h，管材为 P110SS 钢，评价结果见表 3–29 和图 3–46。

表 3–29　YU–1 缓蚀剂对气 / 液相腐蚀速率控制实验结果

腐蚀介质	钢片初重（g）	钢片余重（g）	钢片失重（g）	钢片平均失重（g）	腐蚀速率（mm/a）
液相	11.3579	11.3557	0.0022	0.00215	0.073
	11.3499	11.3478	0.0021		
气相	11.4075	11.4073	0.0002	0.00025	0.008
	11.4053	11.405	0.0003		

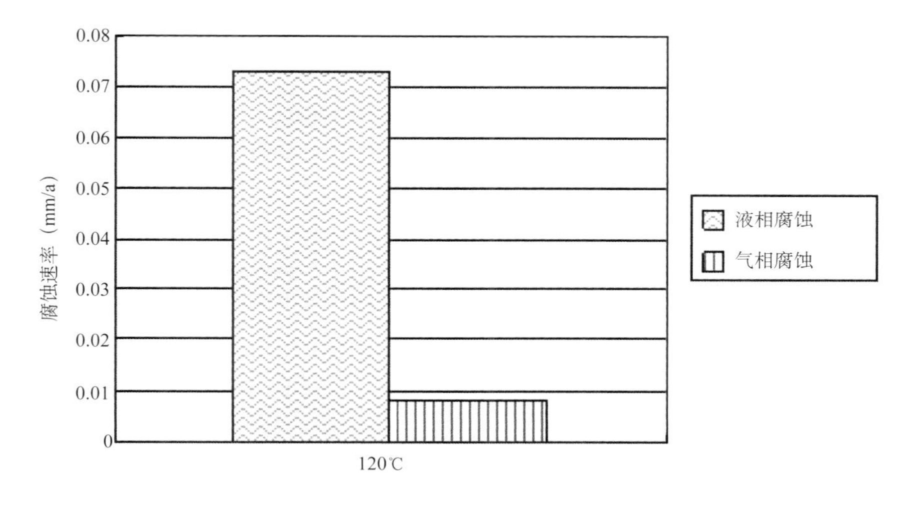

图 3–46　YU–1 缓蚀剂对气液相腐蚀控制效果对比图

由表 3–29 和图 3–46 可知，YU–1 缓蚀剂对 P110SS 钢在气 / 液相中的腐蚀均具有优良的缓蚀效果。当缓蚀剂加量为 300mg/L 时，能将 T = 120℃、p_{CO_2} = 4.64MPa 时其气 / 液相腐蚀速率均控制在 0.076mm/a 以内；即 YU–1 缓蚀剂既可满足液相防腐需要，又能胜任气相腐蚀防腐所需。对比 YU–1 缓蚀剂对气 / 液相腐蚀速率控制效果发现，气相腐蚀速率明显低于液相腐蚀速率，前者约为后者的 1/9。因此满足液相腐蚀控制的缓蚀剂亦能满足同等腐蚀环境下气相腐蚀防护要求，故后续缓蚀剂筛选评价工作均只针对液相环境展开。

4）TZ822 井 CO_2 腐蚀井筒缓蚀剂的确定

为解决 TZ822 井井筒 CO_2 腐蚀问题，在模拟 TZ822 井井筒腐蚀环境下对 YU–1 缓蚀剂进行了评价实验，实验条件及评价结果见表 3–30 和表 3–31。

表 3-30 YU-1 缓蚀剂在模拟 TZ822 井井筒腐蚀环境下的评价结果（流速 3m/s）

管材型号	缓蚀剂加量（mg/L）	腐蚀速率（mm/a）	温度（℃）	腐蚀时间（h）	CO_2 分压（MPa）
P110	80	0.045	60	24	0.08
	80	0.058	90		
	80	0.135	120		
P110S	80	0.055	60	24	0.08
	80	0.064	90		
	80	0.144	120		
P110SS	80	0.059	60	24	0.08
	80	0.067	90		
	80	0.153	120		

由表 3-30 和表 3-31 可知：YU-1 缓蚀剂控制的管材腐蚀速率均随着温度的升高而腐蚀速率逐渐升高，YU-1 缓蚀剂加药量 80mg/L（按产出液计），在温度分别为 60℃、90℃的条件下，3 种管材（P110 钢、P110S 钢、P110SS 钢）腐蚀速率均小于 0.076mm/a，温度为 120℃时，腐蚀速率均大于 0.076mm/a；YU-1 缓蚀剂加量为 120mg/L（按产出液计），96h 时的评价结果表明，YU-1 缓蚀剂能将 3 种管材（P110 钢、P110S 钢、P110SS 钢）在温度为 120℃条件下的腐蚀速率均控制在 0.076mm/a 以内。YU-1 缓蚀剂可满足 TZ822 井井筒 CO_2 腐蚀防护的要求。

表 3-31 YU-1 缓蚀剂在模拟 TZ822 井井筒腐蚀环境下的评价结果（流速 3m/s）

管材型号	缓蚀剂加量（mg/L）	腐蚀速率（mm/a）	温度（℃）	腐蚀时间（h）	CO_2 分压（MPa）
P110	120	0.038	120	96	0.08
P110S	120	0.046	120	96	0.08
P110SS	120	0.055	120	96	0.08

5）其他 CO_2 腐蚀井井筒缓蚀剂确定

塔中 I 号气田三井区中 TZ822 井、TZ828 井和 TZ721 井为不同程度的 CO_2 腐蚀。YU-1 缓蚀剂加量为 120 ~ 300mg/L 时，能将 CO_2 分压为 0.08 ~ 4.64MPa 时 P110SS 钢管材的腐蚀速率控制在 0.055 ~ 0.073mm/a 之间（小于 0.076mm/a）。显然，当 YU-1 缓蚀剂加量为 120 ~ 300mg/L 时，亦能有效控制 TZ828 井（p_{CO_2} = 1.07MPa）、TZ721 井（p_{CO_2} = 1.43MPa）所发生的 CO_2 腐蚀。

3. 抗 CO_2/H_2S 腐蚀用井筒缓蚀剂

本部分将着重探讨 TZ83 井等 14 口井的 H_2S/CO_2 共同影响、硫化氢为主的腐蚀问题，并开展抗 H_2S/CO_2 腐蚀用缓蚀剂的筛选研究工作。

1）缓蚀剂在管材 H_2S/CO_2 腐蚀“短板效应”温度点缓蚀性能研究

在模拟 TZ83 井井筒腐蚀环境下（最苛刻的腐蚀环境），选用抗 H_2S/CO_2 腐蚀最差的

P110 钢管材对 MY−1、MY−2 和 HG−1 缓蚀剂的缓蚀性能进行了评价；实验评价结果见表 3−32 和图 3−47。

表 3−32　温度为 90℃时不同缓蚀剂配方对井下管材 P110 钢防 CO_2/H_2S 腐蚀效果

缓蚀剂种类	药剂加量（mg/L）	腐蚀周期（h）	液相腐蚀速率（mm/a）	缓蚀率（%）
HG−1	200	96	0.198	92.83
MY−1	200	96	0.186	93.26
MY−2	200	96	0.208	91.43

由表 3−32 和图 3−47 可知，在实验条件下，3 种复配缓蚀剂 HG−1、MY−1、MY−2 均对 P110 钢在含 H_2S/CO_2 模拟地层水中的腐蚀具有较好的抑制作用。当缓蚀剂加量为 200mg/L 时，以上 3 种缓蚀剂缓蚀率均达到 91% 以上，其缓蚀性能优劣顺序为 MY−1 优于 HG−1 优于 MY−2。分析 3 种缓蚀剂对 P110 钢管材腐蚀速率控制数据发现，加入 3 种缓蚀剂后管材腐蚀速率仍然较高，需对其进行复配和进一步增大用量，以期将管材 P110 钢的腐蚀速率控制在 0.076mm/a 以内。

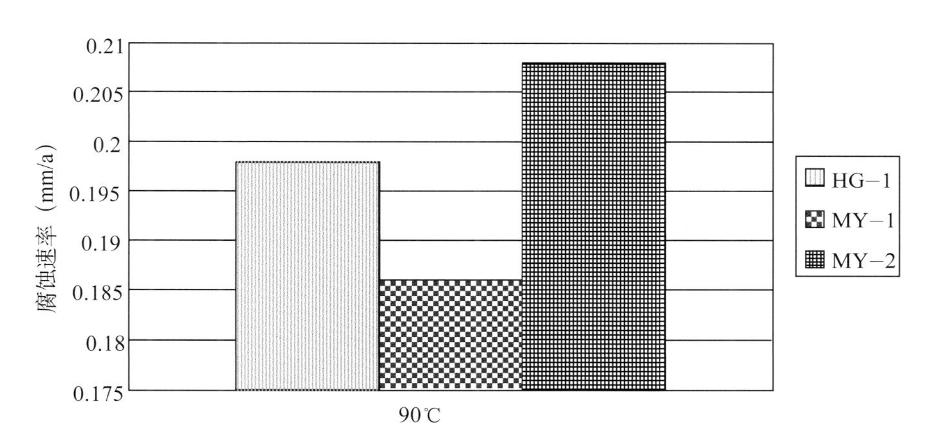

图 3−47　温度为 90℃时，不同缓蚀剂对 P110 钢管材腐蚀速率控制对比图

为解决 MY−1、MY−2、HG−1 3 种复配缓蚀剂缓蚀剂在 90℃腐蚀速率控制不达标的问题，并改善缓蚀剂在高温环境下在钢片试件表面的解吸或高温降解，将 MY−1、HG−1 缓蚀剂与实验室合成的抗温性较好的含 N 杂环季铵盐进行复配，得到 YU−4 复配缓蚀剂。将 YU−4 复配缓蚀剂在 P110 钢管材腐蚀“短板效应”温度点进行了缓蚀性能评价，YU−4 缓蚀剂加量为 500mg/L，实验评价结果见表 3−33。

表 3−33　YU−4 缓蚀剂在温度为 90℃时对三种管材腐蚀速率控制情况

管材型号	钢片初重（g）	钢片余重（g）	钢片失重（g）	平均失重（g）	腐蚀速率（mm/a）
P110	11.3219	11.3141	0.0078	0.0075	0.063
	11.3245	11.3173	0.0072		

续表

管材型号	钢片初重（g）	钢片余重（g）	钢片失重（g）	平均失重（g）	腐蚀速率（mm/a）
P110S	11.3088	11.3027	0.0061	0.00645	0.055
	11.3146	11.3078	0.0068		
P110SS	11.3965	11.3898	0.0067	0.0072	0.061
	11.3628	11.3551	0.0077		

由表3–33可知，经过进一步复配得到的缓蚀剂YU–4在管材H_2S/CO_2腐蚀的“短板效应”温度点具有良好的缓蚀性能。当缓蚀剂加量为500mg/L时，能将3种管材的腐蚀速率均控制在0.076mm/a以内。在YU–4缓蚀剂的控制下，不同管材腐蚀速率大小顺序为P110S钢小于P110SS钢小于P110。

2）抗CO_2/H_2S腐蚀井筒用缓蚀剂确定

（1）TZ83井井筒用缓蚀剂确定。

在模拟TZ83井腐蚀介质的环境下考察了相同加量200mg/L（按产出液计）时，不同温度条件下YU–4复配缓蚀剂对P110管材的缓蚀效果，实验评价结果见表3–34、表3–35及图3–48。

表3–34　温度为60℃时YU–4缓蚀剂对三种管材腐蚀速率控制结果

管材型号	钢片初重（g）	钢片余重（g）	钢片失重（g）	钢片平均失重（g）	腐蚀速率（mm/a）
P110	11.3228	11.3167	0.0061	0.00635	0.054
	11.3259	11.3193	0.0066		
P110S	11.3185	11.3135	0.0050	0.00480	0.041
	11.3144	11.3098	0.0046		
P110SS	11.3335	11.3282	0.0053	0.00585	0.049
	11.3612	11.3548	0.0064		

表3–35　温度为120℃时YU–4缓蚀剂对三种管材腐蚀速率控制结果

管材型号	钢片初重（g）	钢片余重（g）	钢片失重（g）	钢片平均失重（g）	腐蚀速率（mm/a）
P110	11.3212	11.3131	0.0081	0.00885	0.075
	11.3319	11.3223	0.0096		
P110S	11.3028	11.2951	0.0077	0.00775	0.066
	11.3113	11.3035	0.0078		
P110SS	11.3363	11.3286	0.0077	0.00805	0.068
	11.3622	11.3538	0.0084		

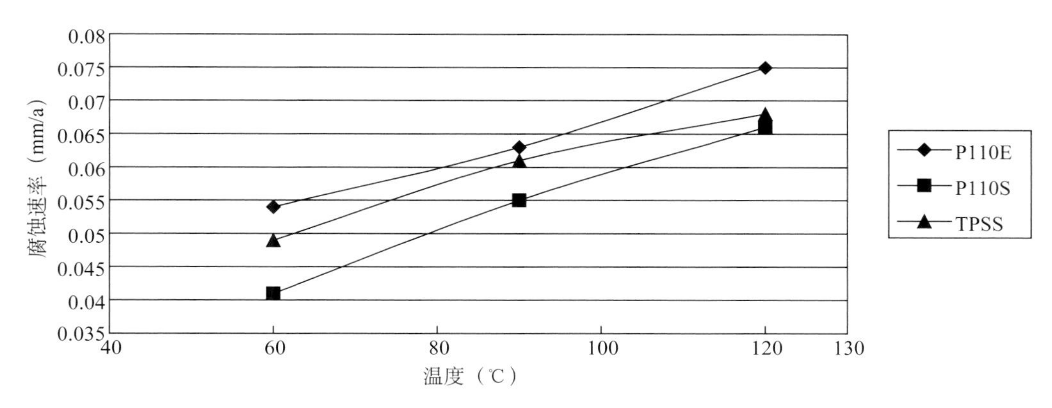

图 3–48　温度对 YU–4 缓蚀剂腐蚀速率控制影响曲线（TZ83 井井筒腐蚀环境）

实验表明当 YU–4 缓蚀剂加量为 200mg/L 时，其可将三种管材（P110、P110S、P110SS）在温度分别为 60℃和 120℃的腐蚀速率控制在 0.076mm/a 以内。结合图 3–48 分析可知，在 YU–4 缓蚀剂控制下，3 种型号管材的腐蚀速率随温度升高均呈上升趋势，且在温度为 120℃时管材的腐蚀速率最高；但总体看来，在实验条件下，该缓蚀剂加量为 200mg/L 时，已能满足 TZ83 井井筒这种苛刻腐蚀条件的防护需要。尤其是当该井井筒管材均选用抗硫管材时，其与 YU–4 复配缓蚀剂相配合，可更好地满足 TZ83 井这种苛刻腐蚀环境的油气开采需要。

（2）TZ62–3 井井筒用缓蚀剂确定。

在模拟 TZ62–3 井井筒腐蚀环境下就 YU–4 复配缓蚀剂对 3 种井筒管材进行了缓蚀性能评价。YU–4 复配缓蚀剂的加量为 100mg/L（按产出液计），实验评价结果见表 3–36 和图 3–49。

表 3–36　模拟 TZ62–3 井井筒腐蚀实验环境条件

p_{CO_2}（MPa）	p_{H_2S}（MPa）	流速（m/s）	腐蚀时间（h）	管材型号	井筒液体
1.98	0.2885	3	96	P110、P110S、P110SS	模拟地层水

表 3–37　YU–4 缓蚀剂在 TZ62–3 井腐蚀环境下对不同管材的缓蚀效果

钢材材质	腐蚀周期（h）	腐蚀温度（℃）	缓蚀剂加药量（mg/L）	钢片失重（g）	腐蚀速率（mm/a）
P110	96	60	500	0.0060	0.050
		90	500	0.0072	0.061
		120	500	0.0079	0.066
P110S	96	60	500	0.0045	0.037
		90	500	0.0061	0.052
		120	500	0.0071	0.060

续表

钢材材质	腐蚀周期（h）	腐蚀温度（℃）	缓蚀剂加药量（mg/L）	钢片失重（g）	腐蚀速率（mm/a）
P110SS	96	60	500	0.0056	0.047
		90	500	0.0069	0.059
		120	500	0.0075	0.063

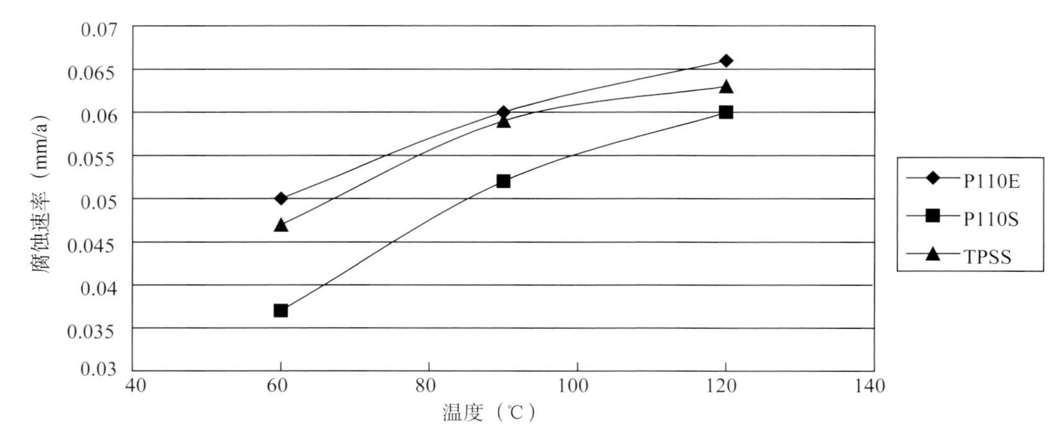

图 3–49　温度对 YU–4 缓蚀剂腐蚀速率控制影响曲线（TZ62–3 井井筒腐蚀环境）

由表 3–36、表 3–37 中数据可知：在 TZ62–3 井井筒腐蚀环境（p_{CO_2} = 1.28MPa、p_{H_2S} = 0.2885MPa）下，YU–4 缓蚀剂加药量为 100mg/L 时，能将 3 种型号管材（P110、P110S、P110SS）不同温度下的腐蚀速率均控制在 0.076mm/a 以内。由图 3–49 可看出，温度对 YU–4 缓蚀剂腐蚀速率控制能力存在影响，如 3 种型号管材腐蚀速率随温度升高均呈上升趋势，但即使在温度为 120℃时，3 种型号管材（P110、P110S、P110SS）的腐蚀速率仍可分别控制在 0.066mm/a、0.060mm/a、0.063mm/a。显然 YU–4 缓蚀剂可满足 TZ62–3 井井筒腐蚀防护的要求。

（3）三井区中其他 CO_2/H_2S 腐蚀井井筒缓蚀剂的确定。

表 3–38　不同井 CO_2/H_2S 分压及与 TZ83 井的对比结果及缓蚀剂加量确定

井号	H_2S 分压（MPa）	CO_2 分压（MPa）	H_2S 分压与 TZ83 井（1.3MPa）对比	CO_2 分压与 TZ83 井（4.64MPa）对比	缓蚀剂 YU–4 加量（mg/L）
TZ82	0.0066	1.01	<<	<	150
TZ821	0.6741	1.54	<	<	200
TZ823	0.9057	3.15	<	<	250
TZ828	0.0034	1.07	<<	<	120
TZ62	0.0554	0.44	<<	<<	30
TZ621	0.0294	1.45	<<	<	80

续表

井号	H_2S 分压（MPa）	CO_2 分压（MPa）	H_2S 分压与 TZ83 井（1.3MPa）对比	CO_2 分压与 TZ83 井（4.64MPa）对比	缓蚀剂 YU−4 加量（mg/L）
TZ622	0.0514	0.81	<<	<	40
TZ623	0.0174	0.76	<<	<	40
TZ62−1	0.0091	1.17	<<	<	175
TZ62−2	0.1116	0.82	<<	<	40
TZ242	0.0041	0.27	<<	<<	50
TZ44	0.0091	—	<<	<<	30
TZ70	0.0176	1.33	<<	<	150
TZ70C	0.1529	0.25	<	<<	150

塔中Ⅰ号气田三井区除 TZ83 井、TZ62−3 井井筒为 H_2S/CO_2 腐蚀外，TZ82 井、TZ821 井等 13 口井井筒也属该类腐蚀，且 TZ44 井为单一硫化氢腐蚀。根据实验评价结果，YU−4 缓蚀剂加量为 100mg/L 和 200mg/L 时能满足 TZ62−3 井（p_{CO_2} = 1.28MPa、p_{H_2S} = 0.2885MPa）、TZ83 井（p_{CO_2} = 4.64MPa、p_{H_2S} = 1.3MPa）CO_2/H_2S 环境下井筒腐蚀防护要求。将 TZ82 井、TZ821 井等 13 口 CO_2/H_2S 分压与 TZ83 井相关数据进行对比，其缓蚀剂用量列于表 3−38 中。

为验证表 3−38 中根据各井筒 CO_2/H_2S 含量而确定的缓蚀剂加量的可行性，选取其中有代表性的腐蚀环境进行验证实验。其中 p_{H_2S} 分压以 TZ242 井（p_{H_2S} = 0.0041MPa）最低，p_{CO_2} 以 TZ70C 井（p_{CO_2} = 0.25MPa）最低，若在该 CO_2/H_2S 分压均最低的腐蚀环境下缓蚀剂能控制管材的腐蚀，则 p_{H_2S} 在 0.0041 ~ 1.3MPa 间、p_{CO_2} 在 0.25 ~ 4.64MPa 间的腐蚀亦能控制，即根据 CO_2/H_2S 含量判断各井的缓蚀剂加量的结论正确。实验条件见表 3−39，实验结果见表 3−40。

表 3−39　验证 YU−4 缓蚀剂加药量设定井井筒腐蚀实验环境条件

p_{CO_2}（MPa）	p_{H_2S}（MPa）	流速（m/s）	温度（℃）	腐蚀时间（h）	井筒液体
0.25	0.0041	3	120	96	模拟地层水

表 3−40　YU−4 缓蚀剂在设定井筒腐蚀环境下验证实验结果

缓蚀剂种类	缓蚀剂加量（mg/L）	钢片失重（g）	腐蚀速率（mm/a）
P110	50	0.00815	0.068
P110S	50	0.0062	0.052
P110SS	50	0.00695	0.059

由表 3−39、表 3−40 可知，YU−4 缓蚀剂加量为 50mg/L 时，对温度为 120℃条件下 p_{CO_2} = 0.25MPa、p_{H_2S} = 0.0041MPa 具有良好的缓蚀性能，可将 3 种型号管材（P110、

P110S、P110SS）的腐蚀速率分别控制在0.068mm/a、0.052mm/a、0.059mm/a，均小于0.076mm/a。表明上述依 CO_2/H_2S 含量而确定的各井筒缓蚀剂加量完全可行。

3）不同井区各井筒防腐用缓蚀剂类别及用量确定

综上研究可知，塔中Ⅰ号气田TZ83、TZ82、TZ62此3个井区不同井井筒管材根据其腐蚀类型不同，应选用不同的缓蚀剂类型，其缓蚀剂用量可由其腐蚀程度及产出液液量共同决定，但以井筒管材腐蚀程度为主。有关各井所用缓蚀剂类别及加量见表3-41。

表3-41 各井区不同井井筒管材防腐用缓蚀剂类型优选及加量结果

井区	井号	腐蚀分类	缓蚀类型	缓蚀剂加量（mg/L）
TZ83	TZ721	CO_2 腐蚀	YU-1	120
	TZ83	CO_2/H_2S 共同影响 H_2S 为主腐蚀	YU-4	200
TZ82	TZ822	CO_2 腐蚀	YU-1	60
	TZ828			120
	TZ82	CO_2/H_2S 共同影响 H_2S 为主腐蚀	YU-4	150
	TZ821			200
	TZ823			250
TZ62	TZ44	H_2S 腐蚀	YU-4	30
	TZ62	CO_2/H_2S 共同影响 H_2S 为主腐蚀		30
	TZ621			80
	TZ622			40
	TZ623			40
	TZ62-1			175
	TZ62-2			40
	TZ62-3			50
	TZ242			150
	TZ70C			150

三、环空保护液

在油田钻井及生产过程中，由于密封等问题而使环空介质中有 CO_2、H_2S、SRB及 Cl^- 等各种腐蚀因素。$CO_2+H_2S+Cl^-$ 不仅会造成套管和油管严重的均匀腐蚀和局部腐蚀，还极有可能诱发 H_2S 应力开裂（SSC）、H_2S 应力腐蚀开裂（SCC）及不锈钢材料的 Cl^- 应力腐蚀开裂（SCC）；环空介质通常具有较高的矿化度和高浓度的成垢离子，具备了腐蚀结垢的潜在因素，一旦环境条件发生改变，就有可能产生腐蚀和结垢。在开采过程中，从井底到地面的温度、压力逐渐下降，破坏了水中离子原有的平衡，因此油管、套管结垢较严重，导致严重的垢下腐蚀。同时，环形空间也可能含有一定的微生物，造成油管、套管的微生物腐蚀，微生物腐蚀（Microbial Influenced COrrosion，简称MIC）是指微生物直接或间接地参加了腐蚀过程所引起金属破坏作用。通常人们认为腐蚀是金属与其表面的电解质溶液之间的电化学反应过程，金属作为阳极发生溶解，却不知道微生物的活动才是真正引发或促进腐蚀反应的原因。微生物活动对材料腐蚀产生影响，必须满足以下条件：有能量来源、碳源、电子供体、电子受体和水。可见，MIC 的本质是电化学腐蚀，但在腐蚀过程中综合了微生物的作用。人们对 MIC 的研究已经有很长的历史。1891 年，Garrett 首次报道了微生物腐蚀的例子。但直到 20 世纪 80 年代，有关金属材料在各种环境下的 MIC 研究报道不断增加，人们才对 MIC 引起足够的重视。2002 年，美国腐蚀调查结果表明：金属腐蚀损失占 GDP 的 3.1%，其中，MIC 约占所有金属和建筑材料腐蚀破坏的 20%。每年由于 MIC 引起的腐蚀损失为 300 亿至 500 亿美元。在天然气与石油加工行业中，石油管腐蚀的 15% ~ 30% 与 MIC 相关。MIC 引起材料的点蚀、缝隙腐蚀、选择性腐蚀、氢脆、沉积层下腐蚀等广泛存在于钢铁、铜、铝及其合金中。与 MIC 相关的细菌有硫酸盐还原菌（SRB）、铁氧化菌（IOB）、锰氧化菌（MnOB）、硫氧化细菌、铁还原细菌、酸生产菌（APB）和胞外聚合物生产菌（EPB）等。硫酸盐还原菌（SRB）广泛存在于各种自然环境（天然水环境及土壤）和工业环境（饮用水、循环水、水处理等）中。

为了解决油田油管、套管环形空间内腐蚀问题，各个油气田采用了不同的环形空间保护技术，其中最为广泛的是向油管、套管环形空间内注入环空保护液。环空保护液是一种具有缓蚀、杀菌、防垢综合性能的化学保护液，可改善环形空间水质，抑制 SRB 细菌的生长，不仅减少套管内表面及油管外表面的腐蚀问题，还能够减轻套管头或封隔器承受的油藏压力，降低油管与环形空间之间的压差。

其防护机理主要有：(1) 前期预膜，预膜的目的就是使得环空保护液在金属表面生成一层保护膜，在金属表面与环空之间形成隔离带，同时阻止腐蚀反应的进行；(2) 改善介质条件，主要目的就是形成抑制细菌生长的环境，使细菌无法适应变化较大的某种环境，同时杀死细菌或使其生长繁殖受到抑制。

由于环空保护液始终保持在油套管环形空间内，直到修井，因此，环空保护液必须满足以下要求：(1) 必须具有机械稳定性，保证固相不沉积；(2) 在井底温度与压力作用下，必须具有化学稳定性；(3) 本身不具有腐蚀性，还应保护金属表面，进一步降低腐蚀；(4) 在完井与修井作业中，由于射孔将使地层暴露于环空保护液中，因而环空保护液本身不能伤害地层。

目前，油田在用的环空保护液主要有水基环空保护液和油基环空保护液两大类。很多油井采用清洁盐水加缓蚀剂的方法，既可控制无固相颗粒对地层的伤害，又延缓了腐蚀进程。注水井由于普遍存在较严重的套管内腐蚀，通常采用杀菌率高且 pH 值较低的环空保护液。随着环空保护技术的不断发展，不少油田根据特有的井况条件，研制出了新型的适合本油田井况的环空保护液。

1. 水基环空保护液

水基环空保护液可分为水基钻井液环空保护液、低固相环空保护液和清洁盐水环空保护液三大类。其最常用且可具有经济、方便、适用性强等特点，因而在油田中广泛使用。

1) 水基钻井液环空保护液

该类环空保护液是水基钻井液钻井完井作业后直接留在井筒内，或者进行适当改性，清除其中的固相颗粒以作为环空保护液。其优点是经济方便，缺点是腐蚀性强。在使用了这种环空保护液后，生产井中的油管、套管可能会受到与钻杆相同的腐蚀反应，包括电化学腐蚀、氧腐蚀、CO_2 腐蚀、H_2S 腐蚀、细菌腐蚀等。因此，把水基钻井液改性后作为环空保护液，容易引起套管和油管的漏失，除非在井内条件温和的条件下，一般不推荐使用；且钻井液改性后的环空保护液在长期使用下会固化沉积，从而增加修井费用。因此，这种环空保护液不值得推广。

2）低固相环空保护液

低固相环空保护液通常是由聚合物、提黏剂、缓蚀剂及控制重量的可溶性盐组成。其体系简单，比高固相钻井液改性的环空保护液更易于控制。但除黄原胶（XC）外，聚合物对颗粒的悬浮能力都较差，固相会逐渐沉积下来；聚合物在井底温度下会发生降解，加快固相的沉积速度。因此，把聚合物用于井上之前，应当对聚合物流做井底温度下的长期稳定试验。

3）清洁盐水环空保护液

清洁盐水是目前各油田最常使用的环空保护液，其优点是无固相，可减轻腐蚀。但由于盐水的井下密度随着压力增加而增加，随温度的增加而降低，所以如果盐水密度接近饱和盐水密度时，当温度下降到某一临界值，此类保护液会产生结晶，轻度的结晶会在环形空间内产生沉积而结垢，严重时盐水会完全变成淤浆或固化。同时，为了防止腐蚀，还要在盐水中加入缓蚀剂，这不仅增加了单位成本，有些缓蚀剂还可能会影响环境保护。通常，盐水具有较低的腐蚀速率，各类金属材料在大多数盐水里的平均腐蚀速率一般小于 10mm/a，当盐水中添加缓蚀剂后，腐蚀速率将更低。缓蚀剂的种类可以根据使用的环境，包括温度、保护的金属材料等进行选择。

4）油基环空保护液

该类环空保护液保护液最早在 20 世纪 50 年代初期海湾地区一些深井的油管、套管环形空间内使用，当时，石灰处理后的钻井液作为环空液容易产生固化，造成修井作业费用昂贵，因此用一种混在柴油里的有机土与重晶石钻井液代替。油基钻井液是非腐蚀性的，且比水基钻井液的热稳定性好，因此，油基钻井液作为环空保护液具有自身的优点。例如，当地层含有 H_2S 时，便可以采用油基环空保护液。这种由油基钻井液改性后的环空保护液，同样也存在着盐水矿化度较高和固相的沉积等问题。但其单位成本较高和对环境污染严重，也造成其不能广泛推广应用。

2. 国内环空保护液的使用情况

1）吐哈油田注水井环空保护液使用情况

吐哈油田套管损坏十分严重，套损井占总井数的比例约为 40%，大幅高于全国平均水平。因此，吐哈油田使用了多种环空保护液。

在注清水井加环空保护液情况下，吐鲁番采油厂 Y612 井进行的井下腐蚀挂片试验表明，在加环空保护液的情况下，环空平均腐蚀速率（0.10019mm/a）远远低于油管内平均腐蚀速率（0.12169mm/a）。在注污水井加环空保护液情况下，鄯善采油厂 SS12218 井进行的井下腐蚀挂片实验表明，在加环空保护液的情况下，环空平均腐蚀速率（0.10411mm/a）低于油管内平均腐蚀速率（0.10643mm/a），因此采用环空保护液仍可保护套管。

由此可见，吐哈油田使用环空保护液，能有效地保护油套管，减少对注水井的腐蚀。

2）宝浪油田环空保护液的使用情况

宝浪油田位于新疆焉耆盆地博斯腾湖畔，由于其特殊的地理环境和油藏特征，油田的腐蚀问题非常突出。宝浪油田主要采用注清水。据调查，处于油管、套管环形空间的油管外壁和套管内壁均有腐蚀问题。环形空间上部以氧腐蚀为主，同时存在 SRB 腐蚀和 HCO_3^- 腐蚀，下部则以 SRB 腐蚀为主。

根据宝浪油田的环境特点和水质特征，主要采用了 ZJ−1 型、TL−2 型和 ZY−1 型环空保护液，3 种环空保护液性能对比见表 3−42。

表 3−42　三种环空保护液杀菌、缓蚀性能对比

药剂名称	ZJ−1	TL−2	ZY−1	备注
缓蚀剂（%）	97.3	96.1	97.1	—
对 SRB 的杀菌率（%）	99.98	99.90	99.98	加药浓度为 40mg/L

其中，ZY−1 环空保护液的成本较低，且其采用无公害配方，适应博斯腾湖地区特殊的环保要求。

3）中原油田环空保护液使用情况

针对油井套管内腐蚀，中原油田采取了多种防腐蚀措施，主要有在环形空间内加注高效缓蚀剂或者固体缓蚀剂等方法。采用环空保护液有效降低了油井内油管、套管的腐蚀，其中，在中原油田 300 余口井应用固体缓蚀剂，腐蚀速率小于 0.04mm/a，大幅降低了腐蚀问题。而针对注水井，中原油田也有 XHK−1 型和 XHK−2 型的环空保护液，能显著控制环形空间的细菌和腐蚀。同时，新型环空保护液与注入水定期洗井技术联合使用，可有效抑制中原油田油套管的腐蚀情况。

4）胜利油田环空保护液的使用情况

据调查，胜利油田环套空间 1000m 以上的位置油套腐蚀比较严重，因为该位置的环套空间的污水容易滋生 SRB 细菌，可引起不同程度的腐蚀、结垢，同时环套空间缺少有效的防护。

为了改善注水井环形空间水质，抑制 SRB 细菌的生长，减轻环空水的腐蚀性，达到保护油套管的目的，胜利油田优选了 SZHK−1 型注水井环空保护液，该保护液缓蚀率不小于 82%，杀菌率 100%，具有缓蚀与杀菌双重功效，从而达到缓蚀、杀菌、防垢的综合性能。

通过在现场的应用并且每月对试验井进行检测，结果显示环套空间 SRB 细菌含量为 0 个 /mL，环空污水缓蚀率为 80%，极大地减少了腐蚀的发生，由此可见，环空保护液对注水井的环形空间的防护意义非常重大。

目前塔里木油田在用的环空保护液主要有两种，即 CT/TPK−1S 及 CT/TPK−1。

3. 试验评价方法

环空保护液的技术指标包括密度、pH 值、缓蚀率等。密度调节范围广的环空保护液，可以满足在不同井深条件的使用。

据此，对环空保护液的评价试验包括：

（1）密度和 pH 值的测定。

（2）参照 Q/SY 126—2005《油田水处理用缓蚀阻垢剂技术要求》及 SY/T 5523−2000《油气田水分析方法》标准评价环空保护液的阻垢效率。

（3）参照 SY/T 5890—93《杀菌剂性能评价方法》标准评价环空保护液的杀菌效果。

（4）环空保护液的线性极化测试：采用供货方提供的浓度用 AMETEK 公司的 273A 电

化学综合测试仪研究不同时间环空保护液的极化电阻，目的是考察其成膜性能。

(5) 环空保护液的缓蚀效率测试：采用模拟环境试验，研究在不添加和添加环空保护液时材料的腐蚀状况。

4. 评价试验结果

取塔里木油田广泛应用的环空保护液 CT//TPK−1S 及 CT/TPK−1，将两种环空保护液设定为 1#、2#（CT/TPK−1S 为 1#，CT/TPK−1 为 2#），分别进行上述评价试验。

1）外观及密度

1# 环空保护液放置一段时间后无分层现象，而 2# 环空液出现分层现象，最底层出现蓝黑色沉淀，由于 2# 环空液是从蓝色塑料桶中倒出，推测为蓝色塑料桶内附带的脏物，取上层液体进行上述试验。1# 环空保护液的 pH 值为 5.2，密度为 1.0354g/mL；2# 环空保护液的 pH 值为 8.8，密度为 1.0532g/mL。

2）极化电阻及成膜性能测试

电化学测试选用 PARSTAT 273A 电化学工作站。电解池为容积为 1L 的玻璃电解池，辅助电极选用大面积石墨惰性电极，参比电极选用饱和甘汞电极，工作电极为 TP110SS 材料，面积为 0.785cm^2，扫描速度为 0.166mV/s，扫描电位区间为 ±20mV（相对于开路电位），实验温度为 30±0.5℃。

图 3−50 及图 3−51 为 TP110SS 在浓度分别为 0.6%、1%、1.2% 和 1.5% 时的 1#、2# 环空保护液浓度下所测得的线性极化曲线，表 3−43 为极化电阻的拟合结果。可见，1# 环空保护液在 1% 浓度下具有最高的极化电阻，为 4402.4105Ω/cm^2，2# 环空保护液在 0.6% 浓度下具有最高的极化电阻，为 7708.5359Ω/cm^2。因此，1# 环空保护液在 1% 浓度下具有最佳的成膜性能和电化学腐蚀阻力，而 2# 环空保护液在 0.6% 浓度下具有最佳的成膜性能和电化学腐蚀阻力。

线性极化曲线测试结果表明，2# 环空保护液的成膜性能要优于 1# 环空保护液，但是，在工况环境中的成膜性能还受到诸多因素的影响，例如，温度、流速、CO_2 及 H_2S 分压、Cl^- 浓度等。因此，对于其具体的成膜和缓蚀性能将在下面缓蚀效率评价部分作进一步的分析，本节仅筛选出 1#、2# 环空保护液的最佳缓蚀浓度。

表 3−43　极化电阻的拟合结果

环空保护液	不同环空保护液浓度下的极化电阻（Ω/cm^2）			
	0.6%	1.0%	1.2%	1.5%
1#（CT/TPK−1S）	3405.2791	4402.4105	1663.9429	1558.1893
2#（CT/TPK−1）	7708.5359	6178.2910	5649.7304	7465.3898

3）杀菌效果

参照 SY/T 5890—93《杀菌剂性能评价方法》标准，环空保护液对 SRB 的杀菌效果采用绝迹稀释法进行测试。1# 和 2# 的环空保护液加药浓度为 1% 及 0.6%，在温度为 40℃的条件下培养 12 天计数。经 5 次测试，1# 环空保护液的杀菌效率为 70%，2# 环空保护液的杀菌效率为 76%。

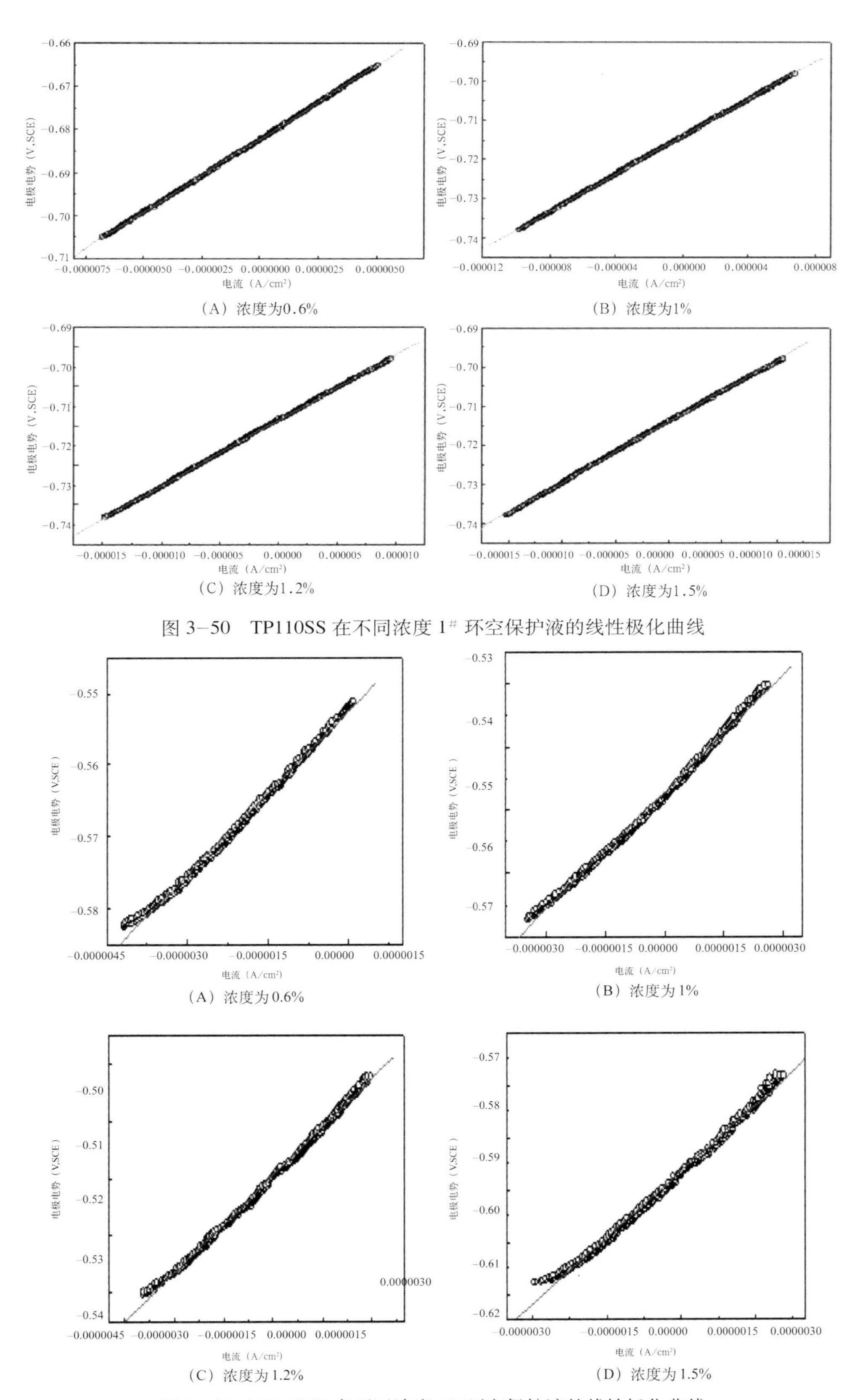

图 3−50 TP110SS 在不同浓度 1# 环空保护液的线性极化曲线

图 3−51 TP110SS 在不同浓度 2# 环空保护液的线性极化曲线

4）阻垢效率

参照 Q/SY 126—2005 和 SY/T 5523—2000 标准完成环空保护液的阻垢效率评价试验，实验结果见表 3–44 至表 3–46。

（1）$CaCO_3$ 垢的阻垢率（表 3–44）。

表 3–44　$CaCO_3$ 垢的阻垢率

环空保护液种类	加阻垢剂后滴定溶液中 Ca^{2+} 浓度消耗 EDTA 标准溶液体积（mL）	滴定空白溶液 1 中 Ca^{2+} 浓度消耗 EDTA 标准溶液体积（mL）	滴定空白溶液 2 中 Ca^{2+} 浓度消耗 EDTA 标准溶液体积（mL）	阻垢率（%）
1#（CT/TPK–1S）	3.1	2.1	15.6	11.1
2#（CT/TPK–1）	3.6	2.1	15.6	7.4

（2）$CaSO_4$ 垢的阻垢率（表 3–45）。

表 3–45　$CaSO_4$ 垢的阻垢率

环空保护液种类	加阻垢剂后滴定溶液中 Ca^{2+} 浓度消耗 EDTA 标准溶液体积（mL）	滴定空白溶液 1 中 Ca^{2+} 浓度消耗 EDTA 标准溶液体积（mL）	滴定空白溶液 2 中 Ca^{2+} 浓度消耗 EDTA 标准溶液体积（mL）	阻垢率（%）
1#（CT/TPK–1S）	10.8	10.7	25	0.6
2#（CT/TPK–1）	12.1	10.7	25	9.8

（3）$BaSO_4$ 垢的阻垢率（表 3–46）。

表 3–46　$BaSO_4$ 垢的阻垢率

环空保护液种类	加阻垢剂后溶液中 Ba^{2+} 浓度（mg/L）	空白溶液 1 中 Ba^{2+} 浓度（mg/L）	空白溶液 2 中 Ba^{2+} 浓度（mg/L）	阻垢率（%）
1#（CT/TPK–1S）	0.0863	0.0231	13.3384	0.5
2#（CT/TPK–1）	0.0288	0.0231	13.3384	0.04

（4）环空保护液阻垢率（$CaCO_3$、$CaSO_4$、$BaSO_4$）分析。

Q/SY 126—2005《油田水处理用缓蚀阻垢剂技术要求》标准对阻垢剂的阻垢率有明确规定，即 $CaCO_3$、$CaSO_4$ 的阻垢率应不小于 90%，$BaSO_4$ 的阻垢率应不小于 40%。从以上测试结果可以看出，1# 和 2# 环空保护液的 $CaCO_3$、$CaSO_4$ 和 $BaSO_4$ 的阻垢率都远小于标准所规定的门槛数值，这极有可能与油田环空所注清水、较低矿化度有关。

5）缓蚀效果

参照电化学测试结果，选择浓度为 1% 的 1# 环空保护液和浓度为 0.6% 的 2# 环空保护液进行模拟工况条件的缓蚀效果评价试验。

（1）不加环空保护液腐蚀失重结果。

4 种材料的均匀腐蚀速率比较接近，P110 材料的均匀腐蚀速率相对比较高，参照 NACE RP-0775—2005 标准对均匀腐蚀程度的规定，该模拟腐蚀环境中 TP110-3Cr 和 TP110SS 两种材料的腐蚀程度比 P110 和 TP110S 低。

表 3-47　平均腐蚀速率的计算结果

材料	表面积（mm^2）	前重（g）	后重（g）	失重（g）	腐蚀速率（mm/a）	平均腐蚀速率（mm/a）
P110	1526.1743	14.5320	14.4950	0.037	0.1621	0.1938
	1524.1785	14.4734	14.4220	0.0517	0.0054	
TP110-3Cr	1512.8220	14.1320	14.1089	0.0231	0.1021	0.0956
	1509.9321	14.1669	14.1468	0.0209	0.0890	
TP110S	1518.8802	14.2231	14.1830	0.0401	0.1765	0.1736
	1519.0120	14.2225	14.1834	0.0391	0.1707	
TP110SS	1523.0879	14.5472	14.5171	0.0301	0.1321	0.1338
	1500.5525	13.8824	13.8520	0.0304	0.13545	

在该环境中，4 种材料均未出现明显的局部腐蚀现象，说明 4 种材料的抗局部腐蚀性能较好。

（2）环空保护液腐蚀失重结果。

环空保护液腐蚀失重结果（表 3-48）显示：1# 环空保护液对四种材料的缓蚀率基本达到 90% 以上（TP110SS 材料的缓蚀率为 88.4%），所有材料为轻微腐蚀程度，未出现明显局部腐蚀迹象，在模拟工况条件下表现出良好的缓蚀性能。2# 环空保护液对 4 种材料的缓蚀率都比较低，最高仅为 69.5%，尤其对于 TP110-3Cr 材料来说，缓蚀率仅为 13.7%。因此，对于低 Cr 钢的环空保护液的选择，要尤为慎重，因为 Cr 元素在腐蚀产物膜中富集（高达总浓度的 15% ～ 30%），在不含缓蚀剂的腐蚀介质中，提高了腐蚀抗力，而在含缓蚀剂的腐蚀介质中，由于富 Cr 腐蚀产物膜对缓蚀剂分子具有极低的吸附能力，显著降低了缓蚀剂的成膜性能，从而使缓蚀剂的缓蚀效率显著降低。

表 3-48　两种环空保护液缓蚀率

环空保护液种类	P110（%）	TP110-3Cr（%）	TP110S（%）	TP110SS（%）
1#[CT/TPK-1S（1.0%）]	94.5	91.4	93.1	88.4
2#[CT/TPK-1（0.6%）]	51.9	13.7	53.4	69.5

综上所述，尽管极化电阻的测试结果表明，2# 环空保护液具有良好的成膜性能和缓蚀效果，但综合考虑温度、CO_2 及 H_2S 分压、Cl^- 浓度及合金元素对环空保护液缓蚀效率的影响，1# 环空保护液（CT/TPK-1S）的缓蚀效果要明显优于 2# 环空保护液（CT/TPK-1）。

四、涂层防腐技术

1. 不同厂家涂层性能对比

1）高含硫环境性能评价

(1) 试验方案。

以中古井区为目标区块，模拟中古14井的工况条件对三家的涂层产品进行气相和液相高温高压评价试验。试验评价的各厂家的涂层产品分别为：TC−3000C（上海STPPC）、TK−236（HHTCC）、ATC−3000S（通奥公司）。试验条件参数列于表3−49。评价方法依据SY/T 6717—2008标准《油管和套管内涂层技术条件》附录B、附录C进行。

表3−49　涂层耐高温、高压性能评价方案

H_2S（%）	CO_2（%）	Cl^-（g/L）	矿化度（g/L）	温度（℃）	总压（MPa）	试验时间（h）
10	3	100	160	150	15	168

(2) 试验过程。

试验前，检查试样表面涂层是否均匀、光滑，有无气泡、针孔等宏观缺陷。任取5个点用涂层测厚仪测厚，以其平均值作为涂层厚度。随后，按照SY/T 6717—2008标准《油管和套管内涂层技术条件》附录B进行附着力测试。

将涂层试样除了检测部分以外所有的面用环氧树脂密封，以保证介质不从涂层和管壁之间浸入。每种涂层取3个平行试样，相互绝缘的安装在特制的试样架上，然后倒入腐蚀介质，使每种涂层有两个试样位于液面以下，一个试样位于液面以上，以分别进行液相和气相试验。

试验前通N_2除氧2h后，将高压釜密封，升温升压。试验结束后，将釜体自然冷却至93℃后缓慢降压，然后以均匀的速度在15～30min内降至常压。将试样取出，用蒸馏水冲洗，立即进行相关的测试及拍照。

(3) 试验结果。

3种涂层试验前的常规性能检测结果见表3−50及图3−52至图3−54。

表3−50　3种涂层常规性能检测结果

检测项目	TC−3000C	TK−236	ATC−3000S
外观	涂层呈墨绿色，表面均匀、光滑，未发现气泡、针孔等宏观缺陷	涂层呈棕色，表面均匀、光滑，未发现气泡，针孔等宏观缺陷	涂层呈黄色，表面均匀、光滑，未发现气泡、针孔等宏观缺陷
平均厚度	185	260	147
附着力	A级	A级	A级

图 3–52　TC–3000C 试验前试样外观

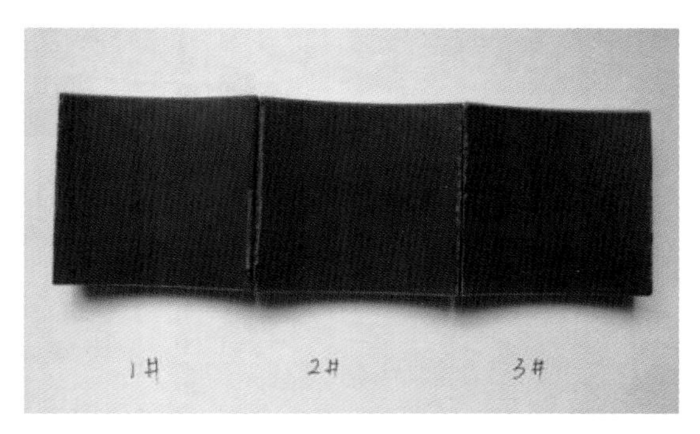

图 3–53　TK–236 试验前试样外观

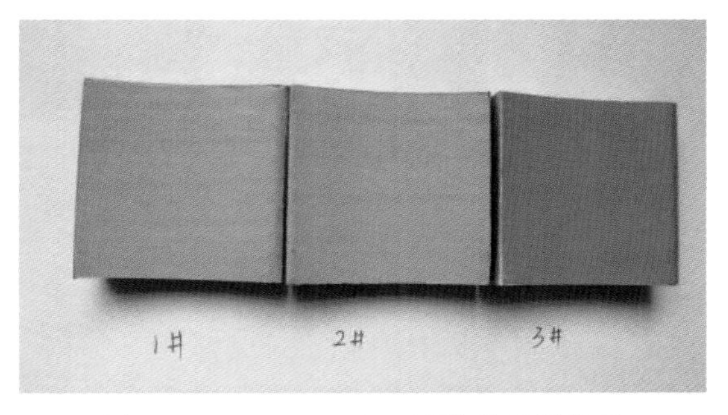

图 3–54　ATC–3000S 试验前试样外观

3 种涂层试验后的检测结果见表 3–51 及图 3–51 至图 3–57。

表 3–51　3 种涂层试验后的检测结果

检测项目 \ 结果		TC–3000C	TK–236	ATC–3000S
外观	气相	无变化	无变化	无变化
	液相	颜色变暗，涂层附着完好	颜色变暗，涂层附着完好	颜色由黄色变为灰色，涂层起泡并整体脱落
附着力	气相	A 级	C 级	C 级
	液相	D 级	D 级	E 级

图 3–55　TC–3000C 试验后外观

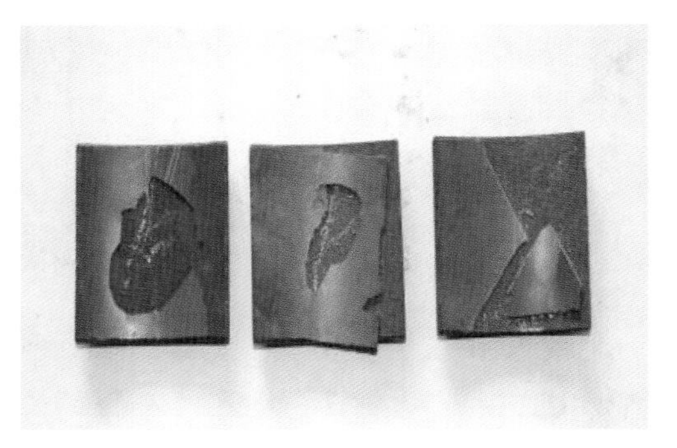

图 3–56　TK–236 试验后试样外观

图 3–57　ATC–3000S 试验后试样外观

2）低含硫环境性能评价

（1）试验方案。

以 TZ62 井区、TZ72 井区为目标区块，模拟该井区的工况条件对三家的涂层产品进行气相和液相的高温、高压评价试验。试验评价的各厂家的涂层产品分别为：TC–3000C（上海 STPPC）、TK–236、（HHTCC）、ATC–3000S（通奥公司）。试验条件参数列于表 3–52 中，评价方法依据 SY/T 6717—2008 标准《油管和套管内涂层技术条件》附录 B、附录 C 进行。

表 3–52　涂层耐高温、高压性能评价方案

H_2S 分压（MPa）	CO_2 分压（MPa）	Cl^-（g/L）	温度（℃）	总压（MPa）	试验时间（h）
0.3	2.35	70	140	15	168

（2）试验过程。

试验前，检查试样表面涂层是否均匀、光滑，有无气泡、针孔等宏观缺陷。任取 5 个点用涂层测厚仪测厚，以其平均值作为涂层厚度。随后，按照 SY/T 6717—2008 标准《油管和套管内涂层技术条件》附录 B 进行附着力测试。

将涂层试样除了检测部分以外所有的面用，以保证介质不从涂层和管壁之间浸入。涂层试样相互绝缘安装在特制的试样架上，然后倒入腐蚀介质，使试样完全浸没在溶液中，随后将高压釜密封。

试验前通 N_2 除氧 2h 后，开始升温升压。试验结束后，将釜体自然冷却至 93℃后缓慢降压，然后以均匀的速度在 15 ~ 30min 内降至常压。将试样取出，用蒸馏水冲洗，立即进行相关的测试及拍照。

（3）试验结果。

3 种涂层试验前的常规性能检测结果见表 3–50 及图 3–52 至图 3–54。3 种涂层试验后的检测结果见表 3–51 及图 3–58 至图 3–60。

表 3-53　涂层试验后检测结果

检测项目＼结果	TC-3000C	TK-236	ATC-3000S
外观	无变化	无变化	涂层大量起泡
附着力	A 级	C 级	E 级

图 3-58　TC-3000C 试验后试样外观

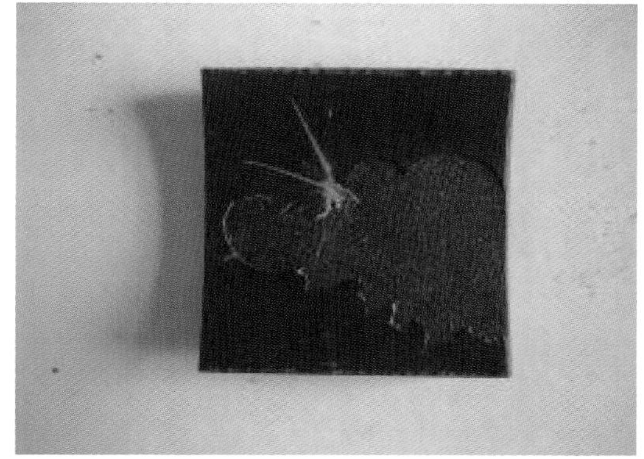

图 3-59　TK-236 试验后试样外观

图 3-60　ATC-3000S 试验后试样外观

2. 低抗硫油管内涂层模拟环境性能评价

1）取样情况及检测方案

2010 年 4 月开展了对上海图博可特石油管道涂层有限公司生产的 TC–3000C 油管内涂层质量抽检工作。在施工完成的内涂层油管中随机抽取一根，进行拉伸、轧平、扭转、阴极剥离等试验，并依据 SY/T 6717—2008《油管和套管内涂层技术条件》进行涂层常规检测及高温、高压性能评价。高温、高压试验参数由塔里木油田公司提供（表 3–54）。

表 3–54　高温、高压试验参数

H_2S(MPa)	CO_2(MPa)	Cl^-(g/L)	温度（℃）	总压（MPa）	试验时间（h）
0.3	2.35	70	140	15	168

2）检测过程及结果

（1）拉伸试验。

对涂层试样进行拉伸，拉伸至屈服后卸载，观察试样表面，结果如图 3–61 和图 3–62 所示，钢材拉伸屈服后，涂层出现周向裂纹，裂纹间距为 2 ~ 3mm，未出现纵向裂纹。

图 3–61　拉伸后涂层

图 3–62　拉伸后涂层

（2）轧平试验。

对涂层试样进行轧平，轧平后观察试样表面，结果如图 3–63 所示，试样轧平后，涂层出现纵向裂纹，裂纹间距为 2 ~ 3mm，未见横向裂纹。

图 3–63　轧平后涂层

（3）扭转试验。

对涂层试样进行扭转试验，加载扭力使试样扭转 360° 后，观察试样表面，结果如图 3–64、图 3–65 所示，在涂层试样边缘出现裂纹，裂纹间距 2 ~ 3mm，长度约为 3mm；中部未出现裂纹。

图 3–64　扭转试验后涂层

图 3–65　扭转试验后涂层

（4）阴极剥离试验。

依据 SY/T 0315—2005《钢制管道单层熔结环氧粉末外涂层技术规范》附录 C 试验方法对涂层试样进行耐阴极剥离测试，结果如图 3–66 所示，涂层的平均剥离距离为 1.78mm。

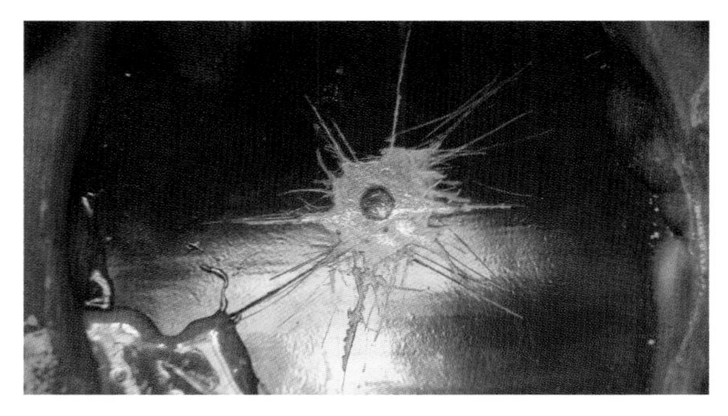

图 3–66　阴极剥离试验后

（5）高温、高压试验。

试验前，检查试样表面涂层是否均匀、光滑，有无气泡、针孔等宏观缺陷。任取 5 个点用涂层测厚仪测厚，以其平均值作为涂层厚度。随后，按照 SY/T 6717—2008 标准进行漏点及附着力检测。

依据 SY/T 6717—2008 附录 C 进行高温、高压釜试验。将 3 个平行试样相互绝缘安装在特制的试样架上，后置于静态高压釜中；倒入腐蚀介质，腐蚀介质是 Cl^- 浓度为 70g/L 的水溶液。试验前通 N_2 除氧 2h 后，将高压釜密封，升温升压。试验温度为 140℃，CO_2 压力为 2.35MPa，H_2S 压力为 0.3MPa，采用 N_2 使釜内压力维持在 15MPa；试验时间 168h。试验结束后，将釜体自然冷却至 93℃后缓慢降压，然后以均匀的速度在 15~30min 内降至常压。将试样取出，立即进行外观检查。然后将试样冷却至室温并进行漏点检测及附着力测试，并与未进行试验的样品进行对比。检测结果见表 3–55 及图 3–67。

表 3–55　涂层高温、高压试验结果

检测项目	试验前	试验后
外观	涂层呈墨绿色，表面均匀、光滑，未发现气泡、针孔等宏观缺陷	涂层呈墨绿色，表面均匀、光滑，未发现气泡、针孔等宏观缺陷
平均厚度	172 μm	—
漏点	无	无
附着力	A 级	A 级

图 3–67　涂层高、温高压试验后

3）结论

依据 SY/T 6717—2008《油管和套管内涂层技术条件》及塔里木地区实际的工况要求，对上海图博可特石油管道涂层有限公司生产的 TC–3000C 油管内涂层进行了质量抽检及含硫环境的高温、高压模拟试验，试验结果表明，抽检的油管内涂层在给定模拟环境中的耐高温、高压性能满足要求。

五、地面管线缓蚀剂

地面管网缓蚀剂的筛选评价用失重法在模拟地层水对不同井区地面管网用缓蚀剂进行初步筛选，确定出缓蚀性能较优的缓蚀剂品种；然后再分别考察其在含 CO_2 模拟地层水介质、含 CO_2/H_2S 模拟地层水介质中的缓蚀效果，并确定满足不同井区、不同腐蚀类型地面管网用缓蚀剂配方体系及加药量，并对筛选出的地面管网用缓蚀剂进行抗氢渗透实验研究。

根据塔中Ⅰ号气田地面管网 CO_2 或 CO_2/H_2S 腐蚀特征与分类，选用 9 种缓蚀剂产品进行了筛选评价，有关各种缓蚀剂序号及名称参见表 3–56。

表 3–56 缓蚀剂实验样品序号及名称

编号	缓蚀剂名称	备注
1	MY–1	价格较高、吸附成膜较好
2	MY–2	价格高、吸附成膜较慢
3	MY–3	价格高、吸附成膜慢
4	MY–4	价格较高、吸附成膜慢
5	MY–5	价格较高、吸附成膜慢
6	TH–2B	价格低、吸附成膜快
7	TH–1C	价格低、吸附成膜较快
8	YX–3	价格较高、吸附成膜一般
9	HG–1	价格较高、吸附成膜较好

1. 缓蚀剂初选

干燥 CO_2、H_2S 对管材并不存在腐蚀，只有当其溶于水中才具有明显的腐蚀性，而介质水的矿化度、Cl^- 含量等对其腐蚀存在影响。因此作为酸性气体对管材腐蚀用缓蚀剂的初步筛选介质，模拟地层水（矿化水）是最基本的首选。显然若某缓蚀剂对模拟地层水不具有良好的缓蚀防腐作用，则对含酸性气体的模拟地层水而言，其缓蚀防腐效果将更差。

以模拟地层水为腐蚀介质对 9 种复配缓蚀剂样品进行了评价，实验条件见表 3–57，实验结果见表 3–58。

表 3–57 不同井区地面管网用缓蚀剂初选实验条件

温度（℃）	实验周期（h）	溶液 pH	实验管材型号	总矿化度（mg/L）
50	96	6	L360	139137

表 3–58 不同缓蚀剂对地面集输管网管材（L360）的缓蚀结果

缓蚀剂种类	缓蚀剂加量（mg/L）	钢片初重（g）	钢片余重（g）	钢片失重（g）	钢片平均失重（g）	腐蚀速率（mm/a）	缓蚀率（%）
空白	200	10.8397	10.826	0.0137	0.0131	0.1098	—
		10.8023	10.7898	0.0125			
MY–1	200	10.6362	10.6339	0.0023	0.0023	0.0188	82.82
		10.7011	10.6989	0.0022			

续表

缓蚀剂种类	缓蚀剂加量（mg/L）	钢片初重（g）	钢片余重（g）	钢片失重（g）	钢片平均失重（g）	腐蚀速率（mm/a）	缓蚀率（%）
HG−1	200	10.6655	10.6633	0.0022	0.0025	0.0205	81.29
		10.8349	10.8322	0.0027			
MY−2	200	10.7204	10.7179	0.0025	0.003	0.0251	77.09
		10.6672	10.6637	0.0035			
MY−3	200	10.7672	10.7636	0.0036	0.0032	0.02681	75.57
		10.6324	10.6296	0.0028			
TH−2B	200	10.635	10.6318	0.0032	0.0034	0.0281	74.42
		10.659	10.6555	0.0035			
TH−1C	200	10.7059	10.7024	0.0035	0.00365	0.0306	72.13
		10.6532	10.6494	0.0038			
MY−4	200	10.7269	10.7233	0.0036	0.0037	0.0310	71.75
		10.7882	10.7844	0.0038			
MY−5	200	10.754	10.7501	0.0039	0.004	0.0335	69.46
		10.8361	10.832	0.0041			
YX−3	200	10.7495	10.7446	0.0049	0.00495	0.0415	62.21
		10.7084	10.7034	0.005			

由表3−58和表3−59中数据可知，9种缓蚀剂在所给实验条件下，均能将L360管材的腐蚀速率控制在0.076mm/a内。其中MY−1、HG−1缓蚀剂的性能最优，缓蚀率分别达82.8%和81.3%。但市场调研发现TH−2B缓蚀剂价格低，且吸附成膜快。因此综合考虑缓蚀剂使用成本及快速吸附成膜对缓蚀剂抗H_2S应力腐蚀的影响，将MY−1、MY−2、TH−2B缓蚀剂等进行复配得到YT−1复配缓蚀剂，将YT−1复配缓蚀剂在上述腐蚀环境下进行了评价。结果发现，当YT−1缓蚀剂加入量为200mg/L时即能将L360管材腐蚀速率控制为0.020mm/a（与MY−1缓蚀剂相当），但其性价及快速吸附成膜性明显优于MY−1缓蚀剂。

2. 抗CO_2腐蚀地面集输管网用缓蚀剂

TZ822井地面管网腐蚀类型为单一型CO_2腐蚀。为解决TZ822井地面管网二氧化碳腐蚀问题，在TZ822地面管网的腐蚀环境下对YT−1复配缓蚀剂进行了评价，实验条件见表3−59，实验评价结果如图3−68所示。

表3−59　TZ822井地面管网环境条件

p_{CO_2}（MPa）	总压（MPa）	温度（℃）	流速（m/s）	管材型号	腐蚀时间（h）
0.08	20	50	3	L360	96

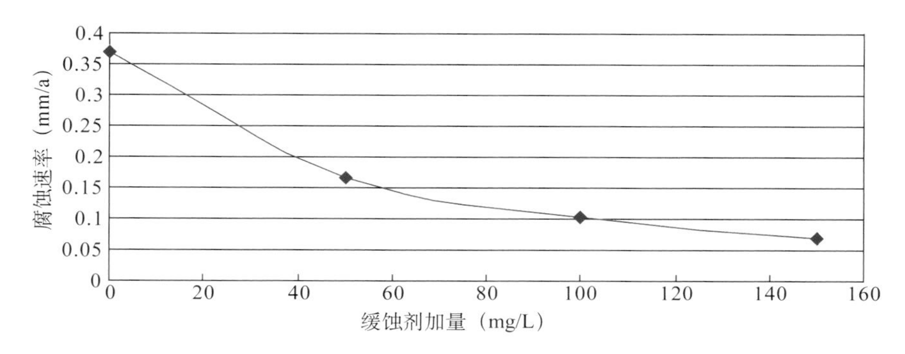

图 3–68　TZ822 井地面管网腐蚀环境下 YT–1 缓蚀剂加药量与腐蚀速率控制关系图

由表 3–59 和图 3–68 可知，YT–1 缓蚀剂对 TZ822 井地面管网 CO_2 腐蚀具有良好的缓蚀作用。在未加入缓蚀剂时，L360 管材的腐蚀速率高达 0.369mm/a；当加入缓蚀剂（YT–1）50mg/L 后，L360 管材腐蚀速率明显下降，腐蚀速率为 0.168mm/a，（大于 0.076mm/a）；随着缓蚀剂加量的逐步增大，L360 管材腐蚀速率呈现逐步减小趋势，当 YT–1 缓蚀剂加入量达 150mg/L 时，即可将 L360 管材腐蚀速率控制在 0.070mm/a（小于 0.076mm/a），故 YT–1 缓蚀剂完全能满足 TZ822 井地面管网腐蚀防护要求。

3. 抗 H_2S/CO_2 腐蚀地面集输管网用缓蚀剂

TZ83 井、TZ62–3 井地面管网腐蚀类型为 H_2S/CO_2 共同影响、以 H_2S 为主的腐蚀。为解决 TZ83 井、TZ62–3 井地面管网 H_2S/CO_2 腐蚀问题，对初选实验中性价比最高的复配缓蚀剂 YT–1 分别在 TZ83 井、TZ62–3 井地面管网的腐蚀环境中进行了评价，以确定其是否能满足 H_2S/CO_2 腐蚀防护要求，同时筛选出适当的加药浓度。

1）TZ83 井地面管线用缓蚀剂

表 3–60　TZ83 井地面管网腐蚀环境

p_{H_2S}（MPa）	p_{CO_2}（MPa）	总压（MPa）	温度（℃）	流速（m/s）	管材型号	腐蚀时间（h）
0.26	0.92	20	50	3	L360	96

模拟 TZ83 井地面管网腐蚀环境对 YT–1 缓蚀剂进行了筛选评价，实验条件参见表 3–60，评价结果如图 3–69 所示。

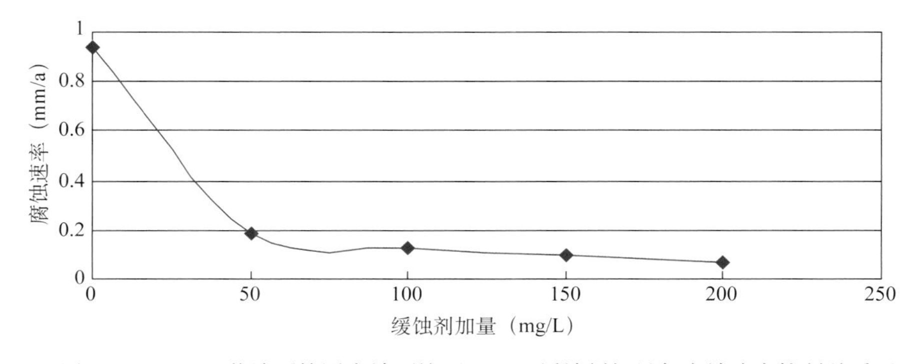

图 3–69　TZ83 井地面管网腐蚀环境下 YT–1 缓蚀剂加量与腐蚀速率控制关系图

由表 3–60 和图 3–69 可知，YT–1 缓蚀剂对 TZ83 井地面管网 H_2S/CO_2 腐蚀具有良好的缓蚀效果。在未加入缓蚀剂时，L360 管材的腐蚀速率高达 0.936mm/a。当加入 YT–1 缓蚀剂 50mg/L 后，L360 管材的腐蚀速率急剧下降，但是此时腐蚀速率仍高于 0.076mm/a；随着缓蚀剂加量逐步增大，L360 管材腐蚀速率呈缓慢减小趋势。当 YT–1 缓蚀剂加入量达 200mg/L 时，可将 L360 管材腐蚀速率控制在 0.066mm/a（小于 0.076mm/a），故 YT–1 缓蚀剂加入量为 200mg/L 能满足 TZ83 井地面管网的防护要求。

2）TZ62–3 井地面管线缓蚀剂优选

模拟 TZ62–3 井地面管网腐蚀环境对 YT–1 缓蚀剂进行了筛选评价，实验条件参见表 3–61，评价结果如图 3–70 所示。

表 3–61　TZ62–3 井地面管网腐蚀环境

p_{H_2S}（MPa）	p_{CO_2}（MPa）	总压（MPa）	温度（℃）	流速（m/s）	管材型号	腐蚀时间（h）
0.2886	1.98	20	50	3	L360	96

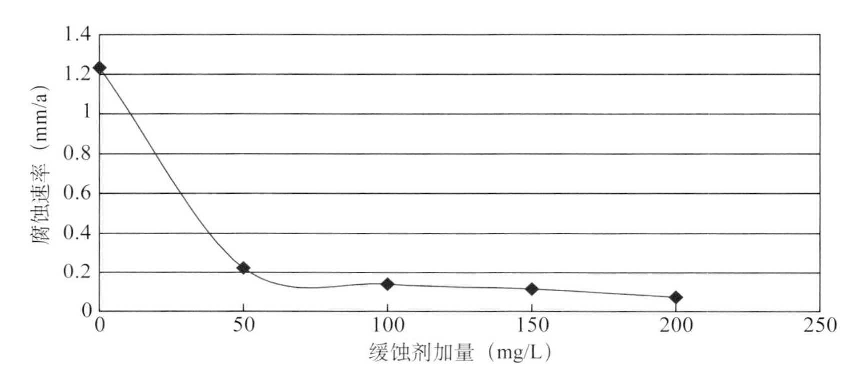

图 3–70　TZ62–3 井地面管网腐蚀环境下 YT–1 缓蚀剂加量与腐蚀速率控制关系图

由表 3–61 和图 3–70 可知，YT–1 缓蚀剂在 TZ62–3 井地面管网 H_2S 和 CO_2 腐蚀环境下具有良好的缓蚀作用。在未加入缓蚀剂时，L360 管材的腐蚀速率高达 1.234mm/a。当加入 YT–1 缓蚀剂 50mg/L 后，L360 管材的腐蚀速率急剧下降，但此时腐蚀速率仍然高达 0.224mm/a；随着缓蚀剂的加入量的增大，L360 管材的腐蚀速率呈现逐步减小趋势，当 YT–1 缓蚀剂加入量达到 200mg/L 时，能将 L360 管材的腐蚀速率控制在 0.073mm/a（小于 0.076mm/a），故 YT–1 缓蚀剂可满足 TZ62–3 井地面管网腐蚀防护要求。

4. 地面集输管网用缓蚀剂的抗氢渗透能力研究

金属在腐蚀、阴极保护、电镀、酸洗等过程常伴随氢的产生，一部分原子态的氢相互结合为氢分子。另一部分则可能从界面上扩散进入金属晶格内部，造成氢起泡或氢脆等（H_2S）应力腐蚀。使金属材料产生局部变形或引起材料的韧性和抗拉强度下降，甚至造成金属构件的突然性破裂。据此，缓蚀剂能否有效地控制或者减缓原子氢向金属里面的渗透是评价缓蚀剂抗应力腐蚀性能的重要指标。

塔中 I 号气田普遍含有 H_2S 和 CO_2，地层水 pH 值在 5.5 ～ 7.65 之间，该 pH 值不在发生氢脆的敏感区间，但是若管材含有杂质仍然存在氢脆开裂的可能。因此筛选出的缓蚀剂能否有效地抑制氢在管材表面的渗透是防止管材氢脆开裂的关键。在模拟地层水腐蚀、CO_2腐蚀、H_2S/CO_2 共存腐蚀环境下的缓蚀剂筛选评价实验表明：YT−1 缓蚀剂在相应加量下能满足塔中Ⅰ号井区地面管网腐蚀防护的要求，故选用该缓蚀剂用于抗渗透实验研究。

1）缓蚀剂抗氢渗透实验评价方法

缓蚀剂的抗氢渗透实验按照四川天然气研究院的《天研文集 14 缓蚀剂研究报告及情报调研文集》中缓蚀剂抗氢渗透实验评价方法来实施。实验装置构成如图 3−71 所示，氢渗透测量装置由恒电位仪、数字电压表、两个电解池（Ⅰ、Ⅱ）及电极（铂电极和金属材料腐蚀电极）组成。管材试件薄片（不大于 0.1mm）作为研究电极夹在两电解池间；其处于电解池Ⅰ的表面称为“极化面”（即氢进入面），处于电解池Ⅱ的表面称为“扩散面”（即氢氧化面）。腐蚀溶液或介质储存于电解池Ⅰ中，并与管材试件薄片发生电化学反应或腐蚀，放出原子氢；该原子氢部分或全部被试件表面（极化面）吸收渗入试件体，然后经试件“扩散面”扩散进入电解池Ⅱ；并在恒电位仪提供的正电位作用下，该氢原子电离为氢离子（$H \rightarrow H^{+}+e$），同时产生阳极电流为 iA。如无其他电化学反应（$4OH^{-} \rightarrow O_2+2H_2O+4e$），则阳极电流 iA 与“极化面”产生的氢量相当。显然在相同腐蚀介质条件下，试件产生氢原子的多少将直接与腐蚀介质中缓蚀剂的存在于保护性能密切相关。因此可根据腐蚀介质加入缓蚀剂前后，所测定 iA 的变化及数据大小定量判定缓蚀剂的缓蚀效果或腐蚀时缓蚀剂防止氢原子渗入试件表面的能力——抗氢渗透能力。

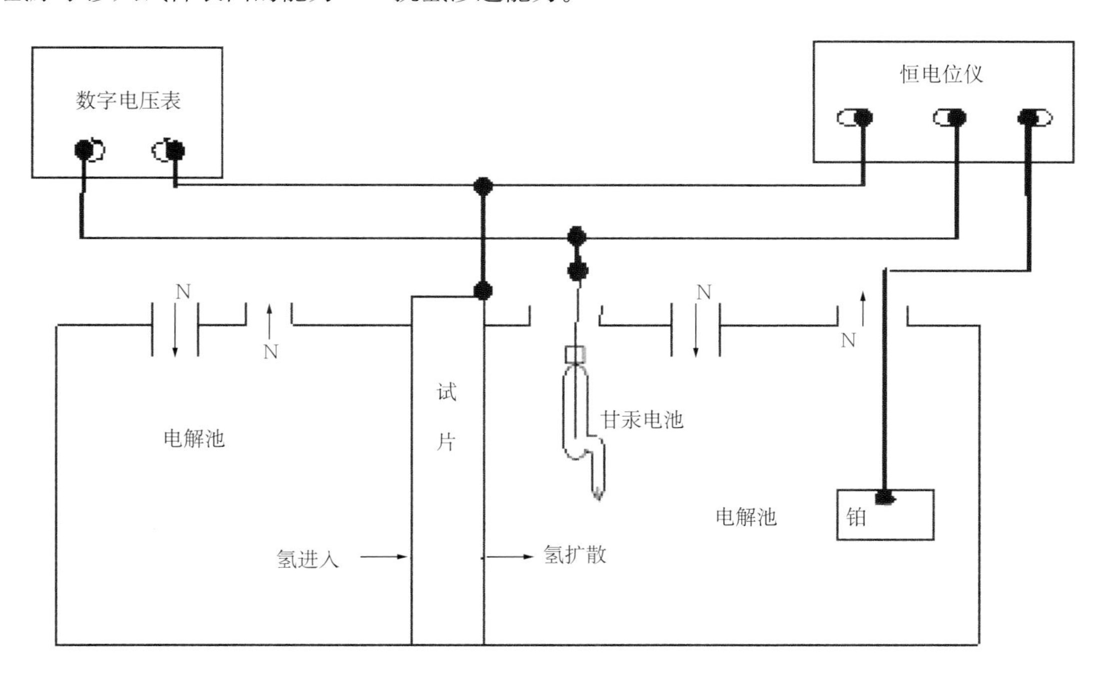

图 3−71　缓蚀剂抗氢渗透实验装置图

因氢扩散与温度有关，为了使实验过程中电解池中溶液温度恒定，本实验温度采用室温（25±1℃）。根据地面管网缓蚀剂筛选的结果，将 Y−1 缓蚀剂用于缓蚀剂抗氢渗透实验。

（1）实验操作步骤。

首先用 1mol/L 的 NaOH 的溶液充满电解池Ⅱ，将双电解池放入恒温（25±1℃）水浴中，通入氮气除氧，放置 0.5h。

当开路电位基本稳定至 ±10mV 时，在工作电极（即实验钢片）加上 200mV 阳极电位（相对 S.C.E），记录 *i*A，该电流由实验钢片内部残留氢或电解池 II 溶液中杂质所致。当 *i*A' 达到稳定值时，通入经氮气除氧的腐蚀介质于电解池 I 中，立即记录实验时间和对应的 *i*A 值，随后每间隔一段时间即记录 *t* 和 *i*A（*t*）值，直至 *i*A 达到稳定。

（2）实验数据处理。

绘制电流 *i*A 与实验时间关系曲线。

根据添加缓蚀剂前后稳定态电流（*i*A），计算缓蚀剂抗氢渗透率。抗氢渗透率 =（*i* 空白 −*i* 缓蚀）÷*i* 空白 ×100%。

2）空白溶液阳极电流变化规律研究

为研究 pH 值为 2 的酸液对管材钢片的氢渗透能力，按照实验操作在不添加缓蚀剂的情况下进行氢渗透实验。将通入氮气脱了氧的研究溶液（pH 值为 2 的酸液）引入电解池 I 中，H^+ 开始在钢片的“极化面”（氢进入面）产生原子氢并且进入钢片表面，继而原子氢穿透钢片到达电解池 II 这边的“扩散面”（氢氧化面），并且在扩散面被氧化（$H \rightarrow H^+ + e$），其产生的阳极电流 *i*A 随着原子氢的连续产、在试片中渗透而逐渐变大，最后趋于稳定，此时该稳定电流为实验酸液所能产生的氢渗透能力。记录不同时间段 *i*A 值。有关详细实验结果见表 3–62 和图 3–72。

表 3–62　未加入缓蚀剂时不同时间点段阳极电流

时间（min）	1	2	3	4	5	6	7	8	9	10	11	12	13
电流（μA）	0	17	41	62	82	01	122	147	150	152	153	152	152

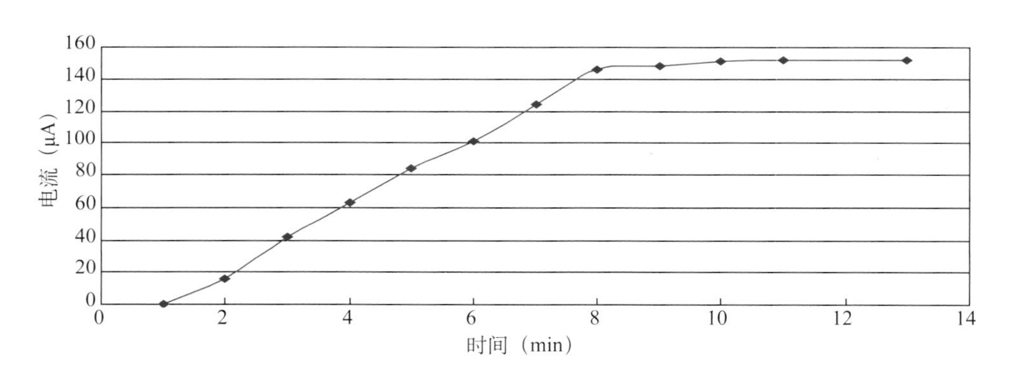

图 3–72　未加缓蚀剂时阳极电流随时间的变化曲线图

由表 3–62 和图 3–72 可知，在研究溶液（pH 值为 2 的酸液）引入电解池 I 后的 1min 内阳极电流为 0 μA，表明该阶段原子氢在试片的“氢进入面”和“氢氧化面”间运移，还没能穿透试片到达电解池 II；在随后的 1 ~ 8min，空白溶液的阳极电流随时间逐渐增大，表明该阶段氢原子陆续穿过试片到达氧化还原面，氢原子在氧化还原面被氧化而产生阳极电流；而在 8min 以后阳极电流开始趋于稳定，表明此时氢原子在钢片中的渗透已处于稳定状态；此时该研究溶液氢渗透能产生的稳定电流为 152 μA。

3）缓蚀剂抗氢渗透能力评价

为研究 YT−1 缓蚀剂对 pH 值为 2 酸液的氢渗透抑制作用，按照实验操作方法对 YT−1 复配缓蚀剂进行氢渗透实验，研究了不同缓蚀剂加入量下稳定态阳极电流的变化和缓蚀剂的抗氢渗透能力。实验结果见表 3−63 至表 2−66 及图 3−73。

表 3−63　YT−1 缓蚀剂加入量为 50mg/L 时不同时间点对应的阳极电流变化

时间（min）	1	2	3	4	5	6	7	8	9	10	11	12	13
电流（μA）	0	0	2	3	8	14	19	20	20	21	21	21	21

表 3−64　YT−1 缓蚀剂加入量为 100mg/L 时不同时间点对应的阳极电流变化

时间（min）	1	2	3	4	5	6	7	8	9	10	11	12	13
电流（μA）	0	0	1	3	4	8	11	14	15	15	15	15	15

表 3−65　YT−1 缓蚀剂加入量为 150mg/L 时不同时间点对应的阳极电流变化

时间（min）	1	2	3	4	5	6	7	8	9	10	11	12	13
电流（μA）	0	0	0	2	3	5	6	7	7	7	7	7	7

表 3−66　YT−1 缓蚀剂加入量为 200mg/L 时不同时间点对应的阳极电流变化

时间（min）	1	2	3	4	5	6	7	8	9	10	11	12	13
电流（μA）	0	0	0	1	2	2	3	4	4	4	4	4	4

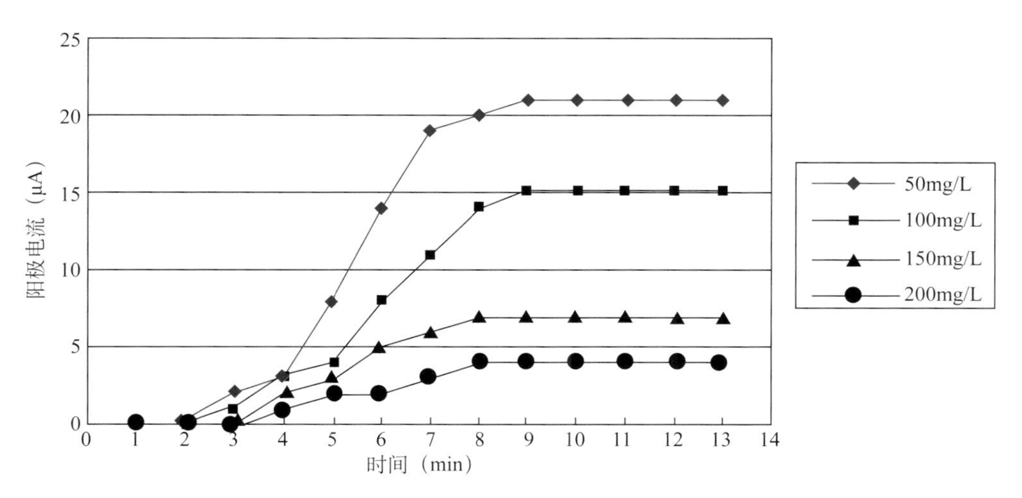

图 3−73　YT−1 缓蚀剂不同加入量下阳极电流随时间变化曲线

由表 3−63 至表 3−66 相关数据及图 3−73 可知，不同缓蚀剂加入量下阳极电流均随着时间逐渐增大，最后趋于稳定。对比不同缓蚀剂加入量下开始检测到阳极电流的时间发现，随着缓蚀剂浓度增加，出现阳极电流所需时间呈延后趋势，当缓蚀剂加量为 200mg/L 时，计时 4min 后才检测到阳极电流，是未加入缓蚀剂时所需时间的 2 倍。进一步分析图 3−73

发现，稳定态阳极电流随缓蚀剂加量增加而逐渐减小。当缓蚀剂（YT−1）加入量分别为50mg/L、100mg/L、150mg/L、200mg/L时，其对应阳极稳定态电流分别为21μA、15μA、7μA、4μA。

综上所述，YT−1缓蚀剂在液相中的存在或在地面管材试片表面的快速吸附成膜阻碍并延缓了原子氢在试片表面及内部的渗透，从而有效地阻止H_2S对试片腐蚀或H_2S应力腐蚀开裂的可能。

为进一步了解缓蚀剂加入及加入量变化对缓蚀剂抗氢渗透性能的影响，本研究引入缓蚀剂抗氢渗透率对其进行了描述。缓蚀剂加入量变化对其抗氢渗透率能力影响见表3−67和图3−74。

表3−67　YT−1缓蚀剂浓度变化对抗氢渗透率的影响

缓蚀剂加药浓度（mg/L）	稳定态阳极电流（μA）	缓蚀剂抗氢渗透率（%）
0	152	—
50	21	86.18
100	15	90.13
150	7	95.39
200	4	97.37

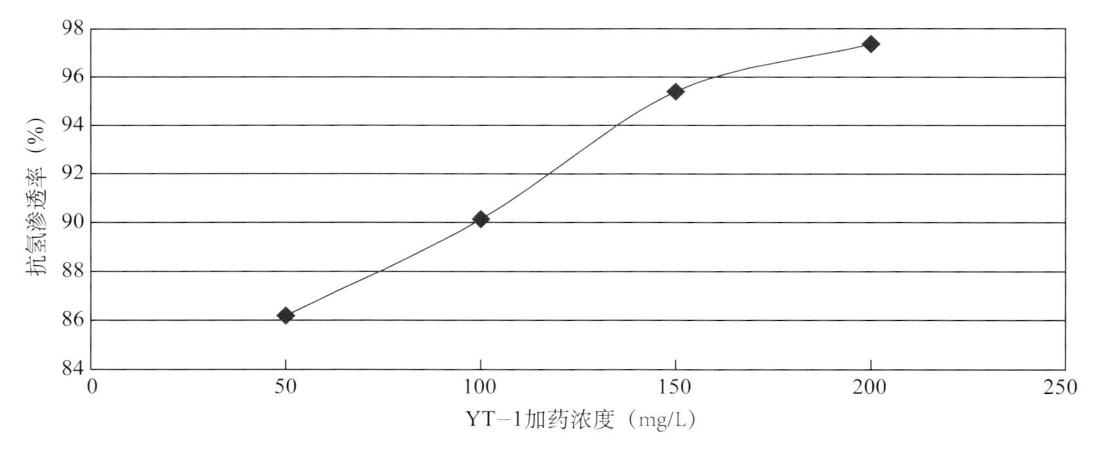

图3−74　缓蚀剂抗氢渗透率随YT−1浓度的变化曲线

由表3−67和图3−74可知，缓蚀剂的抗氢渗透率随着缓蚀剂加量增加而逐渐增大。当缓蚀剂加量为200mg/L时，抗氢渗透率已达97.37%。三井区地面管网（TZ822井、TZ83井、TZ62−3井）用缓蚀剂加药量分别确定为150mg/L、200mg/L、200mg/L；在对应的加药浓度下YT−1缓蚀剂的抗氢渗透率分别达到95.39%，97.37%，97.37%。可见YT−1缓蚀剂完全能满足塔中Ⅰ号气田三井区地面管网H_2S应力腐蚀防护要求。

5. 不同井区地面集输管网防腐用缓蚀剂类别及用量

综上研究可知，塔中Ⅰ号气田TZ83、TZ82、TZ62此3个井区地面集输管网管材根据其腐蚀类型不同，可选用不同的缓蚀剂类型，其缓蚀剂用量可由其腐蚀程度及输送流体量共同决定，但以地面集输管网管材腐蚀程度为主。有关各井区地面集输管网所用缓蚀剂类别及加量见表 3–68。

表 3–68　不同井区地面集输管网管材防腐用缓蚀剂类型优选及加量结果

井区	所含井井号	腐蚀分类	缓蚀剂	加量（mg/L）
TZ83	TZ721、TZ83	CO_2/H_2S 共同影响 H_2S 为主腐蚀	YT–1	200
TZ82	TZ822、TZ828、TZ82、TZ821、TZ823	CO_2 腐蚀	YT–1	150
TZ62	TZ44、TZ62、TZ621、TZ622、TZ623、TZ62–1、TZ62–2、TZ62–3、TZ242、TZ70C	CO_2/H_2S 共同影响 H_2S 为主腐蚀	YT–1	200

TZ621–1 井地面管网基本资料见表 3–69，结合该表数据和本报告相关的论述，可知 TZ62–1 井地面管网属于 H_2S 和 CO_2 共同影响、以 H_2S 为主的腐蚀。复配缓蚀剂 YT–1 加量为 200mg/L 时也能有效控制 TZ62–1 井地面管网腐蚀，此缓释剂加药浓度下，缓蚀剂日用量为 8.4kg。

表 3–69　TZ621–1 井地面管网基本资料

管网号		TZ62–1 井管网
管网温度（℃）		50
输送压力（MPa）		8.8
平均日产水量（m^3）		39.35
日产液量（m^3）		42
酸性气体分压	H_2S（MPa）	0.0023
	CO_2（MPa）	0.29
水质资料	pH 值	6.6
	矿化度（mg/L）	116100
	Ba^{2+}、Si^{2+}（mg/L）	8652
	CO_3^{2-}（mg/L）	390
	SO_4^{2-}（mg/L）	517

六、技术及对策

对塔中 I 号酸性油气田防腐技术难点进行调研、分析和总结，针对塔中 I 号酸性油气田腐蚀环境的特点，展开相应基础理论和技术的研究。收集分析基础资料，以弄清塔中 I 号酸性油气田井筒和地面的腐蚀环境及存在哪些腐蚀因素。针对塔中 I 号酸性油气田井筒和地面的腐蚀环境进行腐蚀规律研究，并将此作为塔中 I 号酸性油气田防腐技术研究的基础。塔中 I 号酸性油气田的防腐技术分为井筒防腐蚀技术、地面防腐蚀技术和编制现场可以应用的规范 3 个方面。

1. 井下防腐措施

1）油管、套管选材

对于酸性气田，抗硫化物应力开裂是管材应用的必要条件，因此为塔中Ⅰ号气田专门展开了抗SSC性能的评价试验，使用拉伸和四点弯曲两种实验方法进行评价（NACE TM 0177—2005）。研究认为：P110、TP110—3Cr材料不适用于塔中Ⅰ号气田含H_2S环境；TP110S及TP110SS在塔中Ⅰ号气田酸性环境中具有良好的抗H_2S应力腐蚀开裂性能。

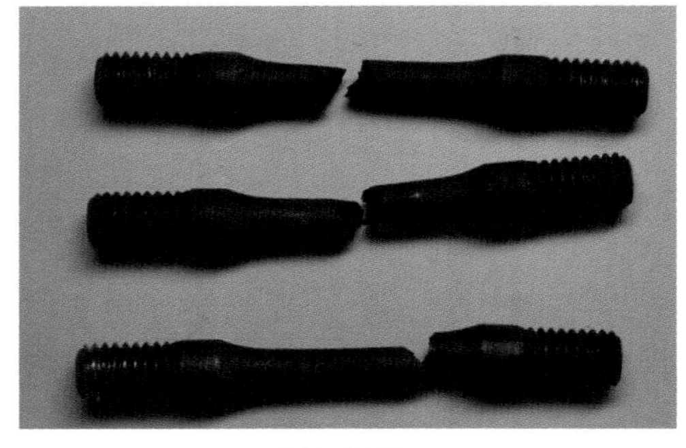

（A）P110　　（B）TP110—3Cr

图3−75　加载72%屈服强度应力时宏观形貌

图3−76　TP110S加载80%屈服强度

图3−77　TP110SS加载85%屈服强度

根据试验结果，推荐了油管、套管材质：油管选用TP110S和TP110SS；套管选用TP110S和TP110SS（或TP110TS和TP110TSS）。同时从试验中得出，对110钢级这种非标抗硫管材，普通抗硫材质（单S）应力加载应为80%屈服强度，特殊抗硫材质（SS）应力加载应为85%屈服强度。

2）内涂层油管

随着涂层技术和工艺的发展，内涂层油管的耐温、耐腐蚀、耐压能力有了长足进步，在注水井、酸化井及高含硫、CO_2、H_2S的油气井中的应用规模逐步扩大，是行之有效的防腐措施之一。一吨$2^7/_8$in壁厚5.51mm的油管，内涂层价格为四千至五千元。

在含硫气井中，应优先采用抗硫化物应力开裂的钢材，用这种抗硫钢材来喷涂涂层以防止电化学腐蚀。一旦涂层有损伤，在井下只发生电化学腐蚀，而不会发生灾难性的硫化物应力开裂断裂。涂料具有较好的抗腐蚀能力，但不耐磨蚀，井下作业时要严防擦伤。

3）井筒缓蚀剂

塔中Ⅰ号气田井筒腐蚀主要分为CO_2腐蚀和以H_2S为主的腐蚀，其中TZ822井、

TZ721 井和 TZ828 井为 CO_2 腐蚀类型；而 TZ83 井、TZ823 井、TZ621 井等 14 口井则为以 H_2S 为主导 CO_2/H_2S 腐蚀类型，应分别选用抗 CO_2 腐蚀用井筒缓蚀剂和抗 CO_2/H_2S 腐蚀用井筒缓蚀剂。

表 3-70　各井区不同井井筒管材防腐用缓蚀剂类型优选及加入量

井区	井号	腐蚀分类	缓蚀类型	缓蚀剂加量（mg/L）
TZ83	TZ721	CO_2 腐蚀	YU-1	120
	TZ83	CO_2/H_2S 共同影响 H_2S 为主腐蚀	YU-4	200
TZ82	TZ822	CO_2 腐蚀	YU-1	60
	TZ828			120
	TZ82	CO_2/H_2S 共同影响 H_2S 为主腐蚀	YU-4	150
	TZ821			200
	TZ823			250
TZ62	TZ44	H_2S 腐蚀	YU-4	30
	TZ62	CO_2/H_2S 共同影响 H_2S 为主腐蚀		30
	TZ621			80
	TZ622			40
	TZ623			40
	TZ62-1			175
	TZ62-2			40
	TZ62-3			50
	TZ242			150
	TZ70C			150

（1）井筒缓蚀剂添加工艺。

井筒防腐通过毛细管注入系统添加缓蚀剂液体和溶硫剂进行化学防腐。目前塔中 I 号气田均采取自喷方式开采，井深 5500m 左右，井底流压高达 60MPa，且环空井底带封隔器，H_2S 和 CO_2 等腐蚀性气体含量高，由于井底流压高，缓蚀剂依靠自重不足以克服井底高压流体流动阻力而自行流入井筒底部。必须通过小（口径）尺寸管线泵注至井底，推荐毛细管直接从井口经油管注入井底，缓蚀剂和溶硫剂注入通道为外径 6.35mm、内径 3.175mm 的金属细管线（L316），材质为不锈钢。

（2）缓蚀剂储药罐选择。

缓蚀剂储药罐的材质为机械强度较高的不锈钢，综合考虑不同 TZ62-1 井缓蚀剂的日加药量、缓蚀剂药剂的有效期、工人加药操作工作量，将缓蚀剂储药罐的加药周期定在 15 天为一个加药周期。并同时确定缓蚀剂储药罐的体积。

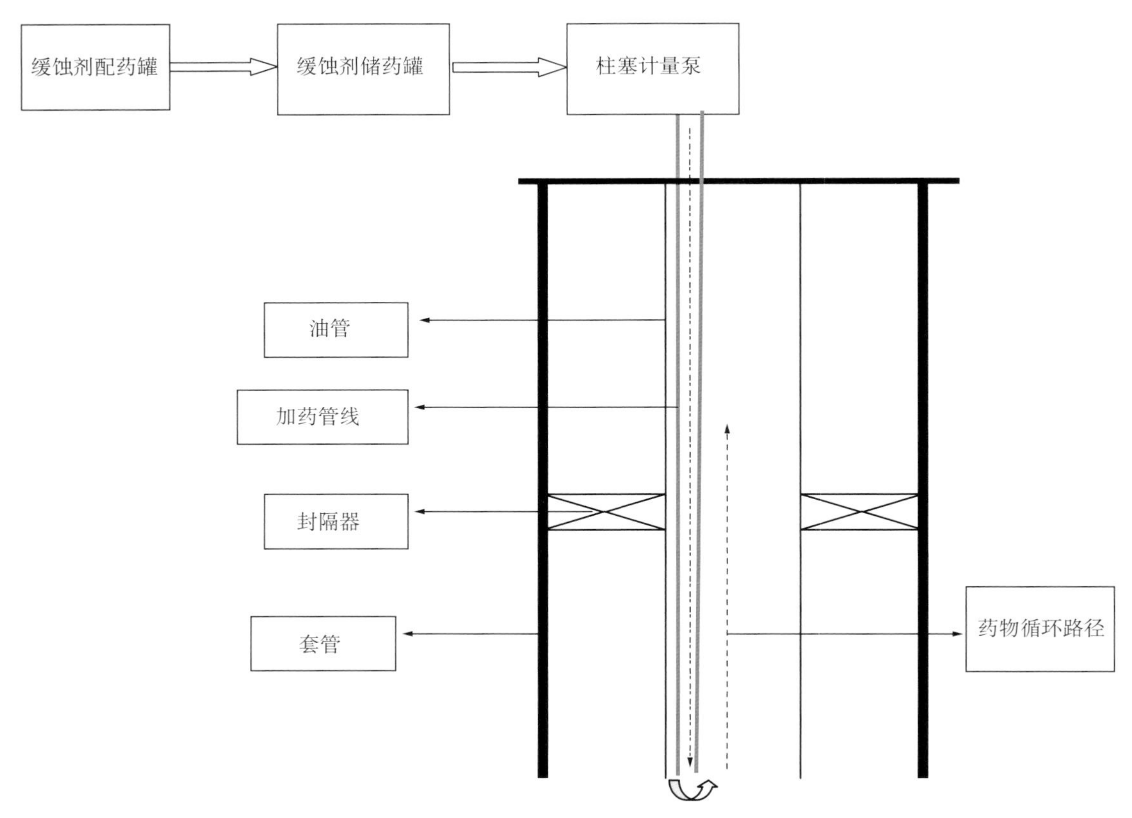

图 3–78　缓蚀剂通过细管线经井口及油管内加药流程图

拟定加药罐加药周期定为15d，缓蚀剂加药罐容积 V（m^3）=（16.8kg/d）× 稀释倍数（5）× 15d ÷ 1000（kg/m^3）= $1.26m^3$。为了使加药罐能正常容载缓蚀剂溶液，设计罐体体积应略大于实际容载体积，故设定缓蚀剂加药罐容积选为 $1.5m^3$。

（3）缓蚀剂配药罐选择。

缓蚀剂样品为具有一定黏度的液体，为使缓蚀剂在注入时具有较好的流动性，从而降低缓蚀剂液体注入阻力，因此缓蚀剂必须首先在配药罐中进行稀释，然后转入储液罐经泵注入井筒。经实验发现，YU–4 缓蚀剂经淡水稀释 5 倍即具有较好的流动性。配置缓蚀剂溶液的容器或罐一般应满足以下要求：

①容器材质理化性质稳定，不会与缓蚀剂药剂发生反应而降低缓蚀剂药效，故可选用聚乙烯塑料罐或不锈钢罐。

②配药罐的容积与储药罐容积大小相当为宜，以便实现配药罐一次配药能装满储药罐，故配药罐体积也定为 $1.5m^3$。

经过上述分析，得出井筒缓蚀剂加药装置主要部件及参数见表 3–71。

表 3–71　井筒缓蚀剂加药装置主要部件及参数

设备名称	设备型号参数
缓蚀剂配药罐	材料：不锈钢 304（厚度 2mm）； 罐体尺寸：1m × 1m × 1.5m

续表

设备名称	设备型号参数
缓蚀剂储药罐	材料：不锈钢 304（厚度 2mm）； 罐体：尺寸：1 m × 1m × 1.5m
柱塞计量泵加药系统	柱塞计量泵泵功率：1500W；供给压力：大于 8MPa
地面加药管线	加药管线材质：L316 不锈钢；外径：6.35mm，内径 3.175mm。

4）环空保护液

综合考虑在工况环境下的成膜性能、杀菌效果、阻垢效果和缓蚀率后，选用 CT/TPK–1 型环空保护液。

2. 地面管网防腐措施

1）采用缓蚀剂防腐

根据相关研究成果，在地面环境中，筛选的缓蚀剂可将管材的腐蚀速率降低到 0.076mm/a 以下，因此地面管网采用缓蚀剂防腐。

2）地面缓蚀剂加注工艺

根据塔中 I 号气田地面管网实际情况，结合塔里木油气田已有地面管网缓蚀剂加药的成功经验，确定塔中 I 号气田地面管网加药工艺为柱塞计量泵加药，注入口为单井地面管线入口，缓蚀剂溶液在地面管线内随着产出液一起运移，对地面管网实施保护。

表 3–72　地面管网缓蚀剂加药配套设备参数

设备名称	设备型号参数
缓蚀剂配药罐	材料：不锈钢 304（厚度 2mm）； 罐体尺寸：1m × 0.8m × 1m
缓蚀剂储药罐	材料：不锈钢 304（厚度 2mm）； 罐体：尺寸：1m × 0.8m × 1m
柱塞计量泵加药系统	柱塞计量泵功率：1100W；供给压力：大于 10MPa
地面加药管线	加药管线材质：316 不锈钢

3）压力容器材质选择

通过对压力容器材质的应力腐蚀试验、失重腐蚀试验及经济性评价，制订了压力容器选材方案。已经指导了两批次共 18 台含硫分离器的选材和设计。

为现场推荐的材质应用方案为：

（1）计量分离器和放空分液罐可采用 07Cr2AlMoRE 制造。

（2）清管器收发球筒、加热炉管可采用 20R（HIC）和 16MnR（HIC）制造。

（3）埋地污水罐可采用 20R 或 16MnR 制造，并加涂层和阴极保护。

3. 腐蚀监测

在具有代表性的井点、集输干线和气体处理站设置失重挂片 29 套、电阻探针 29 套、FSM 监测系统 3 套，进行腐蚀监测。监测方法和监测仪表的选择将在下一节中介绍。

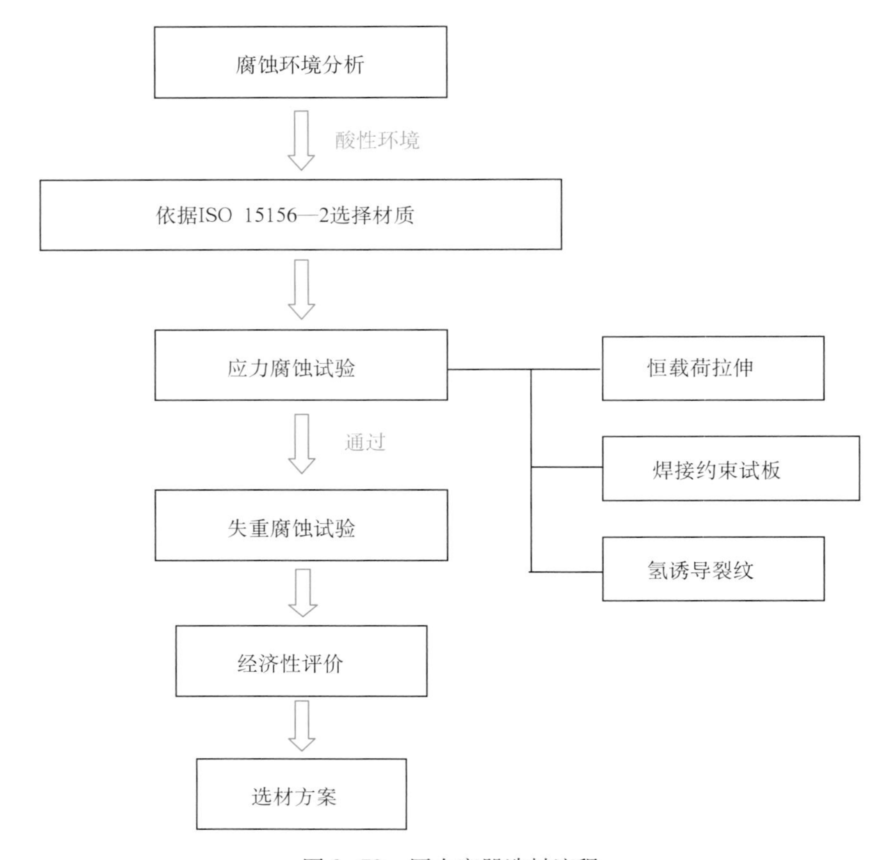

图 3–79 压力容器选材流程

表 3–73 部分压力容器设计规格和设计压力

设备名称	设计压力（MPa）	规格
单井站和集气站加热炉	39	
计量分离器	15	DN 700
放空分液罐	1.0	DN1000
清管器发球筒	15	DN150（单井站）、DN200（集气站）
清管器收球筒	15	DN150
埋地污水罐	常压	10m³

第三节 气田腐蚀监测技术

一、腐蚀监测方法

1. 腐蚀监测方法的优选

现有的腐蚀监测方法的特点汇总列于表 3–74。

表 3-74　主要腐蚀监测方法对比

方法	检测原理	特点	检出信息	适用对象	结果解释
失重挂片法	挂片置于腐蚀介质中，定期测量失重	需时较长操作复杂	平均腐蚀速率	任意介质	容易
电阻法	根据电阻探针电阻变化测量腐蚀速率	较快速、应用灵活	连续监测平均腐蚀速率	任意介质	容易
氢渗透法	通过测量渗透到氢探针中的氢分子量计算氢渗透率	需时较长	氢渗透速率	任意介质	较易
线性极化电阻法	根据腐蚀过程中极化探针表面极化阻力变化测量腐蚀速率	快速、应用灵活	连续的腐蚀速率	电解质	较易，存在干扰
电感探针	利用电磁感应的原理来测量介质的腐蚀速率	快速、应用灵活	连续的腐蚀速率	任意介质	较易
含砂 / 磨蚀	通过测量流经传感器的电位将，可监测到每一传感器电阻的变化	系统反应速度快	连续的腐蚀速率	任意介质	复杂
FSM 法	根据特制的测试管段上多点电位变化测量腐蚀速率	费用昂贵	平均腐蚀速率	任意介质	复杂

根据塔中 I 号气田现场实际，结合各种腐蚀监测方法的特点及介质特性，选择失重挂片、电阻探针联合监测方式，对 3 条集气干线同时采取 FSMlog 联合监测方式。

全周向腐蚀监（检）测技术是一种新型无损检测技术（FSM），其原理是将探针或电极在待测区布置成阵列，然后测量经过金属结构电场的微小变化，用测得的电压值与初始设定的测量值进行比较，依次来检测由于腐蚀等引起的金属损失、裂纹、凹坑或凹槽。主要优点：具有高的检测精度且检测结果不受操作者影响；能够用于检测复杂的几何体（弯头、T 形接头、Y 形接头等），同时对于这些几何体，采用 FSM 技术可大幅减少检测的时间；具有远程检测能力；灵敏度高于剩余壁厚的 0.5%，即实际的灵敏性随着腐蚀的增加而提高，其灵敏度是 UT 的 10 倍，同时可重复性好；不需要去掉涂层或保温层。

FSMLog 的重要优点是提供连续在线的监测。

2. 腐蚀监测点的设计依据及原则

1）设计依据

（1）生产系统腐蚀监测方案依据“塔中 I 号气田 $10 \times 10^8 m^3/a$ 开发试验区试采方案”酸性介质及各个处理工艺流程进行设计。

（2）根据《中国石油天然气股份有限公司天然气开发管理纲要》规定，腐蚀监测要全面覆盖，井筒主要对井下油管、套管进行腐蚀监测；地面生产系统监测项目包括生产设备和管线腐蚀状况在线监测等；从井口到首站进行全流程泄漏检测。

2）设计原则

生产系统腐蚀监测点的设计遵循“区域性、代表性、系统性”的原则。区域性是指某一区块或某一气田。代表性是指在生产系统中具有以点代面作用的点；系统性是指围绕整个气田生产系统的各个环节，即从气井井筒（上、中、下）→气井井口→集气站（起点站）→气体处理厂→污水处理系统。

腐蚀监测点的具体设计原则为以捕捉在该系统中腐蚀最严重的部位为目标。

（1）油气井单井选择原则。

油气井产量相对较大且生产稳定的井；不同区块，不同层系的井；高含 H_2S、CO_2 的井；不同含水率的井。

具体设置部位为单井井口或计量、计转站各单井来液进汇管前。

（2）集输支、干线选点原则。

高 H_2S、CO_2 集输干、支线；含水率较高的集输干、支线；具体设置部位：支、干线起点（具体位置在发球筒前）和终点（具体位置在发球筒后）。

（3）气体处理站内（油气处理系统、脱硫处理系统、脱水脱烃系统、凝析油处理系统、硫磺回收处理系统、污水处理系统）监测点的设置。

二、腐蚀监测仪表筛选

不同腐蚀监测仪表见表 3–75。

表 3–75　腐蚀监测仪表对比

序号	设备类型	规格型号	数量	使用年限	新度系数	完好情况	备注
1	低压带压开孔器	DFCZ–50	4	6	0.9	完好	
2	低压带压取放器	DFCZ–50	6	6	0.9	完好	
3	腐蚀监测装置	CS–30.0	6	6	0.8	完好	现场安装
4	腐蚀监测装置	CS–B–H1	4	6	0.8	完好	现场安装
5	数据存储器	MS3500E	6	6	0.8	完好	现场安装
6	数据采集器	MS1500E	4	6	0.8	完好	手持采集数据
7	高压取放器	HP	2	6	0.8	完好	
8	高压服务阀	HP	2	6	0.8	完好	
9	高压带压开孔器	HP	1	6	1.0	完好	
10	电阻探针	ER7100	6	4	0.8	完好	
11	电阻探针	ER4200	4	4	0.8	完好	
12	电子天平	FA1104	2	8	0.9	完好	
13	分光光度计	721	1	8	0.9	完好	
14	超声波测厚仪	MX–3	1	3	0.8	完好	
15	PCM 管道检测仪	RD1600	1	3	0.8	完好	
16	H_2S 检测仪	—	1	3	0.8	完好	
17	空气呼吸器	—	2	2	0.9	完好	
18	万用表	FLUCK17B	2	2	0.9	完好	

三、井筒监测方案

针对井筒结构特点，采用失重法进行监测。据各个区块 H_2S、CO_2 含量及分布情况，在塔中 1 号气田选择两口具有代表性的进开展井筒腐蚀监测，具体井号根据 H_2S、CO_2 含量及产水情况、井的作业情况制订。根据油管、套管材质情况，油管、套管环形空间试环材质为 P110、TP110S、TP110SS、3Cr 四种材质；油管内试环材质为 P110、BG110S、BG110SS、3Cr 四种材质。内、外环每种材质各挂 2 个试环（平行试件）。

井筒监测随作业进行，将试环安装在挂环器上，按照设计深度要求随作业依次下入井内。

深度设计：根据井的深度及 H_2S、CO_2 分压进行设计安装，温度是影响 CO_2 腐蚀的主要因素，CO_2 在温度为 60 ～ 110℃时生成不稳定的腐蚀产物膜。因此，主要根据 CO_2 的易发生温度及井内含水情况进行设计。中古 501/601 井挂环下入深度为：1500m 处 1 个、2500m 处 1 个、4000m 处 1 个、5500m 处 1 个（封隔器下部，实际深度根据被监测井深度确定），共 4 套；中古 22 或中古 23 井下入深度为：1500m 处 1 个、2500m 处 1 个、4000m 处 1 个、6000m 处 1 个，共 4 套。试环材质选择首先选择与油管材质一致的试件，然后在确定其他试件材质。

监测周期：作业周期及井筒腐蚀监测周期。

四、地面监测方案

1. 集输支、干线系统

根据现场 H_2S 等情况，共在 TZ62 区块、TZ82 区块、TZ83 区块、TZ721 区块、TZ222 区块等共设置 13 个腐蚀监测部位，每个部位采用失重法 + 电阻探针联合监测。

2. 气体处理站系统监测点分布

1）集气装置工艺流程探针、挂片监测点分布

TZ82 井干线来气、TZ62 井高压干线来气、TZ721 井干线来气、TZ83 井干线来气、TZ62 井低压干线来气，共 5 个监测部位，全部安装在收球筒后。

干线 FSM 全周向腐蚀监测：TZ82 井干线来气、TZ83 井干线来气、TZ721 井干线来气，共 3 个监测部位，全部安装在收球筒前。

2）脱硫工艺装置腐蚀监测点分布

脱硫装置吸收塔进口原料气管线（脱硫前）、出口湿气管线（脱硫后）、脱硫装置吸收塔底部富液（MDEA）管线、富液进再生塔前管线，脱硫装置共设计监测点 4 个。

3）凝析油处理装置腐蚀监测点分布

析油处理系统监测点设置：高压凝析油来液、低压凝析油来液、三相分离器底部水相出口、净化后凝析油（监测气提脱硫后情况）、闪蒸气管线（压缩机后），凝析油处理装置共设计监测点 5 个。

4）硫磺回收装置腐蚀监测点分布

硫磺回收装置工艺系统在酸气来气管线设计监测点 1 个。

第四节　高压、中低酸性气田低成本防腐技术应用规模及效果

一、实现了低成本有效防腐的既定目标

研究筛选的低成本有效防腐技术已在塔中 I 号气田规模应用，其中 TP110S 和 TP110SS

油管应用于 70 口井（41188.2m）；内涂层油管应用 16 口井（94663m）；环空保护液和地面管网缓蚀剂已在投产井、站全面应用；地面 24 个监测部位已全部按设计安装腐蚀监测仪表，于 2010 年 12 月开始全面监测。

上述技术应用以来，抗硫 TP110S、TP110SS 油管未发现硫化物应力开裂，内涂层油管未发现涂层脱落、堵塞井筒的现象，注环空保护液的井起油管作业观察，油管外壁未发现明显腐蚀，地面 23 个监测点 44 个腐蚀速率监测数据的平均值为 0.016mm/a，取得了较好的防腐效果，实现了低成本有效防腐的既定目标。

二、应用前景展望

塔中Ⅰ号气田处在 H_2S、CO_2 和高矿化度地层水共同作用下的复杂腐蚀环境中，腐蚀程度属于严重范围。目前井筒选材和应用的各项防腐蚀技术应用效果良好，不仅能够延长管柱和设备的使用寿命，还能避免因腐蚀导致硫化氢泄漏带来的生产事故和人身伤害，为塔中Ⅰ号气田安全开发生产提供了技术保障，经济效益和社会效益显著。

塔中Ⅰ号气田低成本有效防腐配套技术为塔中Ⅰ号坡折带后续开发奠定了防腐工艺技术基础，同时这套防腐技术还可借鉴应用于塔里木其他含 H_2S 的油田或气田，对国内类似的井深及井筒腐蚀环境的含 H_2S 油气田开发也具有借鉴作用。

第四章　深层高温耐蚀排水采气工艺

龙岗气田气水关系复杂，飞仙关组和长兴组储层普遍存在上气下水的分布规律，气水层间距小，有的井试采过程中即出水，因此排水采气是龙岗气田开采过程中需要采用的重要技术措施之一。但是龙岗气田储层埋藏深度一般可达6000m左右，储层温度130～150℃，已钻井的实测地层压力均在60MPa以上，H_2S含量高，常规的排水采气技术已不能满足龙岗气田的需求。本章重点介绍了围绕龙岗气田井筒条件，研究开发的泡沫和气举两套排水采气工艺。

第一节　深层高温、高含硫气井排水采气工艺筛选及技术关键

一、现有排水采气技术的适应性分析及对策

根据龙岗海相碳酸盐岩气藏深层高温、高含硫的特点，分析排水采气工艺在龙岗海相碳酸盐岩气藏的适应性，主要考虑以下因素：

（1）龙岗海相碳酸盐岩气藏埋藏较深（6000m），目前成熟的机抽、电潜泵、射流泵、等技术均不能满足该气藏液面较深气井的下入深度需求，要大幅提高这些工艺的下井深度涉及工艺设计方法、工具、设备等一系列的攻关研究将非常困难。

（2）龙岗海相碳酸盐岩气藏的H_2S含量17.29～130.3g/m^3，CO_2含量47.13～219.81g/m^3，为中—高含硫、中含CO_2气藏，井底温度达到150℃，为腐蚀、高温环境，使得机抽、电潜泵、螺杆泵等井下设备较为复杂的工艺受到限制。同时泵类工艺需要修井，对于永久封隔器完井的井，难度大、费用高、工艺复杂。

（3）气举工艺可以在完井时下入气举工具，该工艺适用范围广、增产效果显著，在川渝地区得到了广泛应用，并通过石炭系深井气举工艺攻关，形成了相应的设计方法和井下工具。与石炭系相比，龙岗海相碳酸盐岩气藏的主要差别在于气井深度相对更深、含高酸性气体、井下存在封隔器，需要在设计方法和井下工具耐蚀等方面展开攻关。

（4）泡沫排水自1980年在川渝气田开展试验以来，由于其操作简便、成本低、见效快，目前已大规模推广应用。起泡剂由单一品种，发展到8001、8002、8004、CT5−2、CT5−7、HY−3g、UT−11c、泡沫排水棒等不同类型的高效起泡剂，施工由罐注、泵注发展到应用泡沫排水车注，目前可以满足川渝气田井底温度不大于120℃、日产水量不大于100m^{3}的不含硫或低含硫、低含凝析油和高矿化度地层水的排液采气需要。泡排工艺应用于龙岗海相碳酸盐岩气藏的问题主要在于：目前的泡排药剂仅在120℃温度条件下成功应用，适用于150℃温度条件的泡排药剂还不成熟；同时中、高含硫气井中，起泡剂性能及起泡剂与缓蚀剂的配伍性需要开展攻关研究。目前，成熟的排水采气工艺的适应性分析见表4−1。

表 4-1 目前成熟排水采气工艺在龙岗气田的适应性分析

举升方法	最大排量（m^3/d）	最大井深或泵挂深度（m）	适应条件	LG		适应性
				井深（m）	H_2S 含量（g/m^3）	
优选管柱	100	5000	自喷、产液量小于 $100m^3/d$、液气比不大于 $40m^3/10^4m^3$，$V_r=Q_r$ 小于 1，有积液；油管公称直径不大于 60mm 时 q_l 不大于 $50m^3/d$	6000	>（17 ~ 130）	不适应 6000m 井深条件
泡排	120	4500	T_b 不大于 120 ℃，GLR180 ~ 1400，q_w 不大于 $100m^3/d$，液态烃不大于 50%，水总矿化度不大于 150000mg/L，H_2S 含量不大于 $23g/m^3$，CO_2 含量不大于 $86g/m^3$ 的间喷、弱喷井			（1）泡排剂不适应 >120 ℃ 的高温；（2）常规加注工艺不能用于封隔器完井管柱
气举	—	5000	复产、助排及气藏强排水；排液量 50 ~ $1000m^3/d$；液体黏度小于 1500mPa • s			井下工具不适应高温、高酸性环境
机抽	100	2500	p_R 不大于 10 ~ 15MPa；排液量 10 ~ $100m^3/d$、T_b 不大于 100℃；总矿化度：10000 ~ 90000mg/L、CO_2 含量不大于 $115g/m^3$、H_2S 含量 0 ~ $4g/m^3$，液体黏度小于 100mPa • s，含砂量不大于 0.03%；最大井斜角 79°，允许井斜率 12° /30.5m			（1）井下设备不适应高温、高酸性环境；（2）泵挂不能达到低液面气井的要求
电潜泵	1000	4000	排液量 60 ~ 1000 m^3/d、T_b 不大于 120℃的低压井复产和气藏强排水，液体黏度小于 500mPa • s，含砂量不大于 0.1%			（1）高温、高酸性环境对井下设备要求高；（2）泵挂不能达到低液面气井的要求
射流泵	4769	3500	p_R 不小于 10 ~ 15MPa、排液量 100 ~ $300m^3/d$，泵挂深度不大于 3500m、T_b 不大于 120℃、H_2S 含量不大于 $3.0g/m^3$，CO_2 含量不大于 $100g/m^3$、矿化度不大于 50000mg/L，液体黏度小于 2500mPa•s，含砂量不大于 3%；最大造斜率 20°/30.5m			（1）目前还不能用于高酸性气井；（2）泵挂不能达到低液面气井要求

综合以上分析，现有成熟排水采气工艺都还无法直接应用于龙岗海相碳酸盐岩气藏的排水采气。优选管柱、机抽、电潜泵、射流泵等工艺在适用井深（泵挂），井下工具（设备）抗温耐蚀等方面存在较多问题，短期内难以取得突破或设备费用太高；且机抽、电潜泵、射流泵等工艺的实施需要修井作业，龙岗气田普遍采用的永久封隔器完井使修井作业的难度大、时间长、费用高。气举和泡排工艺适应性较好，通过井下工具和药剂方面的攻关，可以应用于龙岗海相碳酸盐岩气藏的排水采气；同时气举和泡排工艺相互补充，可满足不同排水量的要求。

二、需要解决的关键技术

适用于龙岗碳酸盐岩深层抗温耐蚀的排水采气技术主要有泡排和气举两项工艺，并且需要进行攻关研究。

1. 泡排工艺技术

（1）研制起泡剂高温评价试验装置。

（2）研制满足高温、高含 H_2S 条件的泡排剂。

（3）研究改进泡排剂加注工艺，满足井下安全阀＋永久式封隔器完井管柱及井深达6000m 的要求。

2. 气举工艺技术

（1）设计改进常规气举管柱结构。

（2）建立高温深井气举设计技术。

（3）研制抗温耐蚀气举阀和工作筒，使井下工具满足龙岗气田的防腐要求。

第二节　深井高温耐蚀排水采气技术

一、高温泡排剂评价装置

现有的泡排剂动态性能评价是在常温、常压条件下进行的，为了更准确地模拟泡排剂在井筒中的作用，需要在较高的温度和压力条件下评价泡排剂的性能指标，西南油气田自主设计和制造了中国首台“PP−1 型高温、高压泡沫评价装置”。

1. 技术指标

（1）工作压力：8MPa。

（2）工作温度：170℃。

（3）液体排量：120 ～ 2mL/min。

（4）气体排量：0 ～ $30m^3/h$。

2. 仪器结构

图 4−1 是高温、高压泡沫评价装置设计图流程图，高温、高压泡沫动态性能评价仪是由主体部分、液压部分、气压部分、温控部分、泡沫收集部分和微机等组成（实物如图 4−2 所示）。

（1）主体部分由模拟套管、高压视窗、气体分散器、进液漏斗、安全阀等组成。

（2）液压部分由储罐、恒速恒压泵、换热器、压力传感器等组成。

（3）气压部分由气泵、气体储罐、压力调节器、气水分离器、气体质量流量计、单流阀、换热器、安全阀等组成。

（4）温控部分由温箱、温控系统、热风循环系统等组成。

（5）泡沫收集部分由冷却系统、消泡剂添加罐、泡沫收集器、回压阀等组成。

3. 仪器特点

仪器特点如下：

（1）液压部分使用的恒速恒压泵是由进口富士伺服电机、滚珠丝杆、高压气动换向阀及泵体等组成。其特点是能够长时间、连续不断地提供高精度的速度恒定的流体；仪器运行噪声小，操作简单，易于维修。

（2）主体部分的模拟套管开有上、中、下三组视窗，可以承受高压，也可观察其内部状况。模拟管的顶部设有进液漏斗，可以模拟井口上的加药罐，向模拟套管内添加试剂。

（3）仪器加温采用温箱热风强制循环方式，风扇将加热后的空气在温箱内强制循环，使温箱内的温度均匀一致。

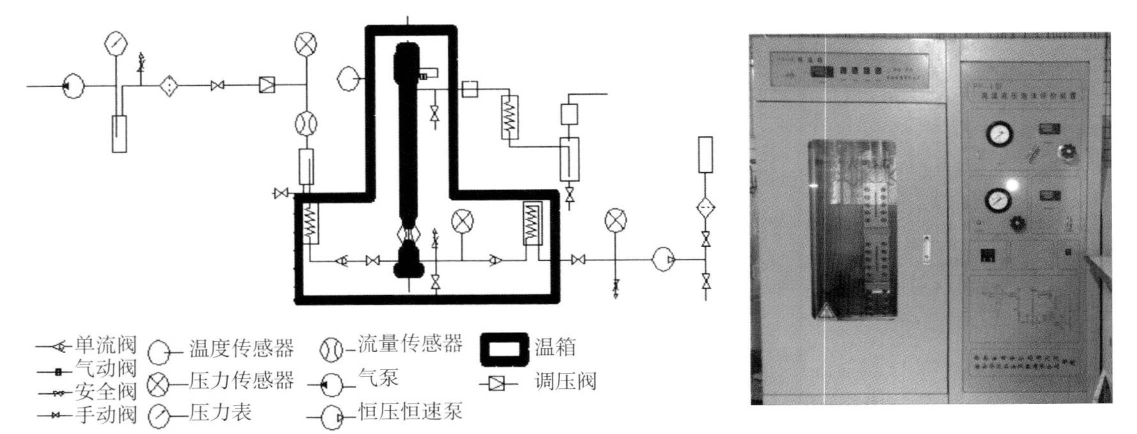

图 4-1 PP-1 型高温、高压泡沫评价装置评价设计流程示意图

图 4-2 PP-1 型高温、高压泡沫装置实物示意图

(4) 主体部分、气体换热器、液体换热器同装在温箱内，进入模拟套管的气体和液体都经过充分的预热，使工作温度能够精确地控制在所需的范围内。

(5) 携带有泡沫和水的气体经冷却后注入泡沫收集器，泡沫收集器集消泡、储水和气水分离于一体。分离后的气体由回压阀放空。出口端的回压阀与气体进口端的压力调节器共同作用，使试验装置的压力稳定在所需的工作范围内。流量控制阀可以精确地控制流量。

(6) 气压部分的安全由气路安全阀控制；液压部分的安全由恒速恒压泵自身的安全系统控制；主体部分的安全由主体部分的安全阀控制。保证系统运行安全可靠。

(7) 仪器运行过程中气体流量、液体流量、工作压力、工作温度的数据均由微机自动采集。

二、高温耐硫泡排剂

1. 龙岗气田特点对泡排剂性能的影响

龙岗气田具有高温和高含 H_2S 特点，泡排工艺在该气藏成功实施的技术关键，是泡排剂能否顺利生成泡沫并稳定泡沫到井口，因此，需要研究在高温和含 H_2S 条件下对泡排剂的起泡、稳泡能力的影响，找到适宜的表面活性剂。

1) 温度的影响

由于温度较高时：(1) 液体黏度降低，排液率增大；(2) 气泡中分子运动加剧，气体膨胀趋势增加，使液膜变薄；(3) 液体蒸汽压增加，液膜急速蒸发使液膜变薄；(4) 温度升高引起表面膜性质变化，表面黏度降低。因此，普通泡排剂在井底温度达到 150℃时，其起泡性和热稳定性会受到很大影响，从而不能有效地将井底和井筒中的积液携带出井口，更不能达到排水采气的目的。有的起泡剂的表面活性剂分子链还可能会产生断裂或扭曲，直接丧失表面活性，甚至发生变性形成黏稠的沥青状半流体，对近井储层造成伤害并造成堵塞井筒。

2) H_2S 的影响

H_2S 对泡排剂的影响，其实质就是 pH 值对泡排剂的影响。因为 H_2S 溶解到地层水中后，生成氢硫酸，分两步电离，使地层水呈弱酸性，改变在地层水原来的 pH 值。

pH 值变化对非离子型表面活性剂水溶液的泡沫性质基本无影响。但对离子型表面活性剂泡沫的稳定性却有很大影响，其主要原因是 pH 值的改变影响了活性物质之间或活性物质与水的作用力。对于离子头基属强电解质的表面活性剂，因为它们的极性基电离受其他电解质影响较小，故无机盐对由表面活性剂作用形成的泡沫干扰较小。

2. 高温泡排剂的性能评价方法

泡排剂的性能评价参数主要有起泡能力（泡沫体积、起泡时间），携液能力（携液时间、泡沫含水率），泡沫稳定性（稳泡时间）。

泡沫排水剂的室内评价包括以下内容：（1）一般性质评价；（2）黏度测定；（3）表（界）面张力评价；（4）泡沫排水剂静态性能评价；（5）泡沫排水剂动态性能评价；（6）热稳定性评价；（7）配伍性评价；（8）阻垢防垢性评价；（9）水合物抑制性；（10）缓蚀性能评价。泡沫排水剂性能的室内评价方法目前按 SY/T 6465—2000 标准执行，同时根据出水气井不同的地质气、水条件开展针对性试验。

另外，还可以通过对泡排剂相对分子质量的测定来判断分子链在高温条件下是否发生断裂，以确定泡排剂的抗温性；或核磁共振反映出的泡排剂分子结构，来考察泡排剂的抗温性。

3. 高温泡排剂的研制思路

针对龙岗气田现场工艺技术要求，泡沫排水采气工艺要求和泡排剂的基本特性。采用的泡排剂、稳泡剂在温度 90 ～ 170℃范围应具有较好的起泡、稳泡、携液能力。同时设计的处理剂与气田地层水配伍性好，具有一定的抗盐、抗钙镁离子能力。基于上述设计要求，该高温泡排剂的选择可按如下特性进行：

（1）泡排剂应选用极性基较强的电解质离子头基，因为它们的极性基在电离状况下不受溶液中其他电解质的影响，因而具有更好的抗盐性能。

（2）根据各种表面活性剂结构分析，两性离子表面活性剂具有很好的稳泡性能，可以优先考虑。

（3）选择极性基较多的表面活性剂，因为表面活性剂的极性基可以伸入水相，通过氢键或分子间力发生水化，使得一些水分子成为束缚水，增加它携带的束缚水，这样可以增加表面膜的强度和表面黏度。

（4）将几种表面活性剂复配在一起用，利用表面活性剂协同效应，更大限度地降低表面张力；同时因为表面活性剂分子在气液界面的更紧密排列，可以更有效地发挥 Marangoni 效应，增强表面膜的修复功能。

（5）在选择中充分考虑气液界面上表面活性剂分子的相互作用，借以增强表面膜的强度和弹性。分子间的相互作用主要是表面活性剂分子的极性基团与水分子作用（水化），使它们成为部分有序的束缚水。表面活性剂分子的极性基发生相互作用，如离子基团的静电作用，极性基的弱化学作用，还有广泛存在的范德华力作用。表面活性剂分子疏水链状基团的疏水缔合作用。

（6）为了提高表面活性剂的抗盐抗温能力，在分子结构中引入非离子聚氧烷基，或在阴离子型分子中引入阳离子型亲水基，或引入同种或异种的另一个或多个的阴离子亲水基。在子结构中可引入非离子性基团（如聚氧乙基或聚氧丙基、氧乙基化的烷基酚基等）的特征结构，辅以其他合适的助剂，也可以提高泡排剂的耐温性能。

由以上原则，抗温抗盐性泡排剂分子结构中应选择阴离子基团为磺酸根，碳数的范围

C_{12}—C_{14}，结构中引入非离子酰胺基团和聚氧乙烯链的两性离子表面活性剂。

4. KY−1 型高温耐蚀泡排剂性能指标的测定

首先根据表面活性剂分析结构及起泡、稳泡作用机理研究，选出比较适合的表面活性剂开展筛选实验，通过静态性能评价筛选实验、与地层水的配伍性评价筛选实验初步选定高温泡排剂的主剂后，再通过起泡力的测定、表面张力的测定等实验对高温泡排剂的配方进行研究调整，最终得到了 KY−1 型高温耐蚀泡排剂，其性能参数见表 4−2。

表 4−2　KY−1 型泡排剂的理化指标

指标名称	评价指标
外观	无色透明黏稠液体
pH 值	5 ~ 7
密度（g/cm^3）	1.02
黏度（mPa・s）	3.25

下面介绍该泡排剂性能测定实验（依据标准为 GB/T 7462—1994 及 SY/T 6465—2000）。

1）起泡力的测定

KY−1 型泡排剂分别与 6 口井模拟地层水按不同比例混合后进行起泡力评价实验，实验结果见表 4−3。该实验数据显示，高温处理前，KY−1 型泡排剂在模拟地层水中的起始泡高均在 200mm 以上，3min 后泡高也在 140mm 以上，说明 KY−1 型泡排剂的常规起泡力很高。高温处理后的起始泡高变化不大。

表 4−3　KY−1 型泡排剂在模拟地层水中不同比例的起泡力实验数据

井号	条件	温度为 80℃时罗氏泡高（mm）	实验样品					
			模拟地层 +3‰ KY−1 型泡排剂			模拟地层 +5‰ KY−1 型泡排剂		
			1	2	平均	1	2	平均
LG 001−3 井	高温处理前	起始泡高	220	210	215	220	220	220
		3min 后泡高	150	140	145	100	90	95
	高温处理后（150℃，12h）	起始泡高	190	180	185	200	200	200
		3min 后泡高	100	90	95	100	100	100
LG 001−6 井	高温处理前	起始泡高	240	230	235	250	240	245
		3min 后泡高	180	140	160	130	120	125
	高温处理后（150℃，12h）	起始泡高	200	200	200	210	220	215
		3min 后泡高	100	100	100	100	100	100
LG 001−1 井	高温处理前	起始泡高	220	220	220	230	230	230
		3min 后泡高	150	150	150	100	100	100

续表

井号	条件	温度为 80℃时罗氏泡高（mm）	实验样品					
			模拟地层 +3‰ KY−1 型泡排剂			模拟地层 +5‰ KY−1 型泡排剂		
			1	2	平均	1	2	平均
LG 001−1 井	高温处理后（150℃，12h）	起始泡高	120	120	120	170	180	175
		3min 后泡高	30	40	35	90	90	90

2）表面张力测定

地层水与 3‰的 KY−1 型泡排剂混合后，测试高温处理前后的表面张力，结果见表 4−4。实验数据显示：地层水中加入 KY−1 型泡排剂后表面张力下降明显，再经高温处理后，其表面张力并没有多少改变，说明 KY−1 型泡排剂在高温下降低地层水表面张力的能力没有明显受到高温处理的影响。

表 4−4　KY−1 型泡排剂与地层水混合后的表面张力受高温条件的影响情况

井号	实验条件	试剂类型	表面张力（mN/m）			
			1	2	3	平均
LG 001−1 井	高温处理前	模拟地层水	37.1	37.1	37.2	37.1
		模拟地层水 + KY−1 型泡排剂（3‰）	21.5	21.7	21.6	21.6
	高温处理后（80℃，12h）	模拟地层水	34.5	34.6	34.6	34.6
		模拟地层水 + KY−1 型泡排剂（3‰）	23.7	23.6	23.7	23.7
LG 001−3 井	高温处理前	模拟地层水	33.3	33.4	33.4	33.4
		模拟地层水 + KY−1 型泡排剂（3‰）	22.8	22.6	22.7	22.7
	高温处理后（80℃，12h）	模拟地层水	35.2	35.2	35.2	35.2
		模拟地层水 + KY−1 型泡排剂（3‰）	25.2	25.2	25.3	25.2
LG 001−6 井	高温处理前	地层水	31.6	31.6	31.6	31.6
		地层水 + KY−1 型泡排剂（3‰）	25.4	25.2	25.3	25.3
	高温处理后（80℃，12h）	地层水	36.5	36.6	36.5	36.5
		地层水 + KY−1 型泡排剂（3‰）	23.2	23.3	23.3	23.3

3）热稳定性实验

考察在相同条件、不同温度下老化 24h 后，KY−1 型泡排剂的起泡、稳泡能力变化情况，实验结果见表 4−5 和图 4−3 至图 4−5。实验数据表明：KY−1 型泡排剂的热稳定性能良好。

表 4-5 KY-1 型泡排剂热稳定性实验情况（测试温度 90℃）

老化温度（℃）＼地层水		泡高（mm）		
		起始	3min 后	5min 后
90	LG001-1 井	270	204	147
	LG001-3 井	262	186	136
	LG001-6 井	257	184	133
110	LG001-1 井	266	191	139
	LG001-3 井	255	179	129
	LG001-6 井	243	173	126
130	LG001-1 井	254	178	127
	LG001-3 井	241	169	123
	LG001-6 井	235	167	122
150	LG001-1 井	249	172	125
	LG001-3 井	235	163	122
	LG001-6 井	231	164	122
170	LG001-1 井	238	167	121
	LG001-3 井	227	161	117
	LG001-6 井	227	161	116

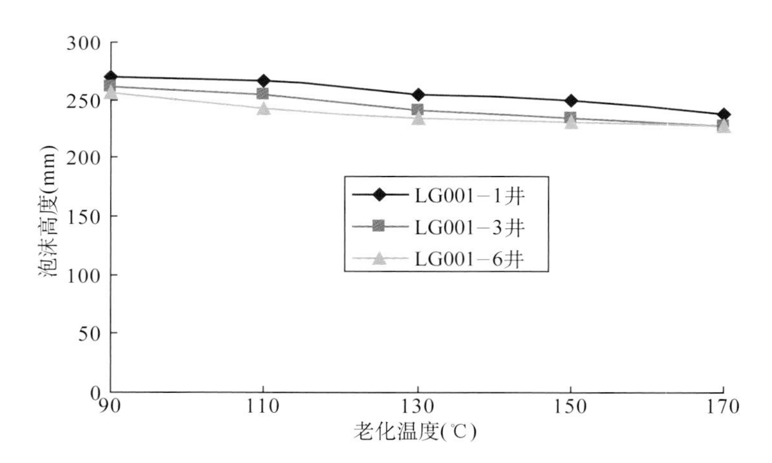

图 4-3 不同地层水中起始泡沫高度随温度变化示意图

4）缓蚀率测定

用龙岗 001-1 井模拟地层水，测定 KY-1 型泡排剂的缓蚀率，实验结果见表 4-6。实验结果表明，KY-1 型高温泡排剂在以龙岗地层水为代表的 $CaCl_2$ 水型中具有一定的缓蚀效率。但该实验是在使用空气作为介质的条件下进行的，因此，又采用龙岗气田的实际地层水样品进行了缓蚀评价实验，以判断其在 H_2S 气体存在的情况下的缓蚀作用。用龙岗001−1 井等 4 口井的地层水与 3‰的 KY−1 型泡排剂混合，测定其腐蚀速率和缓蚀率，实验结果见表 4−7。实验结果说明，KY−1 型泡排剂在含有 H_2S 气体的龙岗实际地层水中，仍然具有较好的缓蚀作用。

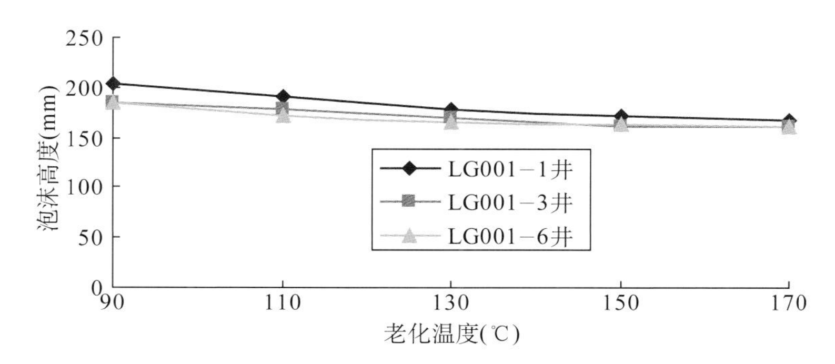

图 4−4　不同地层水中泡排剂 3min 后泡沫高度随温度变化示意图

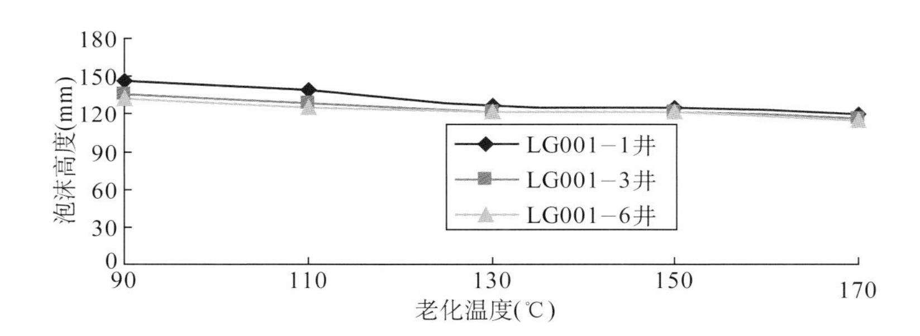

图 4−5　不同地层水中泡排剂 5min 后泡沫高度随温度变化示意图

表 4−6　缓蚀性能评价

序号	评价项目		评价指标
1	腐蚀速率（mm/a）	模拟地层水	0.38
		模拟地层水 +3‰ KY−1 型泡排剂	0.268
	缓蚀率（%）		29.5
2	腐蚀速率（mm/a）	模拟地层水	0.38
		模拟地层水 +3‰ KY−1 型泡排剂	0.269
	缓蚀率（%）		29.2

表 4−7　KY−1 型泡排剂在不同地层水中 80℃的温度条件下的腐蚀速率和缓蚀率

井号	挂片材质	试剂	浸泡情况	腐蚀速率（%）	缓蚀率（%）
LG 001−1 井	ss	地层水	全浸	0.0026	33.33
		地层水 +3‰ KY−1 型泡排剂	全浸	0.0017	

续表

井号	挂片材质	试剂	浸泡情况	腐蚀速率（%）	缓蚀率（%）
LG 001−3 井	ss	地层水	全浸	0.0018	50.00
		地层水 +3‰ KY−1 型泡排剂	全浸	0.0009	
LG 001−6 井		地层水	全浸	0.0053	50.00
		地层水 +3‰ KY−1 型泡排剂	全浸	0.0026	
LG 001−1 井	BG2830	地层水	全浸	0.0079	33.33
		地层水 +3‰ KY−1 型泡排剂	全浸	0.0053	
LG 001−6 井		地层水	全浸	0.0044	60.00
		地层水 +3‰ KY−1 型泡排剂	全浸	0.0018	
		地层水 +3‰ KY−1 型泡排剂	全浸	0.0182	

5）泡排剂黏度的测定

测定泡排剂在不同条件下的黏度，以考察泡沫的稳定性，测试 KY−1 型泡排剂在不同温度下的表观黏度，结果见表 4−8。

表 4−8　KY−1 型泡排剂不同温度下的表现黏度

测试温度（℃）	表观黏度（mPa・s）
30	85.7
50	34.4
70	13.2
90	9.8
90（170℃，老化 24h 后）	9.8

由表 4−8 可知，随着温度的增加，KY−1 型泡排剂的表观黏度均不断变小，说明在高温条件下，泡沫的稳定性可能降低；但在老化 24h 后黏度不再变化，说明其抗温能力较强。

在不同水型中，KY−1 型泡排剂加量为 3‰，分别测定在常温、80℃、经 150℃老化 12h 后的黏度，实验结果见表 4−9。说明 KY−1 型泡排剂的黏度适中，既能对泡沫的稳定有一定的作用，又不至于因黏度太大而影响其在地层水中的起泡性能。

表 4−9　泡排剂黏度的测定

泡排剂种类	水型	黏度（mPa・s）		
		常温	80℃	经 150℃老化 12h 后
KY−1	$CaCl_2$	1.199	0.849	1.235
	$NaHCO_3$	1.192	0.845	1.231

6）携水力的测定

（1）常温条件下携水力的测定。

由于泡排剂的携水能力会影响泡沫排水的效果，将 KY−1 型泡排剂进行携液量测定，实验结果见表 4−10。

将 KY−1 型泡排剂与龙岗 001−3 井等 3 口井的模拟地层水按标准规定的比例混合，进行携液量测定实验，实验结果见表 3−11。

表 4−10 和表 4−11 的实验结果表明，在常温条件下 KY−1 型泡排剂在不同的模拟地层水中具有优良的起泡倍数和携液量。

表 4−10　KY−1 型泡排剂动态评价结果

泡排剂种类	评价项目	评价指标
KY−1	携液量（mL/10min）	910
	起泡倍数	17.4
	25% 析液时间（min）	1.0
	50% 析液时间（min）	2.0

表 4−11　常温条件下 KY−1 型泡排剂在模拟地层水中的动态性能评价结果

样品	起泡剂名称	起泡剂浓度（g/L）	起泡气体介质	环境温度（℃）	携液量（mL/10min）	发泡倍数	25% 析液时间（s）	50% 析液时间（s）
LG001−1 井模拟地层水＋KY−1 型泡排剂	KY−1	15	空气	24	855	20.5	1.4	2.5
LG001−3 井模拟地层水＋KY−1 型泡排剂	KY−1	15	空气	20	810	23.6	1.5	2.7
LG001−6 井模拟地层水＋KY−1 型泡排剂	KY−1	15	空气	21	890	24.2	1.7	3.2

（2）高温、高压条件下携液量的测定。

使用研制的 PP−1 型高温、高压泡沫评价装置测定高温高压条件下 KY−1 型泡排剂动态性能（携液量），测试结果见表 4−12。实验数据说明：在 150℃进口温度下，恒定进液速度（80mL/min），控制进气速度（5.22 ~ 5.48m^3/h）的条件下，KY−1 型泡排剂的携液量仍然有 600mL 以上，说明 KY−1 型泡排剂在高温、高压条件下的动态性能较好。

表 4−12　KY−1 型泡排剂高温、高压条件下评价结果

序号	模拟地层水	泡排剂浓度（%）	进口温度（℃）	出口平均温度（℃）	进液速度（mL/min）	平均进气压力（MPa）	携液量（mL）	进气速度（m^3/h）
1	LG001−1 井	1.5	150	72.1	80	2.88	640	5.48
2	LG001−3 井		150	72.6	80	2.35	710	5.40
3	LG001−6 井		150	72.0	80	2.40	660	5.32

7）H_2S 含量对泡排剂性能的影响

测试 KY−1 型泡排剂分别在 LG001−1 井、LG001−6 井、LG001−3 井的实验室配制模拟地层水（不含 H_2S）和现场取得地层水（含 H_2S）条件下的起泡和稳泡性能，以验证 H_2S 含量对泡排剂性能的影响。表 4−13 至表 4−15 为龙岗气田地层水取样分析结果，表 4−16 为各实验井天然气中 H_2S 含量测试数据。

表 4−13　LG001−1 井水分析数据（取样时间：2009 年 8 月 20 日）

分析项目		mg/L	mmol/L			
阳离子	K^++Na^+	977	42.5			
	Ca^{2+}	5316	132.63			
	Mg^{2+}	1816	74.7			
阴离子	Cl^-	16026	452.03			
	SO_4^{2-}	72	0.75			
	HCO_3^-	222	3.64			
	I^-	8	—			
总矿化度		3.59×10^4	pH 值	5.2	相对密度	1.0172
H_2S 含量		—	水型分类	$CaCl_2$		

表 4−14　LG001−6 井水分析数据（取样时间：2009 年 8 月 19 日）

分析项目		mg/L	mmol/L			
阳离子	K^++Na^+	7633	332			
	Ca^{2+}	1255	31.31			
	Mg^{2+}	141	5.81			
阴离子	Cl^-	14172	399.74			
	SO_4^{2-}	104	1.08			
	HCO_3^-	264	4.33			
微量元素	I^-	30	—			
	Br^-	95	—			
	B	1.35	—			
总矿化度		2.357×10^4	pH 值	6.64	相对密度	1.0164
H_2S 含量		—	水型分类	$CaCl_2$		

表 4−15　LG001−3 井水分析数据（取样时间：2009 年 8 月 17 日）

分析项目		mg/L	mmol/L
阳离子	K^++Na^+	9200	400.19
	Ca^{2+}	867	21.63
	Mg^{2+}	251	10.33

续表

分析项目		mg/L	mmol/L			
阴离子	Cl^-	16145	455.4			
	SO_4^{2-}	151	1.58			
	HCO_3^-	339	5.55			
微量元素	I^-	36	—			
	Br^-	86	—			
	B	181	—			
总矿化度		2.695×10^4	pH 值	6.507	相对密度	1.0184
H_2S 含量		—	水型分类	$CaCl_2$		

表 4–16　实验井天然气中 H_2S 含量分析数据

井号	层位	取样时间	取样部位	气样相对密度	H_2S 含量（%）	H_2S 含量（g/m^3）
LG 001–1	飞仙关组	2009.7.21	进站	0.594	1.800	25.8400
LG 001–3	飞仙关组	2009.7.21	上流	0.612	2.870	41.1400
LG 001–6	飞仙关组	2009.7.21	进站	0.594	1.570	22.5500

KY–1 型泡排剂在 LG001–1 井、LG001–6 井及 LG001–3 井现场取得地层水和实验室配制模拟地层水条件下的罗氏泡高实验数据见表 4–17 至表 4–19。

表 4–17　LG001–1 井地层水罗氏泡高数据表（实验温度：80℃）

试剂	罗氏泡高（mm）				
	分析项目	1	2	3	平均
LG001–1 井模拟地层水（不含 H_2S）+KY–1 型泡排剂（3‰）	起始泡高	230	220	210	220
	3min 后泡高	155	150	145	150
LG001–1 井地层水（含 H_2S）+ KY–1 型泡排剂（3‰）	起始泡高	210	220	230	220
	3min 后泡高	150	140	140	143

表 4–18　LG001–6 井地层水罗氏泡高数据（实验温度：80℃）

试剂	罗氏泡高（mm）				
	分析项目	1	2	3	平均
LG001–6 井模拟地层水（不含 H_2S）+KY–1 型泡排剂（3‰）	起始泡高	240	240	250	243
	3min 后泡高	170	160	160	163

试剂	罗氏泡高（mm）				
	分析项目	1	2	3	平均
LG001-6 井地层水（含 H_2S）+ KY-1 型泡排剂（3‰）	起始泡高	240	230	240	247
	3min 后泡高	150	160	150	153

表 4-19　LG001-3 井地层水罗氏泡高数据（实验温度：80℃）

试剂	罗氏泡高（mm）				
	分析项目	1	2	3	平均
LG001-3 井模拟地层水（不含 H_2S）+KY-1 型泡排剂（3‰）	起始泡高	210	210	210	210
	3min 后泡高	140	130	130	133
LG001-3 井地层水（含 H_2S）+ KY-1 型泡排剂（3‰）	起始泡高	210	200	210	207
	3min 后泡高	110	110	110	110

根据实验数据可以看出，在龙岗地区 3 口井模拟地层水及实际地层水条件下，H_2S 对 KY-1 型泡排剂的起泡性能几乎没有影响，对 KY-1 型泡排剂的稳泡性有一定的影响，但影响并不大；说明 KY-1 型泡排剂的性能与是否含有 H_2S 关系较小。

表 4-20 和图 4-6 至图 4-8 是 KY-1 型泡排剂在不同 H_2S 含量浓度下 LG001-1 井模拟地层水中的起泡性能评价数据。

表 4-20　KY-1 型泡排剂在不同 H_2S 浓度下 LG001-1 井模拟地层水中的起泡性能

样品编号	起泡剂浓度（‰）	H_2S 浓度（g/m^3）	测试温度（℃）	罗氏泡高（mm）					
				高温烘前			高温（150℃）8h 后		
				起始	最高	3min 后	起始	最高	3min 后
①	3	28.33	80	237	330	220	190	293	130
②	3	56.67	80	227	300	213	210	307	150
③	3	85.00	80	217	323	143	220	230	110
④	3	113.33	80	217	307	137	203	253	103
⑤	3	122.40	80	213	240	173	123	140	40
⑥	3	132.03	80	210	230	150	100	120	40
⑦	3	141.67	80	210	277	133	63	60	30
⑧	3	170.00	80	227	307	120	70	110	30

表 4-20 和图 4-6 至图 4-8 中的结果可以看到，KY-1 型泡排剂在龙岗 001-1 井模拟地层水中高温处理前随着 H_2S 含量的增加，其起始泡高和最高泡高（起泡能力）变化幅度较小，但 3min 后的泡高（稳泡性能）在 $60g/m^3$ 左右开始下降，到 $80g/m^3$ 时稳定在 150mm

左右。高温处理后的罗氏泡高在 H_2S 含量约为 110g/m³ 时都开始有明显下降，到约 140g/m³ 时稳定下来。这说明 KY-1 型泡排剂高温条件下还是受到 H_2S 含量（浓度）的影响。其开始受明显影响的区域在 110 ~ 140g/m³ 之间。龙岗地区的气井 H_2S 含量大致在 80g/m³ 左右，不在这个影响明显的区域。KY-1 型泡排剂能够在这种 H_2S 浓度下发挥其排水采气的作用。

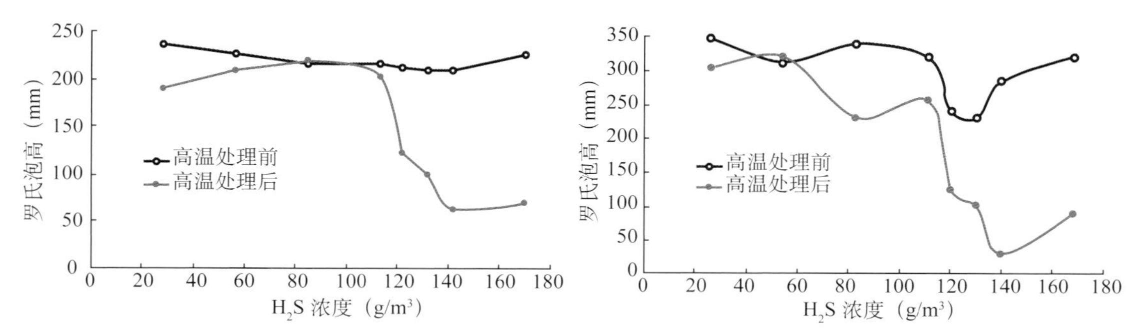

图 4-6 KY-1 型泡排剂在不同 H_2S 含量下模拟地层水中的起始泡高

图 4-7 KY-1 型泡排剂在不同 H_2S 含量下模拟地层水中的最高泡高

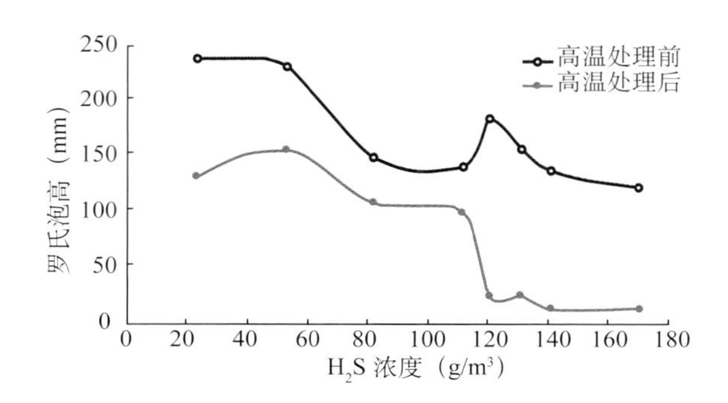

图 4-8 KY-1 型泡排剂在不同 H_2S 含量下模拟地层水中的 3min 后泡高

8）泡排剂与缓蚀剂的配伍性实验

对油溶性缓蚀剂 CT2-15 和水溶性缓蚀剂 CT2-4 分别与 KY-1 型泡排剂之间的配伍性进行评价，实验结果见表 4-21。

表 4-21 缓蚀剂与 KY-1 型泡排剂之间配伍性实验

序号	缓蚀剂与泡排剂比例	实验温度（℃）	实验现象
a	CT2-15 ： KY-1 = 1 ： 10	80	有乳化现象发生
b	CT2-15 ： KY-1 = 1 ： 1		有乳化现象发生
c	CT2-15 ： KY-1 = 10 ： 1		有乳化现象发生
d	CT2-4 ： KY-1 = 1 ： 10		互溶，无絮凝、沉淀等生成
e	CT2-4 ： KY-1 = 1 ： 1		互溶，无絮凝、沉淀等生成
f	CT2-4 ： KY-1 = 10 ： 1		互溶，无絮凝、沉淀等生成

实验结果表明：水溶性缓蚀剂与 KY−1 型泡排剂之间有良好的配伍性；由于油和泡排剂会产生乳化作用，因此油溶性缓蚀剂对泡排剂的性能有一定的影响。龙岗气田选用缓蚀剂为 CT2−4，因此 KY−1 型泡排剂与该气田主要缓蚀剂配伍性良好。

分别用表 4−21 中 a 和 d 试剂做起泡性能评价实验，实验结果见表 4−22。

表 4−22 缓蚀剂对 KY−1 型泡排剂起泡性能的影响评价

泡排剂	泡排剂浓度（‰）	起始泡高（mL）	最高泡高（mL）	3min 后泡高（mL）
a	6	240	400	50
d	6	250	410	110

9）与地层水的配伍性实验

将 KY−1 型泡排剂与 LG001−1 井、LG001−3 井和 LG001−6 井这 3 口气井的地层水样品配制成实验溶液，在不同温度下老化 24h，观察其现象，实验结果见表 4−23。实验说明 KY−1 型泡排剂与地层水的配伍性好，可抗 170℃的高温。

表 4−23 KY−1 型泡排剂与地层水配伍性研究

温度（℃）	地层水	实验现象		
		KY−1 型泡排剂浓度 1‰	KY−1 型泡排剂浓度 3‰	KY−1 型泡排剂浓度 5‰
室温	LG001−1 井	无沉淀，无絮凝生成		
	LG001−3 井	无沉淀，无絮凝生成		
	LG001−6 井	无沉淀，无絮凝生成		
90	LG001−1 井	无沉淀，无絮凝生成		
	LG001−3 井	无沉淀，无絮凝生成		
	LG001−6 井	无沉淀，无絮凝生成		
170	LG001−1 井	无沉淀，无絮凝生成		
	LG001−3 井	无沉淀，无絮凝生成		
	LG001−6 井	无沉淀，无絮凝生成		

10）阻垢性能评价

将 LG001−1 等 3 口井的模拟地层水用不同比例的 KY−1 型泡排剂配制成实验样品，分别测试其在高温处理（80℃，8h）前后 Ca^{2+} 的浓度，通过 Ca^{2+} 的浓度变化情况来计算 KY−1 型泡排剂的阻垢性能，实验数据见表 4−24。

从表 4−24 的数据可以看到，KY−1 型泡排剂在这些模拟地层水中增加了高温处理后成垢离子的浓度，增大了成垢物质（主要是钙化物，如碳酸钙）的水溶性。

虽然实验样品分析结果也出现了减少成垢离子浓度的情况，但相对于不加 KY−1 型泡排剂的地层水的情况其成垢离子浓度减少的趋势得到一定的抑制。这说明 KY−1 型泡排剂在模拟地层水中能起到一定的阻垢作用。

表 4–24　不同比例 KY–1 型泡排剂 + 模拟地层水溶液高温处理前后成垢离子的变化情况

序号	样品编号	井号	配液成分	Ca^{2+}（mol/L）	备注
1	①	LG001–1 井	模拟地层水	2950.00	加温后没有生成新的沉淀
2	①″		模拟地层水（80℃，8h 后）	2960.00	
3	②		模拟地层水 +KY–1 型泡排剂（3‰）	2800.00	
4	②″		模拟地层水 +KY–1 型泡排剂（3‰）（80℃，8h 后）	3350.00	
5	③		模拟地层水 +KY–1 型泡排剂（5‰）	3100.00	
6	③″		模拟地层水 +KY–1 型泡排剂（5‰）（80℃，8h 后）	3390.00	
			阻垢率（%）		
7	④	LG001–3 井	模拟地层水	945.00	
8	④″		模拟地层水（80℃，8h 后）	712.00	
9	⑤		模拟地层水 +KY–1 型泡排剂（3‰）	765.00	
10	⑤″		模拟地层水 +KY–1 型泡排剂（3‰）（80℃，8h 后）	875.00	
			阻垢率（%）	69.96	
11	⑥	LG001–3 井	模拟地层水 +KY–1 型泡排剂（5‰）	1020.00	
12	⑥″		模拟地层水 +KY–1 型泡排剂（5‰）（80℃，8h 后）	916.00	
			阻垢率（%）	87.55	
13	⑦	LG001–6 井	模拟地层水	1160.00	加温后没有生成新的沉淀
14	⑦″		模拟地层水（80℃，8h 后）	1050.00	
15	⑧		模拟地层水 +KY–1 型泡排剂（3‰）	1030.00	
16	⑧″		模拟地层水 +KY–1 型泡排剂（3‰）（80℃，8h 后）	1180.00	
17	⑨		模拟地层水 +KY–1 型泡排剂（5‰）	1130.00	
18	⑨″		模拟地层水 +KY–1 型泡排剂（5‰）（80℃，8h 后）	741.00	
			阻垢率（%）		

11）核磁共振及红外分析

研究 KY–1 型泡排剂在 170℃温度条件下老化和未老化的核磁与红外变化情况，对比研究泡排剂的抗温性。核磁和红外测试谱图如图 4–9 至图 4–12 所示。

由核磁谱图分析 KY–1 型泡排剂的结构特征可知，KY–1 型泡排剂结构中含有甲基、亚甲基、醚键、酰胺基和仲羟基、磺酸基和脂肪醚。KY–1 型泡排剂在 170℃温度条件下老化 24h 前后的核磁谱图一致，说明通过 170℃老化后，产品的结构没有发生变化，因此 KY–1 型泡排剂可以抗 170℃的高温。

KY–1 型泡排剂在 170℃温度条件下老化 24h 前后得到的红外谱图一致，说明该泡排剂通过高温老化后，其基本官能团没有发生变化。

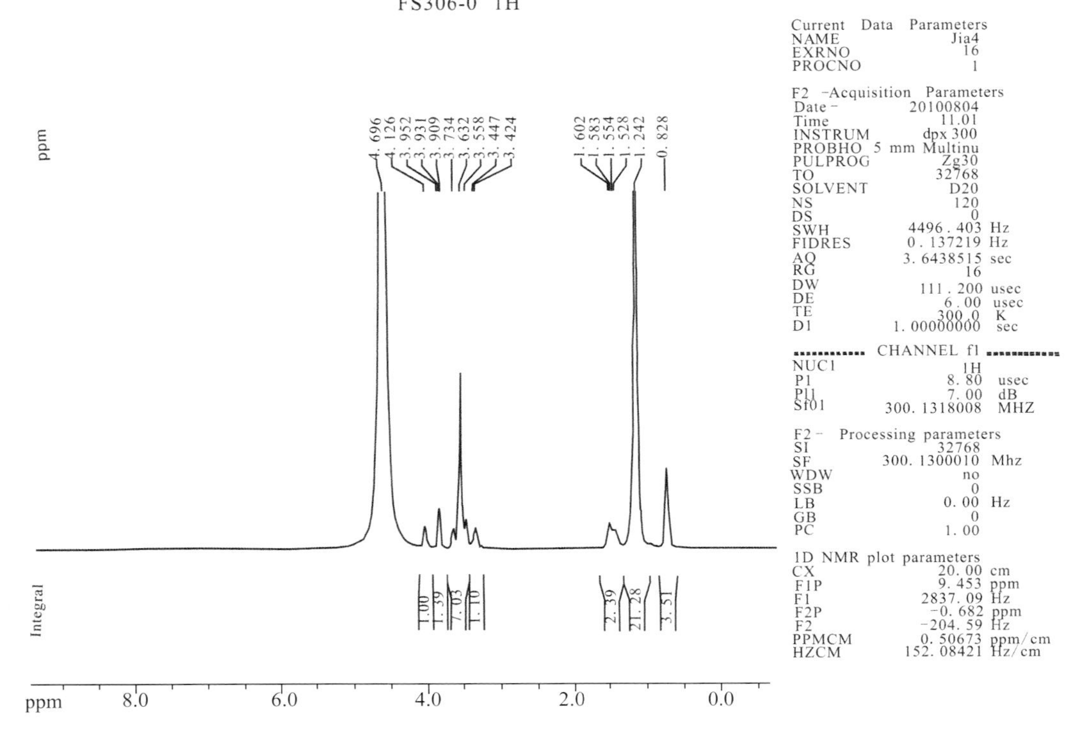

图 4–9　KY–1 型泡排剂未老化的核磁谱图

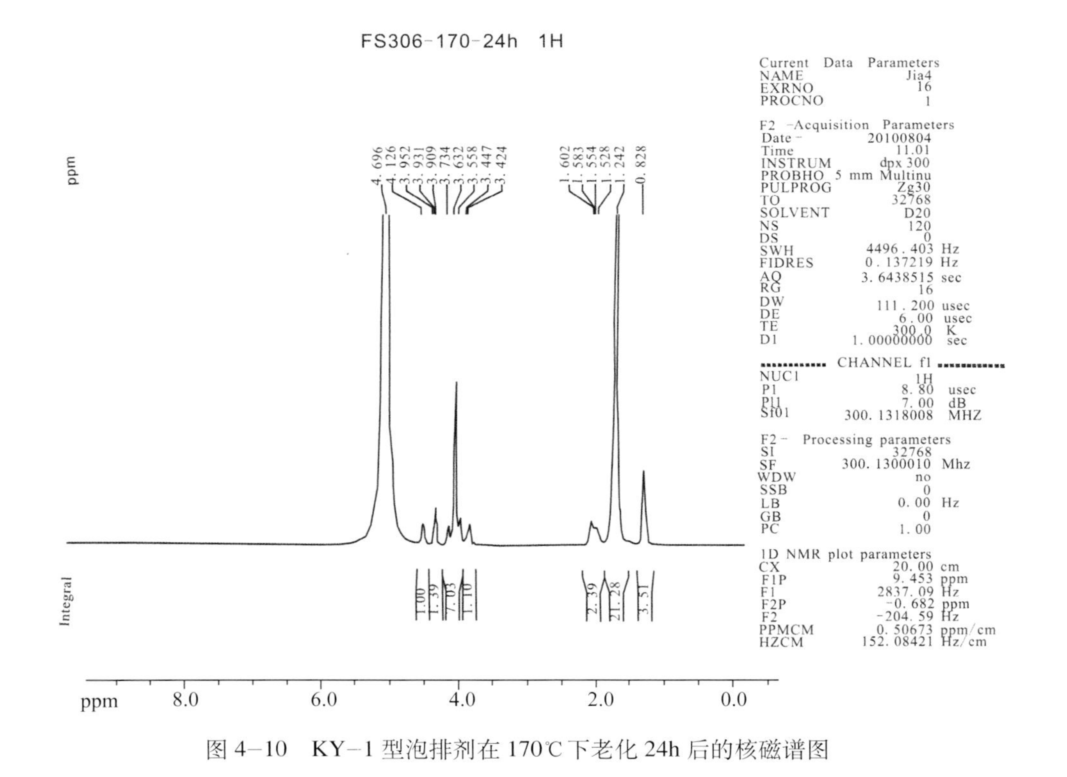

图 4–10　KY–1 型泡排剂在 170℃ 下老化 24h 后的核磁谱图

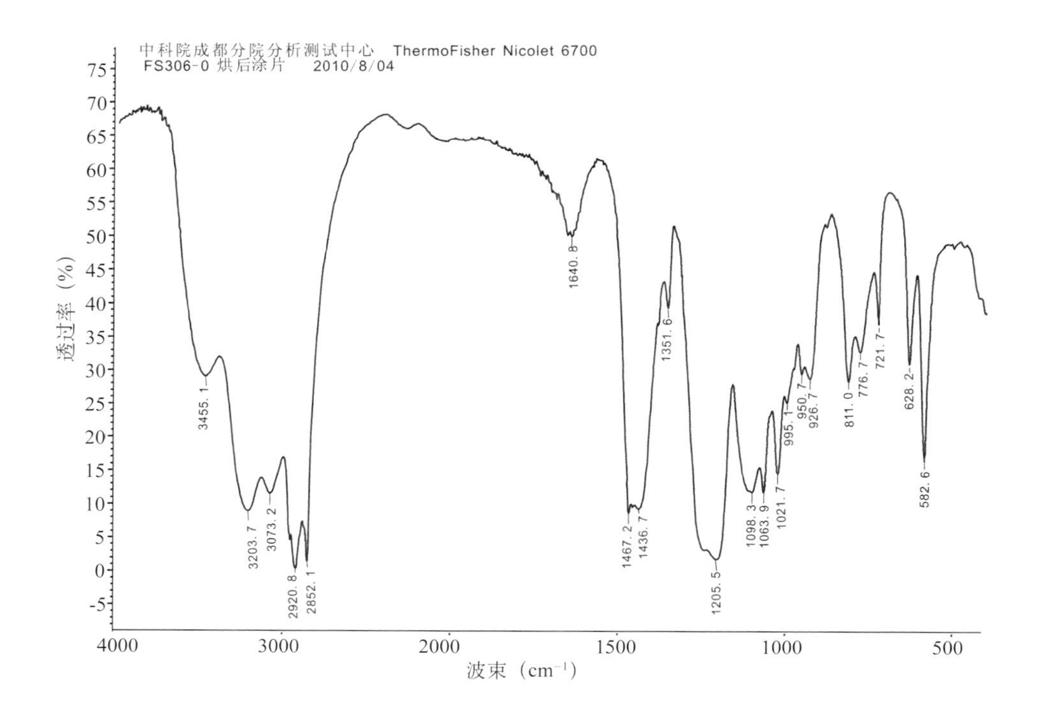

图 4—11　KY—1 型泡排剂未老化的红外谱图

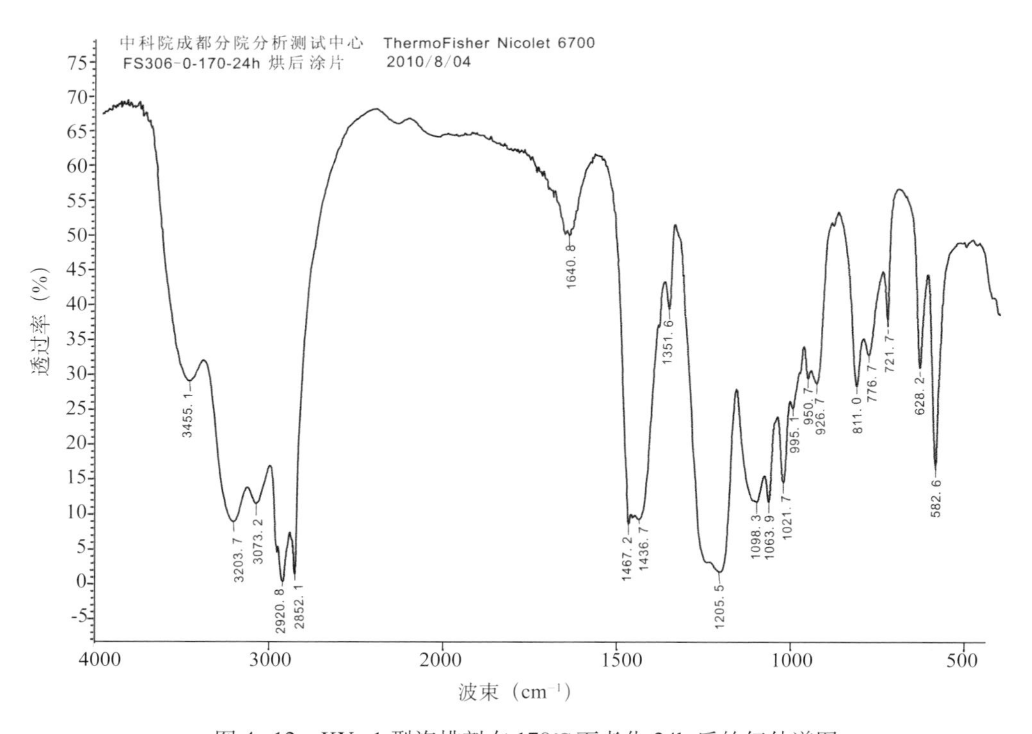

图 4—12　KY—1 型泡排剂在 170℃下老化 24h 后的红外谱图

12）KY−1 型泡排剂分子量的测定

测定泡排剂的相对分子质量，判断高温条件下分子链是否断裂，以研究泡排剂在高温条件下的稳定性。测定 KY−1 型泡排剂在 170℃温度条件下老化 24h 后的分子量差别，以乌氏黏度计测定黏度变化表达分子量变化情况。本次测定表面活性剂的分子量的方法是借用了测定聚合物的方法进行的，具体操作按标准 GB12005.1—1989 进行，通过溶液流出乌氏黏度计的时间来考察表面活性剂老化前后分子量变化情况，具体结果见表 4−25 和图 4−13。

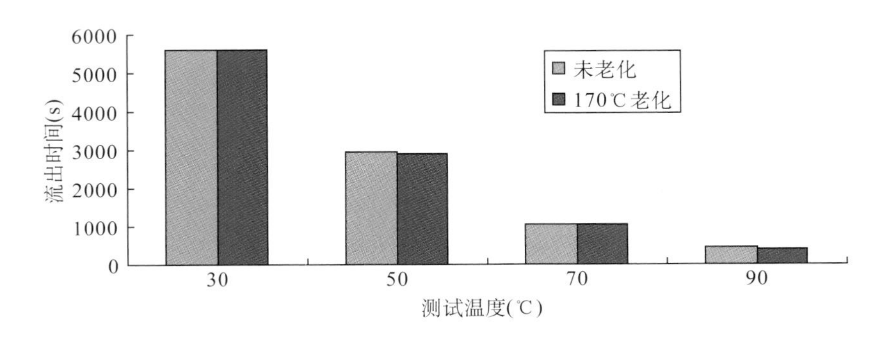

图 4−13　KY−1 型泡排剂在不同温度条件下分子量的变化情况

表 4−25　KY−1 型泡排剂老化前后液体流出时间情况

测试温度（℃）	状态	流出时间（s）			
		1	2	3	平均
30	未老化	5617	5621	5626	5621
	170℃老化	5614	5618	5611	5614
50	未老化	2921	2931	2927	2926
	170℃老化	2925	2927	2920	2924
70	未老化	1062	1071	1068	1067
	170℃老化	1061	1068	1063	1064
90	未老化	425	431	428	428
	170℃老化	421	427	424	424

由表 4−25 和图 4−13 分析可知，通过老化后，KY−1 型泡排剂在不同测试温度下的流出时间变化均不大，说明在 170℃温度条件下老化 24h 后其结构没有发生变化，分子量没有减小，KY−1 型泡排剂能抗 170℃的高温。

13）泡排剂的聚集数测定

胶束聚集数是描述表面活性剂胶束结构的特征参数，研究泡排剂的胶束聚集数对研究泡排剂的稳定性有着重要的作用

将 KY−1 型泡排剂分别与 3 种地层水配置 0.3% 的溶液，利用荧光光度计测定常温和老化后（170℃）的聚集数，考察聚集数是否有变化。

（1）KY−1 型泡排剂与 LG001−1 井地层水配成 0.3% 溶液。

将 KY−1 型泡排剂与 LG001−1 井地层水配成 0.3% 溶液，并测其老化前后的聚集数结果见表 4−26、表 4−27 和图 4−14、图 4−15。

表 4−26　KY−1 型泡排剂与 LG001−1 井地层水配伍老化前聚集数测定情况

荧光强度		CQ（淬灭剂浓度）	C（表面活性剂浓度）	CMC	N	y 数据	x 数据
						ln（I0/I）	CQ/（C−CMC）
I0	1000	0	2000	330			
I1	811.12	1.274	2000	330	274.4086	0.2093393	0.0007629
I2	623.63	2.548	2000	330	309.4862	0.4721980	0.0015257
I3	528.51	3.822	2000	330	278.6364	0.6376936	0.0022886
I4	414.73	5.096	2000	330	288.4249	0.8801276	0.0030515
I5	331.35	6.37	2000	330	289.5838	1.1045801	0.0038144
平均聚集数值					288.1080		

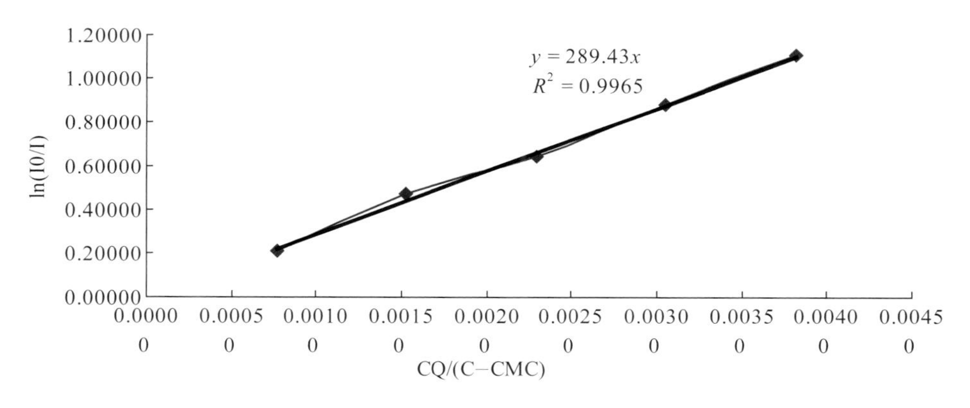

图 4−14　KY−1 型泡排剂与 LG001−1 井地层水配伍老化前聚集数测定情况

表 4−27　KY−1 型泡排剂与 LG001−1 井地层水配伍老化后聚集数测定情况

荧光强度		CQ（淬灭剂浓度）	C（表面活性剂浓度）	CMC	N	y 数据	x 数据
						ln（I0/I）	CQ/（C−CMC）
I0	1000	0	2000	330			
I1	812.55	1.274	2000	330	272.0997	0.207578	0.000763
I2	627.1	2.548	2000	330	305.8494	0.466649	0.001526
I3	536.32	3.822	2000	330	272.2267	0.623024	0.002289
I4	415.48	5.096	2000	330	287.8328	0.878321	0.003051
I5	346.21	6.37	2000	330	278.0825	1.060710	0.003814
平均值					283.2182		

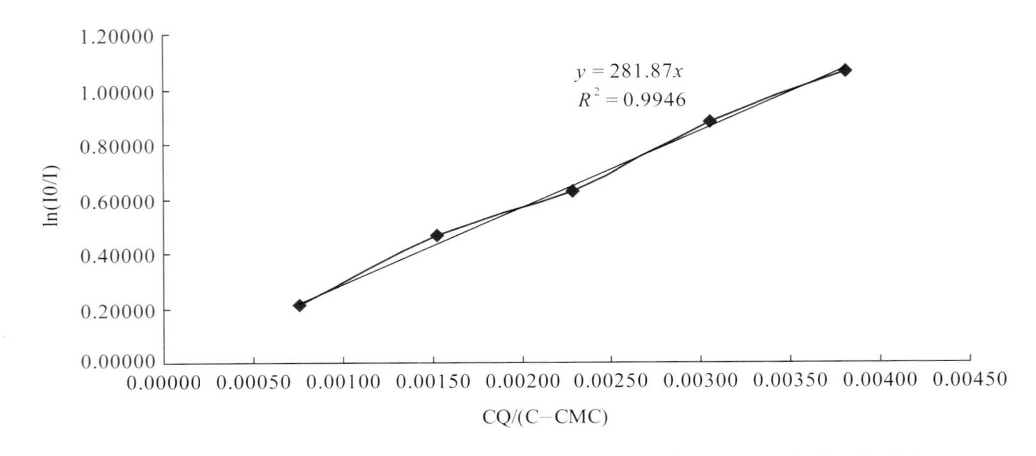

图 4−15 KY−1 型泡排剂与 LG001−1 井地层水配伍老化后聚集数测定情况

从表 4−26、表 4−27 和图 4−14、图 4−15 可以看出，对于 KY−1 型泡排剂与 LG001−1 井地层水配伍后测得的老化前后聚集数相差不大，老化前聚集数平均值为 288.1080，老化后平均聚集数为 283.2182，同时两个图经过现行拟合，其拟合效果较好，因此可以判断 KY−1 型泡排剂在 LG001−1 井地层水经过高温条件下的老化后，其结构没被破坏。

（2）KY−1 型泡排剂与 LG001−3 井地层水配成 0.3% 溶液。

将 KY−1 型泡排剂与 LG001−3 井地层水配成 0.3% 溶液，并测其老化前后的聚集数结果见表 4−28、表 4−29 和图 4−16、图 4−17。由此可以看出，对于 KY−1 型泡排剂与 LG001−3 井地层水配伍后测得的老化前后聚集数相差不大，老化前聚集数平均值为 301.7005，老化后平均聚集数为 304.1009，同时两个图经过现行拟合，其拟合效果较好，因此可以判断 KY−1 型泡排剂在 LG001−3 井地层水经过高温条件下的老化后，其结构没被破坏。

表 4−28 KY−1 型泡排剂与 LG001−3 井地层水配伍老化前聚集数测定情况

荧光强度		CQ（淬灭剂浓度）	C（表面活性剂浓度）	CMC	N	y 数据	x 数据
						ln（I0/I）	CQ/（C−CMC）
I0	1000	0	2000	300	—	—	—
I1	799.58	1.274	2000	300	298.4590	0.2236687	0.0007494
I2	615.93	2.548	2000	300	323.3349	0.4846220	0.0014988
I3	523.21	3.822	2000	300	288.1248	0.6477724	0.0022482
I4	404.42	5.096	2000	300	302.0040	0.9053013	0.0029976
I5	329.13	6.37	2000	300	296.5799	1.1113025	0.0037471
平均值					301.7005		

（3）KY−1 型泡排剂与 LG001−6 井地层水配成 0.3% 溶液。

将 KY−1 型泡排剂与 LG001−6 井地层水配成 0.3% 溶液，并测其老化前后的聚集数结果见表 4−30、表 4−31 和图 4−18、图 4−19。由此可以看出，对于 KY−1 型泡排剂与

LG001−6 井地层水配伍后测得的老化前后聚集数相差不大，老化前聚集数平均值为 292.8610，老化后平均聚集数为 292.9794，同时两个图经过现行拟合，其拟合效果较好，因此可以判断 KY−1 型泡排剂在 LG001−6 井地层水经过高温条件下的老化后，其结构没被破坏。

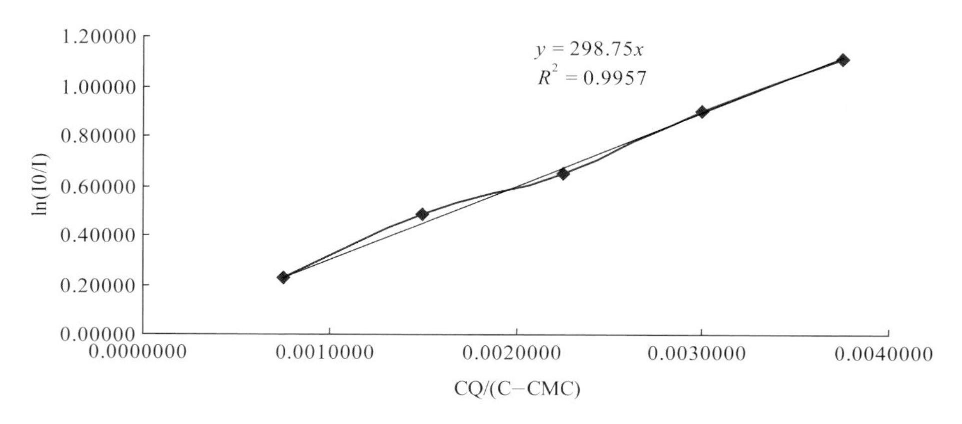

图 4−16 KY−1 型泡排剂与 LG001−3 井地层水配伍老化前聚集数测定情况

表 4−29 KY−1 型泡排剂与 LG001−3 井地层水配伍老化后聚集数测定情况

荧光强度		CQ（淬灭剂浓度）	C（表面活性剂浓度）	CMC	N	y 数据	x 数据
						ln（I0/I）	CQ/（C−CMC）
I0	1000	0	2000	300			
I1	805.32	1.184	2000	300	310.8754	0.216516	0.000696
I2	715.36	1.864	2000	300	305.4978	0.334969	0.001096
I3	648.9	2.329	2000	300	315.6764	0.432477	0.001370
I4	533.07	3.695	2000	300	289.4382	0.629103	0.002174
I5	402.71	5.171	2000	300	299.0167	0.909539	0.003042
平均值					304.1009		

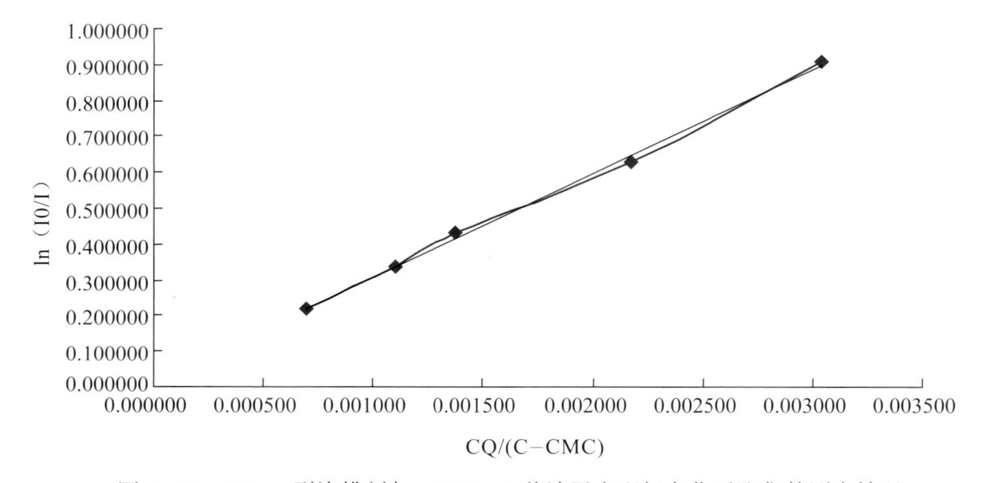

图 4−17 KY−1 型泡排剂与 LG001−3 井地层水配伍老化后聚集数测定情况

表 4–30　KY–1 型泡排剂与 LG001–6 井地层水配伍老化前聚集数测定情况

荧光强度		CQ（淬灭剂浓度）	C（表面活性剂浓度）	CMC	N	y 数据	x 数据
						ln（I0/I）	CQ/（C–CMC）
I0	1000	0	2000	300			
I1	805.32	1.274	2000	300	288.9140	0.216516	0.000749
I2	621.45	2.548	2000	300	317.3821	0.475700	0.001499
I3	535.56	ty3.822	2000	300	277.7478	0.624442	0.002248
I4	414.12	5.096	2000	300	294.0972	0.881599	0.002998
I5	342.23	6.37	2000	300	286.1637	1.072272	0.003747
平均值					292.8610		

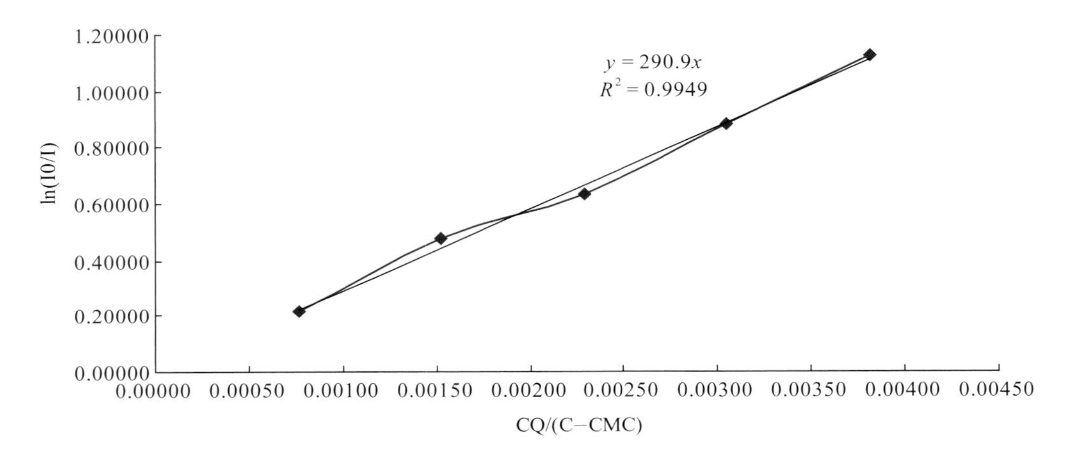

图 4–18　KY–1 型泡排剂与 LG001–6 井地层水配伍老化前聚集数测定情况

表 4–31　KY–1 型泡排剂与 LG001–6 井地层水配伍老化后聚集数测定情况

荧光强度		CQ（淬灭剂浓度）	C（表面活性剂浓度）	CMC	N	y 数据	x 数据
						ln（I0/I）	CQ/（C–CMC）
I0	1000	0	2000	310			
I1	802.76	1.274	2000	310	291.4381	0.219699	0.000754
I2	621.25	2.548	2000	310	315.7287	0.476022	0.001508
I3	531.67	3.822	2000	310	279.3374	0.631732	0.002262
I4	413.51	5.096	2000	310	292.8560	0.883074	0.003015
I5	340.87	6.370	2000	310	285.5368	1.076254	0.003769
平均值					292.9794		

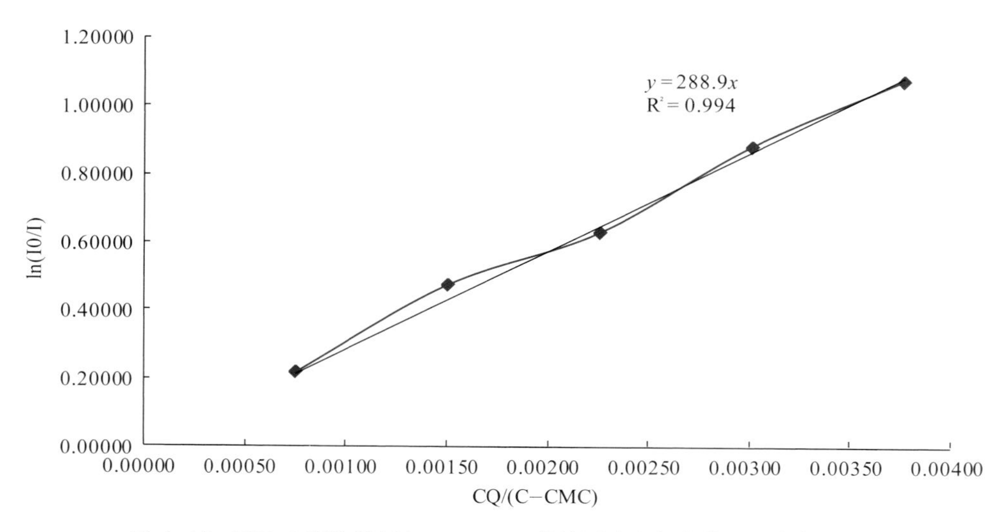

图 4−19　KY−1 型泡排剂与 LG001−6 井地层水配伍老化后聚集数测定情况

综合以上测试结果，说明 KY−1 型泡排剂在高温 170℃下老化 24h 后结构不会发生变化。

综合以上测试实验的分析结果说明：KY−1 型泡排剂能抗 150℃高温，起泡能力、泡沫稳定性且携液能力好，且与龙岗气田地层水和气井缓蚀剂 CT2−4 具有良好的配伍性。

14）消泡剂研制及配套实验

选择有机硅类消泡剂 XXP−1 作为 KY−1 型泡排剂的配套消泡剂，有机硅类消泡剂具有应用面广、表面张力小、热稳定性及化学稳定性好、生理惰性与消泡力强等特点。

（1）消泡实验。

破泡速度的测定：先取 5 份 3g 的 KY−1 型泡排剂泡排剂分别加入 1000mL LG001−1 井、LG001−3 井和 LG001−6 井 1000mL 模拟地层水，配制成泡排剂溶液。用量筒量取 200mL 泡排剂溶液于起泡柱中，开动电源鼓入 7L/min 的气流量，使其产生均匀泡沫，当喷头口有气泡冒出时，立即关掉气源并迅速用注射器取 20mL 稀释后的 XXP−1 消泡剂，由喷头完全注入起泡柱中，同时按下秒表，待柱中泡沫破完后，记下时间，所用时间即为破泡速度；起泡装置如图 4−20 所示。

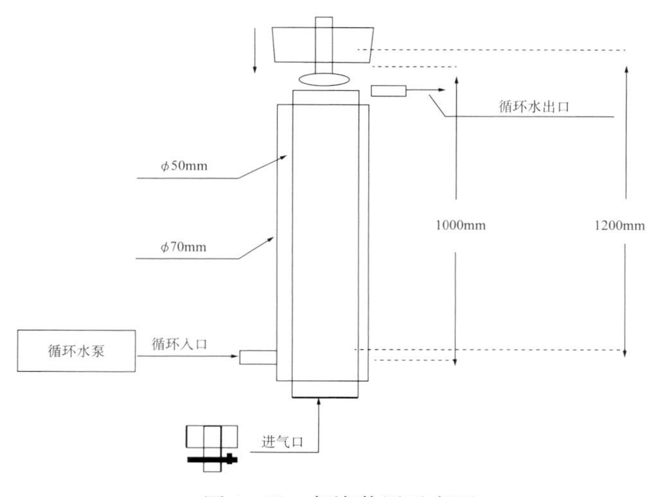

图 4−20　起泡装置示意图

（2）抑泡实验。

按图 4–21、图 4–22 连接装置后，分别取配制好的泡排剂溶液 100.00g 和配制好的消泡液 2.50g，混匀后，倒入 500mL 量筒中，以 5L/min 的速度通入气体，在通气的同时按下秒表，观察较密集的泡沫到达量筒 500mL 刻度线所需的时间，此时间即为抑泡时间。

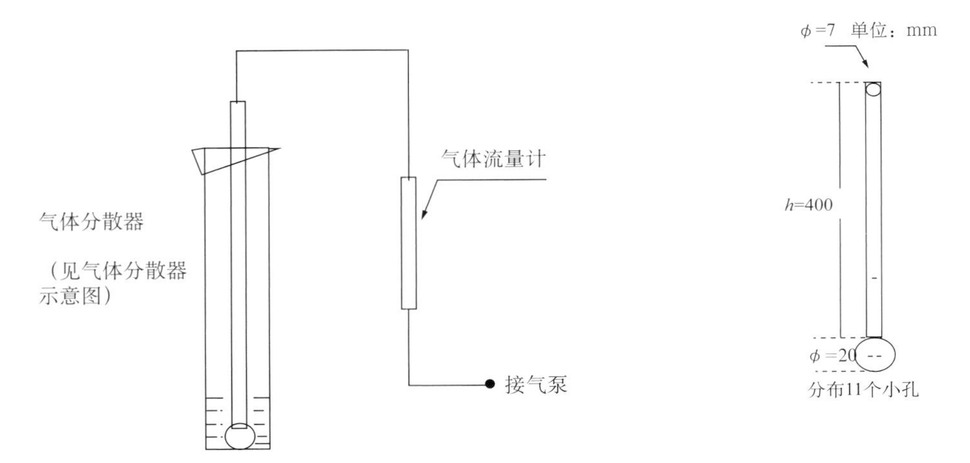

图 4–21　测试抑泡能力装置示意图　　图 4–22　气体分散器示意图

表 4–32　XXP–1 型消泡剂消泡实验结果

样品号 \ 泡排剂加量	1mL	1.5mL	2mL	3mL	4.5mL	6mL
KY–1 型泡排剂 +LG001–1 井地层水 +XXP–1 型消泡剂	不起泡	不起泡	不起泡	不起泡	不起泡	不起泡
KY–1 型泡排剂 +LG001–3 井地层水 +XXP–1 型消泡剂	不起泡	不起泡	不起泡	不起泡	不起泡	不起泡
KY–1 型泡排剂 +LG001–6 井地层水 +XXP–1 型消泡剂	不起泡	不起泡	不起泡	不起泡	不起泡	不起泡

表 4–33　XXP–1 型消泡剂消泡和抑泡实验结果

项目	破泡速度（s）	抑泡时间（min）
KY–1 型泡排剂 +LG001–1 井地层水 +XXP–1 型消泡剂	5	6
KY–1 型泡排剂 +LG001–3 井地层水 +XXP–1 型消泡剂	5	5.5
KY–1 型泡排剂 +LG001–6 井地层水 +XXP–1 型消泡剂	5	5.6

分析表 4–32 和表 4–33 的实验结果说明，XXP–1 型消泡剂对 KY–1 型泡排剂有快速消泡作用和优良的抑泡能力，消泡性能良好。

三、排水采气管柱

根据排水采气工艺适应性分析和筛选的结果，结合龙岗海相碳酸盐岩气藏生产井的完井管柱特点形成以下 4 套排水采气管柱方案：

（1）方案一：井下注入阀泡排管柱［图 4–23（A）］。

该管柱作业过程为：井下注入阀（图 4–24）与油管一起入井，配有破裂盘以防止施工过程中套管内流体进入管线内，当完井施工完成后需要注入相关化学药剂时，从环空打压使破裂盘破裂，实现从环空向油管注化学药剂。该管柱结构简单，作业方法较成熟，适用于水量小、水气比较高、自喷困难的气井。

（2）方案二：半闭式气举管柱［图 4–23（B）］。

该管柱为半闭式气举装置，但气举阀需要随完井管柱下入井中，在增产作业中要求有较高的承压能力。该管柱结构简单，作业方法成熟，适用于产水量大，且不能靠自身能量连续生产的井。

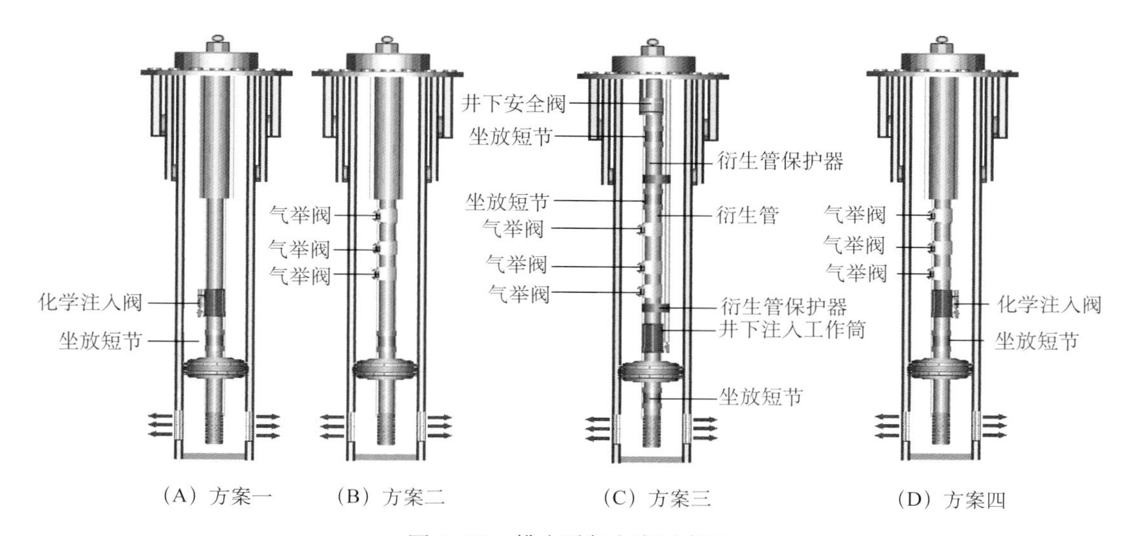

图 4–23　排水采气方案示意图

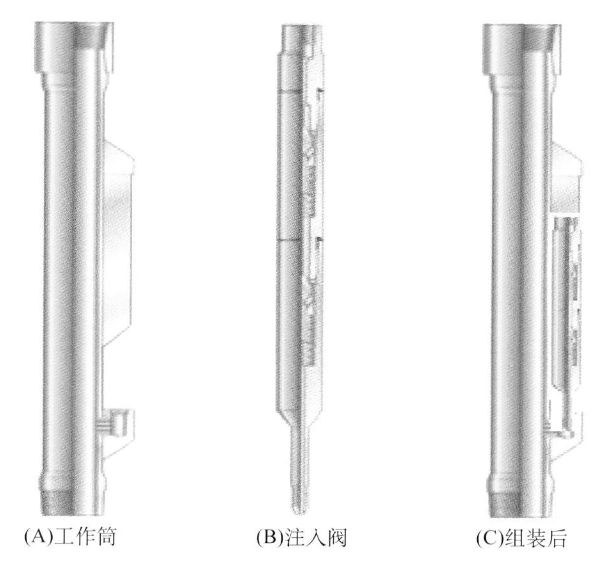

图 4–24　井下注入阀示意图

（3）方案三：半闭式气举＋衍生管泡排复合管柱［图 4–23（C）］。

该管柱可根据气井的不同情况开展相应的泡排或气举工艺，其管柱结构较为复杂，由于完井管柱下有井下安全阀，限制了衍生管尺寸，对衍生管注入化学剂排量有限制（表 4–34）。另外，衍生管同油管连接部分及不同内径衍生管井口穿越部分涉及可靠性和气密封性，工艺相对复杂。

表 4–34　不同规格衍生管注入排量比较

型号	注入深度（m）	泵注压力（MPa）	注入点油管内压力(MPa)	最高注入流速（m/s）	最高注入排量（l/d）
1/4in	5600	84	50	0.041	13
	5600	66	50	0.065	41
	5600	50	50	0.078	78
5/16in	5600	67	50	0.098	92
	5600	53	50	0.119	174
	5600	40	50	0.123	251
3/8in	5600	56	50	0.166	318
	5600	44	50	0.176	465
1/2in	5600	42	50	0.311	1517
	5600	33	50	0.293	1753

（4）方案四：半闭式气举＋井下注入阀泡排复合工艺［图 4–23（D）］。

该管柱也可根据气井的不同情况开展相应的泡排或气举工艺，其管柱结构较方案三简单，但注入阀和气举阀压力的匹配设计较为复杂。

对比四套方案，从可靠性和适用性两方面考虑，推荐方案一（井下注入阀泡排管柱）和方案二（半闭式气举管柱）。

四、抗温耐蚀气举井下工具

1. 技术指标

根据龙岗海相碳酸盐岩气藏所产天然气中 H_2S、CO_2 的含量及井筒温度条件，并考虑增产作业的承压要求，研制了抗温耐蚀气举井下工具，其技术指标如下：

（1）工作筒连接强度不低于 1210kN，抗内压 70MPa，连接扣型 BGT1 和厚 EUE。

（2）气举阀充氮压力 25MPa，抗外压 60MPa（15.6℃）。

（3）气举阀和工作筒耐温不小于 160℃，耐 H_2S（100g/m^3）、CO_2（100g/m^3）腐蚀。

表 4–35 为研制执行的主要技术标准。

在抗温耐蚀气举井下工具的研制过程中，主要解决了以下问题：

（1）采用了适宜的高抗硫材料。

（2）解决了材料的冷加工难题。

（3）研究了可靠的连接和密封方式。

表 4–35 研制执行的技术标准

标准号	标准名称
GB/T 150	《钢制压力容器》
GB/T 9253.2	《石油天然气工业　套管、油管和管线管螺纹的加工、测量和检验》
GB/T 12716	《60° 密封管螺纹》
JB/T 4730	《承压件无损检测》
NACE MR0175	《材料要求标准　油田设备用抗硫化物应力开裂的金属材料》
API Spec 11V1	《气举井下装置》
ASTM B 637	《高温用沉淀硬化镍合金棒材、锻件和锻坯》

2. 性能检测与试验

根据设计完成样件试制后，进行了相关性能检测和实验。

1）波纹管强度和焊缝密封试验

波纹管强度和焊缝密封试验装置如图 4–25 所示。

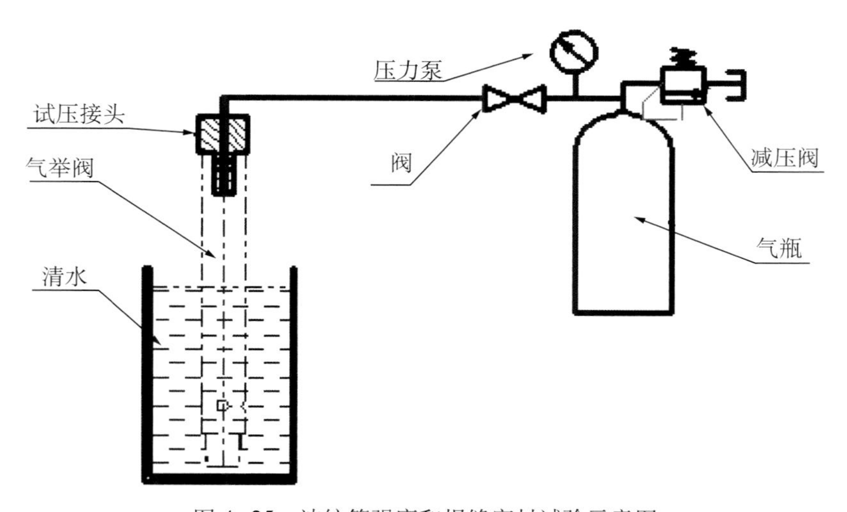

图 4–25　波纹管强度和焊缝密封试验示意图

(1) 试验程序。

将试压接头旋入气门体内，向腔室内充气压 25MPa，稳压 3min。向气门芯外腔室装入少量酒精，稳压 5min 静置观察气门芯。

(2) 试验结果。

试验过程中无气泡逸出。静置观察气门芯，无气泡逸出。

2）打开压力性能试验

试验装置如图 4–26 所示。

(1) 试验程序。

将充气后的气举阀，插入调试装置的打开压力试压套中，作打开压力试验，反复打开气举阀 2 次。检查并记录其打开压力、关闭压力。

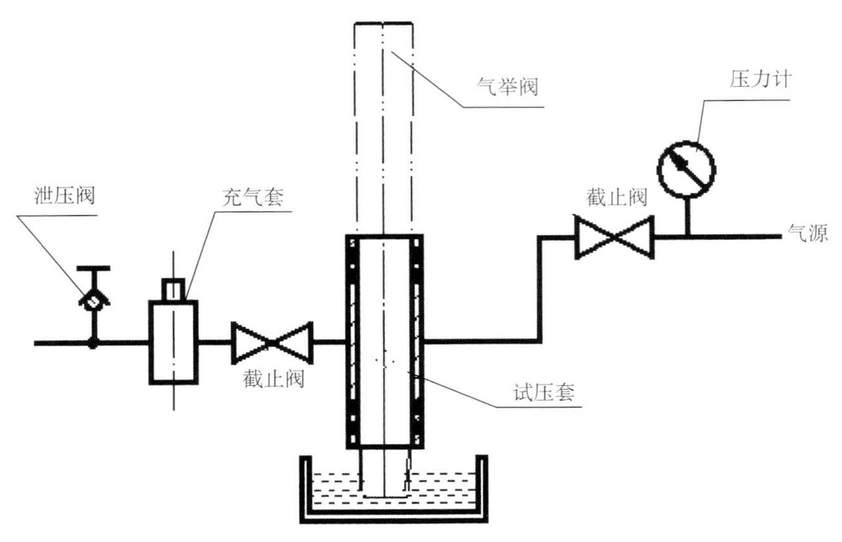

图 4—26　性能试验示意图

（2）试验结果。

打开压力、关闭压力变化均不大于 1%。

3）单流阀密封试验

（1）试验程序。

通过试压孔向单流阀充气压 0.1MPa。稳压 1min。

（2）试验结果。

单流阀在 0.1MPa 气压作用下无渗漏现象。

4）调试台试验

（1）试验程序。

将通过打开压力性能试验的气举阀放置 5d 后，按规定内容作气举阀打开压力、关闭压力。

（2）试验结果。

打开压力变化均不大于 1%。

经过一系列性能检测和实验，研制的工作筒、气举阀性能指标达到了设计的要求，从质量和性能上满足了龙岗海相碳酸盐岩气藏气举工艺的要求。

五、深层高温高含硫井气举设计方法

气举设计是根据给定的设备条件（可提供的注气压力及注气量）和气水井流入动态（IPR 曲线）确定。设计内容包括气举方式和气举装置类型，注气点深度、气液比和产量，气举阀位置、类型、尺寸及装配要求。

在国内外公开发行的出版物和多数国内外相关软件中涉及气举模型的顶阀（第 1 支阀）深度的确定，都是按 U 形管原理来考虑的，是正确但保守的，因为都没有考虑油套环空或油管内液体在注气压力作用下，其中一部分（全部）液体进入地层，在顶阀卸载时没有被举升至地面这一情况；而采用该方法对于龙岗海相碳酸盐岩气藏 6000m 深井进行设计的话，会出现气举阀支数过多、降低气举系统正常工作的可靠性的问题，同时设计最深一级的气举阀举升深度受到限制，注气压力（压缩机或高压气井提供）不能有效地得到利用，因此也无法大幅度拉大井底生产压差，使气水井快速复产或提高气举井举升效率。针对这一情况，提出了适当增加顶阀深度，充分利用压缩机或高压气井提供的注气压力进行气举设计的思路。

两种方法设计在气举系统设计的原则和精髓内容是相同的，下面仅就两种方法设计的不同点和思路（出发点）进行对比。

1. 国内外气举常规设计方法

思路是根据 U 形管原理，设置顶阀时不考虑在注气压力作用下的地层吸液能力。

顶阀深度根据注气压力和工艺井自身情况来确定，一般地，在考虑安全启动的情况下，尽可能深些为好。

（1）按最大启动注气压力确定（压井后，液面接近井口时）：

$$L_1=\frac{p_{ko}-p_{whf}}{G_s}\ \text{（排水进入分离器）} \tag{4-1}$$

或

$$L_1=\frac{p_{ko}}{G_s}-(100\sim300)\ \text{（初期顶阀卸载时放空生产）} \tag{4-2}$$

（2）静液面。

①如果静液面深度大于按最大启动注气压力计算的 L_1 深度时，顶阀深度等于静液面深度，即 $L_1=L_{静}$。

②如果静液面是起出油管后所测，则顶阀深度应考虑油管置换液量的相当深度及地层吸液的可能性。

③如果是压井后下气举阀并准备抽吸的井，顶阀深度等于静液面深度，即 $L_1=L_{静}$。

④对于反举（油套环空生产），由于油套管环空容积比油管容积大，液面上升慢，可以根据注气压力和油套环空与油管容积之比，把顶阀安置在静液面以下的短距离处。

$$L_1=L_{静}+(50\sim100) \tag{4-3}$$

（3）在气举过程中液面能强迫下降。

如果产层吸收液体能力强，利用注气压力可强迫环空中较高的液面下降到希望的深度，则顶阀可置于此处。考虑安全因数后计算公式如下：

$$L_1=L_{静}+\frac{p_{ko}}{G_s}-(100\sim300) \tag{4-4}$$

2. 深井气举设计方法

思路是根据 U 形管原理（压力平衡），设置顶阀时考虑在注气压力作用下的地层吸液能力。

地层吸液指数 $K_{吸}$定义是在注气压力作用下，因液面下降所占容积和注气前（注气压力为 0）时总液量的比值；一般的，假设地层不吸液时 $K_{吸}=0$；地层完全吸液时 $K_{吸}=100\%$。

（1）地层吸液指数为 0：

正举：
$$L_1 = L_{静} + \frac{p_{ko}}{\frac{V_{环}}{V_{油}} \times G_s} \tag{4-5}$$

反举：
$$L_1 = L_{静} + \frac{p_{ko}}{\frac{V_{油}}{V_{环}} \times G_s} \tag{4-6}$$

（2）地层吸液指数为 100%：

$$L_1 = L_{静} + \frac{p_{ko}}{G_s} \tag{4-7}$$

（3）地层吸液指数为 $K_{吸}$：

正举：
$$L_1 = L_{静} + \frac{p_{ko}}{\frac{V_{环}}{V_{油}} \times (1-k) \times G_s} \tag{4-8}$$

反举：
$$L_1 = L_{静} + \frac{p_{ko}}{\frac{V_{油}}{V_{环}} \times (1-k) \times G_s} \tag{4-9}$$

式中 L_1——设计顶阀深度，m；

p_{ko}——启动注气压力，MPa；

p_{whf}——井口油压，MPa；

G_s——静液梯度，MPa/m；

$L_{静}$——静液面深度，m；

$V_{环}$——未注气时顶阀以上液体所占环空容积，m^3；

$V_{油}$——未注气时顶阀以上液体所占油管容积，m^3。

3. 深井气举与常规气举其余阀设计方法对比

1）常规气举其余阀设计思路和方法

在未确定注气点（注气点未知）时，根据逐级卸载设计其余阀，直至最后一支气举阀位置满足以下条件：不能位于最小流压梯度曲线与注气梯度压力线的交点下方；小于油管鞋位置（油管深度未定时小于产层中深）；相邻两只气举阀间距经验值应大于 100m。在注气点已知时，增加一个限制条件，即最后一支气举阀设计在注气点。该方法的显著特点是：设计流压梯度曲线以最小流压梯度曲线为准［GLR = 533.96m^3（气）/ m^3（液）（3000ft^3/bbl）］；若设计最后一支气举阀距油管鞋位置较远（如超过 1000 ~ 2000m），则直接人为预设气举阀（等间距设计）；设计气举阀一般超过 5 支。

2）深井气举其余阀设计思路和方法

由于压缩机或气源井能提供 25MPa（或以上）的注气压力，加之气井渗透性较好，因此在注气压力下地层的吸液能力较强，通过研究，设计方法与常规气举其余阀设计思路明显不同：顶阀（第一支阀）深度在静液面和地层吸液指数为 50%时设计区间变化，以注气点位置确认顶阀深度位置；受注气量的限制，最小流压梯度曲线以注气量和产液量确定的气液比作为计算最小流压梯度曲线的依据；对于复活井或大水量井甚至修井前产气量较大的井在设计最小流压梯度曲线时可以以注气量和产气量之和确定的气液比作为计算最小流压梯度曲线的依据。目的是既保证气举启动的可靠性，又使井下气举阀下入支数较少，增加气举系统的可靠性。

为对比两种方法设计异同，下面对同一口井进行两种方法的设计，并进行比较见表4–36、表4–37。设计井为LG001–29井，两种设计方法采用的参数和气举边界条件相同。

表4–36　LG001–29井常规方法气举设计结果

阀序号	1	2
阀深度（m）	3000（垂）	4200（垂）
阀座孔径（mm）	5.50	5.00
阀深度处温度（℃）	83.38	102.74
设计打开压力（MPa /psi）	17.83/2585.35	20.00/2900
调试打开压力（psi）	2584.96	2899.82

表4–37　LG001–29井深井气举方法设计结果

阀序号	1	2
阀深度（m）	3639（斜）/3600（垂）	4580（斜）/4520（垂）
阀座孔径（mm）	4.5	5.0
阀深度处温度（℃）	103.5	113.6
设计打开压力（MPa /psi）	23.5/3408	21.3/3089
调试打开压力（psi）	3406	3094

从两种设计结果可以看出，常规方法气举设计的结果为2支阀，顶阀位置在3000m，工作阀位置在4200m；采用深井气举设计方法设计结果为2支阀，顶阀深度3600m，工作阀位置在4520m。明显看出，设计思路的不同造成了设计结果中气举阀深度的差异。

4. *龙岗海相碳酸盐岩气藏气举设计要点*

龙岗海相碳酸盐岩气藏由于特殊完井管柱及高含硫等特点，在进行气举设计时除设计方法外还需要一些特殊考虑：

（1）由于井深不小于5000m，且储层渗透性较好，需适当考虑在注气压力下地层的吸液能力。但该气藏各气井的完井管柱普遍下有封隔器，只需要考虑油管内液体在注气压力作用下，其中一部分液体进入地层，在顶阀卸载时没有被举升至地面这一情况。

因此，其设计思路是：顶阀（第一支阀）深度在静液面和地层吸液指数为50%时设计区间变化，以注气点位置确认顶阀深度位置；受注气量的限制，最小流压梯度曲线以注气量和产液量确定的气液比作为计算最小流压梯度曲线的依据；对于复活井或大水量井甚至修井前产气量较大的井在设计最小流压梯度曲线时可以以注气量和产气量之和确定的气液比作为计算最小流压梯度曲线的依据。目的是既可保证气举启动的可靠性，又使井下气举阀下入支数较少，增加了气举系统的可靠性。

（2）由于龙岗高含硫气藏特点，需要在完井投产时即下入气举管柱，因此，要求其气举工艺设计有较大的适应范围。

（3）受气举阀承压能力的限制（气举阀抗外压等级 60MPa，波纹管充氮压力 25MPa，承受内外压差 35MPa），在增产作业过程中为了保护气举阀，需对气举阀下入深度进行优化，并对酸化施工过程中环空平衡压力提出要求

（4）由于井下有永久式封隔器，这类井的气举为半闭式气举。与开式气举相比，不能把油管鞋位置当做工作阀，半闭式气举的工作阀将长期工作，对工作阀的可靠性提出了更高的要求。

（5）为提高整个管柱的可靠性，气举工艺应尽量减少气举阀支数，气举设计过程中，在压缩机能力范围内应考虑采用高注气压力，来减少下阀数量。LG001−29 井采用 20MPa 工作压力设计为 2 支气举阀，如采用 15MPa 工作压力设计则需要下入 3 支气举阀。

第三节　深井高温耐蚀排水采气工艺的应用及效果

在成功研制高温泡排剂、抗温耐蚀气举井下工具等的基础上，为最终形成适合龙岗气田特点的泡排和气举工艺技术，分别在 LG001−29 井等 3 口高温、高含硫深井开展了气举和泡排现场试验。

由于龙岗气田采用的永久封隔器完井管柱，常规液体起泡剂的加注工艺无法实施，且换管柱的修井难度大，目前的生产任务下，在龙岗气田无法找到适宜的泡排试验井，因此，选择了与龙岗地区地质条件类似的高含硫气井 TD021−3 井及 5000m 左右高温深井 TD21 井进行 KY−1 型泡排剂的现场试验。在 TD021−3 井的泡排试验使该井由试验前的提产带液变为靠自身能量连续带液；在 TD21 井使油套压差明显缩小，平均产气量增加 1371.19 m^3/d，适用性良好。试验结果说明，KY−1 型泡排剂满足高温达 130℃、含 H_2S52.3g/m^3、含 $CO_2$143.1g/m^3 以上气井的泡排要求，增产效果显著，在龙岗气田排水采气开采中具有良好的应用前景。

在 LG001−29 井的气举现场试验，项目组从气井完井开始早期介入，先期完成了该井的气举工艺设计，并将研制的抗温耐蚀气举井下工具随完井管柱成功下井。虽然该井完井测试不产水而未能按计划开展气举排水采气工艺试验，但气举阀在温度 130.9℃、H_2S 含量为 81.15g/m^3、施工压力 72.78MPa 的条件下仍然密封，为以后的气举排水采气保留了可靠的条件。

一、TD021−3 井泡排试验

1. 气井基本情况

TD021−3 井位于大天池构造东南部，产层长兴组，井深 4503m，射孔完井，测试产量 $19.37\times10^4m^3/d$，H_2S 含量 52.3g/m^3，CO_2 含量 143.1 g/m^3，井底温度约 120℃。该井于 2007 年 7 月 11 日投产，于 2010 年 1 月开始泡排生产，目前采用 UT−11C 型泡排剂，生产套压 5.93MPa，油压 4.28MPa，产气 $1.35\times10^4m^3/d$，产水 0.04m^3/d 。

TD021−3 井天然气气质组成、水质分析数据分别见表 4−38、表 4−39。

表 4-38 TD021-3 井天然气气质组成分析结果

组分	摩尔百分数（%）	组分	摩尔百分数（%）
甲烷	88.072	正戊烷	未检出
乙烷	0.17	硫化氢	3.65
丙烷	未检出	二氧化碳	7.77
正丁烷	未检出	氮气	0.32
异丁烷	未检出	氦气	0.018

表 4-39 TD021-3 井水质分析数据

K^+	Na^+	Ca^{2+}	Mg^{2+}	总矿化度	水型
15mg/L	653mg/L	156mg/L	55mg/L	2.45g/L	$CaCl_2$
SO_4^{2-}	HCO_3^-	Cl^-	Br^-	pH 值	密度
38mg/L	24.5mg/L	1280mg/L	12 mg/L	6.01	1.0004g/cm^3

2. 室内评价实验

1）对地层水表面张力的影响

针对 KY-1 型泡排剂对 TD021-3 井模拟地层水表面张力的影响进行了实验分析，实验数据见表 4-40。

表 4-40 KY-1 型泡排剂对模拟地层水表面张力的影响

试剂		表面张力（mN/m）
高温处理前	TD021-3 井模拟地层水	44.5
	TD021-3 井模拟地层水 + KY-1 型泡排剂（3‰）	25.37
高温处理后（150℃，12h）	TD021-3 井模拟地层水	48.87
	TD021-3 井模拟地层水 + KY-1 型泡排剂（3‰）	26.83

实验数据表明：在 TD021-3 井模拟地层水条件下，KY-1 型泡排剂降低地层水表面张力的性能在高温处理前后没有发生明显改变。

2）高温处理前后 KY-1 型泡排剂性能测试

对高温处理前后 KY-1 型泡排剂在 TD021-3 井模拟地层水中的起泡性能和稳泡性能进行了评价，实验数据见表 4-41。

实验表明：KY-1 型泡排剂在 TD021-3 井模拟地层水中，起始泡高为 245mm，3min 后泡高为 185mm，说明 KY-1 型泡排剂起泡能力很强，稳定性好；高温处理后，起始泡高为 235mm，3min 后泡高为 190mm，说明 KY-1 型泡排剂在 TD021-3 井模拟地层水中经高温处理后仍有较高的起泡能力，且热稳定性较好。

表 4–41　高温处理前后起泡性能比较

配方	条件（120℃，12h）	罗氏泡高（mm）（实验温度 80℃）			
			1	2	平均
TD021–3 井模拟地层水 +KY–1 型泡排剂（浓度为 3‰）	高温处理前	起始泡高	240	250	245
		3min 后泡高	200	210	205
TD021–3 井模拟地层水 +KY–1 型泡排剂（浓度为 3‰）	高温处理后	起始泡高	230	240	235
		3min 后泡高	190	190	190

3）动态性能评价

对在 TD021–3 井模拟地层水条件下 KY–1 型泡排剂的动态性能进行了评价，包括缓蚀性能评价、阻垢性能评价和携液能力评价。实验中 KY–1 型泡排剂的使用浓度为 3‰，实验数据见表 4–42。

表 4–42　KY–1 型泡排剂动态评价结果

地层水	评价项目		评价指标
TD021–3 井模拟地层水	腐蚀速率（%）	TD021–3 井模拟地层水	0.0934
		TD021–3 井模拟地层水 +3‰ KY–1 型泡排剂	0.0702
TD021–3 井模拟地层水	阻垢率		12%
	携液量（mL/10min）		870
	起泡倍数		21
	25% 析液时间（min）		0.8
	50% 析液时间（min）		2.2

腐蚀速率实验数据表明，在 TD021–3 井模拟地层水条件下 KY–1 型泡排剂具有一定的缓蚀能力。在携液量实验中，KY–1 型泡排剂有较好的携水效果。

静态阻垢评价实验表明：KY–1 型泡排剂阻垢率达 12%，是一种具有防垢性能的泡排剂。产水气井使用具有防垢性能的泡排剂可以避免因泡排剂与井底流体不配伍而产生结垢，避免油管、套管和井底近区孔渗通道堵塞造成采气量下降。

4）与乙二醇防冻剂之间的配伍性评价

TD021–3 井输气管线（地面管线和油、套管）冬季常发生水合物堵塞的情况，影响生产。针对这种现象，作业区采取的措施是同时向地面管线和油、套管中加注乙二醇防冻剂，对水合物的形成起到了良好抑制作用。因此，实验室对 KY–1 型泡排剂与乙二醇防冻剂之间的配伍性进行了评价，实验数据见表 4–43。

以上实验结果可以看出：乙二醇对 KY–1 型泡排剂的起泡性能几乎没有影响，对 KY–1 型泡排剂的稳泡性能有一定的影响，但加大 KY–1 型泡排剂的浓度能够降低影响的程度，达到排水采气的目的。在TD021-3井模拟地层水条件下，乙二醇与KY-1型泡排剂混合后无沉淀、絮凝等现象发生，说明两者之间有良好的配伍性。

表4-43　KY-1型泡排剂与乙二醇防冻剂之间的配伍性实验数据

水样	实验温度（℃）	KY-1型泡排剂浓度（‰）	乙二醇含量（%）	起始泡高（mL）	3min后泡高（mL）
TD021-3井模拟地层水	80	3	0	240	205
			10	240	40
			20	230	30
			30	200	30
		10	10	270	100
		20	10	270	100
		30	10	270	100

5）与缓蚀剂之间的配伍性评价

由于含H_2S的缘故，TD021-3井加注了缓蚀剂CT2-15。实验室对CT2-15型油溶性缓蚀剂与KY-1型泡排剂之间的配伍性进行了评价实验。实验现象见表4-44。

表4-44　KY-1型泡排剂与CT2-15型缓蚀剂之间配伍性实验数据

模拟地层水体积（mL）	缓蚀剂			泡排剂			罗氏泡高（mL）			配伍性（80℃，48h后）
	型号	加量（mL）	浓度（‰）	型号	加量（mL）	浓度（‰）	起始	最高	3min后	
500	CT2-15	0.25	0.5	KY-1	1.5	3	140	170	100	无絮凝、沉淀等生成
		0.5	1		1.5	3	140	160	30	
		1	2		1.5	3	130	150	25	
		0.25	0.5		3	6	220	330	210	
		0.5	1		3	6	200	280	140	
		1	2		3	6	180	230	30	
		0.25	0.5		4.5	9	220	240	210	
		0.5	1		4.5	9	210	240	180	
		1	2		4.5	9	180	210	140	

由于泡排剂对油有乳化作用，因此油溶性缓蚀剂对泡排剂的性能有一定的影响。由表4-44可以看出，CT2-15型缓蚀剂对KY-1型泡排剂的起泡性能、稳泡性能均有一定的影响，泡排剂的浓度越高，CT2-15型缓蚀剂对KY-1型泡排剂的起泡性能、稳泡性能的影响越小。

以上实验数据表明，KY–1 型泡排剂起泡能力强、性能稳定、携水效果较好，具有一定的缓蚀性能，适用于 TD021–3 井进行泡沫排水采气现场试验。

3. 现场试验情况

现场试验主要考察在不同药剂加量、加注周期条件下，KY–1 型泡排剂对 TD021–3 井的排水助采效果，确定 KY–1 型泡排剂的最佳加注量和加注周期。

自 2010 年 12 月 21 日开始在 TD021–3 井进行现场试验施工，试验情况如下所述，现场试验期间 KY–1 型泡排剂、XXP–1 型消泡剂的加注制度及加注量见表 4–45。

表 4–45　天东 021–3 井泡排剂加注制度

时间		泡排剂型号	泡排剂加量（kg/100kg）（水）	加注周期	每次连续加注时间（h）	每次加注计量泵流量（kg/h）
第一阶段	第 1 天	KY–1	10	1 次 / 天	2.5	80
	第 2 天	KY–1	6	1 次 / 天	2.5	80
	第 3 天	KY–1	6	1 次 / 天	2.5	80
	第 4 天	KY–1	4	1 次 / 天	2.5	80
	第 5 天	KY–1	4	1 次 / 天	2.5	80
第二阶段	30 天	KY–1	根据第一阶段的试验效果调整泡排剂的加注周期和加注量			

根据 TD021–3 井战场现有加注管线、加注泵、药剂储罐的实际情况，采用泡排剂和消泡剂分开泵注的加注工艺进行试验。泡排剂从油套环空泵注；消泡剂从分离器泵注，通过调节计量泵量程来控制药剂加量大小和加注时间。

4. 泡排试验效果分析

TD021–3 井自 2010 年 1 月 6 日开始加注 UT–11C 型泡排剂，因此，对泡排施工前、加注 UT–11C 型泡排剂期间以及加注 KY–1 型泡排剂期间的气井生产情况进行了对比。以油套压差的变化作为依据，选择相邻的 2 个油套压差最大之间的生产数据对比分析情况。

TD021–3 井现场试验前及试验期间的生产情况曲线图如图 4–27 所示。

从泡排试验前后情况对比数据及气井生产数据图表可以看出：

（1）现场试验期间的日均产气量由加注 UT–11C 型泡排剂期间的 $1.6465 \times 10^4 m^3$ 增加到了 $2.0479 \times 10^4 m^3$，增加了 $0.4014 \times 10^4 m^3$。

（2）试验前的采气曲线由于提产带液的缘故，波动较大，试验期间采气曲线比较平稳，说明 KY–1 型泡排剂的使用对维持气井的平稳生产，避免提产带液对储层造成的伤害起到了一定的作用。

（3）加注 KY–1 型泡排剂期间的油套压差明显减小，较泡排施工前减小了 0.39MPa，较加注 UT–11C 型泡排剂期间减小了 0.52MPa，说明井筒内积液情况得到了改善。

（4）试验期间比试验前水产量更趋于稳定，能够连续将水带出井筒，有利于气井的稳定生产。

（5）在 TD021–3 井进行的现场试验期间，根据现场试验的效果，对泡排剂及消泡剂的加注制度进行了调整，减小了使用浓度，泡排剂的加注周期从每天加注 1 次改为每 3 天加注 1 次，消泡剂改为分离器有液位显示时加注，试验效果良好。

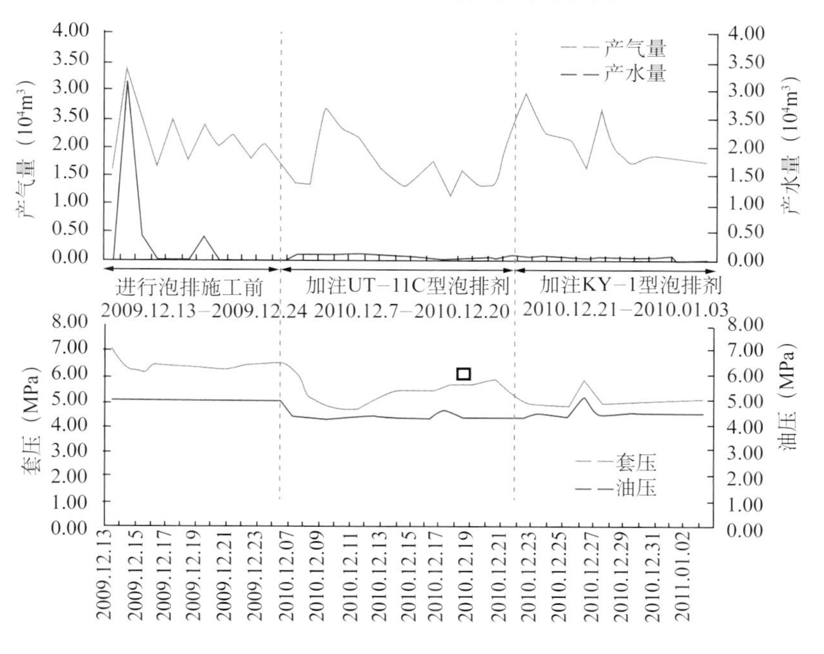

图 4—27 TD021—3 井现场试验前及试验期间生产情况曲线图

因此，试验评价结果认为：TD021—3 井采用 KY—1 型泡排剂开展泡排试验，使该井由试验前的提产带液变为靠自身能量连续带液，油套压差明显缩小，且平均增产气量 $0.4014\times10^4m^3/d$，说明 KY—1 型泡排剂在 TD021—3 井适用性良好，取得了较好的应用效果。

二、TD21 井泡排试验

1. 气井基本情况

TD21 井位于五百梯构造南雅鼻凸，完钻井深 5012m，产层为石炭系，产层中部井深 4982m，射孔完井，井底温度 130℃。该井于 1996 年 2 月 27 日投产，投产前套压 46.874MPa，油压 46.868MPa，投产初期产量为 $3.0\times10^4m^3/d$。目前该井套压 11.29MPa，油压 9.02MPa，日产气 $2.0\times10^4m^3$，日产水量在 0 ~ $0.5m^3$ 之间波动。该井储渗条件差，井口产能低，且产层过深，投产初期就带液困难，一直采取加产提液、放空提液的方式生产。

TD21 井天然气气质组成、水质分析数据分别见表 4—46、表 4—47。

表 4—46 TD21 天然气气质组成分析结果

组分	摩尔百分数（%）	组分	摩尔百分数（%）
甲烷	97.17	正戊烷	0.000
乙烷	0.39	硫化氢	0.13
丙烷	0.03	二氧化碳	1.64
正丁烷	0.000	氮气	0.61
异丁烷	0.000	氦气	0.028

表 4-47 TD21 井水质分析数据

K^+	Na^+	Ca^{2+}	Mg^{2+}	Sr^{2+}	水型
55mg/L	4454mg/L	822mg/L	161mg/L	175mg/L	$CaCl_2$
HCO_3^-	Cl^-	SO_4^{2-}	pH 值	密度	总矿化度
376mg/L	8763mg/ L	4mg/L	6.38	1.0093	14.81g/L

2. 室内评价实验

1）对地层水表面张力的影响

针对 KY−1 型泡排剂对 TD21 井模拟地层水表面张力的影响进行了实验分析，实验数据见表 4−48。

表 4-48 KY-1 型泡排剂对地层水表面张力的影响

试剂		表面张力（mN/m）
高温处理前	TD21 井模拟地层水	36.8
	TD21 井模拟地层水 + KY−1 型泡排剂（3‰）	26.7
高温处理后（150℃，12h）	TD21 井模拟地层水	36.8
	TD21 井模拟地层水 + KY−1 型泡排剂（3‰）	26.7

实验数据表明：KY−1 型泡排剂降低地层水表面张力的性能在高温处理前后没有发生明显改变。

2）高温处理前后 KY−1 型泡排剂性能评价

对高温处理前后 KY−1 型泡排剂在 TD21 井模拟地层水中的起泡性能和稳泡性能进行了评价，实验数据见表 4−49。

表 4-49 高温处理前后起泡性能比较

条件	罗氏泡高（mm）（实验温度：80℃）	配方
		TD21 井模拟地层水 +KY−1 型泡排剂（3‰）
高温处理前	起始泡高	250
	3min 后泡高	195
高温处理后（150℃，12h）	起始泡高	240
	3min 后泡高	150

实验表明：KY−1 型泡排剂在 TD21 井模拟地层水中起泡能力很强，稳定性好；高温处理后，起始泡高为 240mm，3min 后泡高为 150mm，说明 KY−1 型泡排剂在 TD21 井模拟地层水中经高温处理后仍然有较高的起泡能力，且热稳定性较好。

3）动态性能评价

对在TD21井模拟地层水条件下KY−1型泡排剂的动态性能进行了评价，包括缓蚀性能评价、阻垢性能评价和携液能力评价。实验中KY−1型泡排剂的使用浓度为3‰，实验数据见表4−50。

表4−50　KY−1型泡排剂动态评价结果

评价项目		评价指标
腐蚀速率（mm/a）	TD21井模拟地层水	0.38
	TD21井模拟地层水+KY−1型泡排剂	0.079
阻垢率		18%
携液量（mL/10min）		890
起泡倍数		17.2
25%析液时间（min）		0.9
50%析液时间（min）		1.9

腐蚀速率实验数据表明，在TD21井模拟地层水条件下KY−1型泡排剂具有较好的缓蚀能力。

在携液量实验中，KY−1型泡排剂有较好的携水效果。

静态阻垢评价实验表明：KY−1型泡排剂阻垢率达18%，是一种具有防垢性能的泡排剂。产水气井使用具有防垢性能的泡排剂可以避免因泡排剂与井底流体不配伍而产生结垢，避免油管、套管和井底近区孔渗通道堵塞造成采气量的下降。

4）与乙二醇防冻剂之间的配伍性评价

TD21井输气管线（地面管线和油管、套管）冬季常发生水合物堵塞的情况，影响生产。针对这种现象，作业区采取的措施是同时向地面管线和油管、套管中加注乙二醇防冻剂，对水合物的形成起到了良好抑制作用。因此，实验室对KY−1型泡排剂与乙二醇防冻剂之间的配伍性进行了评价，实验数据见表4−51。

表4−51　KY−1型泡排剂与乙二醇防冻剂之间的配伍性实验

水样	实验温度（℃）	KY−1型泡排剂浓度（‰）	乙二醇含量（%）	起始泡高（mL）	3min后泡高（mL）
TD21井模拟地层水	80	3	0	250	195
			10	250	40
			20	240	30
			30	200	30
		10	10	270	100
		20	10	270	100
		30	10	270	100

以上实验结果可以看出：乙二醇对KY−1型泡排剂的起泡性能几乎没有影响，对KY−1型泡排剂的稳泡性能有一定的影响，但加大KY−1型泡排剂的浓度能够降低影响的程度，达到排水采气的目的。在TD21井模拟地层水条件下，乙二醇与KY−1型泡排剂混合后无沉淀、絮凝等现象发生，说明两者之间有良好的配伍性。

5）与缓蚀剂之间的配伍性评价

对TD21井目前使用的CT2−4型水溶性缓蚀剂与KY−1型泡排剂之间的配伍性进行实验评价，实验现象见表4−52。

表4−52　缓蚀剂与KY−1型泡排剂之间配伍性实验

序号	缓蚀剂与泡排剂比例	实验温度（℃）	实验现象
a	CT2−4 ∶ KY−1 = 1 ∶ 10	80	互溶，无絮凝、沉淀等生成
b	CT2−4 ∶ KY−1 = 1 ∶ 1		互溶，无絮凝、沉淀等生成
c	CT2−4 ∶ KY−1 = 10 ∶ 1		互溶，无絮凝、沉淀等生成

实验结果表明：CT2−4型水溶性缓蚀剂与KY−1型泡排剂之间有良好的配伍性；用表4−52中a试剂做起泡性能评价实验，实验结果见表4−53。

表4−53　缓蚀剂对KY−1型泡排剂起泡性能的影响评价

泡排剂	泡排剂浓度（‰）	起始泡高（mL）	最高泡高（mL）	3min后泡高（mL）
a	6	250	410	110

由表4−53中的实验结果可以看出，CT2−4型水溶性缓蚀剂对KY−1型泡排剂的起泡性能几乎没有影响，对KY−1型泡排剂的稳泡性能的影响较小。

以上实验表明：KY−1型泡排剂起泡能力强、热稳定性强、携水效果较好、具有一定的阻垢性能和缓蚀性能，并且与其他入井流体之间有良好的配伍性，适用于TD21井的泡沫排水采气作业。

3. 现场试验情况

KY−1型泡排剂在TD21井的现场试验目的主要是考察在不同药剂加量、加注周期条件下，KY−1型泡排剂对TD21井的排水助采效果，确定KY−1型泡排剂的最佳加注量和加注周期。

TD21井现场试验时间为2008年8月上旬至2008年12月底，分四个阶段进行。现场试验期间，根据现场试验的效果，对泡排剂及消泡剂的加注制度进行了两次调整，减小了使用浓度，泡排剂的加注周期从每天加注1次改为每3天加注1次，消泡剂改为分离器有液位显示时加注，试验效果良好。

4. 泡排试验效果分析

TD21井在2008年8月7日开始加注KY−1型泡排剂，试验时间近5个月，现场试验效果良好。现场试验前后日生产情况对比见表4−54，试验前放空提产带液的情况见表4−55。

表 4-54　TD21 井泡排试验前后情况对比

生产数据	日平均套压（MPa）	日平均油压（MPa）	日平均油套压差（MPa）	日平均产水量（m³）	日平均产气量（m³）	日均增产气量（m³）
试验前（4 月 1 日至 8 月 6 日）	12.88	9.38	3.50	0.14	20762.34	1371.19
试验期间（8 月 7 日至 12 月 31 日）	8.05	6.76	1.29	0.39	22133.53	

表 4-55　TD21 井泡排试验前后带液情况统计

	时间	月累计带水量（m³）
试验前	2008 年 4 月	3.93
	2008 年 5 月	4.43
	2008 年 6 月	6.08
	2008 年 7 月	3.6
试验期间	2008 年 8 月 7 日至 8 月 31 日	15.03
	2008 年 9 月	6.28
	2008 年 10 月	15.47
	2008 年 11 月	11.8
	2008 年 12 月	8.51

TD21 井现场试验前及试验期间的生产情况曲线图如图 4-28 所示。

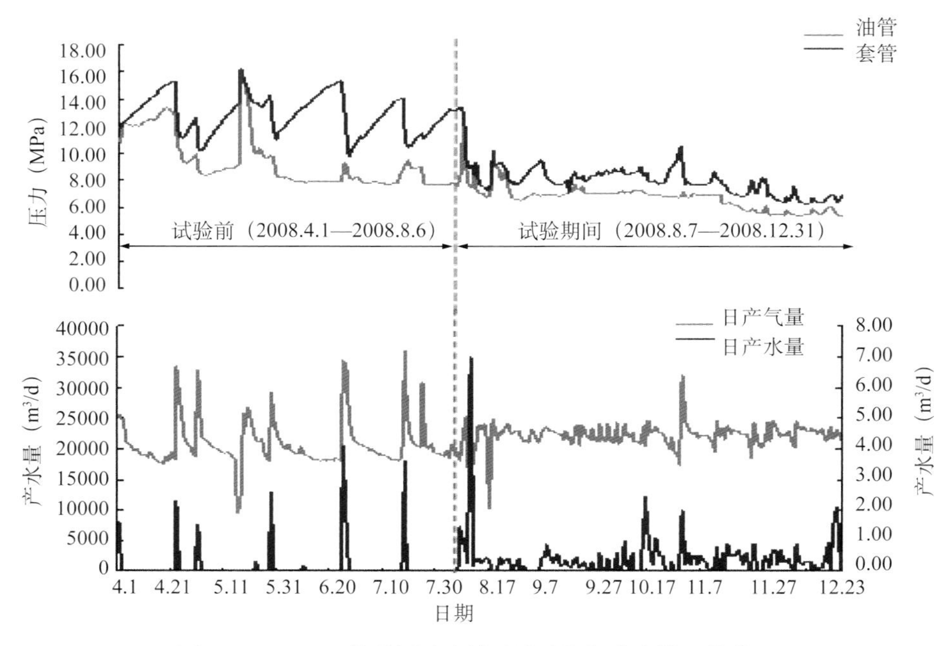

图 4-28　TD21 井现场试验前及试验期间生产情况曲线图

从泡排试验前后情况对比数据及气井生产数据图表上可以看出：

（1）TD21 井日平均产气量从 20762.34m^3 增加到 22133.53m^3，增加了 1371.19m^3。

（2）试验前的采气曲线由于提产带液的缘故，波动较大，试验期间采气曲线比较平稳，说明该泡排试验对维持气井的平稳生产，避免提产带液伤害储层的作用显著。

（3）试验期间比试验前水产量更趋于稳定，能够连续将水带出井筒，有利于气井的稳定生产，且日均产水量比试验前增加了 0.25m^3，月累计带水量比试验前大幅增加。

（4）试验期间油套压差明显减少，从试验前的 3.50MPa 减少到 1.29MPa，说明井筒内的积液情况得到了改善。

因此，试验评价结果认为：天东 21 井采用 KY−1 型泡排剂开展泡排试验，使该井由试验前的提产带液变为靠自身能量连续带液，油套压差明显缩小，且平均增产气量 $1371.19 \times 10^4 m^3/d$，说明 KY−1 型泡排剂在天东 21 井适用性良好，取得了较好的应用效果。

三、LG001−29 井气举试验

1. 气井基本情况

LG001−29 井产层长兴组，完钻井深 5280m，采用射孔完井，射孔井段 5157.0 ～ 5173.0m，油层套管及尾管尺寸为 ϕ177.8mm × 4630.36m+ ϕ127mm ×（4630.36 ～ 5280）m。测井综合解释 5157.0 ～ 5173.2m 为气层，5181.8 ～ 5202.8m 为水层。前期试油产气 $5.538 \times 10^4 m^3/d$，产水 168m^3/d 。

2. 试验思路

该井在第一阶段试油后压井，下桥塞封堵下部水层，后下气举—酸化联作管柱，酸化施工完成后，利用液氮气举排液快速排出酸液和压井液，然后测试该井实际产能。如果该井封堵水层后仍然产水，可连续气举生产。因此，在该井开展气举工艺试验包括 2 个方面：（1）封堵水层后实施气举 + 酸化联作，气举排液；（2）若封堵水层后仍产水，在气井产能不能满足携液生产要求时，可进行气举排水采气。

3. 气举工艺设计

1）液氮气举排液（根据目前地层压力）

初期卸载时短暂放空。

启动压力：33 ～ 35MPa。

注气量：初定液氮量为 37.5m^3，根据排液情况进行调整。

预计工作压力：20 ～ 21MPa。

预计排水量：120 ～ 200m^3/d。

2）连续气举（考虑地层压力下降后）

启动压力：该井顶阀位置为 3600m，在气举过程中充分考虑了地层的吸液指数对启动压力的影响。预计在不同地层压力下对应的气举启动压力见表 4−56。

工作压力：20 ～ 21MPa。

注气量：$6 \sim 8 \times 10^4 m^3/d$。

井口油压：6MPa。

预计排水量：100 ～ 180m^3/d。

地层水相对密度：1.05。

表 4–56　气举启动压力预测结果

预计地层压力（MPa）	预计启动压力（MPa）
45	26.8 ~ 30.5
40	22.5 ~ 30.5
35	17.5 ~ 30.5

3）气举阀参数

该井采用 2 支气举阀，其主要技术参数见表 4–57。

表 4–57　气举阀设计参数

阀序号	1	2
阀深度（m）	3639（斜）/3600（垂）	4580（斜）/4520（垂）
阀座孔径（mm）	4.5	5.0
阀深度处温度（℃）	103.5	113.6
设计打开压力（MPa /psi）	23.5/3408	21.3/3089
调试打开压力（psi）	3406	3094
气举阀编号	100TGP12　09–004　RA	100TGP12　09–008　RA
工作筒扣型	BGT1	BGT1
工作筒类型	$3^1/_2$in 整体式抗硫工作筒	$3^1/_2$in 整体式抗硫工作筒
备注	酸化作业过程中套管平衡压力控制在 10MPa 以内，以保护气举阀。 气举阀、工作筒均带单流阀。工作筒参数：$\phi_{外}$= 140mm，$\phi_{内}$= 74mm	

4）气举管串结构

气举管串结构如图 4–29 所示。

4. 现场试验情况

2010 年 4 月 10 日下桥塞至井深 5178m，4 月 11 日，该井按设计要求顺利下入气举酸化联作完井管柱，4 月 18 日开始酸化施工，作业情况见表 4–58。

表 4–58　LG001–29 井 2010 年 4 月 18 日酸化施工记录

准备	10 : 33 酸化前准备，采油树、高压管汇及平衡管汇试压合格
低替	11 : 20 低替转向酸 21.4% 的转向酸 17.99m³，泵压 2.0 ~ 10MPa，套压 7.0 ~ 9.0MPa，排量 0.36m³/min
启动封隔器	11 : 22 提排量启动封隔器，用酸 0.77 m³

酸化	11:33 高挤转向 21.4% 的转向酸 29.14m³，泵压 42.0 ~ 49.0MPa，套压 7.0 ~ 22.0MPa，排量 2.5 ~ 2.9m³/min； 施工参数：施工总时间 1:00，纯挤时间 0:13，挤入地层 21.4% 转向酸 29.91 m³；油压最高 49.0 MPa；最低 42.0 MPa；一般 45.0 ~ 46.0MPa，排量最高 2.9 m³/min；最低 2.5 m³/min；一般 2.7 ~ 2.8m³/min，吸收指数最高 0.074 m³/min/MPa；最低 0.053 m³/min/MPa；一般为 0.06 ~ 0.07m³/min/MPa
记压降	11:58 停泵记压降，油压 17.2MPa 降至 7.46MPa，套压 26.70MPa 降至 17.32MPa
候酸反应	12:53 候酸反应，油压 7.46MPa 降至 2.3MPa，套压 17.32MPa 降至 12.38MPa。同时一台 700 型压裂车反循环回收油管内转向酸 11.0m³
放喷	17:53 开油管阀门放喷，13:01 出口气液同喷，点火燃，桔红色火焰，焰高 1 ~ 2m。油压 2.3MPa 降至 0.43MPa（14:01）升至 3.91MPa（14:46）降至 3.35MPa（15:26）升至 5.79MPa（17:53），套压 12.38MPa 降至 4.86MPa；本次放喷实际排液 74.2m³，理论应排液 120m³

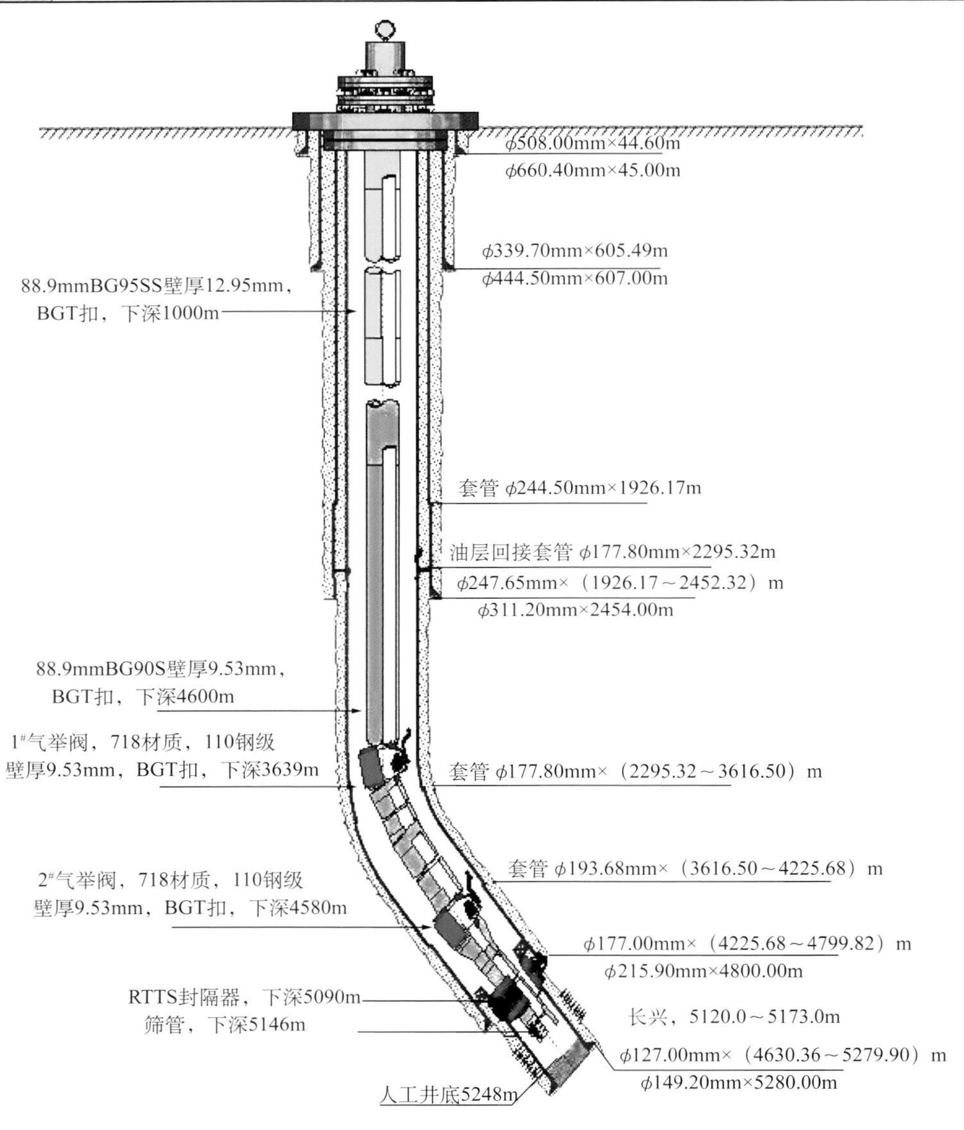

图 4-29　LG001-29 井气举完井管柱示意图

4 月 19 到 4 月 20 日放喷排液、测试产能。用 D50.8mm 临界速度流量计、D15.0mm 孔板通过分离器测试，产纯气。稳定油压 25.727MPa，稳定套压 26.329MPa 稳定上压 2.652MPa，稳定下压 0.056MPa，稳定上温 12.096℃，气产量 $9.149\times10^4m^3/d$。

由于该井酸化放喷排液后，测试已不产水，未开展气举工艺试验。

5. 气举试验效果分析

1）抗温耐蚀气举井下工具工况可靠

在酸化施工过程中，套压最高达 27.6MPa，加上环空清水静液注压力，折算气举底阀所承受的压力达 72.78MPa；酸化施工最高泵压 49MPa，纯挤时间 13min，油压 42.0 ~ 49.0MPa，套压 7.0 ~ 27.6MPa，排量 2.5 ~ $2.9m^3/min$，气举阀及工作筒均在承受高压状态下及高温（产层温度 130.9℃）、高含硫（H_2S 浓度 $81.15g/m^3$）环境中保证了密封。证明研制的抗温耐蚀气举井下工具在该试验井的应用工况可靠，达到了设计要求。

2）气举工具的成功下入，为将来气举工艺试验的开展创造了条件

分析认为，该井水层和气层间隔小（气层 5157.0 ~ 5173.2m，水层 5181.8 ~ 5202.8m），生产到一定阶段，当井底形成压降漏斗后，产水可能性较大，已入井的带气举工具的完井管柱，为将来在该井开展气举工艺试验创造了条件。

3）LG001–29 井目前生产正常

LG001–29 井于 2010 年 8 月 9 日投产，投产初期套压 30 ~ 34MPa，油压 28 ~ 32MPa，产气量（5 ~ 6.7）$\times10^4m^3/d$；2010 年 12 月，套压为 24.5 ~ 26MPa，油压为 13.8 ~ 20.5MPa，产气量为（2 ~ 3.2）$\times10^4m^3/d$；截至 2011 年 2 月 11 日，累计产气量为 $620.75\times10^4m^3$，生产正常。

第五章　深层碳酸盐岩油藏开采新技术

塔里木盆地的碳酸盐岩油藏储层裂缝、洞穴发育，埋藏深度5000 ~ 6000m，加上一些区块的原油黏度高，属于稠油油藏，因此开采的工艺技术难度大。本章以轮古等油藏为例，介绍了塔里木深层碳酸盐岩油藏开采工艺新技术。

第一节　塔里木深层碳酸盐岩稠油油藏采油工艺面临的挑战

一、概述

据世界能源组织预测：稠油将是21世纪主要原油开采对象。2001年5月12日，SPE石油工程学会把21世纪定义为稠油开采世纪。世界上大部分石油资源属于开采和炼制难度大且成本高的稠油。稠油在世界油气资源中占有较大的比例，全球石油资源大概是（9 ~ 13）× 10^{12}bbl即（1.4 ~ 2.1）× $10^{12}m^3$，常规原油只占其中的30%左右，其余都是稠油、超稠油和沥青（图5–1）。因此如何开采稠油，使之成为可动储量，是石油人在21世纪要面临的重要问题。

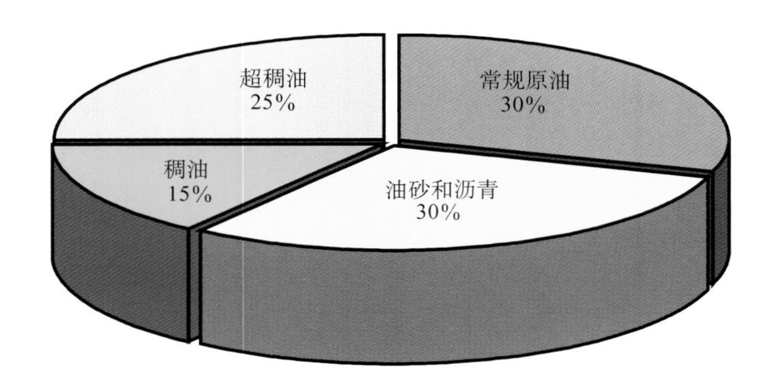

图5–1　全球石油资源组成

中国十分重视稠油油藏开采技术的研发与应用，多年以来针对辽河、胜利、克拉玛依等油区稠油油藏的特点，研究发展了蒸汽吞吐、蒸汽驱、SAGD等注蒸汽热采为主体的稠油开采工艺，主要包括预应力套管完井技术、注气井井筒隔热技术、蒸汽热采井防砂技术、稠油热采井人工举升技术、井筒降黏技术及分层注气技术、高温泡沫调剖技术和化学剂增产技术，为中国浅层和中深层稠油储量的规模动用和有效开采提供了采油工艺技术基础。

塔里木深层碳酸盐岩稠油油藏，储层埋深5000 ~ 6000m，在储层的压力、温度条件下，原油虽然具有较好的流动性，能够由储层流入井筒，但随着温度的降低，原油黏度急剧上升，流动阻力大幅增加，地层的自身能量无法使原油举升到地面，人工举升的设备也难以满足需要。

二、采油工艺面临的挑战

对于这种类型的稠油油藏，中国相关的采油工艺技术储备不足，需要研发配套的主体技术。

1. 筛选井筒降黏方式和降黏工艺

筛选有效的井筒降黏方式和降黏工艺，是塔里木深层碳酸盐岩稠油油藏开采的技术关键之一。要求降黏技术达到以下条件：一是有效且经济，不但降黏效率高，且生产操作成本相对较低；二是实现井筒降黏、地面管网降黏一体化，对井筒内的原油降黏后，地面管网不必采用二次降黏措施；三是有利于油气处理，降黏后的原油进入地面油气处理系统后，不用额外的破乳处理；四是降黏工艺相对简单且安全可靠。

2. 建立同井注采条件下的节点分析方法

采用注降黏剂的方式降黏，采油井将处于同时注剂、采油的工作状况。此时注剂压力过低，降黏剂无法进入原油流动管道内，起不到降黏作用；注剂压力过高，井底原油则无法流动。因此合理匹配井底流压和井口注剂压力的关系，是注降黏剂自喷开采时生产参数优化的核心环节，这就需要在单一注采井压力节点分析的基础上，发展建立同井注采工况下的节点分析方法。

3. 筛选配套超深井人工举升技术

根据塔里木深层碳酸盐岩稠油油藏的特点，需要筛选、研究、配套人工举升技术，总体要求一是举升扬程高，筛选的举升装备能满足油井人工举升扬程的要求；二是适合注降黏剂开采的工况，配套的举升油管柱和井下工具有利于降黏剂和井筒原油的混合，可提高降黏效果；三是有利于减少超深井的修井工作量，尽量实现解堵、检泵作业不动油管柱。

第二节　塔里木深层碳酸盐岩稠油油藏原油的基本特征

一、稠油基本特征

塔里木油田稠油开发主要集中在轮古区块和哈拉哈唐区块的奥陶系碳酸盐岩中。轮古稠油油藏位于塔克拉玛干沙漠北缘，为奥陶系储层，埋深 5550 ~ 5950m。地层条件下，原油黏度为 200 ~ 550mPa · s；50℃时，黏度为 40700 ~ 172000mPa · s。原油温度敏感性强，沥青质含量高达 29.90%，平均硫含量为 2.22%，蜡含量 4.41%，属中高含硫、高含蜡、高沥青质、高黏重质稠油。根据表 5–1 的中国稠油分类标准，初步认定轮古稠油属于普通稠油（I–2 类），在地层温度、压力条件下有较好的流动性，能依靠地层能量进入井筒内，但在井筒内需降黏才能举升至地面。

表 5–1　中国稠油分类标准

稠油分类		黏度（cP）	相对密度（20℃）
普通稠油	I–1	50* ~ 100*	> 0.900（25° API）
	I–2	100* ~ 10000	> 0.920（22° API）

续表

稠油分类		黏度（cP）	相对密度（20℃）
特稠油	Ⅱ	10000 ~ 50000	> 0.950（17° API）
超稠油	Ⅲ	> 50000	> 0.980（13° API）

注：* 指地层条件下黏度，其他指油层温度下脱气油黏度。

二、稠油流变特征

轮古油藏稠油流动性差异大，轮古稠油油藏统计地温梯度为 1.97℃ /100m，LG15 井地层温度 133.8℃，LG41 井地层温度 122.3℃，根据黏—温关系推算 LG15–1 井地层条件下脱气油的黏度为 550mPa·s 左右，LG41 井地层条件下脱气油的黏度为 400mPa·s 左右，表明轮古稠油在地层内具有较好的流动性，能依靠自身能量进入井筒内，以 5000mPa·s 为流动极限，根据地层温度及原油黏温关系，原油在井筒内可以依靠自身能量举升到 3000 ~ 3500m 的深度。只是在井筒举升过程中，离地面越近，温度越低，原油黏度越大，举升阻力越大，导致无法举升到地面，因此，轮古油藏稠油开采工艺的关键在于井筒降黏举升技术。

轮古油藏稠油物性差异性大，从储层构造上看，轮古油藏稠油储层在平面上以轮西大断裂为界细分为山前凸起构造带和阶下平缓斜坡构造带两个局部构造，LG15 井、LG15–1 井位于山前凸起构造带上，LG40 井、LG41 井位于阶下斜坡构造带上；从原油物性、组分和地面原油黏度等方面比较，LG15–1 井和 LG40 井、LG41 井的原油有较大的差异，可以认为山前储层与阶下储层的油品存在一定的差异，阶下储层的油品性质好于山前储层，对采油工艺的选择上会有一定的影响。

轮古油藏稠油温度敏感性大，根据黏温关系曲线（图 5–2），轮古油藏稠油的顷点为 63.5 ~ 85℃，在倾点温度以上，温度每增加 10℃黏度降低 50.8%；在倾点以下，LG40 井和 LG41 井稠油温度每增加 10℃黏度降低 70% 左右，LG42 井和 LG15–1 井稠油则在 50% 左右，表明轮古稠油的黏度对温度敏感。

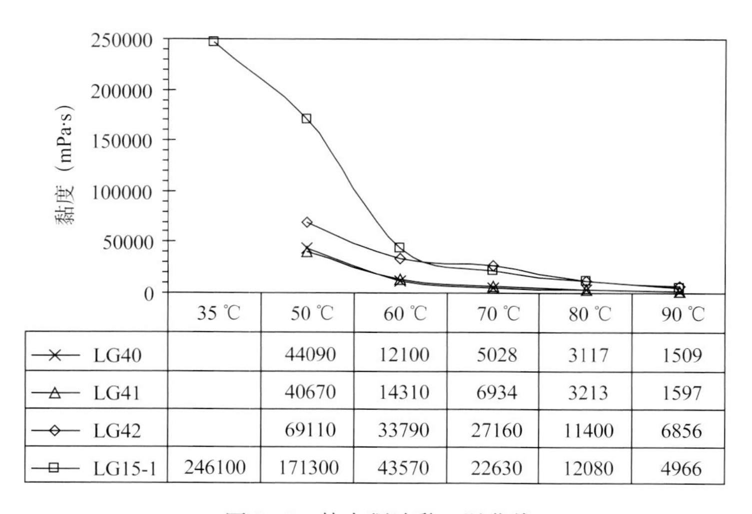

	35℃	50℃	60℃	70℃	80℃	90℃
LG40		44090	12100	5028	3117	1509
LG41		40670	14310	6934	3213	1597
LG42		69110	33790	27160	11400	6856
LG15-1	246100	171300	43570	22630	12080	4966

图 5–2　轮古稠油黏—温曲线

LG15 井原始原油密度为 1.0384g/cm^3（20℃），5726.73 ～ 5750.00m 取样测出在地层温度 131℃下，脱气原油的黏度约为 502mPa・s（图 5–2），当温度约降到 120.5℃时，原油的黏度为 1000mPa・s，当温度约降到 94℃时，原油的黏度为 10000mPa・s。LG15 井原油黏—温曲线如图 5–3 所示。

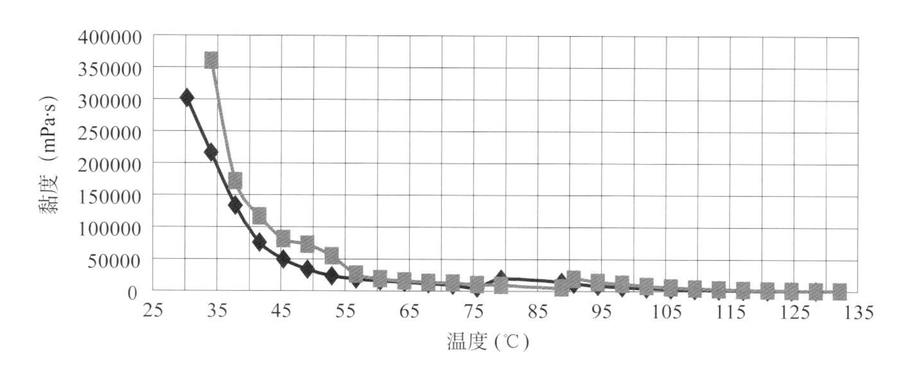

图 5–3　LG15 井原油黏—温曲线

因此，轮古油藏稠油虽然在常温条件下黏度极高，但根据中国稠油分类标准，轮古油藏稠油应属于普通稠油（I–2 类），在地层温度、压力条件下有较好的流动性，能依靠地层能量进入井筒内，但这种高密度的特重质稠油在垂直管流中有如下特点：

（1）在垂直管流中摩阻损失所占的比例很大，垂直管流总能量消耗中有一半用于克服摩阻。

（2）在垂直管流中稠油的液流结构和流动形态基本保持不变。

（3）在垂直管流中稠油滑脱损失很小。

（4）对于重质稠油来说，流温及导致黏度变化的因素对垂直管流的压力损失有很大影响。

首先根据轮古油藏稠油的黏—温特性及储层埋藏深度 5000 ～ 6000m 的特点，开采过程中必须解决井筒内原油有效降黏的技术问题。

第三节　稠油井筒降黏技术

一、井筒降黏技术适用性分析

由于轮古区块稠油油藏的原油能够从储层流动到井底，加上储层埋藏深达 5500m 以上，没有必要在储层内对原油降黏，因此仅研究井筒降黏方式。

目前常用的井筒降黏方式有井筒加热降黏、井筒化学降黏和掺稀油降黏三种方式，下面介绍对于轮古稠油油藏的适用程度。

1. 井筒加热降黏

井筒加热降黏包括井下加热电缆、井下电磁加热及地面加热流体井筒热循环等。这些加热降黏方式的共同优点是技术成熟，井下电缆和电磁加热地面设备简单、生产管理方便。但对于轮古稠油油藏来说，采用井筒加热降黏方式有三个不利因素。

（1）轮古稠油储层埋藏深，原油黏度高，因此加热降黏能耗大。以 LG15 井为例，若保持井筒内原黏度低于5000mPa • s，则井筒温度不得低于90℃。考虑到生产过程中关井等因素，加热点至少应在3300m左右。若采用恒定功率的电缆井筒内加热，当日产油50 ~ 200m³时，井筒内需提高温度50 ~ 30℃，则需加热功率为326.7 ~ 235.3kW（图5–4），加热能耗大，加热费用高。

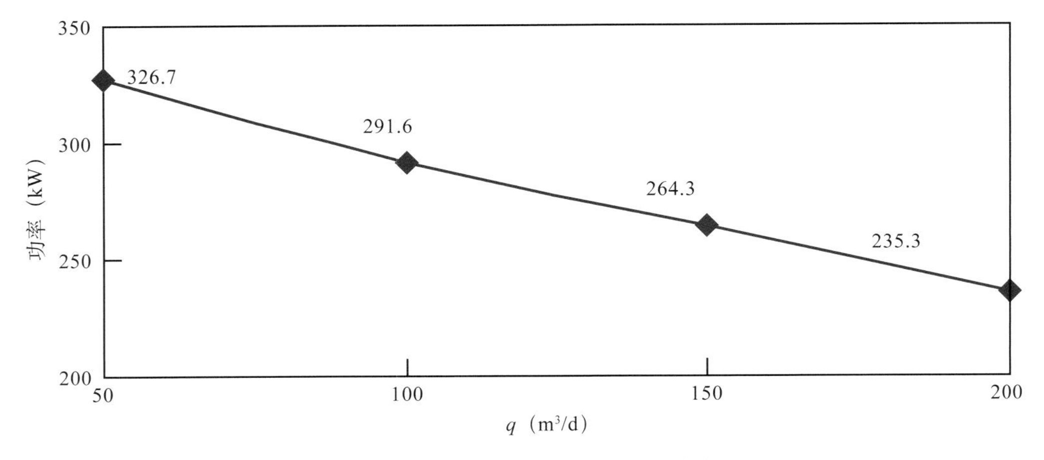

图 5–4　不同产量时所需加热功率

（2）与化学降黏相比，井筒加热降黏虽然可免去额外的脱水处理，但往往难以保证地面集输管线中的原油达到需要的温度和黏度，这样地面集输仍需重新采用降黏措施，从而增加了生产建设投资和生产操作费用。

（3）合理的电缆功率与油井产能密切相关，对油井产能变化适应性差。根据试采资料分析，见水前LG15–1井，年递减率为19.7%，LG15井年递减率为22.5%，而LG42井2002年6月产油量为60t/d，7月减少到39t/d，月递减率为35%。而选定加热电缆功率并下井后，对产量变化适应程度差，这是地质情况复杂的轮古稠油油藏采用电缆井筒加热十分不利的因素。

2. 井筒化学降黏

化学降黏是稠油开采中常用的方法之一，特别是乳化降黏，近年来随着技术的进步，降黏率不但可以达到95%以上，且地面简易破乳脱水的难题已得到解决，因而应用规模不断扩大。

1）在轮古稠油油藏采用化学乳化降黏的优点

（1）降黏率可高达95%以上，可有效降低管流的压力损失。

（2）地面集输管线无须重新采用降黏措施。

（3）与电缆井筒加热降黏相比，乳化降黏对油井产能变化的适应程度高，这对于地质情况复杂的轮古稠油油藏来说尤其重要。

2）在轮古稠油油藏采用化学乳化降黏的缺点

（1）与掺稀油和电缆加热相比，在相同条件下加大了井底回压，降低了生产压差，不利于充分发挥单井产能及延长自喷产油期。这对于不采用人工补充能量的轮古稠油油藏来说是不可忽视的问题。

（2）针对LG15–1井筛选的乳化降黏剂，折合吨油成本远高于国内平均水平。

3. 掺稀油降黏

掺稀油是一种行之有效的井筒降黏方式，轮古稠油油藏采用掺稀油降黏的主要优点如下：

（1）降黏效果好，技术成熟，操作简单。

（2）与乳化降黏相比，井底回压低，有利于充分发挥单井产能，延长自喷采油期。

（3）与电缆井筒加热相比，对油井产能变化的适应性强。

（4）地面集输既无须重新采用降黏措施，又不用额外破乳脱水。

4. 降黏方式优选结果

根据上述分析，对轮古稠油油藏降黏方式优化结果如下：

（1）恒定功率电缆井筒加热降黏，在设计单井产量条件下，加热功率高，能耗大，地面管网仍需采用降黏措施，对油井产能变化的适应性差，因此不宜采用。

（2）乳化降黏虽然效果好，地面管网无需采用降黏措施，对产能的适应性强，但由于密度大于稀油，不利于充分发挥产能和延长自喷期，特别是目前针对 LG15−1 井筛选的乳化剂配比，其成本过高，加上轮古不同区块的稠油黏—温特性变化较大，从整体上看目前乳化剂配比还需进一步深入研究，因此在现阶段也不宜采用乳化方式降黏。

（3）掺稀油降黏有利于发挥单井产能延长自喷期，对油井产能变化适应性强，地面不需降黏和破乳脱水，特别是从塔里木油区整体效益看，掺稀油降黏是目前较好的降黏方式。

在几种井筒降黏方式的综合对比下，塔里木油田最终优选了掺稀油为核心的降黏方式。

二、掺稀油降黏原理与规律

1. 掺稀降黏原理

一般当稠油和稀油的黏度指数接近时，混合油黏度符合式（5−1）。

$$\lg\lg\mu_{混}=x\lg\lg\mu_{稀}+(1-x)\lg\lg\mu_{稠} \tag{5-1}$$

式中　$\mu_{混}$、$\mu_{稀}$、$\mu_{稠}$——分别为混合油、稀油及稠油在同一温度的黏度，mPa • s；

x——稀油的质量分数。

2. 掺稀油降黏规律

（1）轻油掺入稠油后可起到降黏、降凝作用，但对于含蜡量和凝固点较低而胶质、沥青质含量较高的高黏原油，其降黏、降凝作用较差。

（2）所掺轻油的相对密度和黏度越小，降黏、降凝效果也越好；掺入量越大，降黏、降凝作用也越显著。

（3）一般来说，稠油与轻油混合温度越低，降黏效果越好。混合温度应高于混合油的凝固点 3 ～ 5℃，等于或低于混合油凝固点时，降黏效果反而变差。

（4）在低温条件下掺入轻油后可改变稠油的流型，使其从屈服假塑性体或塑性体转变为牛顿流体。

三、井筒掺稀油降黏室内试验

利用塔里木油田东河作业区生产的净化原油（稀油），分别按 20%、30%、40%、50% 掺比评价降黏效果。稠油主要为 LG40 井、LG41 井、LG42 井的原油。

LG40 井、LG41 井、LG42 井稠油掺入不同比例的东河稀油后的降黏效果（表 5−2、图 5−5、图 5−6、图 5−7）。实验结果显示，对于 LG40 井、LG41 井、LG42 井，当掺稀比为

8 ： 2，降黏效果显著，降黏倍数在 10 倍以上，随着掺入稀油比例的增加，掺稀后的原油黏度大幅度下降，当掺入比为 1 ： 1 时，降黏率达到 98% 以上。同时，从图 5–6 至图 5–8 可以发现，掺稀油降黏效果比较稳定，技术比较成熟，因此，采用掺稀油降黏是一种效果较好的降黏方式。

表 5–2　掺稀油降黏效果

井号	掺比	不同温度下黏度					
		35（℃）	50（℃）	60（℃）	70（℃）	80（℃）	90（℃）
LG40	空白		44090	12100	5028	3117	1509
	8 ： 2	12150	3928	1522	718	369.5	218.4
	7 ： 3	9173	6516	2485	1407	656.6	306.6
	6 ： 4	1107	410.1	222.1	115.5	88.41	63.28
LG41	空白		43670	14310	6934	3212	1597
	8 ： 2	6602	4973	2642	1211	668.1	377.7
	7 ： 3	3385	1955	1112	574.9	206.4	139.5
	6 ： 4	4792	3694	1736	929.9	483.2	281
	5 ： 5	62.5	33.2	25.9	19.8	15.8	
LG42	空白		69110	33790	27160	11400	6859
	8 ： 2	17570	10370	6844	3912	3127	2573
	7 ： 3	8548	4885	3247	2878	1646	656.3
	6 ： 4	3243	2160	1318	682.2	346.5	205.6
	5 ： 5	1468	1744	434.1	112.9	83.03	66.84

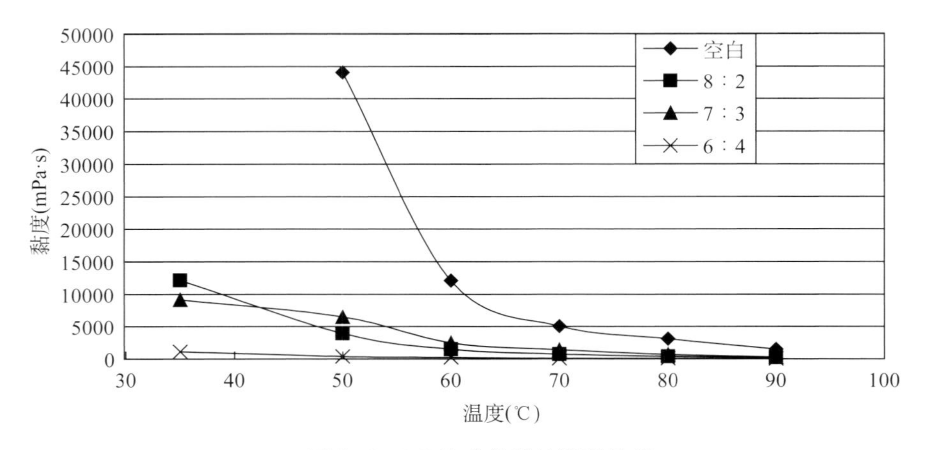

图 5–5　LG40 井掺稀油降黏效果

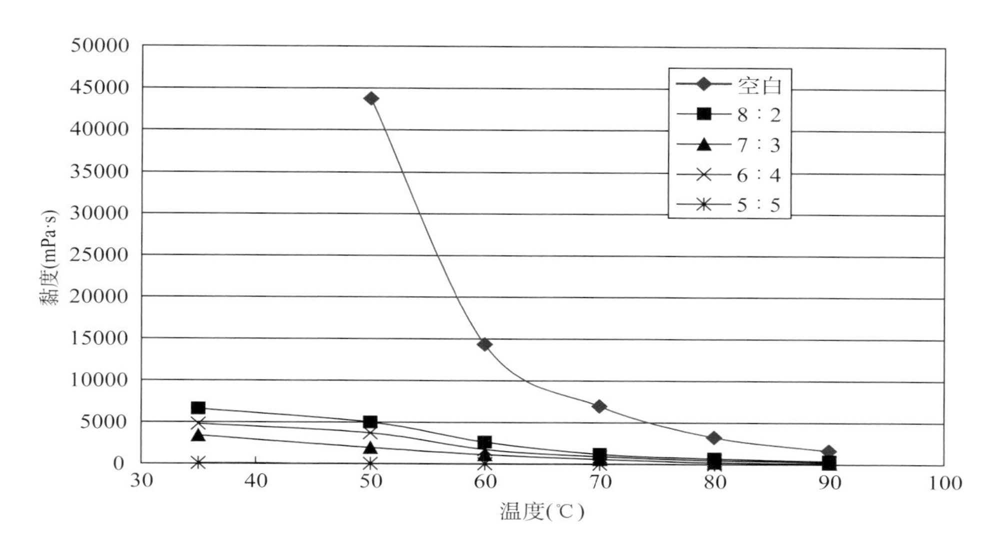

图 5-6　LG41 井掺稀油降黏效果

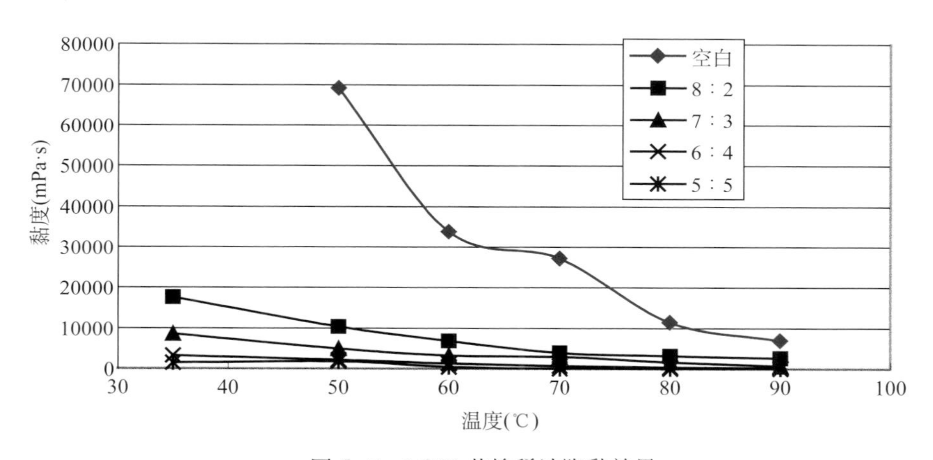

图 5-7　LG42 井掺稀油降黏效果

四、井筒掺稀油降黏工艺

轮古区块 2010 年产稠油 16.85×10^4t，累计产稠油 124×10^4t，掺稀生产井共 33 口，开井 16 口，日产液 772t，日产油 285t，月产液 17039t，月注稀油 22290t，月平均掺稀比 1.31（表 5-3），年产稠油 16.85×10^4t，累计产稠油 124×10^4t。井筒掺稀降黏技术在塔里木油田轮古区块取得了良好的应用效果，目前在塔里木油田广泛推广井筒掺稀降黏技术。井筒掺稀降黏技术为塔里木油田的稠油上产稳产作出了巨大的贡献。

井筒掺稀油降黏工艺

试采井掺稀工艺流程（图 5-8）主要是靠罐车拉运稀油至井场（非试采井：可直接铺设稀油管线至井场），将稀油存储于井场的储稀油罐中（如图 5-8 中 1、2、3 所示），并使储油罐中始终保持一定的液量以满足注稀的要求。喂油泵将储油罐中的轻质油以一定的流量抽出，具体哪个罐中的轻质油被抽汲取决于各个罐的阀门是否打开，假如 1 号储油罐阀门

表 5-3　轮古区块单井掺稀生产情况

井号	采油方式	生产天数（d）	日产油量（t）	日产水量（t）	日产气量（m^3）	含水率（%）	月产油量（t）	月产液量（t）	月掺稀量（t）	掺稀比
LG15-3	自喷	30	14	72	137	84	408	2556	2716	1.06
LG15-7	自喷	30	6	36	70	85.7	181	1267	1807	1.43
LG15-18	自喷	30	17	68		80.2	506	2558	1966	0.77
LG15-6	自喷	30	8	32	97	81.1	226	1198	1511	1.26
LG15-12	自喷	1.2	3	78		96.9	3	97	75	0.77
LG15-17	自喷	30	7	27		79.4	208	1010	1613	1.60
LG9-H6	自喷	9	5	3		36.4	49	77	437	5.68
LG902	自喷	30	9	53		86.1	257	1596	1689	1.06
LG15-20	自喷	30	3	17		83.6	99	604	786	1.30
LG15-21	自喷	3	120				1686	1686	2225	1.32
LG45	自喷	28.8	36	37		51.2	1024	1074	2550	2.37
LG9-1	抽油机	30	8				228	228	593	2.60
LG9-H5	抽油机	29.4	14	31		69.1	413	1338	1210	0.90
LG405	抽油机	30	21				621	621	691	1.11
LG15	射流泵	30	4	33	70	88.7	124	1099	2259	2.06
LG15-10	射流泵	2.9	10				30	30	162	5.40
合计			285	487	374	64.4	6063	17039	22290	1.31

打开，则由 1 号储油罐开始供油，稀油经过输油管道并经过过滤器过滤后流入喂油泵，喂油泵再按一定的流量将稀油输送到柱塞泵，稀油经过柱塞泵增温增压后经输油管线将稀油输送到井口，沿途有压力表和流量计对其压力进行检测和对流量进行控制，以满足注稀量和注入压力的要求。稀油输送至井口后，最终由掺稀方式决定其由油管掺入还是由油套环空掺入（若是正掺则由油管掺入，若是反掺则由油套环空掺入）。

若是油套环空中压力低于大气压力或者低于罐中稀油的重位压差，则油套环空可以凭借稀油自身的重位压差实现自吸，既将阀门 11、阀门 12、阀门 13 关闭，打开阀门 14，则稀油可以不经过喂油泵及柱塞泵而直接被自吸至井口，只需要对其流量进行控制即可。

1. 掺稀工艺流程中主要功能元件的作用

（1）过滤器。

该装置主要用来过滤从储油罐里来的稀油，主要是过滤稀油里的机械杂质，防止注入泵的泵阀、缸套过度磨蚀及防止杂质进入井筒，减少对井筒内泵筒、油管、套管喷射泵喷嘴的磨损以及避免对喷射泵喷嘴的堵塞。

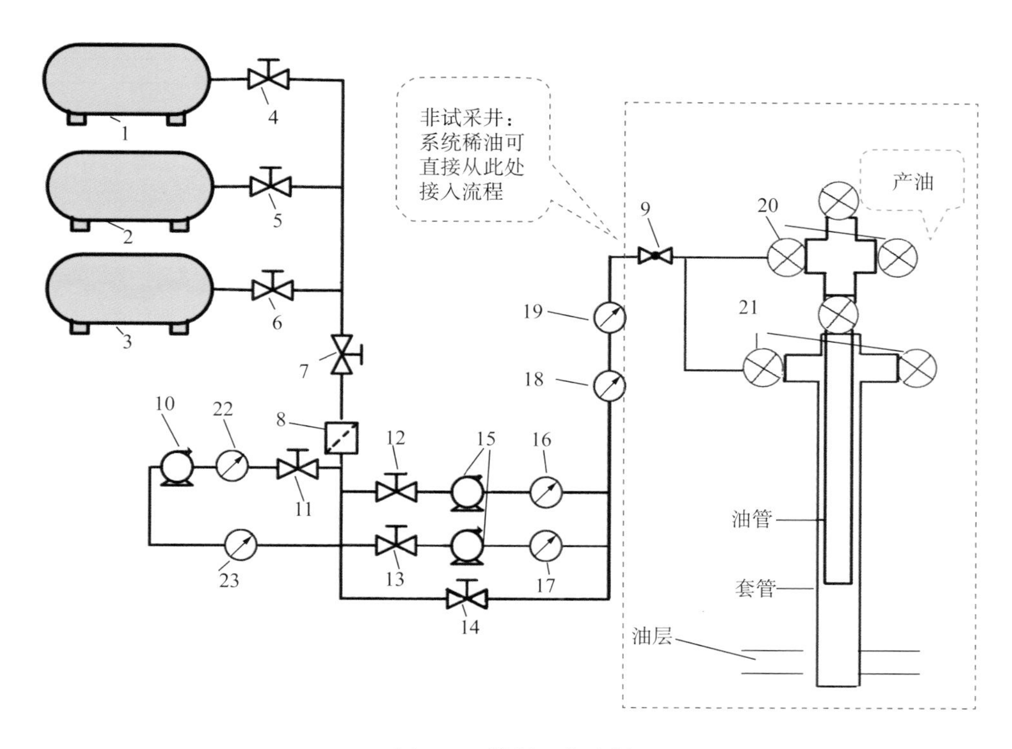

图 5–8　掺稀工艺流程

1，2，3—储稀油罐；4，5，6，7，11，12，13，14—阀门；8—过滤器；10—喂油泵；
15—柱塞泵；16，17，18，22，23—压力表；19—流量计；9—单流阀；
20—油管阀门；21—套管阀门

（2）喂油泵。

从储油罐内抽汲稀油，使之流量恒定，避免流量随着储油罐内液位下降而造成的流量波动和因流量过小造成柱塞泵烧毁。

（3）柱塞泵。

提供合理的注入压力，并与回流管线配合以调节注稀量。

（4）压力表和流量计。

对沿程压力和流量进行检测。

（5）单流阀。

防止因地面流程中压力过低而造成井筒流体的回流。

（6）油管、套管阀门。

控制系统的正掺还是反掺。

2. 正掺、反掺工艺优选

目前塔里木油田掺稀工艺在正常生产过程中均采用反掺工艺，反掺工艺有利于保护套管，同时也提高了混合油温度（图 5–9）。

LG15–12 井正掺、反掺工艺对比如图 5–10 所示，反掺工艺比正掺工艺平均掺稀油量下降 18.3t/d、平均产出量上升 8.3t/d，掺稀比从正掺时的 1.34 降到反掺时的 1.21，掺稀比降低 0.13。反掺工艺明显优于正掺工艺。

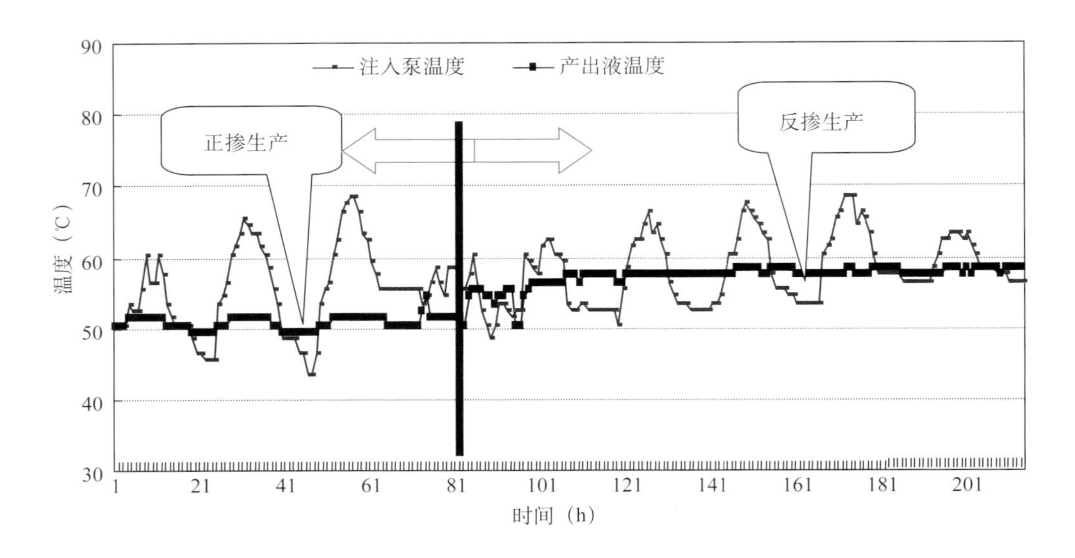

图 5-9　LG15-12 正反掺泵温与井口温度曲线

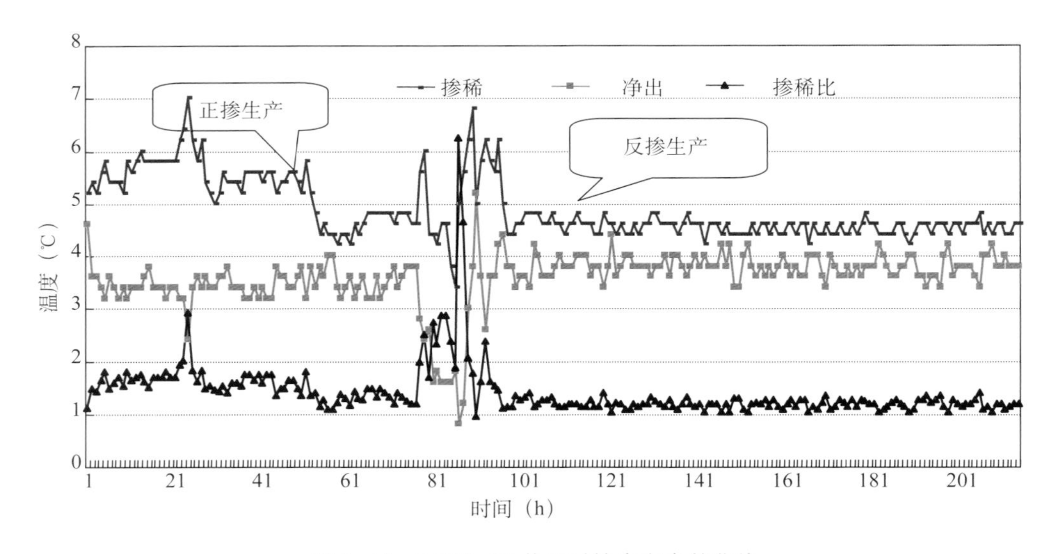

图 5-10　LG15-12 井正反掺生产参数曲线

第四节　稠油降黏自喷开采压力系统分析

采用掺稀油降黏自喷开采时，与常规采油井相比，单井同时注采使井筒的压力系统更加复杂，注入压力对油井自喷生产的影响不可忽视。

根据完井工程设计结果，采用 7in 套管、5in 裸眼、$4^1/_2$in 油管以及油套环空注入、油管采出的井深结构，应用理论分析和数值模拟的方法，对稠油降黏开采参数进行了分析研究。

一、油井压力系统分析

注入稀释降黏剂自喷开采时，油井流动压力系统包括油井流入、环空注入和油管流出三个部分（图5−10）。井筒中混合点的压力 p_m 由 p_{wf1} 和 p_{c1} 协调而成，其中 p_{c1} 由注入压力 p_c、注入深度 H_m、注入量以及注入液密度和黏度决定，p_{wf1} 由流动压力 p_{wf}、注入深度 H、产出量及产出流体密度和黏度决定。其中：

$$p_{wf} = p_e - \nabla p_{wf} \tag{5-2}$$

$$p_{wf1} = p_{wf} - \nabla p_1 \tag{5-3}$$

$$p_{c1} = p_c + \nabla p_2 \tag{5-4}$$

$$p_m = p_t + \nabla p_3 \tag{5-5}$$

式中 p_e——地层压力，MPa；

p_{wf}——井底流动压力，MPa；

p_c——井口注入压力，MPa；

p_m——混合流体在注入点的压力 MPa；

p_t——井口流动压力，MPa；

∇p_{wf}——生产压差，MPa；

H_m——注入点深度，m；

p_{wf1}——原油从井底流到深度为 H_m 点的压力，MPa；

∇p_1——原油从井底流到深度为 H_m 点时压力损失，MPa；

p_{c1}——注入流体在注入点的压力，MPa；

∇p_2——注入流体从井口到注入点的压力增量，MPa；

∇p_3——混合流体从注入点流到井口所需的压力，MPa。

在混合点处，协调后的 $p_m = p_{wf1} = p_{c1}$，当上述任何一个参数变化时，都将使相应的压力发生变化，并且在新的条件下重新协调形成新的 p_m 值。

需指出的是，这种协调关系是在油井能够实现注入降黏自喷生产的条件下形成的，当超越这个条件时，则油井注入降黏自喷开采的协调关系不能形成。例如当大幅提高注入压力，致使 p_{c1} 接近或超过地层压力 p_e 时，储层流体不能进入井筒，油井停产；当注入压力很低致使 p_{c1} 与 p_{wf1} 无法协调平衡时，稀释降黏液不能注入混合点，油井也无法正常生产。

二、降黏开采井筒压力损失计算模型选择

$$\frac{dp}{dL} = \frac{\rho\mu d\mu}{dL} + g\rho\sin\theta + \frac{\rho d\left(L_w\right)}{dL} \tag{5-6}$$

式中 dp/dL——单位管长上的总压力损失，（N/m²）/m；

$\rho\mu d\mu/dL$——由于动能变化而损失的压力，或称加速度引起的压力损失，（N/m²）/m；

$g\rho\sin\theta$——克服流体重力所消耗的压力，（N/m²）/m；

$\rho \mathrm{d}(L_w)/\mathrm{d}L$——克服各种摩阻而消耗的压力，$(\mathrm{N/m^2})/\mathrm{m}$；

p——压力，Pa；

ρ——流动状态下的气体密度，$\mathrm{kg/m^3}$；

L——垂向油管长度，m；

u——流动状态下的流体流速，m/s；

g——重力加速度，$\mathrm{m/s^2}$；

d——油管内径，m；

L_w——摩阻所消耗的能量，J；

在计算垂直管流压力损失时由于流体的流速不快，则加速度引起的压力损失（$\rho \mu \mathrm{d}\mu / \mathrm{d}L$）很小，可以忽略不计，因此在计算多相垂直管流井筒压力损失时，都只考虑了克服管内液柱重力所消耗的压力以及克服各种摩阻所消耗的压力。

采用多相垂直管流计算∇p_1、∇p_2、∇p_3关键是沿程摩阻的计算，并且要区别对待，在计算∇p_1时，由于该段没有混合注入流体，可以按照常规方法计算就行，但由于稠油黏—温曲线的特殊性，需要根据稠油黏—温实验数据进行黏度修正；在计算∇p_2、∇p_3时，由于加入了降黏剂，这就需要根据掺稀油降黏实验制作不同参稀比例和降黏剂加入浓度制作不同的黏—温曲线，根据相对应的粘温曲线修正多相垂直管流数模软件的黏度。

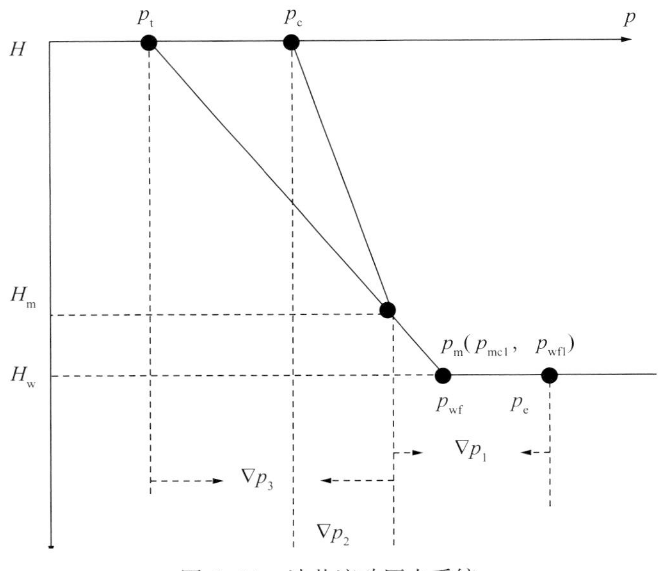

图 5–11　油井流动压力系统

三、合理注入压力研究

从注液降黏自喷开采压力系统分析可知：当注入量一定时，提高注入压力，注入点压力将升高，油井井底流压也将相应增加，生产压差减小，油井产量降低；当降低注入压力，注入点压力将降低，油井井底流压也相应降低，生产压差增大，油井产量增加，由于注入的降黏液量一定，若油井产量增加过大，可能达不到设计的掺稀比例，那么混合液黏度高，则很难从注入点自喷到井口。因此确定合理的注入压力，是轮古稠油油藏自喷开采中的一项关键参数。

1. 确定合理注入压力的理论方法

确定合理注入压力必须坚持充分发挥油井产能的原则，因此要以油井的流入特征为基础，其方法和步骤如下：

（1）根据油井流入特征，计算油井流入动态数据。

（2）按照预定的混合比，采用混合液体的性质，设定井口油压，以油管鞋处的压力为求解点，计算得到不同产出混合液量时的油管流出数据。

（3）将流入动态数据中的油层中部流压折算为油管鞋处的流动压力，按照设定的混合比，按流入液量折算出注入量，以环空井口压力为求解点，计算得到不同产油注入量的油套环空注入数据。

（4）按照设定的混合比 a，将油管流出液量和环空注入液量折算成产出量 q_e，在同一坐标系中绘制油井流入、油管流出、油套环空注入关系曲线（图 5–12），横坐标分别为流入产量 q_e、油管流出液量 $q_m = q_e\ (1+a)$、环空注入量 $q_j = q_e a$。图中流入曲线与流出的交点 A 即为给定条件下的流压和产量，与 B 点对应的 p_C 即为此时的合理井口注入压力。

2. 不同流压时的注入压力计算分析

由于未得到流入特征数据，在计算合理注入压力时，假定流压范围为 60 ~ 54MPa，产油量 60 ~ 300m³/d，掺稀油比例为 1 ∶ 1。并参照 LG15 井的套管结构，即 7in 生产套管下入深度 5726.7m，5in 裸眼，储层中深 5740m，同时采用 4¹/₂in 油管下深 5710m，环空注入。计算结果见表 5–4。

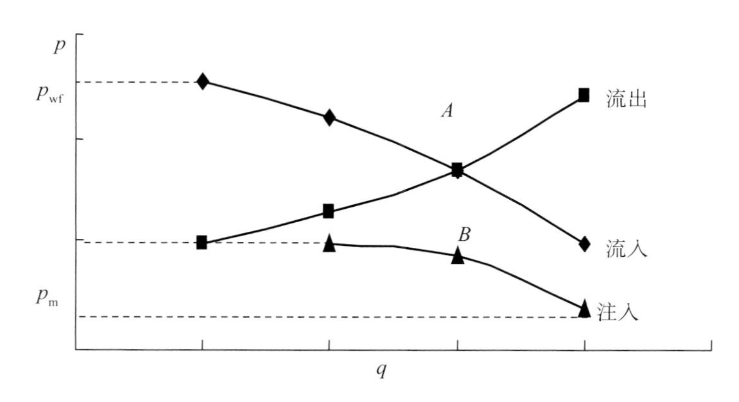

图 5–12　流入、流出、注入关系曲线

表 5–4　不同流压时合理注入压力（单位：MPa）

流压（MPa） \ 注入量（m³/d）	120	180	240	300
60	11.77	11.81	11.88	11.97
58	9.77	9.80	9.88	9.97
56	7.76	7.81	7.78	7.96

从计算结果可知：

（1）由于 7in 套管与 4¹/₂in 油管的环空截面积相当于 5in 套管，注入量对井口的注入压力影响很小，当注入量从 120m³/d 升至 300m³/d 时，井口注入压力仅增加 0.21 ～ 0.22MPa。

（2）注入压力与流压密切相关并呈线性关系，当流压由 60MPa 降至 56MPa 时，注入压力也相应减少了 4MPa 左右。

（3）开发过程中，随着地层压力下降及流压的变化，应及时调整注入压力和注入量，以便充分发挥油井的生产能力。

四、注入深度对流压的影响

1. 数值模拟的基本参数

井身结构为 7in 套管下入深度 5726.7m、5in 裸眼，$4^1/_2$in 油管，油层中深 5740m，环空注入稀油，混合比 1 ∶ 1，注入压力 9MPa，LG15−1 井稠油。

2. 计算方法

（1）按照设定的压力和注入量，从环空井口算至油管鞋底部，得到油管鞋处的压力 p_{c1}。

（2）由不同注入量下油管鞋处的压力 p_{c1}，计算不同产量时油层中部需要的流动压力 p_{wf}。

3. 计算结果分析

在产量 60 ～ 300m³/d 的范围内，计算了掺稀混合点 5710 ～ 3610m 时所需井底流动压力（表 5−5）。

表 5−5　注入深度对流压的影响（单位：MPa）

产油量 (m³/d)	混合点（m）							
	5710		5010		4310		3610	
	p_m	p_{wf}	p_m	p_{wf}	p_m	p_{wf}	p_m	p_{wf}
60	56.9	57.2	51.1	57.7	45.3	58.3	39.5	59.0
120	56.9	57.2	51.1	57.7	45.3	58.4	39.4	59.1
180	56.8	57.1	51.0	57.6	45.2	58.3	39.4	59.2
240	56.8	57.1	51.0	57.6	45.2	58.3	39.3	59.3
300	56.7	57.0	50.9	57.5	45.1	58.2	39.3	59.3

从计算结果可知：

（1）在相同的注入深度条件下，产油量 60 ～ 300m³/d 时，从井底流向油管鞋处的压力损失相差不大，如注入深度为 3610m 时，产油量为 300m³/d 时的压力损失比 60m³/d 时多 0.5MPa（图 5−13），主要原因是 7in 套管和 5in 裸眼井筒截面积大，在这个排量范围内外对摩阻变化的影响不敏感。

（2）在不同注入深度的条件下，随着注入深度的减小，所需要的井底流动压力增加。注入混合点深度 3610m 与 5710m 相比，当产油量为 60m³/d 时所需井底流压为 59.0MPa，损失生产压差 1.8MPa，产油量为 300m³/d 时所需井底流压为 59.3MPa，损失生产压差高达 2.3MPa（图 5−14）。

（3）对于轮古区块的稠油油藏来说，注入混合点深度对流压的影响不可忽视，因此建议将油管下至储层顶界以上 10 ～ 15m，这样既不影响生产测试，又有利于在掺稀开采过程中充分发挥油井的生产能力。

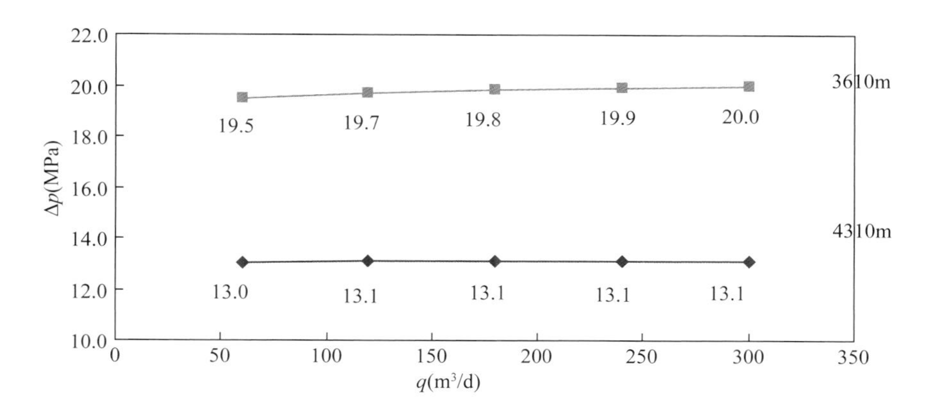

图 5–13　井底流入油管鞋处压力损失

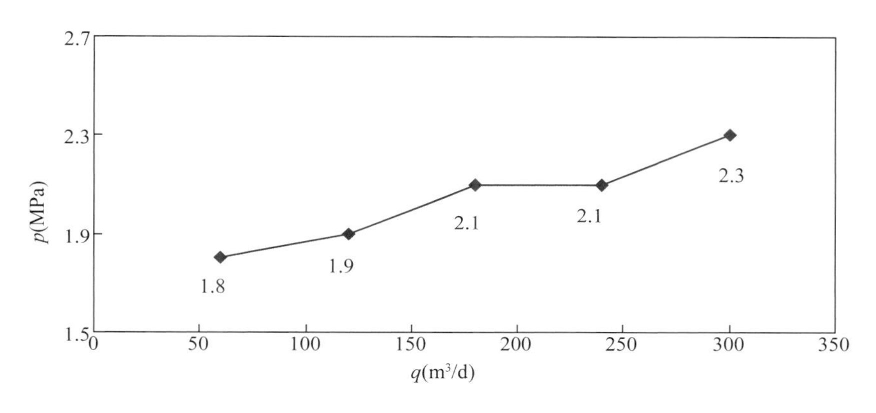

图 5–14　生产压差损失曲线

五、自喷最低流压研究

在注入降黏液自喷开采时，油井自喷必须满足两个条件，一是油管鞋处的流动压力 p_{wf2} 不得小于设定产量时自喷要求的最低压力，二是油管鞋处的注入压力 p_{c1}，不能大于自喷所需的最小流动压力 p_{wf2}。

轮古稠油流动性差异大，轮古稠油油藏统计地温梯度为 1.97℃ /100m，LG15 井地层温度 133.8℃，LG41 井地层温度 122.3℃，根据黏—温关系推算 LG15–1 井地层条件下脱气油的黏度为 550 mPa・s 左右，LG41 井地层条件下脱气油的黏度为 400 mPa・s 左右，表明轮古稠油在地层内具有较好的流动性，能依靠自身能量进入井筒内，以 5000mPa・s 为流动极限，根据地温及原油黏—温关系，原油在井筒内可以依靠自身能量举升到 3000 ~ 3500m 的深度。只是在井筒举升过程中，离地面越近，温度越低，原油黏度越大，举升阻力越大，导致无法举升到地面，因此，轮古稠油开采工艺的关键在于井筒降黏举升技术。

1. 油管自喷流动需要的最低流压

计算中所用基本参数的基本参数是：7in 套管下深 5726.7m，5in 裸眼，$4^1/_2$in 油管下入深度 5710m，油层中深 5740m，井口油压 1MPa，油管采出，环空分别注入乳化剂和稀油，混合比 1 ∶ 1，产出轮 LG15 井稠油。计算结果见表 5–6 和表 5–7。

从计算结果可知：

（1）注稀油开采时，随着产油量的增加，油管自喷流动所需的最低流压下降，由产油 $60m^3/d$ 时的 57.3MPa，下降到产油 $300m^3/d$ 时的 51.9MPa。主要原因是随着产液量的提高，井筒温度增加，当混合流量由 $120m^3/d$ 增到 $600m^3/d$ 时，1500m 以上井段的温度上升了 20℃左右，1500m ～ 4000m 井段的温度上升了 10 ～ 18℃（图 5–15），致使原油黏度降低，减小了的管流摩阻大于因产液上升而增加的摩阻。

（2）注乳化剂降黏开采时，油管自喷所需最低流压随着产油量的上升而增加。当产油量由 $60m^3/d$ 上升到 $300m^3/d$ 时，自喷所需最低流压由 54.6MPa 增加到 56.3MPa。其主要原因是乳化液的黏度与温度之间的敏感性较小，在这种情况下，排量上升所增加的管流阻力，大于因黏度下降而减小的管流阻力。

（3）两种注入液相比，当产油量小于 $120m^3/d$ 时，掺稀油开采所需最低流动压力大于注乳化剂所需的流压，而产油量大于 $180m^3/d$ 时，掺稀油开采所需的最低流动压力小于注乳化剂所需的流压（图 5–16）。主要原因是：当产量较低时，二种混合液黏度的差异产生的管流阻力差是影响流动压力的主要因素，而混合液密度差值是影响管流阻力的次要因素；当产量较高时，两种混合液黏度差异变小，成为影响管流阻力的次要因素，而此时液体的密度差值转换为影响管流阻力的主要因素。

表 5–6　掺稀油降黏油管自喷所需最低流压

深度（m）	产油量（m^3/d）									
	60		120		180		240		300	
	T（℃）	p（MPa）	T（℃）	p（MPa）	T（℃）	p（MPa）	T（℃）	p（MPa）	T（℃）	p（MPa）
0	32.1	1	37.1	1	42.8	1	47.5	1	52.4	1
100	33.6	3.3	38.8	2.5	44.1	2.4	49.3	2.1	54.2	2.0
500	40.9	9.5	46.4	8.5	51.8	7.4	57.0	6.1	61.8	5.5
1000	51.0	15.4	56.5	14.0	61.8	12.1	66.8	10.7	71.4	10.1
1500	61.0	20.3	66.4	18.5	71.6	16.6	76.4	15.2	80.7	14.6
2100	73.3	24.9	78.4	23.9	83.3	22.0	87.7	20.5	91.6	19.9
3000	91.0	33.6	95.6	31.9	99.8	29.9	103.3	28.5	106.3	27.9
3900	106.6	41.8	110.7	39.7	114.0	37.8	116.6	36.4	118.5	35.6
4555	117.1	47.1	120.6	45.4	122.9	43.5	124.5	42.1	125.6	41.6
5010	124.2	51.1	126.6	49.3	128.0	47.4	128.8	46.1	129.3	45.6
5500	130.6	55.3	131.2	53.5	131.4	51.7	131.6	50.3	131.7	49.8
5710	132	57.0	132.0	55.3	132.0	53.5	132.0	52.1	132.0	51.7

深度（m）	产油量（m³/d）									
	60		120		180		240		300	
	T（℃）	p（MPa）	T（℃）	p（MPa）	T（℃）	p（MPa）	T（℃）	p（MPa）	T（℃）	p（MPa）
5740		57.3		55.6		53.8		52.4		51.9

表 5-7　注乳化剂降黏油管自喷所需最低流压

深度（m）	产油量（m³/d）									
	60		120		180		240		300	
	T（℃）	p（MPa）	T（℃）	p（MPa）	T（℃）	p（MPa）	T（℃）	p（MPa）	T（℃）	p（MPa）
0	32.3	1.0	37.7	1.0	43.2	1.0	48.7	1.0	53.8	1.0
100	33.9	1.8	39.4	1.7	45.0	1.8	50.5	1.8	55.6	1.8
500	41.2	5.7	47.0	5.5	52.7	5.6	58.1	5.6	63.1	5.7
1029	51.9	10.8	57.7	10.6	63.2	10.7	68.5	10.8	73.2	10.9
1691	65.1	17.1	70.9	17.0	76.2	17.2	81.1	17.3	85.4	17.4
2591	83.4	25.6	88.6	25.6	93.4	25.8	97.4	26.0	100.8	26.2
3000	91.2	29.4	96.2	29.4	100.5	29.7	104.1	29.9	107.1	30.1
3610	102.0	35.1	106.5	35.1	110.2	35.4	113.2	35.7	115.5	36.0
3900	106.9	37.8	111.1	37.8	114.5	38.1	117.1	38.5	119.0	38.8
4310	113.4	41.54	117.3	41.6	120.1	42.0	122.1	42.3	123.5	42.7
5010	124.1	47.9	126.8	48.1	128.1	48.5	128.9	48.9	129.4	49.3
5710	132.1	54.3	132.0	54.5	132.0	55.0	132.0	55.5	132.0	56.0
5740		54.6		54.8		55.3		55.8		56.3

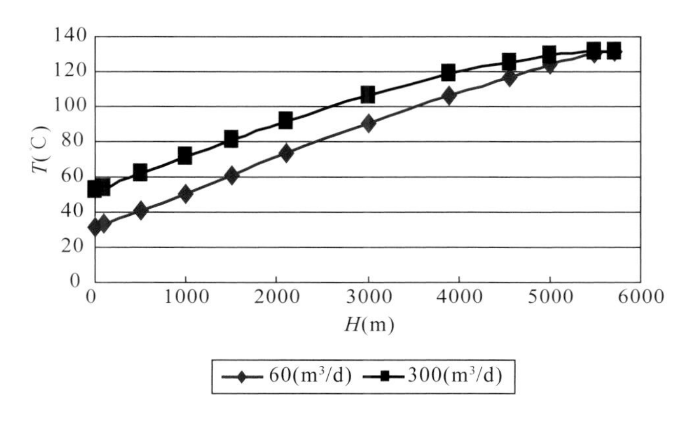

图 5-15　井筒温度剖面对比

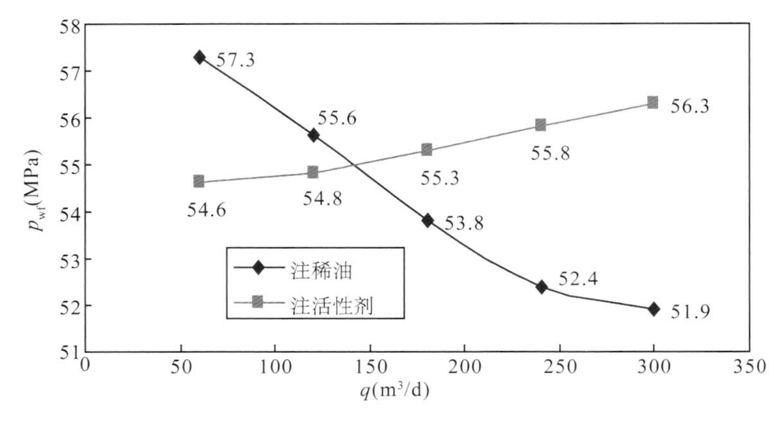

图 5−16　油管自喷最低流压对比

2. 注入降黏液允许的最低液压

采用表 5−10 和表 5−11 中油管鞋处自喷所需最低流动压力值，以环空井口的注入压力为求解点，计算了两种降黏方式不同产量时所需的注入压力，计算结果见表 5−8。

表 5−8　两种降黏方式的注入压力

产量（m^3/d）	注稀油（MPa）		注乳化剂（MPa）	
	p_m	p_c	p_m	p_c
60	57.0	8.8	54.3	− 1.2
120	55.3	6.8	54.5	− 1.2
180	53.5	5.3	55.0	− 1.8
240	52.1	4.0	55.5	− 1.3
300	51.7	3.7	56.0	− 0.8

从计算结果可知：

（1）注稀油降黏开采时，在自喷开采管鞋处所需最低流压的条件下，井口注入压力在 8.8MPa（产量为 60m^3/d 时）～ 3.7MPa（产量为 300m^3/d 时）之间，也就是说此时自喷要求的油管鞋处压力 p_{m3} 与注入形成的压力 p_{m1} 能够互相协调，注稀油降黏能够满足上述条件下的自喷开采。

（2）当注乳化剂降黏时，在自喷开采油管鞋处所需最低流压下，环空井口注入压力均为负值，也就是说当地层压力下降、流压降到自喷最低值时，由注乳化剂形成的压力已高于井底流压，在这种条件下油井已不能自喷生产。

3. 注液降黏开采的最低流压

根据上述计算分析，可以得到以下几点结论：

（1）在假定油井流入动态符合不同产量下油管自喷最低流压的条件时，注稀油开采的自喷最低流压即为油管自喷所需要的最低流压（图 5−17）。

（2）在上述假定条件下，注乳化剂开采的最低流压取决于油管鞋处形成的最低注入压力（图 5–18）。

（3）当日产油量较高时，掺稀油降黏更有利于加大生产压差和延长自喷期。

（4）计算结果是在特定流压和产量条件下得到的，其数值不能普遍应用于每一口井，但总体变化趋势和总体结论对指导油田开采具有积极的作用。

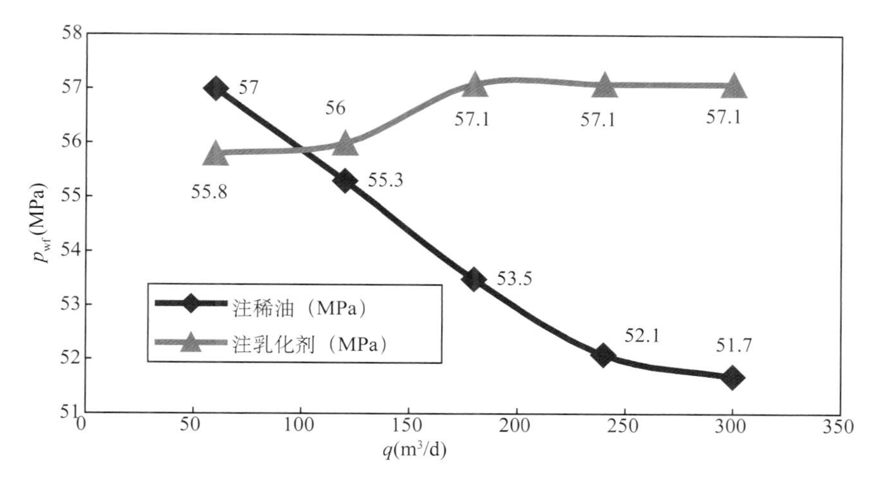

图 5–17　注液降黏自喷开采需要的最低流压

第五节　超深井稠油井筒举升技术

本节介绍了轮古稠油油藏人工举升技术试验和发展的历程。其中研发的新型深井杆式泵悬挂尾管工艺，配置 20 型高载荷抽油机，在满足目前深井举升要求的同时，还可以不启动注入泵，实现自吸稀油防黏。

一、井筒举升技术现状

轮古西碳酸盐岩稠油油藏探明石油储量大，油藏埋藏深，地质结构复杂，原油黏度大，原油具有超重、高凝、高硫、高胶质加沥青质的特点，地层水矿化度高，能量衰竭快，自喷期短，且常规人工举升无法适应稠油开采，给油田人工举升带来巨大困难，面临的主要问题是“两低一高”，即开井率低，仅为 54.21%、油井单井平均产量低（图 5–19）、开采成本高。

自 2000 年以来，在轮古稠油区先后开展了常规抽油泵、常规电潜泵、水力喷射泵（射流泵）、双管电泵、杆式泵泵下挂尾管、管式泵 + 水力喷射泵组合、杆式泵 + 水力喷射泵组合人工举升工艺技术先导试验。通过对轮古区块超稠油掺稀降黏实验及参数优化、原油在各种不同条件黏—温关系、地面掺稀工艺流程设计、复合举升深抽生产管柱与生产参数设计、人工举升深抽配套工具设计等研究，形成了轮古油藏稠油人工举升配套工艺系列技术，通过在轮古区块 15 井次的成功实验及推广应用，使部分由于能量不足停产的油井恢复了产能（图 5–19）。

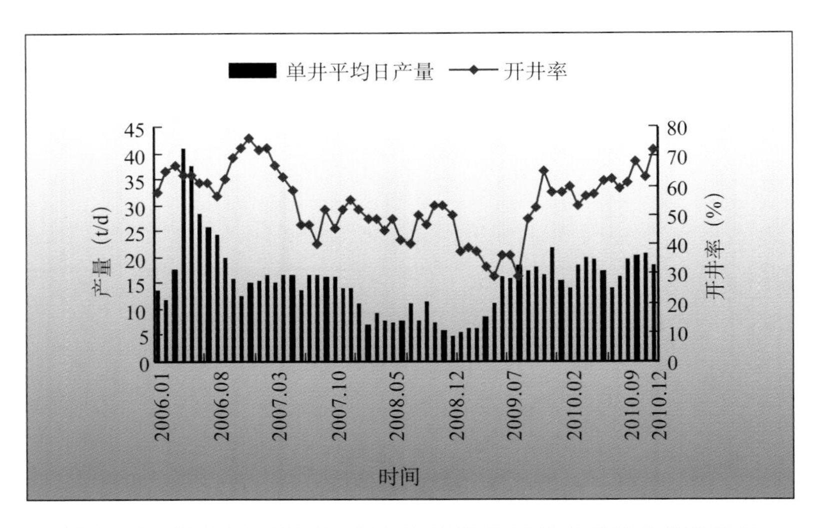

图 5–18　塔里木油田 2006 年 1 月至 2010 年 12 月稠油开发数据图

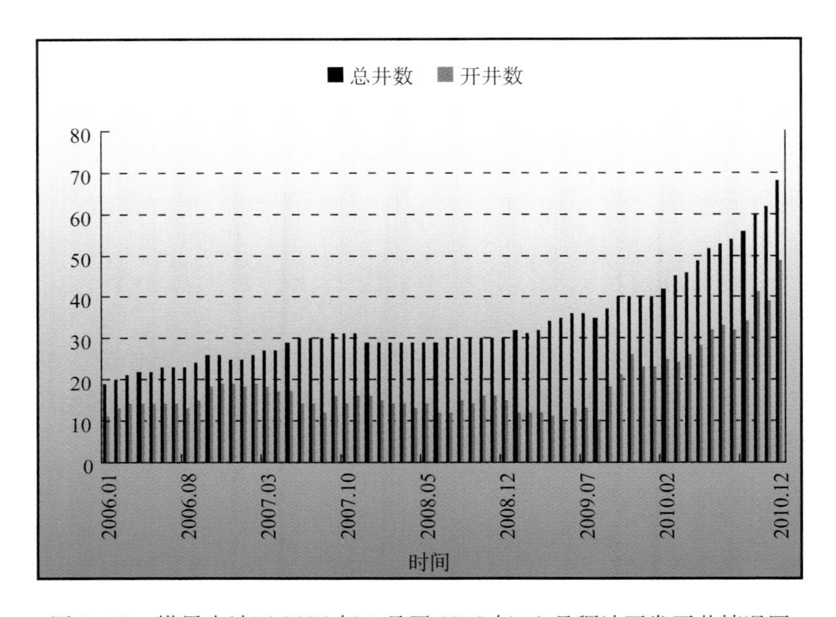

图 5–19　塔里木油田 2006 年 1 月至 2010 年 12 月稠油开发开井情况图

二、井筒举升工艺

塔里木油田稠油开发经过十余年的探索，逐渐行了一套符合塔里木油田不同井况下的举升工艺选井标准（表 5–9）。

1. 常规抽油机（电泵）+ 掺稀

抽油机（电泵）举升具有工艺可靠、配套技术成熟、安装运行维护费用低等优点。在原油密度小于 $0.96g/cm^3$ 时，可根据排量、扬程选择合适的举升方式（表 5–13）。目前在塔里木油田轮古稠油区块 L7 井区稠油密度相对较小的井，采用常规的人工举升方式。

表 5-9 塔里木举升工艺选井标准

举升工艺	辅助工艺	原油密度（g/cm³）	地层产液（m³/d）	后期是否注水替油
常规电泵	无	≤ 0.96		均可
常规抽油泵	无	≤ 0.96		均可
双管电泵	掺稀	≥ 0.96	≥ 50	均可
管式泵挂尾管	掺稀	≥ 0.96	20 ~ 50	均可
杆式泵挂尾管	掺稀	≥ 0.96	15 ~ 40	均可
水力泵 + 杆式泵	掺稀	≥ 0.96	≤ 15	不可

2. 双管电泵 + 掺稀

双管电泵（图 5-20）在成熟的电泵技术基础上，在井筒内增加掺稀管柱。

1）双管电泵优点

(1) 可以满足液量 100m³/d 以上需要，采用变频启动。

(2) 可以实施注水替油。

(3) 同传统电泵管柱相比：减少了单流阀，有利于解堵。

(4) 电泵特有的叶轮和离心力作用使稀油和稠油混合效率高。

(5) 机组重新设计（黏度校正、材质、功率等）。

(6) 能满足测试要求。

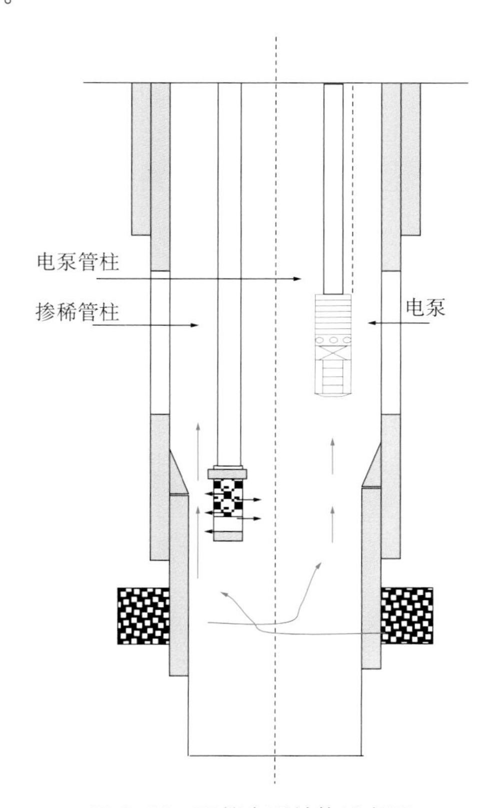

图 5-20 双管电泵结构示意图

2）双管电泵缺点

双管电泵有效地解决了大排量（50 ~ 100m³/d）稠油开采的难题，为以后的稠油开发探索出有效的工程手段。双管电泵曾在 LG15–21 井应用。转双管电泵举升工艺后 LG15–21 井日产油量大幅增加（图 5–21）。

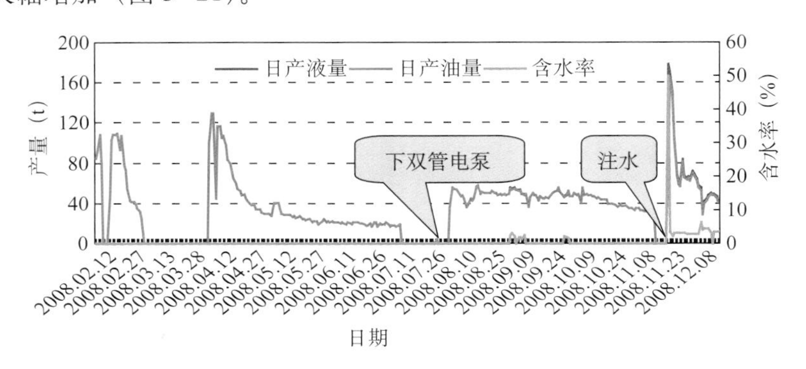

图 5–21　LG15–21 井情况介绍

但因双管电泵成本高、施工难度大、需要单井产液量充足，不适合低产井等因素，限制了双管电泵在塔里木油田的推广应用。

3. 水力喷射泵 + 掺稀

喷射泵是将动力液的高压势能转换成高速液流动能的一种举升装置。使用稀油作为动力液时，动力液进入井底后与井下产出的稠油混合，起到掺稀油降黏的作用，这是轮古稠油油藏应用水力射流泵的有力条件。

喷射泵是利用射流原理将地面高压动力液的能量传递给井下油层产出液的无杆水力采油设备。整个系统由油井装置和地面流程两部分组成。油井装置包括：喷射泵井下机组、封隔器、油管及井口装置。地面流程包括：橇装式高压泵机组、动力液处理、加热装置、计量仪表等。

喷射泵（图 5–22）工作原理：喷射泵依据 Venti 原理工作，即高压流体（动力液）通过一小尺寸缩径端面时，其速度能显著增加，压能显著降低，从而在端面周围形成相对“负压”区，产生一定的抽汲作用，吸入流体与动力液经喉管混合，再经扩散管扩散，逐步恢复一定的压能，达到人工举升的目的。

轮古稠油油藏曾大量应用水力射流泵，解决了开发初期人工举升的需求。在生产过程中，水力射流泵暴露的主要问题是喷嘴易发生堵塞，影响举升开采效率。

4. 抽油泵 + 水力喷射泵 + 掺稀

为了增加抽油机系统的扬程，改善开采效果，开展了抽油泵 + 水力射流泵复合举升试验。

1）举升原理

动力液由井口油套管环形空间注入，经喷射泵与油层产出液混合，喷射泵将混合液举升到有杆泵的正常抽汲深度，实现一级举升；有杆泵系统再将混合液举升到地面，实现二级举升（图 5–23）。

复合举升设计的关键是协调好井底流压、水力喷射泵有效扬程、抽油机合理下入深度的关系，在此基础上确定水力射流泵和抽油泵的下泵深度以及喷嘴尺寸、抽油泵泵径和冲程冲次等参数。

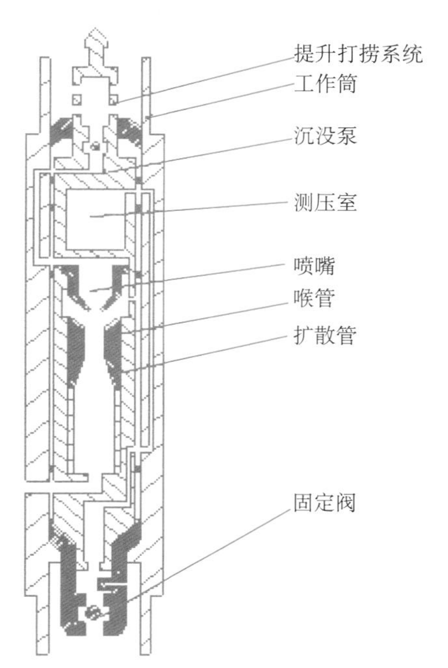

图 5-22 喷射泵结构示意图

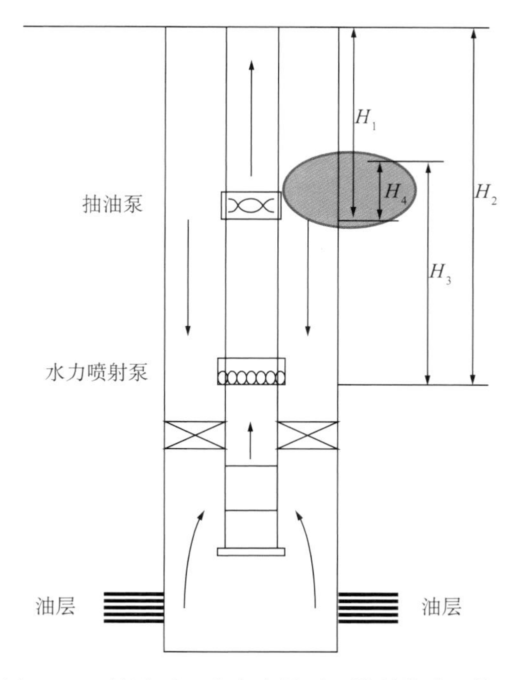

图 5-23 抽油泵 + 水力喷射泵 + 掺稀举升工艺图

2）应用效果

由于增大了有效扬程，2 口试验井均见到了明显的增产效果。

LG9-1 井实施新工艺后，产量明显上升，初期月产量达 713t，稳定在 200t 以上，累计生产原油 4405t，生产时率由 60.4% 提高到 99.4%

LG15-23 井转抽前，8 个月仅产油 60t，严重供液不足，2008 年 10 月转抽油泵 + 水力喷射泵进行复合举升，截至同年 12 月 31 日，已经累计产油 229.93t，生产时率从 6.37% 提高到 99.63%（图 5-24）。

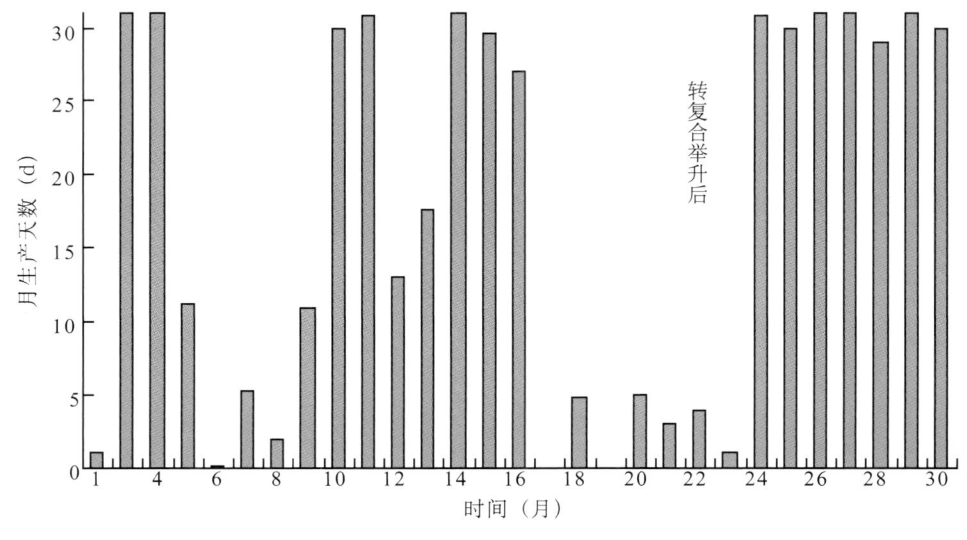

图 5-24 LG15-23 井转复合举升前后生产对比图

抽油泵＋水力喷射泵组合举升方式曾在LG9−1井和LG15−23井应用，初期效果较好，但在生产过程中水力喷射泵喷嘴易发生堵塞，工艺比较复杂。

5. 新型杆式泵挂尾管深抽技术

为了更好地适应轮古稠油油藏注稀油降黏、深抽举升的要求，研究配套了深井深井杆式稠油泵深抽管柱，配套20型高载荷抽油机，实现了简化掺稀油工艺、改善降黏效果、提高深抽效率、降低开采成本的目标。

1）油管柱结构

新型杆式泵挂尾管深抽油管柱由割缝筛管、井下混合器、稠油泵等组成（图5−25、图5−26）。

井下割缝筛管和混合器的作用是提高掺入稀油和储层稠油的混合效果。中国石油塔里木油田分公司自主研发的井下混合器由上旋流器、下旋流器、中部混合腔室等部件组成。掺入的稀油和储层的稠油经过螺旋开孔的筛管初步混合后，在混合器中上下旋流器的作用下，可进一步改善混合效果，提高井筒降黏的效率。

针对轮古稠油油藏的特点，对常规杆式泵进行了改进，重新设计了密封支承、柱塞、固定阀等部件，大幅提高了在高压、高温、高载荷条件下工作的可靠性。

2）应用效果

杆式泵泵下挂尾管工艺应用以来获得了明显效果，如LG405井采用杆式泵泵下挂尾后，生产时率、日产量增加；掺稀量、掺稀比降低；掺稀方式改为自吸节约了大量成本（表5−10）。

表5−10　LG405井杆式泵泵下挂尾工艺生产效果对比表

时间	生产天数（d）	生产时率（%）	年产液量（t）	年产油量（t）	日产量（t）	掺稀量（t）	掺稀比	套压（MPa）	掺稀方式	举升方式
2007年	108.9	29.8	1559	1559	4.3	11131	7.1	18.6	水平泵	水力喷射泵
2008年	330	100	6031	6020	18.2	10365	1.7	−0.2	自吸	杆式泵泵下挂尾管

试验应用结果表明，新型杆式泵挂尾管深抽技术具有以下突出优点：

（1）不用注油泵，能够自吸式掺稀油，减少了建设投资，降低了生产操作成本。

（2）有效改善掺入稀油和储层稠油的混合效果，提高降黏效率，从而降低掺入的稀油用量，节省了生产费用。

（3）可以不动油管柱进行解堵、挤压井、检泵作业，减少了修井作业工作量。

经过几年的现场试验和不断完善，形成了适用塔里木稠油油藏不同井况条件下杆式泵泵下挂尾工艺举升技术系列，使稠油举升工艺变为常规工艺，目前已在塔里木油田全面推广，本技术为塔里木油田稠油区块规模开发提供了技术保障，为塔里木油田的上产稳产作出了贡献。

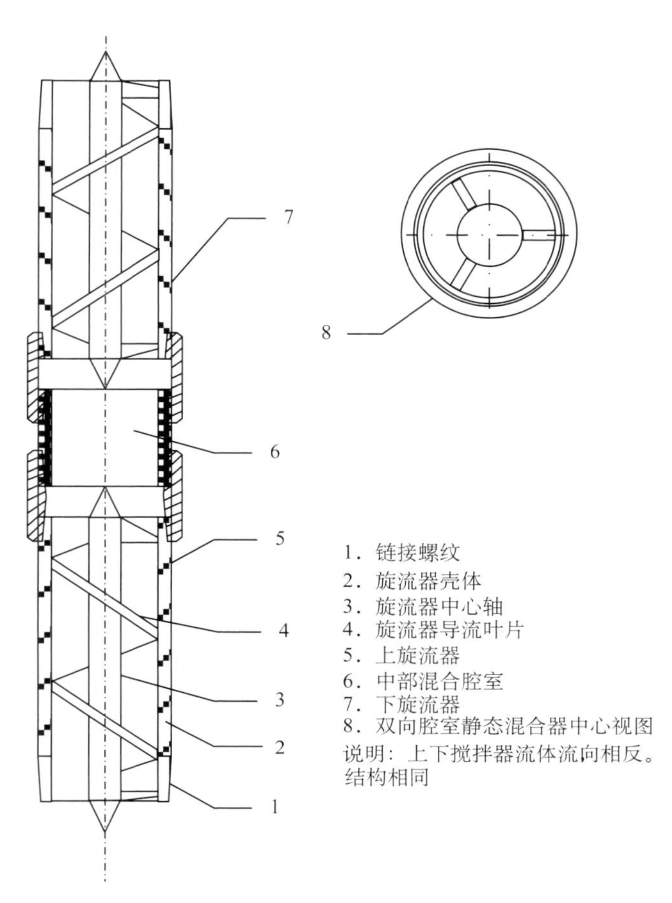

图 5–25　井下混合器示意图

图 5–26　深井杆式泵示意图

第六节　注水替油技术

定容型或多缝洞型碳酸盐岩油井生产一段时间后，压力和产量均递减很快，不得不进行间开生产。针对这个问题开展了注水替油技术研究。注水替油主要由注水、关井和采油三个阶段形成一个吞吐周期：

（1）注水阶段。

油井依靠天然能量开采后，地层压力大幅下降，油井供液严重不足，必须注水提高地层压力。随注水量的增加，在重力作用下，注入水逐步沉降至溶洞的底部，原油则上浮至顶部，同时在流体弹性能作用下，地层流体可自喷开采出来。

（2）关井阶段。

关井阶段地层压力重新分布，形成新的压力场；同时重力分异作用使油水发生置换，注入水下沉至储集体下部形成次生底水，油水界面上移，抬升原油向井筒运移。

（3）采油阶段。

采油阶段是能量释放的过程，由于注人水大部分聚集在井底附近，因此开采初期含水高，随开采时间增加逐渐下降，然后再缓慢上升，而日产油量有一个先上升再逐渐递减的过程，表明地层深处的油向井底流动。

一、注水替油的理论基础

补充地层能量是注水替油的主要机理。注水焖井过程中重力分异是注水替油增产的重要机理，通过重力分异作用实现油水互换。为了研究重力分异过程中的影响因素，建立了单井注水替油模型（图 5–27）。

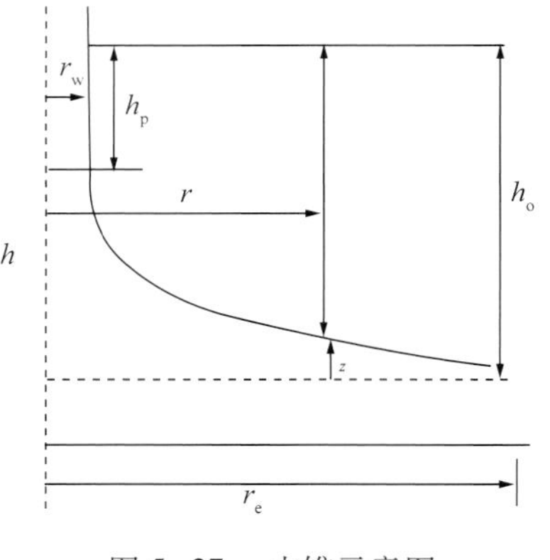

图 5–27　水锥示意图

油井在投产之后即在油井周围形成压降“漏斗”，油水都会沿着这个锥形通道向上锥进，注入水也是沿此通道渗流。李传亮和黄炳光提出了水锥高度计算公式：

$$z = h_o - \sqrt{h_o^2 - \frac{q_o \mu_o}{\pi K \Delta\rho_{wo} g} \ln\frac{r_e}{r}} \tag{5-7}$$

式中　z——水锥的垂向高度，m；

h_o——井点处的含油高度，m；

r_e——泄油半径，m；

r——水锥面上的径向距离，m；

q_o——油产量，t/d；

K——为油的相对渗透率，mD；

$\Delta\rho_{wo}$——油水密度差，kg/m^3；

μ_o——地层原油黏度，mPa • s；

g——重力加速度，m/s^2。

式（5−7）的假设条件是忽略毛细管压力及其引起的油水过渡带图，这种条件适合轮古缝洞油藏。对于注人水来说，注人过程中水锥形状也和油藏中的原生水形成的水锥一样，则有：

$$z = h_o - \sqrt{h_o^2 - \frac{q_w \mu_w}{\pi K \Delta \rho_{wo} g} \ln \frac{r_o}{r}} \tag{5-8}$$

式中 q_w——水的注人量，t/d；

μ_w—水黏度，mPa • s。

从式（5−8）可看出：注入水所形成的水锥高度与油层渗透率、水黏度（油水流度差）、油水密度差、注入水量等因素有关。

关井阶段，要达到重力平衡就和关井时间有关。采油阶段，即是释放能量的过程，先前注入的水在开井生产时形成水锥。根据李传亮的水锥公式，水锥的高度与开井工作制度（产油量）、油层渗透率、油黏度（油水流度差）、油水密度差等有关。

二、单井数值模拟

对以上注水替油机理的研究结果，通过建立的机理模型进行数值模拟分析。建立的模型为单重介质模型，模拟一个缝洞系统，网格数 50 × 25 × 20 ＝ 25000，网格步长 5m × 4m × 5m。缝洞等效放在一起，二者孔隙度直接相加；渗透率计算方面，考虑到裂缝和溶洞的相互作用使流动能力加强，所以将缝洞的渗透率相加并乘以权重 1.20。

参照轮古缝洞型油藏的资料，建立地质模型的参数，模型的基本初始参数（表 5−11）。

表 5−11　模型初始参数

参数	数值
平面渗透率（mD）	120
垂向渗透率（mD）	1200
原油重度（°API）	25
注入水相对密度	1.14
地层油黏度（mPa • s）	1
打开程度（%）	40
岩石压缩系数（MPa^{-1}）	1.2×10^{-4}
井筒半径（m）	0.0875
油藏厚度（m）	100

溶解气油比为 21，泡点压力 10.8MPa，在油藏开采过程中无溶解气产生。

水锥主要受垂向和平面的流动差异影响。模拟表明，平面连通性越强，越有利于水锥的抑制；垂向连通性越强，越有利于水锥的发展（表 5−12）。

表 5-12 平面渗透率对水锥的影响

平面渗透率（mD）	平面 / 垂向渗透率	见水时间（d）	模拟期末累计产油量（10^4m^3）
10	0.01	51	0.53
50	0.05	124	1.29
100	0.10	256	2.66
200	0.20	537	5.58
300	0.30	817	8.50
400	0.40	无水	10.00

油水密度差有利于抑制水锥。原油越轻，油水密度差越大，底水锥进的趋势就越小，见水时间越晚，无水开采期越长。但密度差的影响范围非常有限。在实际地层中，抑制水锥措施时，没有必要考虑改变密度差来改善水锥效果（表 5-13、表 5-14）。

表 5-13 垂向渗透率对水锥的影响

平面渗透率（mD）	平面 / 垂向渗透率	见水时间（d）	模拟期末累计产油量（10^4m^3）
300	0.333	859	8.93
500	0.200	519	5.40
700	0.143	370	3.85
900	0.111	285	2.96
1000	0.100	256	2.66
2000	0.050	128	1.33

表 5-14 原油相对密度对水锥的影响

原油重度（°API）	相对密度	油水相对密度差	见水时间（d）	模拟期末累计产油量（10^4m^3）
10	1.0000	0.1400	327	3.40
20	0.9340	0.2060	333	3.46
30	0.8762	0.2638	338	3.52
40	0.8251	0.3149	344	3.58

原油黏度通过影响油水流度比来影响水锥的动态，从而影响油井见水时间和累计产量。模拟计算显示，当原油黏度小于 10mPa · s 时，黏度对见水时间影响非常明显，随着原油黏度的增大，见水时间迅速缩短，累计产量急剧降低；但当原油黏度大于 10mPa · s 后，对见水时间和累计产量的影响变弱（表 5–15）。

表 5–15　原油黏度对水锥的影响

黏度（mPa · s）	见水时间（d）	模拟期末 累计产油量（10^4m^3）
1	无水	10.00
2	645	6.71
5	294	3.06
10	253	2.63
20	248	2.58
50	244	2.54
100	241	2.51

模拟结果表明，在注入量较小时，累计产油量随累计注人量的提高而增大，当累计注人量达到一定程度后，换油率呈下降的趋势（由 0.97 下降到 0.66）。当可置换空间内的原油被置换出来后，继续注入的水属于无效水（表 5–16）。

表 5–16　累计注入量开发对比结果表

序号	累计注入量（m^3）	累计产油量（m^3）	换油率（m^3/m^3）
1	2000	1950	0.97
2	3000	2940	0.98
3	4000	3700	0.93
4	5000	3860	0.77
5	6000	3950	0.66

焖井期间，油水发生重力分异，焖井时间越长，越有利于油水的充分置换，可提高原油的动用程度。但置换完成后，继续焖井就无效益可言了，所以焖井时间应该有一个最佳选择（表 5–17）。

预测结果表明（表 5–18），开井后最佳日产量定为 $30m^3$，但考虑到采油速度过低，开采周期长，经济效益下降，最佳开井日产量定为 $60m^3$ 比较合适。所以，开井工作制度小可以抑制水锥，但考虑到经济效益，应有个最佳的开井产量。

表 5-17　焖井时间对开采效果的对比表

序号	焖井时间（d）	累计产油量（m^3）	产量提高幅度（%）	含水率（%）
1	1	34442	0	99
2	3	40700	18.17	80
4	7	54000	56.79	44
6	12	56300	64.33	14
7	14	56400	64.33	6
8	16	56600	64.33	1
9	18	56600	64.33	0
10	20	56600	66.33	0

表 5-18　开井工作制度结果对比

序号	开井日产量（m^3）		累计产油量（m^3）	累计产量提高幅度（%）
1	衰竭式开采		12212	0
2	注水	30	16000	31.02
3		60	15470	26.68
4	注水	90	14740	20.70
5		120	14200	16.28
6		150	14200	16.28

三、选井原则

（1）轮古西岩溶台地区和LG7井区中部丘峰洼地区多发育孤立定容型储层，且油水界面较低，能量较弱。

（2）定容性特征明显：开井生产后产量、油压、套压一直处于下降趋势，直至弹性能量耗尽无产量为止，转抽后液面持续下降，供液不足；这是实现注水替油的基础。

（3）以溶洞性储层为主：油井在钻井过程中经常伴随钻遇放空、出现漏失、溢流等现象，或者在测井上表现为未充填洞，此类油井储集体以溶洞储层为主，注水后油水分离快，容易形成底水向上托油，油水界面稳定。

（4）钻遇缝洞单元高部位：只有油井钻遇缝洞的高部位，才能实现注入水油水分离后，注入水底部托油的目的，否则注水只起到补充能量作用。

（5）油井生产过程中含水低：若不含水或含水低，实施注水替油效果较好。

四、实施参数优化

1. 转注水替油时间

矿场实践证明，对于注水替油的最佳时间是机采无产量或产量达不到设计要求时，这样可以最大限度地发挥地层能量。停喷后一般不建议立即开展注水替油，因为注入水会将一部分近井地带油推向远井区。对于部分特稠的井如停喷转抽生产困难，可以采用停喷后注水替油至低效再转抽挖潜。

2. 注水速度的选择

对于溶洞型油藏，可以采用快速注入的方式，在此期间主要以重力分异为主，油水易于置换。如 LG15 井于 2008 年 12 月 19 日高含水关井，第一轮注水 441m^3 后以 5mm 油嘴开井，增油 2128t。

对于裂缝型油藏，宜采用慢速注入，因为在此期间将同时发生重力分异和注水驱替作用，快速注入可能会将井筒附近的部分剩余油驱替至更远。

3. 注入量的选择

矿场实践证实：裂缝型油藏中、后期注水过程中应该适当加大注水量，而溶洞型油藏则需要控制注水量。主要是因为在经过多轮注水替油后，溶洞型油藏油水界面逐渐升高，剩余油体积变小，产液量含水率高，通过控制注水，减少剩余油体积积累到难以开采的高部位；而裂隙型油藏应通过加大注入量扩大注水波及范围，增加油水置换空间和面积。

如 LG15−21 井属于典型钻遇溶洞井，2008 年 11 月开始第一轮注水 2154.4m^3，关井 3d 后以 12mm 油嘴开井生产 187d，增油 6820t。2009 年 5 月因采出液高含水开始第二轮注水 3025m^3，关井 8d 开井生产，增油 91t 后高含水，关井压锥，于同年 7 月 23 日再次开井生产 91d，增油 1990t，取得了很好的替油效果。

4. 关井时间选择

注水替油关井时间的确定与多方面的因素有关，主要取决于储集体的类型、地层压力的恢复情况及注水替油周期数。矿场实践表明：对于溶洞型油藏，注水初期关井时间为 2 ~ 4d，开井生产替油效果好；对于裂隙型油藏由于置换速度较慢，应该根据井口压力恢复情况确定具体开井时间。在注水开发后期，溶洞型油藏关井时间为 10 ~ 20d，而裂隙型油藏关井时间一般多于 30d，且建议采用间开井制度。

如裂隙发育井 LN11C，该井第一轮注水 8169m^3 后焖井 10d，开井生产 17d，累计产液 956t，累计增油 832t；第二轮注水后关井 83d，生产 20d，累计产液 1236t，增油 435t；第三轮注水关井 46d，生产 115d，累计产液 8228t，增油 1087t。

五、应用规模和效果

注水替油技术已在塔河、轮古等油田规模应用。中国石油塔里木油田分公司于 2008 年 1 月 22 日在 LG15−5C 井试验注水替油技术，并获得成功。截至 2011 年 6 月底全油田共实施约 40 口井，累计增油接近 20×10^4t。其中，轮古油田试验 18 口井，累计增油超过 6.9×10^4t；塔中碳酸盐岩油田共 4 口井，累计增油 1.25×10^4t；哈拉哈塘区块 6 口井，累计增油超过 7×10^4t。

塔河油田奥陶系油藏，通过理论攻关和现场试验，在Ⅲ类缝洞单元的注水驱替取得突破性进展，预计可提高采收率 2%，为改善油田开发效果提供了技术基础。

第六章　深层碳酸盐岩油气藏开采技术展望

随着勘探理论和技术的进步，中国探明和投入开发的碳酸盐岩油气储量快速增长，碳酸盐岩油气藏已成为中国油气开发的重要组成部分。这些碳酸盐岩油气藏多数具有深层、高压、高温的特点，有些还高含 H_2S 等腐蚀介质，开采难度高，安全风险大。为此采油工程系统针对这些油气藏的特点，在集成成熟技术的基础上，创新发展了碳酸盐岩油气藏采油采气新技术，形成了碳酸盐岩油气藏的主体采油采气工艺技术，为安全完井试采和开发提供了重要的技术基础。如针对注稀油降黏和深抽研究的深井有杆泵悬挂尾管抽油管柱，与高载荷抽油机配套，既实现了深抽举升，又简化了工艺，提高了降黏效果，降低了生产操作成本，已成为塔里木油田稠油举升的主体工艺；根据塔中Ⅰ号、龙岗气田不同条件气井的特点研究的多功能试油完井管柱和配套技术，提高了试气测试效率，保证了安全。

同时还应该清醒地看到，针对碳酸盐岩油气藏的开发研究形成的采油、采气新技术，与依托砂岩油气藏研发的技术相比，无论是应用时间还是应用规模，都存在着较大的差距，需要在扩大应用规模的过程中不断总结，及时改进完善；随着已投产油气藏开发阶段的变化，采油、采气工艺技术将面临新的挑战和技术需求，需要进一步创新发展。

第一节　深层油气藏开采新技术发展方向

近年来，中国采油采气工程自主创新能力大幅提升，深层油气藏开采技术也将在新材料、新工具、新方法上实现突破，借助正蓬勃发展的互联网、物联网技术，逐步向数字化油田、智能化管理模式发展，创造出更好的效益，提升到新的发展高度。

总体上，深层油气藏开采新技术将从以下四方面发展：一是多学科交叉融合，形成油气开采新工具和新材料，为提高油气田采收率及开发效益提供基础，如纳米材料的在采油采气技术中运用、耐温耐压工具的研发等；二是向自动化、智能化、实时化的方向发展，实现石油开采效率的提高；三是朝着数字化与信息化的方向发展，提供更多且更可靠的数据支持，设计、施工、评价一体化，技术与管理相互融合，管理更高效，开采效益更好；四是随着新《环境保护法》的颁布实施，绿色环保开采技术将深入发展，体现低耗能、低污染、绿色环保，在设计与施工中深化以人为本的发展理念，实现能源与自然的和谐。

第二节　深层碳酸盐岩油气藏开采技术下一步的发展重点

在今后一段时间，中国碳酸盐岩油气储量和产量将处于一个相对快速增长的阶段，一些早期投入开发的深层碳酸盐岩油气藏也将进入新的开发阶段，将会出现分层分段调整、复杂井况修井作业等新的技术需求，而目前针对试采和开发初期研发的这些新技术尚不能完全满足需要，还应进一步发展。针对碳酸盐岩油气藏开采需求，介绍中国需要重点发展的采油采气工艺技术。

一、智能完井技术

智能完井技术是降低开采风险、减少修井作业、提高开采和管理水平的一项重要技术，适用于储层和井筒条件复杂、地面环境恶劣、安全风险大、单井产量高的油气井。随着中国油气勘探开发的进程，对智能完井技术的潜在需求也逐步增加，因此应不失时机地开展智能完井技术研究。

智能完井技术包括井下可控工具、永久式生产测试仪表、信号传输和采集、地面远程控制等多套系统，技术含量高且攻关难度大，需要采用系统工程的方式，组织有单项技术专长的单位协同研究。

二、高温、高压井下工具

随着中国油气勘探开发的进展，预计高温、高压油气井将逐年增加，对高温、高压井下工具的需求也会越来越多。而中国在高温、高压井下工具的研发上，与国外专业技术公司存在着巨大的差距。目前这些高温、高压井试气生产所用的井下工具，如井下封隔器、伸缩接头、循环阀、安全阀和控制系统等，绝大多数需要引进，在一定程度上增加了油气田开发的生产建设投资，影响了开发效益。因此需要研发具有自主知识产权的高温、高压井下工具，在适用井型、尺寸、耐温、耐压、耐腐蚀等方面逐步形成产品系列，以满足高温、高压井试油生产的要求，大幅降低完井投资，改善开采效益。

三、低成本防腐新技术

随着含酸性气气藏不断投入开发，促进了中国防腐管材的研发。目前耐 CO_2 腐蚀的 13Cr、耐 H_2S 应力腐蚀的 110SS 系列国产油套管材已规模应用。近年来，为应对不锈钢及耐蚀合金成本高、投资大的不足，研发出低合金耐蚀材质、内涂层油管、玻璃钢油管、镍磷钨合金镀层油管等低成本防腐新技术，但存在一些瓶颈问题，今后应加强对这些低成本防腐材料的评价、改进和研发，一是对 3Cr 管材适应的腐蚀环境、防腐效果进行系统评价，明确 3Cr 管材的应用界限；二是对主要厂商生产的内涂层油套管，从涂层耐腐蚀环境、螺纹防腐效果、涂层质量、作业施工中的质量控制等方面开展评价研究；三是加强钨合金镀层油管在高温、高压气井适应性评价与试验；四是加快研发完善双金属复合油套管。

通过对低成本防腐管材的改进和研发，将进一步扩展低成本有效防腐措施的技术系列，为中低酸性气气井低成本防腐提供技术保证。

四、复杂结构井的采油采气工艺配套技术

随着碳酸盐岩油气储量不断发现，多分支复杂结构井的应用需求将逐渐增加。因此要求采油工程系统发展形成多分支井压力系统节点分析和参数优化、生产测试、分段控制、连续油管及修井作业等配套技术，以推动复杂结构井的应用，提高开发水平。

五、深层碳酸盐岩高效酸压技术

近年来，针对中国碳酸盐岩油气藏基质物性差、非均质性强、多数储层埋藏深、温度高的特点及难点，围绕实现均匀、深度、清洁的高效改造目标，研发出 TCA 温控变黏酸深

穿透酸化酸压技术、DCA 清洁自转向酸均匀布酸酸化酸压技术、EA 低摩阻自乳化酸高效酸化酸压技术，满足小于 5500m 改造需求，在碳酸盐岩油气藏的勘探发现和开发建产中发挥了重要作用。但大于 5500m 分层分段改造不成熟，需要发展大于 5500m 暂堵分层压裂与裂缝前端有效酸压技术。

六、碳酸盐岩油气藏边底水封堵和治理技术

强边底水的锥进是块状碳酸盐岩等油气藏影响油气产量、降低采收率的重要原因，块状储层强边底水的有效封堵和治理至今仍是一个世界性的难题。因此需要打破常规，广开思路，积极开展边底水封堵和治理方法的探索，努力为正式开展研究创造条件。

参考文献

艾俊哲，梅平，邱小庆，等 . 2009. 油气水共存的非均相介质中 N80 钢二氧化碳 / 硫化氢腐蚀行为研究 [J]. 石油天然气学报，31（4）：157–160.

白真权，任呈强，刘道新 . 2004.N80 钢在 CO_2 / H_2S 高温高压环境中的腐蚀行为 . 石油机械，（2）：14–18.

曹楚南 . 1994. 腐蚀电化学 . 北京：化学工业出版社 .127.

费海虹 . 2006. 盐城气田泡沫排水采气用起泡剂的室内实验筛选 . 油田化学，23（4）：329–333.

黄鸿斌，李海涛，粟超，等 . 2007. 用模糊优选法进行水平井完井方法筛选 . 天然气勘探与开发，30（4）：64–68.

蒋晓蓉，黎洪珍，梁红武，等 . 2002. 深井、高温、高矿化度泡沫排水采气技术研究 . 成都理工学院学报，29（1）：53–55.

金忠臣，杨川东，张守良 . 2004. 采气工程 . 北京：石油工业出版社，152–192.

李闽 . 2001. 一个新的气井连续排液模型 . 天然气工业，21（5）：61–63.

李农，蒋华全，曹世昌，等 . 2009. 高温对泡沫排水剂性能的影响 . 天然气工业，29（11）：77–79.

李农，赵立强，缪海燕，等 . 2012. 深井耐高温泡排剂研制及实验评价方法 . 天然气工业，32（12）：55–57.

李颖川主编 . 2002. 采油工程 . 北京：石油工业出版社 .

李祖贻 . 2000. 湿硫化氢环境下在役压力容器的损伤与分析 . 压力容器，03.

李谦定，卢永斌，李善建，等 . 2011. 新型高效泡排剂 LYB–1 的研制及其性能评价 . 天然气工业，31（6）：49–51.

李志芬，武龙，王爱萍，等 . 2010. 气田水平井完井方式评价与优选 . 承德石油高等专科学校学报，12（2）：15–19.

李华昌，熊昕东，青炳，等 . 2011. 川西深层裂缝孔隙型气藏水平井完井方式及参数优化 . 钻采工艺，34（4）：21–24.

李淑华，朱晏萱，毕启玲 . 2008. H_2S 和 CO_2 对油管的腐蚀机理及现有防腐技术的特点 . 石油矿场机械，37（2）：90–93.

廖久明，杨敏 . 2006. 抗温耐盐耐油泡排剂的室内研究 . 石油与天然气化工，35（1）：60–62.

刘伟，蒲晓琳，白小东，等 . 2008. 油田硫化氢腐蚀机理及防护的研究现状及进展 . 石油钻探技术，36（1），

刘竞成，杨敏，袁福锋 . 2008. 新型气井泡排剂 SP 的起泡性能研究 . 油田化学，25（2）：111–114.

彭年穗 . 1986. 气井泡沫排水中起泡剂的评价方法 . 石油与天然气化工，18（1）：27–32.

《试油监督》编写组 . 2004. 试油监督 . 北京：石油工业出版社 .

伍强 . 2011. 应用模糊数学原理对水平井完井方式进行优选与评价 . 重庆科技学院学报（自然科学版），13（1）：76–78.

王远明，陈玉祥 . 2000. 超高压射孔 – 油井增产联作完井技术 . 石油钻采工艺，22（6）.

尉小明，等 . 2002. 稠油降粘方法概述 . 精细石油化工，5.

熊友明，刘理明，张林，等 . 2012. 我国水平井完井技术现状与发展建议 . 石油钻探技术，40（1）：1–6.

徐海升，李谦定，薛岗林，等 . 2009.N80 油管钢在 CO_2/H_2S 介质中的腐蚀行为研究 . 天然气化工，34（2）：51–54.

杨列太 . 2012. 腐蚀监测技术 . 北京：化学工业出版社 .

鄢友军，李农．2003. 新型抗高温高矿化度的泡沫排水剂．天然气勘探与开发．26（4）：26–31.
袁吉诚．2002. 中国射孔技术的现状与发展．测井技术，26（5）．
杨桦，杨川东．1994. 优选管柱排液采气工艺的理论研究．西南石油学院学报，16（4）：56–64.
钟晓瑜，黄艳，张向阳，等．2004. 川渝气田排水采气工艺技术现状及发展方向．钻采工艺，28（2）：99–100.
张忠铧，等．2008. 抗 CO_2 和 H_2S 腐蚀油套管的开发与展望．宝山钢铁股份有限公司．
张学元，王凤平，于海燕，等．1997. 二氧化碳腐蚀防护对策研究．腐蚀与防护，18（13）：8.
张俊松，李海涛，蒋贝贝，等．2011. 气藏水平井完井方式综合研究．重庆科技学院学报（自然科学版），13（3）：81–83.
张国文，沈泽俊，童征，等．2012. 遇油 / 遇水自膨胀封隔器在水平井完井中的应用．石油矿场机械，41（2）：41–44.
张清，李全安，文九巴，等．2004. H_2S 分压对油管钢 CO_2/H_2S 腐蚀的影响．腐蚀科学与防护技术，16（6）：395–397.
张清，李全安，文九巴，等．2004. 温度与油管 CO_2/H_2S 腐蚀速率的关系．焊管，27（4）：16–18.
詹姆斯・利等著．何顺利等译．2009. 气井排液采气．北京：石油工业出版社，1–14.
赵晓东．1992. 新型气井用泡排剂 CZP 室内性能评价．油田化学，9（2）：140–144.
赵晓东，尹中．1991. 气井泡沫排水剂的评价方法研究．西南石油学院学报，13（4）：96–100.
中国石油天然气股份有限公司，2006. 中国石油天然气服份有限公司天然气开发管理纲要．
GB/T 7462—94. 1994. 表面活性剂发泡力的测定．
NACE RP 0775—2005. 2005. 油、气田生产中腐蚀挂片的准备、安装、分析以及试验数据的解释．
SY/T 6465—2000. 2000. 泡沫排水采气用起泡剂评价方法．
API. 2001.API Specification 5CT–2001 Specification for casing and tubing. 7th ed. Washington DC：API.
B Kermani，J Martin，K Esaklul. 2006.Materials Design Strategy：Effects of CO_2/H_2S Corrosion on Materials Selection. CORROSION/2006，Paper No.121.Houston，TX：NACE.
Boyun Gu，Ali Ghalambo. 2006.A systematic approach to predicting liquid loading in gas wells.SPE 94081.
ISO. ISO 7539–2–1989. 1989. Corrosion of metals and alloys–stress corrosion testing Part 2：Preparation and use of bent–beam specimens[S]. Geneva：ISO.
K Nose，H Asahi，P I Nice，J Martin. 2001. Corrosion Properties of 3%Cr Steels in Oil and Gas Environments. CORROSION/2001，Paper No.82. Houston，TX：NACE.
M B Kermani，J C Gonzales，C Linme，et al. 2001. Development of Low Carbon Cr–Mo Steels with Exceptional Corrosion Resistance for Oilfield Applications. CORROSION/2001，Paper No.65. Houston，TX：NACE.
M B Kermani. 2004.In–field Corrosion Performance of 3%Cr Steels in Sweet and Sour Downhole Production and Water Injection. CORROSION/2004，Paper No.111. Houston，TX：NACE.
NACE. 2005.NACE TM 0177–2005 Petroleum and natural gas industries：materials for use in H_2S–containing environment in oil and gas production. Houston：NACE.
P I Nice，A M Buene，H Takabe，et al. 2006. Corrosion Problem and its Countermeasure of 3Cr Production Tubing in NaCl Completion Brine on the Statfjord Field. CORROSION/2006，Paper No.134. Houston，TX：

NACE.

Turner R G, Hubbard M G, Dukler A E. 1969. Analysis and prediction of minimum flow rate for the continuous removal of liquids from gas wells.SPE, 75−82.

W.L.Adams, W.a.Lindley. 1989.Corrosion Inhibition in H_2S Containing Brine.in Corrosion 1989, Paper.180. New Oreans.